中国安全生产志

中国安全生产
国际交流合作志

(1949.10—2018.3)

《中国安全生产志》编纂委员会　编

应急管理出版社
·北　京·

图书在版编目（CIP）数据

中国安全生产志．中国安全生产国际交流合作志：1949.10－2018.3/《中国安全生产志》编纂委员会编．--北京：应急管理出版社，2021

ISBN 978－7－5020－8885－9

Ⅰ.①中… Ⅱ.①中… Ⅲ.①安全生产—概况—中国 ②安全生产—国际交流—概况—中国—1949－2018 ③安全生产—国际合作—概况—中国—1949－2018 Ⅳ.①X93

中国版本图书馆 CIP 数据核字（2021）第 171897 号

中国安全生产志·中国安全生产国际交流合作志（1949.10—2018.3）

编　　者　《中国安全生产志》编纂委员会
责任编辑　尹忠昌
编　　辑　王　晨
责任校对　邢蕾严
封面设计　解雅欣

出版发行　应急管理出版社（北京市朝阳区芍药居 35 号　100029）
电　　话　010－84657898（总编室）　010－84657880（读者服务部）
网　　址　www.cciph.com.cn
印　　刷　北京盛通印刷股份有限公司
经　　销　全国新华书店

开　　本　710mm×1000mm 1/16　**印张**　28 3/4　**插页**　8　**字数**　530 千字
版　　次　2021 年 10 月第 1 版　2021 年 10 月第 1 次印刷
社内编号　20201480　　**定价**　146.00 元

1999年9月，中国国际煤炭采矿技术交流及设备展览会举行开幕式，全国人大常委会副委员长布赫、全国政协副主席经叔平及张宝明、王显政、王君、范维唐等出席

2001年12月11日，国家安全生产监督管理局局长张宝明率团访问欧洲安全健康署，开启与欧盟的安全与健康交流合作

2002 年 10 月，国家安全生产监督管理局局长王显政与美国矿山安全健康局局长劳瑞斯基在北京签署《中美矿山安全合作协议》

2003 年 7 月，英国首相布莱尔出席在北京举办的中英能源安全开采利用研讨会

2003年11月，国家安全生产监督管理局、国家煤矿安全监察局副局长梁嘉琨及宋元明、石少华、柏然、高广伟和美国驻华使馆胡海兰出席《中美矿山安全合作项目备忘录》签字仪式。《备忘录》由国家安全生产监督管理局办公室主任田玉章与美国劳工部国际事务局局长柳文在北京签署

2004年5月19日，国家安全生产监督管理局局长王显政率代表团访问美国国家安全委员会

2004年12月，国家煤矿安全监察局副局长赵铁锤和美国矿山安全健康局副局长科瑞尔出席中国矿山应急救援体系建设国际研讨会并致辞

2005年4月，国家安全生产监督管理总局副局长梁嘉琨、国家煤矿安全监察局副局长王树鹤出席中澳煤矿安全合作备忘录签字仪式。备忘录由国家安全生产监督管理总局国际合作司司长林一胜与澳大利亚工业、旅游和资源部司长签署

2005 年 5 月，国家安全生产监督管理总局人事培训司司长黄玉治出席在华北科技学院举办的中美合作开展煤矿安全培训师资格培训

2005 年 11 月 8 日，国家安全生产监督管理总局国际交流合作中心主任柏然与美国国家安全委员会主席麦克米兰签署合作协议

2005 年 11 月 12 日，国家安全生产监督管理总局副局长、国家煤矿安全监察局局长赵铁锤主持中印（度）煤炭工作组第十次会议

2006 年 9 月 19 日，国务委员兼国务院秘书长华建敏在第三届中国国际安全生产论坛上致辞

2006 年 11 月 1—4 日，2006 中国国际煤炭展览会暨中国煤炭科技创新成果展在北京全国农业展览馆举行。李毅中、王显政、黄淑和、赵铁锤、范维唐、濮洪九出席开幕式

2006 年 11 月，国家安全生产监督管理总局局长李毅中、副局长王显政、国家煤矿安全监察局局长赵铁锤、中国煤炭工业协会副会长濮洪九参观 2006 中国国际煤炭展览会暨中国煤炭科技创新成果展

2006 年 11 月，国家安全生产监督管理总局局长李毅中在中国国际煤炭展览会上与国际交流合作中心会务人员合影

2007 年 3 月 27 日，国家安全生产监督管理总局与联合国开发计划署合作开展的“加强中国煤矿安全保障能力建设项目”启动会

2008 年 11 月 18 日，国家安全生产监督管理总局副局长、国家煤矿安全监察局局长赵铁锤在北京会见美国劳工部部长赵小兰

2008 年 11 月 18 日，第四届中国国际安全生产论坛在北京长城饭店举行，国家安全生产监督管理总局副局长、国家煤矿安全监察局局长赵铁锤致辞并作主题演讲

2010 年 9 月，国家安全生产监督管理总局局长骆琳在北京会见国际劳工组织副总干事迪奥普、国际劳工组织北京局局长霍百安

2010 年 9 月，国家安全生产监督管理总局副局长王德学在北京会见法国巴固集团董事长

2011 年 9 月，国家安全生产监督管理总局副局长杨元元率团访问美国劳工部，与帕拉斯基助理部长举行定期性会晤

2012 年 9 月 18 日，国务委员兼国务院秘书长马凯在第六届中国国际安全生产论坛上致辞

2012 年 9 月，国家安全生产监督管理总局副局长孙华山会见欧盟高级官员

2014 年 4 月 8 日，国家安全生产监督管理总局办公厅副主任柏然与国际劳工组织中国蒙古局局长德迈尔签署《企业可持续发展合作项目》执行协议

2014 年 9 月 24 日，国务委员王勇在第七届中国国际安全生产论坛上致辞

2014 年 10 月，国家安全生产监督管理总局副局长杨元元出席国家安全生产监督管理总局与德国法定事故保险协会（DGUV）签署关于《开展事故预防与保险方面的交流合作备忘录》仪式

《中国安全生产志》编纂委员会

主　任　赵铁锤

副主任（总纂）　朱义长

《中国安全生产国际交流合作志》编写组

主　编　柏　然

副主编　朱义长　朱常有

成　员　周寅生　田玉章　吴晓煜　林一胜　杨国顺
蔡燕莉　滕　飞　吕海燕　徐晓航　王又京
刘晓兵　孙娇花　米建英　蔡　忠　陈　哲
尹忠昌

序　言

中华民族有着深厚的历史情结和历史意识，历来有重视历史、研究历史、借鉴历史的优良传统。习近平总书记在庆祝中国共产党成立100周年大会上的重要讲话围绕以史为鉴、开创未来，鲜明提出“九个必须”的根本要求。这是传承中华优秀传统文化之特质，在中华文明赓续中把握发展规律，汲取奋进力量。从历史足迹中寻找成功做法和失败教训，以史为鉴，用历史的智慧推进国家治理体系和治理能力的现代化。志书是传承和弘扬中华优秀传统文化的题中应有之义，发挥着存史的重要作用。

加强安全生产方面史志研究工作，了解和研究我国安全生产走出国门、与国际社会交流合作的历史过程，更好地把握安全生产工作的规律特点，在习近平新时代中国特色社会主义理论指导下，不断提升新形势下安全生产、应急管理的对外开放水平，具有一定的史料价值和借鉴意义。

《中国安全生产国际交流合作志》作为《中国安全生产志》系列丛书之一，记载了中华人民共和国成立以来，重点是2000年底国家安全生产监管体制改革之后，直到2018年3月第十三届全国人大第一次会议决定撤销国家安全生产监督管理总局，这一时期安全生产领域对外开放和外事重点工作，包括政府安全监管部门和相关部门组织召开（举办）的以安全生产（职业卫生、应急救援）为主题的国际会议、论坛和大型赛事，与国际劳工组织和外国政府、社团机构、科研教学单位、大型企业等之间开展的交流与合作情况，以及在学习借鉴国际安全生产先进技术、成熟管理经验等方面的一些考察和研究成果。作者收集了大量档案、史料和外事业务部门的存档资料，以及个人收集和保存的资料，帮助目前正在从事安全生产工作的同志，以及关心关注我国开展安全生产外事工作的同志了解我国安全生产事业历经的发展过程，也可作为大众学习和参考的安全生产读物。

安全生产史志委员会

《中国安全生产志》编纂委员会

2021年8月6日

凡　　例

1.《中国安全生产国际交流合作志》为《中国安全生产志》之分志。

2. 本志“安全生产”的概念，包括了职业健康、职业病防治等。其内涵外延，与我国劳动、卫生管理部门以及全国总工会等早期采用的“劳动保护”“职业安全卫生”等概念，在一定程度上重合。

3. 本志记述了中华人民共和国成立以来，安全生产领域对外交流和合作的情况。重点是从2000年国家煤矿安全监察局挂牌（与国家煤炭工业局实行一个机构、两块牌子）、2001年1月国家安全生产监督管理局成立，到2018年3月第十三届全国人大第一次会议决定撤销国家安全生产监督管理总局，这一时期政府机关组织开展的重要外事活动，与国际劳工组织和外国政府、社团机构、科研教学单位、大型企业等之间所开展的国际性交流与合作情况，以及在学习借鉴国际安全生产科学技术、成熟管理经验等方面的一些考察、研究成果。部分内容为保持其连贯性和完整性，适当上溯或下延。

4. 本志由图片、序言、凡例、综述、大事记、正文、附录、后记等部分组成。图片以时间为序排列。正文内容以章节目排列编写，共设十一章。第一章为大事记，第二章至第十一章每章对应一个主题。以时间为序，记录了重要外事会议、访问、项目及活动。

5. 本志第二章资料来源于《中国劳动人事年鉴》和国家经济贸易委员会安全生产局文件资料汇编，以及当年出版发行的《中国劳动》《劳动保护》等期刊。其他章节资料来源于原国家安全生产监督管理局（总局）公开发表的年鉴、公报、报道等，档案馆、外事业务部门存档资料，以及个人收集和保存的资料。

6. 本志内容编排方式遵照国家出版部门现行规范。

综　述

安全生产领域的国际交流与合作是安全生产工作的重要组成部分，也是国家外交外事工作的一项重要内容。其基本职能和主要任务是，在中国特色社会主义理论及党和国家大政方针指导下，围绕政府安全监管体制机制和政策措施完善、安全生产法治建设、安全生产科技进步等，与国际社会开展交流与合作，学习借鉴工业化国家的先进技术和科学管理经验，推动中国的安全生产事业持续发展，进而构建安全发展、和谐共存的人类命运共同体。

安全生产领域的国际交流与合作，与中国经济社会的改革开放同时起步、同步发展。中华人民共和国成立之初到20世纪70年代末期，除了国家劳动部门曾经聘请过苏联专家为其举办的劳动保护干部培训班授课，以及越南政府曾经派团来中国学习考察安全生产与职业卫生工作之外，这一领域几乎处于全面封闭状态。党的十一届三中全会作出了改革开放的重大决策，也打开了安全生产对外开放的大门。1979年1月，由国家劳动总局所组建的劳动保护专业考察团，首次走出国门，分别对同为社会主义国家的罗马尼亚、南斯拉夫的劳动保护和安全生产进行了考察，就安全生产立法、国家安全监察制度的建立和运行等，与两国政府和相关机构进行了交流。随后，出访考察和交流合作的范围逐步扩大到日本、原联邦德国、美国、加拿大、澳大利亚等西方国家，交流合作的范围也由互访、信息资料交换等，扩展到共同举办人员培训、基础调查等项目，携手开展安全生产科研攻关，联合举办安全生产国际论坛、协调国家之间安全生产和职业危害防治方针政策。特别是1983年中国正式恢复在国际劳工组织的活动，1984年决定承认1949年10月1日之前的中国政府批准实施的包括《防止码头工人事故公约》《本国工人与外国工人关于伤害赔偿的同等待遇公约》等在内的14个国际劳工公约，确立了中国在全球安全生产领域的“负责任的大国形象”，把中国安全生产进一步融入了国际社会，与各国政府共同致力维护劳动者生命安全和健康，共同发展进步。

国家安全生产监管体制改革和国家安全生产专业监管机构的成立，把安全生产领域的对外交流合作推向了一个新的发展阶段。特别是2005年国家安全生产监督管理局调整为国家安全生产监督管理总局（正部级）之后，按照中央关于“对外开放全方位、宽领域、多渠道、高层次，不断提高对外交流与合作水平”的要求，加强了与外国政府部门、国际组织、地区组织、社会组织和企业的合作交流，形成了全方位、多渠道的安全生产对外开放大格局和“以官带民、以民促官、官民并举”的外事工作新格局。

2003年之后，中国事故总量能够出现下降的历史性“拐点”、“十一五”中后期之后重特大事故多发势头能够得到有效遏制，与安全生产工作主动与世界接轨，积极学习借鉴国外的先进技术与成熟的管理经验，是分不开的。

习近平总书记在庆祝改革开放40周年大会上的讲话中指出：改革开放是党和人民大踏步赶上时代的重要法宝，是坚持和发展中国特色社会主义的必由之路，是决定当代中国命运的关键一招，也是决定实现“两个一百年”奋斗目标、实现中华民族伟大复兴的关键一招。安全生产领域改革开放和国际交流合作40年实践，也充分证明了这一点。在做好安全生产工作、推动中国经济社会安全发展的历史过程中，我们要始终坚持改革开放不动摇，善于实践、总结经验、吸取教训，把安全生产领域国际交流合作不断推向新阶段，取得新成效。

目　录

第一章 大 事 记

1956 年

9 月 17—30 日 以国家计划委员会委员兼劳动部部长宋平为团长的中国劳动部劳动保护工作考察团赴苏联考察劳动保护、安全生产等工作。

1958 年

8 月 11 日—11 月 22 日 由越南劳动部监察委员会主任阮寿真为团长的越南劳动保护考察团，来中国学习考察劳动保护、安全生产工作。其间，劳动部、煤炭工业部、卫生部和全国总工会的相关负责人向考察团介绍了安全生产和职业病防治等方面的情况。考察团先后在北京、唐山、沈阳、鞍山、抚顺、哈尔滨、天津、上海八市的 37 家厂矿企业、建设工地进行了考察。

1971 年

11 月 16 日 国际劳工局理事会第 184 次会议根据联大第 396(Ⅴ) 号决定，通过恢复中国在国际劳工组织中合法权利的决议。

1979 年

1 月 13—28 日 以国家劳动总局副局长章萍为团长的劳动保护考察团，分别对罗马尼亚、南斯拉夫的劳动保护、安全生产进行了考察。在罗马尼亚考察期间，考察团访问了布加勒斯特、布拉索夫、洪尼多阿拉、佩特罗香四省市的 22 家工厂、矿山、机关、学校、科研单位。在南斯拉夫考察期间，考察团访问了塞尔维亚、波希尼亚黑塞格维那和克罗地亚 3 个共和国的 15 家工厂、矿山、机关、学校、科研单位。多次进行座谈交流，深入了解两国劳动保护、安全生产立法情况，国家监察制度的建立和实行情况，科学研究机构的设立和工作进展情况，以及开展劳动保护、安全生产宣传教育和培训情况等。

本月 国家劳动总局派出代表团参加了国际标准化组织在巴黎召开的有关气瓶标准化工作的技术会议。在法期间，代表团访问了已有一百多年历史的法国锅炉、受压容器安全检查机构——“阿伯夫”（APAVE）①。

1980 年

4 月 3—20 日 以国家劳动总局副局长章萍为团长的劳动保护专业考察团赴日本进行劳动安全卫生考察。考察的主要内容：日本安全生产、职业卫生工作机构设置和人员配置、立法、监察制度建设、科学研究、宣传教育等方面的情况，目的在于学习和借鉴日本的先进经验。在日本考察期间，考察团访问和参观了日本劳动省、通产省，以及产业安全研究所、产业医学综合研究所和中央劳动灾害防止协会等机构。现场参观了千叶县新日铁君津制铁所、板硝子工厂（玻璃厂），东京日本化药公司的五子化工厂、染料厂、荏原制作厂（生产水泵和鼓风机），神奈川县的日产汽车制造厂和三井三池煤矿等企业，围绕着安全生产和职业病防治，与企业经营管理人员、工人进行了座谈交流。

9 月 7—29 日 应美国劳工部部长马歇尔（Rar Marshall）的邀请，以国家劳动总局局长康永和为团长的中国代表团访问美国。访问期间，代表团围绕着矿山安全与卫生、职业安全与卫生、就业培训等，与美国劳工部相关业务机构以及一些区、州、市的劳工部门进行了座谈交流。代表团考察了美国全国职业安全与卫生研究所等单位。

1981 年

4 月 10—16 日 由罗马尼亚劳动部副部长、劳动保护监察室主任伊利叶·克舒为团长的罗马尼亚代表团，对中国劳动保护、安全生产工作进行了考察。

---

① “阿伯夫”全名：“锅炉和电气设备所有者协会”，是一个经政府批准、经济上自给、技术方面有权威、在全国有完整分支机构的安全监督、技术咨询和服务组织。从工厂设计开始，对建筑、制造、安装等各个环节，提供安全方面的服务，包括各种先进的技术检测手段。

1983 年

6 月 1—22 日 以劳动人事部副部长李云川为团长的中国代表团，出席了在日内瓦召开的第 69 届国际劳工大会。这标志着中国正式恢复在国际劳工组织的活动。

1984 年

5 月 中国政府通知国际劳工组织，决定承认 1949 年 10 月 1 日之前中国政府批准实施的包括《防止码头工人事故公约》《本国工人与外国工人关于伤害赔偿的同等待遇公约》等在内的 14 个国际劳工公约。

1985 年

1 月 国际劳工组织在北京设立分支机构——国际劳工组织北京局，负责与中国有关政府机关、工会组织、企业团体、学术单位等进行联系，实施技术合作计划，协助中国发展职业安全健康等事业。

本月 劳动人事部与日本劳动省、日本劳动协会的代表在北京商定，中日两国劳动部门从该年度起，举办劳动学术交流活动，就劳动保护、安全生产等专题广泛交流，加深相互理解。

8 月 31 日—9 月 30 日 由国际劳工局资助、劳动人事部组织的中国劳动保护考察团赴美国和加拿大，分别考察了两国的劳动保护、安全生产。

是年 联邦德国拨款 250 万马克，支持中国煤炭工业部筹建湖南长沙中小型煤矿职业安全培训中心。

1986 年

4 月 7—10 日 美国劳工部长威廉・布罗克带领代表团访问中国，与劳动人事部部长赵东宛进行了会谈，双方一致认为，中美双方劳动部门的合作，可以先从劳动安全、劳动统计等方面做起，逐步扩大到其他方面。布罗克提出：美方愿意派遣有关方面的专家来中国讲学、咨询；中方也可以派出有关人员赴美考察、培训。

5月7—18日 国际劳工局工作条件与环境司会同中国劳动人事部外事局、矿山安全监察局、人事教育局，在北京市房山县联合举办矿山安全监察工作高级培训班。劳动人事部副部长何光和国际劳工局亚太分局、北京分局负责人出席培训班开幕式。聘请英国矿山安全副总监察官尼可拉斯（Nicholas）、印度矿山安全监察局局长沃尔玛（Varma），分别介绍了两国矿山安全监察体制沿革，监管工作现状和监督检查方式方法等。参加培训班的共80人。煤炭、有色、地矿、冶金等部门和全国总工会也派员参加培训。

5月31日 联邦德国与中国关于锅炉与压力容器检测中心合作项目协议书在北京签字。该项目联邦德国投资480万马克。根据协议，从1986年到1990年，联邦德国将在锅炉与压力容器检测中心举办8期培训班；另外，中方每年还要派出11人赴联邦德国接受培训，以提高安全技术水平。

1987年

9月 以日本劳动协会理事今井好昭为团长的日方交流团一行四人来中国访问，向中国劳动人事部门人员介绍了日本的工伤事故保险、失业保险制度与具体做法。

10月 应比利时天主教工联和联邦德国政府职业安全卫生局的邀请，中国工会劳动保护考察团赴比利时、德国进行了为期40天的考察访问。

1988年

6月 西班牙政府资助120万美元，在江苏省苏州市筹建旅馆旅游业高级安全培训中心。

11月 由国际劳工局安排组织中国工会职业安全卫生信息考察团对苏联、民主德国、巴基斯坦和泰国的国家职业安全卫生信息中心进行考察，为中国工会筹建职业安全卫生信息中心奠定了基础。

1989年

8月 应国际劳工局邀请，中国工会派代表出席了在美国匹兹堡举行的第七届国际尘肺大会。中国工会代表作了题为“中国建国以来防尘工作的成就及其对策”的发言，并回答了与会者提出的有关问题。

1993 年

10 月 应国际劳工局邀请，中国工会派代表出席了在日内瓦召开的国际劳工局工人教育与环境研讨会。会议的主题是工会参与环境保护和持续发展。会上，中国工会代表就这一议题作了发言。

1995 年

3 月 应国际劳工局邀请，中国工会派代表出席了在曼谷举行的亚太地区关于减少工伤事故的安全管理与安全审查三方研讨会，并递交了中国工会的报告。

1996 年

9 月 应国际劳工局邀请，中国工会派代表出席了在日内瓦召开的国际职业安全卫生管理体系标准化研讨会，并在会上阐明了中国工会的看法。

1997 年

11 月 应国际劳工局邀请，中国工会派代表出席了在巴林举行的亚洲部分国家职业和化学品安全与卫生三方研讨会，中国工会代表就中国相关情况作了介绍。

1999 年

4 月 11—16 日 国家经济贸易委员会安全生产局局长闪淳昌带领中国代表团参加在巴西圣保罗市召开的第十五届世界职业安全卫生大会。本届会议的主题是“安全、卫生、环境——全球的挑战”。

6 月 18 日—7 月 15 日 由国家经济贸易委员会安全生产局、部分省市安全生产综合管理部门负责人及部分大中型企业有关人员组成的“安全生产管理培训班”，赴法国进行安全生产管理培训。

8 月 15 日—9 月 12 日 由国家经济贸易委员会安全生产局组织、有关单位管理和科技人员参加的职业安全卫生技术考察团，赴美国考察学习其职业安全卫生监督管理先进经验和先进技术。美国劳工部矿山安全健康局制定了学习培训和考察计划，并指定美国利宝互助保险集团公司及其健康研究中心、哈佛大学公共健康学院等实施了学习培训计划。

9 月 9—27 日 第一届国际矿山救援竞赛在美国肯塔基州举行，中国派团现场观摩了比赛，并参观访问了设在匹斯堡市的美国劳工部矿山安全健康局矿山安全卫生技术支援中心。

9 月 19 日—10 月 2 日 由国家经济贸易委员会安全生产局牵头组织的中国企业干部安全生产考察培训团对日本劳动省，以及劳动省产业安全研究所、社会经济生产性本部、中央劳动灾害防止协会，大阪南劳动基准监督署、大河宅急便运输株式会社等单位的安全生产进行了学习考察。

2000 年

1 月 国家经济贸易委员会安全生产局组织考察组，赴澳大利亚维多利亚州，对政府部门、部分石油化工和建筑施工企业的安全生产监督管理工作进行了考察。

2 月 13 日 中印（度）煤炭工作组第六次会议在北京举行，国家煤矿安全监察局副局长王显政和印度煤炭部副部长波帕雷迪共同主持会议。

6 月 20 日—7 月 4 日 国家煤矿安全监察局副局长王显政率团访问爱尔兰、芬兰，出席在都柏林召开的第四届国际职业安全、卫生和环境信息大会，考察爱尔兰泥炭公司、芬兰国家职业卫生研究院及职业卫生科研体系、TAMROCK 公司。

6 月 27—30 日 国家煤矿安全监察局局长张宝明访问德国，参加国务院总理朱镕基访问德国的有关活动，并于 6 月 30 日出席中德政府间合作协议签字仪式，在总理朱镕基和德国总理施罗德的见证下，与德国鲁尔集团董事长施大哲签署《中德新疆煤田火灾治理合作协议》。

10 月 17—21 日 国家煤矿安全监察局局长张宝明率团赴日本出席世界能源理事会（WEC）亚太地区能源与环境论坛并发表演讲，会后访问日本通产省资源能源厅长官河里博文、日本新能源产业技术综合开发机构（NEDO）副理事长牧野力、日本煤炭能源中心理事长安藤胜良，考察日本太平洋煤矿。

11 月 5—25 日 中国航天机电公司组成安全卫生管理培训团，赴澳大利亚进行了学习培训。

2001 年

4 月 24—25 日　“第三届中国安全生产论坛”在上海举行，国家安全生产监督管理局副局长闪淳昌出席会议并致辞。主题为“新世纪、新挑战，创造更好的安全生产条件”，150 名中外代表参会。论坛由国家安全生产监督管理局和美国利宝互助保险集团主办。

7 月 1—15 日　国家安全生产监督管理局（国家煤矿安全监察局）党组成员、纪检组长濮洪九率团考察澳大利亚、新西兰煤矿及矿山安全管理，访问西澳洲安全生产委员会、西澳洲矿产能源部、新西兰劳工部，考察澳大利亚约翰·芬雷公司、露天煤矿，新西兰 CRL 能源公司。

10 月 6—19 日　国家安全生产监督管理局（国家煤矿安全监察局）副局长赵铁锤率团访问芬兰和瑞典，考察两国矿山安全和职业健康工作。

10 月 16—30 日　国家安全生产监督管理局（国家煤矿安全监察局）副局长王德学率团访问英国、德国，考察企业安全监管，分别访问壳牌公司、BP 公司、BASF 公司、英国安全健康执行局、欧盟化学品安全管理局、德国北威州政府。

12 月 2—17 日　国家安全生产监督管理局（国家煤矿安全监察局）局长张宝明率团访问德国煤炭企业和煤机制造业、西班牙的欧洲安全健康署（位于西班牙比尔堡）、葡萄牙国家安全健康局，考察安全监管。

2002 年

4 月 8 日　国家煤矿安全监察局与日本新能源产业技术综合开发机构签署《煤矿安全技术培训项目谅解备忘录》。该项目由日本政府出资，计划在日本钏路煤矿培训基地每年培训 100 名中国煤矿安全监察员、煤矿安全管理人员和技术人员，并每年派遣日本煤矿安全专家在华举办 3 ~ 6 期培训。实施时间为 2002 年 4 月至 2007 年 3 月。

4 月 16 日—5 月 1 日　国家安全生产监督管理局副局长闪淳昌率团访问德国工伤保险协会和英国安全健康执行局，考察安全监管制度。

5 月 10 日　国家安全生产监督管理局（国家煤矿安全监察局）副局长王德学在东方花园饭店会见并宴请国际劳工组织高级代表团，围绕中国安全生产监管体制机制、与劳工组织的交流合作进行交流和探讨。代表团由国际劳工组织负责社会保障事务的执行主任迪奥普、职业安全卫生项目主任塔卡拉、亚太地区局长特别顾问李东林、亚太地区职业安全卫生专家卡瓦卡米、国际劳工组织北京局局长庄古、副局长王纪元、项目官员朱常有组成。

5 月 23 日—6 月 6 日 国家安全生产监督管理局（国家煤矿安全监察局）局长张宝明率团赴奥地利出席世界职业安全健康大会，会后访问美国矿山安全健康局和美国职业安全健康局，考察匹兹堡研究中心和 DBT 企业。

6 月 4—5 日 中印（度）煤炭工作组第八次会议在北京举行，国家安全生产监督管理局副局长赵铁锤和印度煤炭部秘书（副部长）辛哈共同主持会议。

7 月 13—27 日 中国工程院院士、中国煤炭工业协会会长范维唐访问美国，考察美国煤矿安全技术与管理、煤层气开发与利用，与美国国家采矿协会、西北采矿协会、美国采矿工程师学会、科罗拉多州采矿协会、20 英里煤矿进行技术交流。

9 月 16—17 日 首届中国国际煤炭大会在北京嘉里中心饭店举行，共有来自 30 多个国家和地区的政府部门和煤炭企业的代表 525 人参会。煤炭大会由中国煤炭工业协会和英国国际煤炭会议公司联合主办，国家煤矿安全监察局协办，国际交流合作中心承办。

10 月 9—12 日 第一届中国国际安全生产论坛暨中国国际安全生产及职业健康展览会在北京中国国际贸易中心举行，国务院副总理吴邦国发来贺电，国际劳工组织总干事索马维亚视频致辞，国家经济贸易委员会主任李荣融、国家安全生产监督管理局局长王显政出席论坛并致辞。论坛主题为“二十一世纪安全生产与职业健康”。论坛由国家安全生产监督管理局和国际劳工组织共同主办，国家安全生产监督管理局国际交流合作中心承办。展览由国际交流合作中心、杜塞尔多夫展览公司、冶金贸促会联合承办。参加论坛的代表 600 多人，140 家国内外企业和机构展示安全健康技术、设备、产品，展览面积为 5500 平方米。国家经济贸易委员会主任李荣融在论坛致辞中指出：我国政府始终强调，要坚持贯彻“安全第一、预防为主”的方针，并通过法律规范和政策导向，促进生产经营单位加大安全措施的投入，依靠科技进步，提高安全管理水平，建立安全生产的长效机制。同时要进一步扩大安全生产领域的对外交流与合作。此次论坛，对学习和借鉴国外安全生产技术和管理经验及开展国际合作具有重要意义。国际劳工组织总干事在视频讲话中提出：国际社会要加强合作，积极改善工作环境，确保劳动者安全与健康。论坛收录并发表了论文 167 篇，40 位国内外知名专家和政府高官在大会和分论坛上演讲、讨论。论坛期间，国家安全生产监督管理局分别与美国劳工部副部长、英国职业安全健康执行局局长、波兰国家矿山局局长、国际劳工组织副总干事等举行高级别会谈，建立双边合作关系，签署合作备忘录。

10 月 16 日 国家安全生产监督管理局局长王显政与美国劳工部副部长兼矿山安全健康局局长劳瑞斯基签署《中美矿山安全合作备忘录》。根据该备忘录，双方商定合作开展“中美矿山安全合作项目”。

11 月 23 日—12 月 11 日 国家安全生产监督管理局、国家煤矿安全监察局局长王显政率团访问澳大利亚和新西兰，考察两国安全健康管理机构、体系和职能。访问澳大利亚国家职业安全与健康委员会（签署合作谅解备忘录）、澳大利亚就业与工作场所安全部、西澳州政府消费者与就业保护部。会见新西兰劳工部部长威尔逊、劳工部职业安全与健康局局长西尔。

2003 年

2 月 18 日—3 月 5 日 国家安全生产监督管理局副局长闪淳昌率团赴南非、泰国、埃及，考察安全生产监管。访问国际劳工组织亚太地区分局并举行工作磋商，访问南非矿山安全与健康监察局、南非矿山安全技术咨询委员会，访问埃及国家职业安全与健康研究所并参观空气质量和工业粉尘监测化验等研究室。

3 月 23 日 美国国家安全委员会总裁麦克·米兰（美国职业安全健康局前任局长）应邀来华访问交流，并在国家安全生产监督管理局会议室作了题为“美国安全与健康发展纲要”的报告。

8 月 23 日—9 月 7 日 国家安全生产监督管理局副局长赵铁锤率团访问巴西、阿根廷，考察安全生产监管体制和监管经验。访问巴西劳工部安全与健康基金会、巴西矿业协会、亚马逊州劳工局，参加阿根廷第四届国际矿业会议及采矿设备展览会。

8 月 27 日—9 月 10 日 中国职业安全健康协会理事长张宝明率团赴马来西亚参加第 19 届亚太地区职业安全健康组织年会，并访问越南国家煤炭总公司、越南劳动总局和越南劳动保护科学研究院。访问泰国劳动保护与福利局、泰国劳动安全健康促进协会。

9 月 12—29 日 国家安全生产监督管理局局长王显政率团访问英国和巴西。与英国职业安全健康执行局举行监管监察执法交流会，考察利物浦监察办事处。出席巴西国际采矿大会，参观巴西国际采矿博览会，会见巴西矿产资源部副部长、巴西采矿协会主席。

9 月 17—21 日 国家安全生产监督管理局（国家煤矿安全监察局）副局长梁嘉琨出席在澳门举行的第 11 届“两岸四地”职业安全健康学术研讨会。

10 月 6—21 日 国家安全生产监督管理局副局长王德学率团赴南非出席第

30 届国际矿山安全研讨会和国际矿山救援大会。王德学在会上提出申办第 32 届国际矿山安全研讨会，获得成功。访问瑞士国际劳工组织总部。

11 月 3 日 国家安全生产监督管理局副局长梁嘉琨出席《中美矿山安全合作项目文件》签字仪式，国家安全生产监督管理局办公厅（国际合作司、财务司）主任田玉章与美国劳工部国际劳工事务局局长柳文在文件上签字。根据项目文件，美国政府将出资援助约 230 万美元，计划用 4 年时间通过开展培训、技术考察、研讨以及建设示范矿（阳泉煤业集团新井矿）等，完善中国煤矿安全培训和救援体系，提高中国煤矿安全监察和执法能力，增强示范矿管理人员和矿工的安全意识和安全管理能力。

11 月 10 日 国家安全生产监督管理局主办、国际交流合作中心和宣教中心承办的 2003 安全文化与小康社会国际研讨会在北京昆仑饭店举行，国家安全生产监督管理局副局长赵铁锤出席会议并讲话。国际劳工组织北京局副局长王纪元出席会议并致辞。

11 月 16—18 日 由国家安全生产监督管理局主办、美国利宝互助保险集团和国际交流合作中心承办的第五届中国安全生产论坛在重庆举行，国家安全生产监督管理局（国家煤矿安全监察局）副局长梁嘉琨出席并讲话。本次论坛主题为“加强中小企业安全管理”，旨在深入研究和探讨中小企业安全监管的理论和实践。

2004 年

2 月 11 日 中印煤炭联合工作组第九次会议在印度新德里召开。中方代表团团长、国家煤矿安全监察局副局长赵铁锤和印方代表团团长、印度煤炭部秘书（副部长）米士拉博士共同主持了会议。

4 月 28 日 世界安全生产日座谈会在北京举行。座谈会主题为“贯彻落实国务院《关于加强安全生产工作的决定》，开创安全生产工作新局面”，国家安全生产监督管理局（国家煤矿安全监察局）副局长梁嘉琨出席会议并讲话，国际劳工组织专家马奇塔发表演讲，国内外专家学者参加座谈。

5 月 18—30 日 国家安全生产监督管理局局长王显政率团访问美国和日本，考察两国安全监管和煤矿安全监察工作。会见美国劳工部常务副部长史蒂文·劳和副部长柳文、美国矿山安全健康局局长劳瑞斯基、美国国家安全委员会主席麦克米兰、国家矿山安全健康学院（伯克利）院长布雷迪，访问美国职业健康培训中心（芝加哥）、利宝互助保险公司、哈佛大学公共卫生学院。会见日本经产省资源能源厅长官日下一正、NEDO 理事长牧野力、日本煤炭能源中心理事长安藤胜良，访问日本中央劳动灾害防止协会、钏路煤矿安全培训基地。

5 月 31 日 国家安全生产监督管理局（国家煤矿安全监察局）副局长王德学率团访问波兰和芬兰，观摩在波兰举行的国际矿山救护技术竞赛，考察波兰煤矿安全监察和芬兰安全生产工作。

6 月 1—14 日 中国职业安全健康协会理事长张宝明率团赴捷克参加第七届国际安全社区大会，并赴奥地利参加第十三届世界工伤预防与安全促进大会。

6 月 3—5 日 中国矿山救护代表队参加在波兰格尔古夫市举行的第四届国际矿山救护竞赛中，获得矿山救护集体项目亚军，呼吸器操作个人项目第二名、第三名的好成绩，接过 2006 年第五届国际矿山救护竞赛举办权。

6 月 17 日 国家安全生产监督管理局党组成员、纪检组长赵岸青率团出席在加拿大举行的第十四届事故处理国际会议并赴美国考察安全监察工作。

6 月 21 日 国家安全生产监督管理局局长王显政在北京钓鱼台国宾馆会见来访的美国劳工部部长赵小兰，双方出席基于《中美矿山安全合作备忘录》（2002 年 10 月 16 日签署）的“矿山安全与健康合作”和“工作场所安全与健康合作”两个补充谅解书的签字仪式。

6 月 23 日 国家安全生产监督管理局局长王显政在北京与美国矿山安全与健康局局长劳瑞斯基（David Lauriski）和美国职业安全与健康局局长亨肖（John Henshaw）举行会谈，就中美两国在矿山与职业安全健康领域加强进一步合作交换意见，达成共识。

7 月 12 日 国务院总理温家宝在北京人民大会堂会见美国利宝互助保险集团董事长柯里博士一行，推动中美开展安全生产保险制度研究与探索。王显政、黄毅、林一胜、柏然参加会见。本次会见由国家安全生产监督管理局提出安排。

8 月 31 日—9 月 3 日 中国职业安全健康协会主办、国际交流合作中心承办的亚太地区职业安全健康组织第二十届年会在北京喜来登长城饭店举行，会议主题为“职业安全健康与社会经济协调发展”。国家安全生产监督管理局局长王显政、中国职业安全健康协会理事长张宝明出席开幕式并致辞演讲。来自日本、美国、澳大利亚、印度、英国等 30 多个国家和地区的专业团体、非政府组织的领导人以及国内外安全健康专家学者共 400 多人参加了会议。

9 月 1—4 日 第二届中国国际安全生产论坛暨中国国际安全生产及职业健康展览会在北京举行（论坛在人民大会堂举行，展览在农业展览馆举行），国务委员兼国务院秘书长华建敏出席开幕式并致辞，国家安全生产监督管理局局长王显政发表主旨演讲。论坛主题为“安全、健康与发展”，来自 20 多个国家和地区的近700名代表参加论坛，国内外195家企业和单位参展。论坛开幕前，华建敏在北京人民大会堂陕西厅会见了中外方主要代表并合影留念。参加会见并出席大会的国务院和有关部门领导有国务院副秘书长尤权，劳动和社会保障部副部长华福周，交通部副部长徐祖远，卫生部副部长马晓伟，国家安全生产监督管理局局长王显政、副局长梁嘉琨，中华全国总工会书记处书记张鸣起，科技部秘书长张景安，中国煤炭工业协会会长范维唐，中国职业安全健康协会理事长张宝明，以及国家安全生产监督管理局办公室主任田玉章、政策法规司司长黄毅、国际合作司副司长林一胜、国际交流合作中心主任柏然，同煤集团董事长彭建勋。香港、澳门主要代表和嘉宾有香港特别行政区政府劳工处助理处长曹承显、澳门特别行政区劳工事务局局长孙家雄、香港职业安全健康局主席伍达伦、香港矽肺病补偿基金会主席黄天祥。国外主要代表和嘉宾有国际劳工组织东亚地区局局长克里斯廷、美国劳工部副部长兼职业安全健康局局长约翰·亨肖、俄罗斯联邦矿山与工业监督局第一副局长鲍里斯·克拉斯尼科、波兰国家矿山局局长沃伊西切·希拉德克、澳大利亚职业健康与安全委员会首席执行官罗宾·斯图尔德·克朗普顿、西澳大利亚州职业安全健康委员会主席妮娜·林、英国健康与安全局局长沃克、芬兰健康与社会事务部职业安全健康局局长米高·赫马拉伊、爱尔兰职业安全健康局局长汤姆·比根、南非矿山能源安全监察署署长赫莫诺、国际劳工组织北京局代理局长王纪元、美国安全委员会主席迈克·米兰、世界采矿大会国际组委会主席杜宾斯基、加拿大工业事故预防协会主席莫林·肖、日本中央劳动灾害防止协会会长和男见人、德国矿山工伤保险协会主席布鲁尔、美国利宝互助保险集团副总裁李文、美国杜邦安全管理咨询全球总裁符健士、新加坡人力资源部职业安全和健康司司长陈沛元、日本煤炭能源中心理事长安藤胜良、美国伊斯曼柯达公司副总裁海思·贝尔、德国鲁尔集团董事韦伯、法国巴固－德洛集团亚太地区副总裁艾逢时、波兰劳动保护研究院院长丹努塔、英国职业安全健康研究院院长约翰·莱西。

10月8日 国家安全生产监督管理局（国家煤矿安全监察局）副局长梁嘉琨率团访问澳大利亚职业安全健康委员会和新西兰劳工部，考察两国安全生产监管制度。

10月10日 首届粤港澳安全知识竞赛在香港举行，国家安全生产监督管理局副局长闪淳昌应邀参加活动并为获奖者颁奖。

10月26—29日 由国际煤炭研究委员会、中国煤炭工业协会和国家煤矿安全监察局联合主办、国际交流合作中心承办的第13届国际煤炭研究大会暨首届中国国际煤炭展览会在上海光大会展中心举行。会展主题为“安全开采和洁净煤技术——通向21世纪的桥梁”，约480名国内外代表参会，117家企业参展。

11月15—19日 国家安全生产监督管理局局长王显政率团访问香港、澳门，考察安全健康制度。会见香港特别行政区律政司官员、香港特别行政区经济发展及劳工局局长叶澍堃，香港特别行政区劳工处处长丁福祥。访问香港职业安全健康局、澳门劳工事务局、香港中华总商会、中煤集团驻港机构。

11月24日 国家外国专家局在北京召开全国出国（境）培训成果交流会，国际交流合作中心主任柏然代表国家安全生产监督管理局发言，介绍安全生产出国（境）培训成果及推广情况。

12月7—9日 中美矿山安全合作项目中国矿山应急救援体系建设研讨会在广西桂林召开，国家安全生产监督管理局（国家煤矿安全监察局）副局长赵铁锤、美国矿山安全与健康局副局长约翰·科瑞尔出席会议。研讨会向国家安全生产监督管理局提交八条完善中国矿山应急救援体系的建议。

2005年

5月16日 国家安全生产监督管理总局副局长王显政在北京会见美国杜邦集团全球副总裁柯艾伦一行，双方就危险化学品安全管理、企业安全文化、安全培训等方面的合作交换了意见。

5月24日 国家安全生产监督管理总局副局长梁嘉琨在安贞大厦会议室会见南非劳工部部长姆德拉德拉纳、副部长姆科萨纳一行，双方就两国安全生产形势任务、重点特点以及扩大合作交换了意见。

6月10—24日 中国职业安全健康协会理事长张宝明率团赴挪威出席第14届安全社区大会并赴匈牙利进行职业安全健康考察。

7月7—8日 中国煤炭工业协会副会长濮洪九率团赴澳大利亚出席中澳煤炭峰会第一次会议。此次煤炭峰会由澳大利亚矿产资源部和中国煤炭工业协会联合主办，中国驻澳大利亚大使傅莹出席会议并致辞，澳大利亚矿产资源部部长麦克法兰主持会议并发表主旨演讲。会议围绕两国煤炭工业发展政策和前景，以及煤矿管理、采矿安全等议题进行深入交流与研讨。

8月12日 国家安全生产监督管理总局副局长孙华山率团访问巴西和阿根廷，考察两国非煤矿山安全监管和安全培训工作。其间，代表团访问了巴西淡水河谷公司、巴西劳工部和阿根廷劳工部。

9月3—15日 国家安全生产监督管理总局副局长王显政率团访问瑞士和丹麦，考察安全生产与职业健康制度。与国际劳工组织、世界卫生组织进行会谈，访问丹麦工作环境监察局。

9 月 12 日 国家安全生产监督管理总局局长李毅中在安贞大厦会议室会见捷克副总理兼劳动和社会事务部部长兹·什克罗马赫，捷克驻华大使格雷普尔，捷克劳动和社会事务部第一副部长西莫卡、副部长沙佳等一行，双方就加强安全监管、保护劳动者安全健康、促进经济社会持续发展以及加强矿山安全方面的交流合作交换意见。

9 月 14—26 日 国家安全生产监督管理总局副局长梁嘉琨率团赴美国出席第 17 届世界职业安全与健康大会并发表主题演讲，会见美国劳工部常务副部长斯蒂芬·劳、美国国家安全委员会主席麦克米兰、杜邦公司全球副总裁，就加强安全健康合作广泛交换意见，形成共识。访问印度尼西亚劳动与移民部。

9 月 22 日 国家安全生产监督管理总局党组成员、纪检组长赵岸青率团访问乌克兰和芬兰，考察两国安全生产监督管理体系、伤亡事故统计，以及工伤事故调查法规。

9 月 23 日 国家安全生产监督管理总局与德国巴斯夫公司共同主办、国际交流合作中心承办的化学品运输安全和应急救援研讨会在北京凯宾斯基饭店举行，中德双方代表 70 余人参会。国家安全生产监督管理总局副局长孙华山出席会议并讲话。

10 月 2—5 日 国家安全生产监督管理总局办公厅（国际合作司）副主任（副司长）林一胜率团参加在澳大利亚布里斯班举行的第 31 届国际矿山安全研讨会，并代表国家安全生产监督管理总局接过第 32 届会议的主办权。

10 月 9—20 日 国家煤矿安全监察局副局长付建华率团赴捷克、匈牙利考察煤矿安全监管和应急救援、煤矿安全技术。

10 月 17—18 日 由国家安全生产监督管理总局与美国利宝互助保险集团合作举办的第七届中国安全生产论坛在北京举行，国家安全生产监督管理总局副局长孙华山出席论坛并致辞。来自国家安全生产监督管理总局、公安部、交通部、国家质量监督检验检疫总局的官员和专家及国际专家 150 人就危险化学品道路运输安全监管、法规体系等议题进行深入研讨。

10 月 26—27 日 国家安全生产监督管理总局、国家煤矿安全监察局、国家发展和改革委员会、科学技术部联合主办、国际交流合作中心承办的第一届中国国际煤矿瓦斯防治与利用大会在北京举行。会议主题为“瓦斯防治——煤矿安全的保障”，国家安全生产监督管理总局局长李毅中出席会议并致辞，国家安全生产监督管理总局副局长梁嘉琨主持大会。来自美国、德国、英国、澳大利亚、波兰、南非、日本、加拿大等国的 150 名国际代表和国内近 500 名政府及企业管理人员和专家学者参加会议。

11月9—20日 国家煤矿安全监察局副局长王树鹤率团访问南非、土耳其。在南非考察英美资源集团及煤矿，会见南非矿山安全监察局官员，访问土耳其矿山局并参观煤矿。

11月10—15日 中印（度）煤炭工作组第十次会议在上海举行，国家煤矿安全监察局局长赵铁锤和印度煤炭部副部长帕拉科共同主持会议。

2006年

3月30日 波兰驻华大使馆与中国煤炭工业协会共同主办、国际交流合作中心承办的中国—波兰煤炭工业发展研讨会在北京昆仑饭店举行，中外代表380人参会，国家煤矿安全监察局局长赵铁锤、中国煤炭工业协会副会长濮洪九、波兰外交部部长梅乐、波兰经济部副部长蓬采柳什和欧盟驻华大使出席研讨会并发表致辞演讲。

4月3—4日 2006中国国际煤炭大会在上海香格里拉饭店举行，国内外代表525人参会，国家安全生产监督管理总局副局长王显政、中国煤炭工业协会副会长濮洪九、国务院发展研究中心副主任刘世锦出席大会并演讲。

4月13—14日 国家安全生产监督管理总局与国际劳动监察协会联合主办、国际交流合作中心承办的国际职业安全与健康监察机制研讨会在北京凯宾斯基饭店举行。国家安全生产监督管理总局副局长梁嘉琨、国际劳工组织中国蒙古局局长康妮、国际劳动监察协会主席帕特逊出席会议并演讲。

4月27日 国家安全生产监督管理总局局长李毅中在北京会见芬兰社会事务与卫生部部长哈泰宁一行，就两国安全生产工作重点及进一步合作交换了意见。

5月30日—6月8日 国家安全生产监督管理总局副局长、国家安全生产应急救援指挥中心主任王德学率团考察俄罗斯和德国的安全生产应急救援体系。

8月22日—9月1日 国家煤矿安全监察局局长赵铁锤率团考察捷克和波兰两国矿山安全监察体制、煤炭发展及煤矿安全。

9月14—16日 第五届国际矿山救援技术竞赛在河南平顶山举行，共有7个参赛国、9支救援队参赛，国外参赛代表团和观摩团达124人，总观摩人数400余人。本次竞赛由国家安全生产监督管理总局、国家煤矿安全监察局和河南省人民政府共同主办。

9月19—22日 由国家安全生产监督管理总局和国际劳工组织共同主办、

国际交流合作中心承办的第三届中国国际安全生产论坛暨中国国际安全生产及职业健康展览会在北京长城饭店举行（展览在农业展览馆举行）。主题为“安全发展与和谐社会”，国务委员华建敏出席论坛开幕式并作重要讲话，全国政协副主席王忠禹出席展览会开幕式并参观展览。国家安全生产监督管理总局局长李毅中发表主旨演讲，国际劳工组织副总干事迪奥普致辞并演讲，500 多名国内外代表参加大会，展览面积 10000 平方米。

9 月 30 日 日本煤炭能源中心理事长安藤胜良由于长期致力于中日交流，并在“中日煤矿安全技术培训合作”中作出突出贡献，被国务院授予“中国政府友谊奖”。此奖是中国政府授予在华工作的外国专家的最高奖项。

10 月 9—20 日 国家安全生产监督管理总局副局长王显政率团考察乌克兰和西班牙两国的矿山安全管理。访问乌克兰紧急状态部、乌克兰顿涅茨克煤炭科学研究院，与西班牙工业部和劳动部举行会谈。

10 月 28—30 日 国家安全生产监督管理总局副局长王显政率团出席在澳门举办的第三届粤港澳安全知识竞赛并为获奖者颁奖，访问澳门经济财政司司长谭伯源、澳门劳工事务局局长孙家雄、香港特别行政区政府经济发展及劳工局常任秘书长张建宗、香港职业安全健康局主席伍达伦。

10 月 31 日 十届全国人大常委会第 24 次会议作出批准《职业安全和卫生及工作环境公约》即第 155 号公约的决定。2007 年 1 月 25 日，经国际劳工组织正式登记，中国加入了这个公约。

11 月 1 日 2006 中国国际煤炭展览会暨中国煤炭科技创新成果展在北京举行。本届展览会的主题是“依靠科技进步发展中国煤炭工业”。来自德国、英国、澳大利亚、波兰、荷兰、俄罗斯、美国等 20 多个国家的 100 多家国际公司和来自国内近 100 家企业参加了展览会，集中展示了煤炭新技术、新装备、新工艺。本展会由中国煤炭工业协会、中国国际贸易促进委员会煤炭行业分会主办，国家安全生产监督管理总局国际交流合作中心承办。国家安全生产监督管理总局局长李毅中、副局长王显政，国资委副主任黄淑和，国家煤矿安全监察局局长赵铁锤，中国煤炭工业协会会长范维唐、副会长濮洪九，以及大型煤炭企业、煤机制造企业、科研机构等董事长或总经理出席开幕式并参观展览。

11 月 2 日 国家安全生产监督管理总局局长李毅中在总局会见巴斯夫集团执行董事薄睦乐，双方就进一步加强交流与合作交换意见。国际合作司柏然、政法司黄毅、危化司王浩水、应急指挥中心李万疆参加会见。巴斯夫方面：巴斯夫大中华区董事长关志华、巴斯夫中国首席代表兼中国欧盟商会副主席伍德克、巴斯夫（中国）有限公司政府及公共事务高级经理熊怒云参加会见。

12 月 2 日 中国职业安全健康协会理事长张宝明率团考察澳大利亚和新西兰煤层气开发与利用。

12 月 15 日 国家安全生产监督管理总局局长李毅中在国家安全生产监督管理总局会议室会见并宴请美国劳工部部长赵小兰。李毅中介绍中国当前安全生产状况及面临的主要挑战、国家安全生产监督管理总局的主要职责和工作重点。双方同意落实好已签署的合作协议和正在开展的合作项目，继续推进中美在安全健康领域的交流与合作。王德学、梁嘉琨、田玉章、黄毅、柏然参加会见和宴请。

2007 年

3 月 30 日 国家安全生产监督管理总局国际合作司与日本新能源产业技术综合开发机构签署《煤矿安全技术培训项目变更谅解备忘录》，确定“中日煤矿安全技术培训项目”延续实施 3 年，国际交流合作中心和日本煤炭能源中心继续作为实施单位。据统计，该项目前 5 年中方共派出赴日培训 483 人，在华培训 4190 人。

4 月 2 日 国家安全生产监督管理总局副局长、国家煤矿安全监察局局长赵铁锤率团访问印度煤炭部，出席中印（度）煤炭工作组第 11 次会议并考察印度煤炭工业和煤矿安全管理。

4 月 3 日 国家安全生产监督管理总局、国家煤矿安全监察局和国际劳工组织共同主办、国际交流合作中心承办的煤矿风险评价与管理三方研讨会暨中国煤矿安全国际交流会在北京举行，近 20 个国家和国际组织的专家学者参加会议。国家安全生产监督管理总局副局长梁嘉琨、国际劳工组织中国蒙古局局长康妮出席会议并致辞。

4 月 16—17 日 2007 中国国际煤炭大会在北京嘉里中心饭店隆重举行。本届大会主题为“全球煤炭工业和可持续发展”。中外企业家和专家学者 500 余人参加会议，国家安全生产监管管理总局局长李毅中、副局长王显政，中国煤炭工业协会副会长濮洪九出席大会并致辞。

4 月 20—30 日 国家煤矿安全监察局副局长彭建勋率团赴德国参加中德煤炭工作组中期会议，参观 BAUMA 国际采矿机械设备博览会。

4 月 27 日 国家安全生产监督管理总局与国际劳工组织在国家安全生产监督管理总局 A511 会议室举行“4 · 28”纪念活动报告会。报告会以“安全健康的工作场所—体面的劳动变为现实”“关注我国矿业领域职工安全与职业健康”为主题，大力倡导“安全发展”科学理念，营造全社会重视职业安全卫生和工作环境健康的浓厚氛围，预防和减少各类事故，保护职工群众生命健康，促进中国职业安全与健康事业的发展。报告会由国家安全生产监督管理总局政法司司长黄毅主持，国家安全生产监督管理总局副局长王显政、国际劳工组织中国蒙古局局长康妮、世界卫生组织驻中国代表贝汉卫致辞。

5 月 31 日 国家安全生产监督管理总局局长李毅中、副局长孙华山在北京会见美国利宝互助保险集团执行副总裁雷明一行。会见中，雷明将《发展保险制度，改善中国安全生产》课题研究报告（利宝集团应国务院总理温家宝要求开展的课题研究）递交给局长李毅中，并请转呈总理温家宝。

6 月 28 日 国家安全生产监督管理总局副局长王德学在北京会见德国德尔格安全设备有限公司首席执行官尤格尔一行，就双方继续加强合作交换意见。

7 月 13 日 国家安全生产监督管理总局在北京召开中日煤矿安全技术培训合作项目成果报告会，国家安全生产监督管理总局副局长梁嘉琨、国家煤矿安全监察局副局长彭建勋、国家外国专家局副局长孙照华出席会议，开滦集团、兖矿集团、淮北矿业集团和吉林煤矿安全监察局白山分局在会上发言，介绍培训成果和经验。国家安全生产监督管理总局和国家煤矿安全监察局机关部门负责人、部分省级煤矿安全监察机构负责人、煤矿企业负责人等 120 人参加会议。

7 月 17 日 国家安全生产监督管理总局副局长梁嘉琨在北京会见国际劳工组织亚太地区局局长山本幸子一行。双方同意继续加强在安全生产法律法规、有关技术标准和人员培训等方面的交流与合作。

8 月 10 日 国家安全生产监督管理总局局长李毅中在国家安全生产监督管理总局会见了国际劳工组织总干事索马维亚，双方充分肯定并高度赞赏所建立的合作关系，支持在安全健康领域开展更加紧密的合作。随同索马维亚会见的劳工组织官员有国际劳工组织亚太地区局局长山本幸子、总部高级顾问沁格、中国蒙古局局长康妮、总部官员阿夫里迪、中国蒙古局副局长张国庆、中国蒙古局项目官员朱常有。中方参加会见的人员有国家安全生产监督管理总局政法司司长黄毅、规划科技司司长杨富、国家合作司副司长柏然。

8 月 13—24 日 美国劳工部、美国国家安全委员会和独立评估机构组成的美方评估团来华，对“中美矿山安全合作项目”开展终期评估。评估团认为中美矿山安全合作项目圆满完成了预定目标任务。

9 月 27—29 日 国家安全生产监督管理总局主办、国家安全生产应急救援指挥中心和国际交流合作中心承办的第一届中国国际安全生产应急管理和应急救援论坛暨展览会在北京国际会议中心举行，国家安全生产监督管理总局局长李毅中在论坛上发表讲话，国家安全生产监督管理总局副局长王德学作主旨演讲。首届论坛的主题为“提高防范和处置事故灾难能力，保障公众生命安全与健康，实现安全发展”。国务院应急办、有关部委负责人出席大会，国际劳工组织代表、俄罗斯紧急状态部官员、美国劳工部职业安全健康局专家、捷克矿山局官员在论坛上演讲交流。院士范维澄、教授薛澜、参事闪淳昌、中国安全生产科学研究院院长刘铁民到会演讲交流。巴斯夫、杜邦、德尔格公司高层管理人员参会交流。

9月28日 国家煤矿安全监察局局长赵铁锤在北京会见波兰国家最高矿山局局长彼特·布赫瓦尔德一行。双方同意加强在采矿技术、煤矿企业管理、煤矿安全监察，以及人员培训等方面的交流与合作。

9月28—29日 第32届国际矿山安全研讨会在北京国际会议中心举行。会议开幕式由国家安全生产监督管理总局副局长梁嘉琨主持，国家安全生产监督管理总局局长李毅中致辞并作主旨演讲，世界采矿大会国际组委会主席杜宾斯基致辞。

10月28日—11月10日 国家安全生产监督管理总局副局长王显政率团访问土耳其和哈萨克斯坦。出席在伊斯坦布尔举行的世界采矿大会国际组委会会议，访问土耳其工业部和煤炭公司，与哈萨克斯坦工业部会谈，考察鲍加蒂里露天矿。

11月13日 国家安全生产监督管理总局局长李毅中在北京会见保加利亚劳动和社会政策部部长玛斯拉罗娃一行，双方就保护劳动者安全与健康交换意见。

2008年

2月24日 国家安全生产监督管理总局在北京西郊宾馆召开中美矿山安全合作项目成果报告会，国家安全生产监督管理总局副局长梁嘉琨主持会议，国家安全生产监督管理总局党组成员、国家煤矿安全监察局局长赵铁锤讲话。会议充分肯定“中美矿山安全合作项目”取得的成果和经验。“中美矿山安全合作项目”圆满结束。

4月9日 国家安全生产监督管理总局与美国利宝互助保险集团共同主办的“发展保险制度，促进安全生产研讨会”在北京西郊宾馆举行，国家安全生产监督管理总局副局长孙华山出席会议并讲话。

9月6—12日 中国煤炭工业协会会长王显政访问波兰克拉科夫，出席第21届世界采矿大会第89次国际组委会会议，当选为世界采矿大会国际组委会副主席。在组委会上发表“中国煤炭工业发展战略展望”的专题演讲。出席世界采矿大会 50 年纪念活动和采矿博览会开幕式。

10 月 23—24 日 国家安全生产监督管理总局、国家煤矿安全监察局共同主办，淮南矿业集团、煤矿瓦斯治理国家工程研究中心和国际交流合作中心联合承办的煤矿瓦斯防治技术国际研讨会在淮南矿业集团举行。研讨会以“依靠技术创新，强化瓦斯治理”为主题，来自国际组织和十多个国家的专家学者、专业人士 300 多人交流国内外煤矿瓦斯治理技术和经验。国家安全生产监督管理总局副局长梁嘉琨、国家煤矿安全监察局副局长王树鹤、联合国开发计划署驻华代表马和励、世界采矿大会国际组委会主席杜宾斯基出席会议并发表演讲。

11 月 18—20 日 第四届中国国际安全生产论坛暨中国国际安全生产及职业健康展览会在北京举行。本届论坛主题为“安全发展，关系民生”，国内外代表 400 余人参会，展览面积 13000 平方米。国务院副总理张德江出席论坛并发表重要讲话，美国劳工部部长赵小兰、芬兰社会与卫生部部长利萨·希萨拉等 10 位外国部级政府官员出席大会并演讲。全国人大常委会副委员长陈昌智出席展览会开幕式并参观展览。

11 月 21 日 《中澳煤矿安全合作示范项目联合声明》和《实施方案》在京签署，由国家安全生产监督管理总局国际合作司柏然与澳大利亚资源、能源和旅游部资源司司长克里斯签字。标志“中澳煤矿安全合作示范项目”正式启动。澳大利亚从“亚太清洁发展和气候变化伙伴关系”（AP6）中申请 625 万澳元支持示范项目建设和推广，中方财政和宣东煤矿投入相应配套资金。项目通过 3 年时间，开展技术指导和培训，借鉴澳大利亚经验，在宣东煤矿构建安全与健康管理体系，引进瓦斯、水、火、顶板等防治技术与装备。

2009 年

1 月 10 日 国家安全生产监督管理总局副局长梁嘉琨在全国外国专家局长会议上向国务委员兼国务院秘书长华建敏作了题为“中日煤矿安全技术培训成果和经验”的专题汇报。

1 月 15 日 中国职业安全健康协会理事长张宝明率团访问越南劳动部、越南安全健康协会、安全健康研究院，考察交流安全健康工作，并赴马来西亚出席亚太地区职业安全健康组织年度大会。

2 月 20 日 国家安全生产监督管理总局副局长、国家煤矿安全监察局局长赵铁锤在北京会见日本煤炭能源中心理事长并木徹一行，双方高度评价中日煤矿安全技术培训合作取得的成果，愿继续推进中日两国在煤炭及煤矿安全方面的进一步合作。

3月17日 国家安全生产监督管理总局局长骆琳在总局会议室会见美国杜邦公司董事长贺利得一行，就加强危险化学品安全监管、扩大安全健康合作交换了意见。

4月3日 国家安全生产监督管理总局局长骆琳在总局会议室会见澳大利亚联邦资源、能源和旅游部部长福格森一行，双方同意加强在煤矿安全领域的合作，支持实施煤矿安全示范项目。

4月20—21日 2009中国国际煤炭大会在北京索菲特大饭店举行，中国煤炭工业协会会长王显政出席大会并致辞。国内外代表500余人参加会议。

4月27日 2009年世界安全生产与健康日纪念活动主题报告会和送安全文化到基层活动在山东省菏泽市举行，由国家安全生产监督管理总局、国际劳工组织和山东省政府共同主办，国家安全生产监督管理总局副局长杨元元、国家煤矿安全监察局副局长黄毅、山东省省长助理曲植凡、国际劳工组织中国蒙古局副局长张国庆、中华全国总工会劳动保护部部长汪忠汉、山东省菏泽市委书记赵润田等出席活动并发表主题报告和演讲。

5月12日 国家安全生产监督管理总局副局长梁嘉琨在北京会见日本经济产业省煤炭课长国友宏俊一行（18人访华团），对扩大中日煤炭及煤矿安全方面的交流合作提出建议。

7月2—3日 第二届中国国际安全生产应急管理论坛暨展览会在北京举行，主题为加强应急管理，提高应急能力，促进安全发展。国内外代表600余人参加大会。国务院副总理张德江参观展览，国家安全生产监督管理总局局长骆琳出席论坛并致辞。

8月10日 国家安全生产监督管理总局副局长、国家煤矿安全监察局局长赵铁锤率团考察日本安全监管监察，访问钏路煤矿安全技术培训基地。

9月11日 国家安全生产监督管理总局副局长杨元元在北京会见澳大利亚昆士兰州自然资源、矿产与能源部兼贸易部部长罗伯森一行，双方强调组织实施好中澳煤矿安全示范项目。

9月19—29日 国家安全生产监督管理总局副局长王德学率团赴捷克参加第四届国际矿山救援大会，考察乌克兰矿山应急救援工作。分别与捷克国家矿山局局长佩格里默克和乌克兰紧急状态部部长尚德拉举行会谈，参观乌克兰矿山救援培训机构和矿山救援队伍实地演练。

10月1日 英国籍矿山安全专家戴伍·菲尔克特长期在华工作，积极服务于安全生产，推动中欧盟开展安全健康交流与合作，经国家安全生产监督管理总局推荐，被中国政府授予“国际友谊奖”。

10月15—16日 第十七届“两岸四地”职业安全健康学术研讨会在武汉举行，由中钢集团武汉安全环保研究院主办。国家安全生产监督管理总局副局长孙华山出席研讨会开幕式并参加研讨交流。

11月9—18日 中国职业安全健康协会理事长张宝明率团赴美国、加拿大考察矿井救生舱技术与应用。对钢制救生舱、可充气式救生舱、避难硐室的设计、制造、使用条件及效果进行全面调研。

11月17日 国家煤矿安全监察局副局长彭建勋在北京会见日本煤炭能源中心副理事长樱井繁木。樱井表示，“中日煤矿安全技术培训合作项目”将于2010年3月结束，日方正落实政府预算，尽快与中方就项目延续实施举行磋商。

2010年

2月24日 国家安全生产监督管理总局副局长梁嘉琨在北京会见来华访问的国际劳工组织副总干事阿桑·迪奥普，双方高度评价国家安全生产监督管理总局与国际劳工组织紧密关系和有效合作。

7月4—16日 国家安全生产监督管理总局副局长梁嘉琨率团访问俄罗斯、挪威和瑞士，考察安全生产综合监管制度和安全事故综合预防体系。在俄罗斯会见环境保护与技术及原子能监督总局副局长、紧急状态部及应急指挥中心官员，考察紧急救护中心和应急管理研究所。在挪威与劳动部副部长和劳动监察局局长举行会谈交流。在瑞士会见国际劳工组织高级官员和国际社会保障协会秘书长。

8月31日 第五届中国国际安全生产论坛暨中国国际安全生产及职业健康展览会在北京北辰洲际酒店举行，展览在北京国家会议中心举行。中共中央政治局委员、国务院副总理张德江出席论坛，发表重要讲话，参观展览。他强调：促进安全生产和职业健康事业发展，必须加强国际交流与合作，广泛吸收借鉴世界各国的成功经验。希望国际安全生产和职业健康领域的专家学者和实际工作者，一如既往地关心支持中国安全生产和职业健康事业的发展，继续为促进中国安全生产和职业健康事业的发展建言献策。国家安全生产监督管理总局局长骆琳作主旨演讲，国际劳工组织副总干事迪奥普、国际社会保障协会秘书长康克琉斯基、国际劳动监察协会主席皮特逊致辞。交通运输部部长李盛霖、电监会主席王旭东、国务院副秘书长肖亚庆等30余位安委会成员单位、上海市政府、北京市政府的部级领导，以及行业协会和有关央企负责人出席大会。梁嘉琨主持会议。

9月2日 国家安全生产监督管理总局和国际劳工组织、国际社会保障协会联合举行“支持职业安全健康《首尔宣言》承诺签字仪式”，中石化集团、中国核工业集团、中石油集团、中国中煤能源集团，以及中国职业安全健康协会等16家中央企业和协会的代表在承诺书上签字，认真落实企业安全健康主体责任。国家安全生产监督管理总局副局长梁嘉琨和国际劳工组织副总干事迪奥普、国际社会保障协会秘书长康克琉斯基、韩国产业安全公团理事长卢民基出席签字仪式并讲话。

9月3日 首届中欧安全生产对话在北京北辰洲际酒店举行。以矿山安全为主题，交流矿山安全相关的政策、法规、监管、执法和救援等实践与经验。国家安全生产监督管理总局副局长梁嘉琨和欧盟委员会就业、社会事务与机会均等总司社会对话司司长阿米恩多·席尔瓦主持会议并致辞。

9月15—26日 全国政协常委会常委、中国煤炭工业协会会长王显政率团访问越南和印度尼西亚，出席在越南举行的第91次世界采矿大会国际组委会会议，考察两国煤炭发展和煤矿安全，访问中资企业，推动中国煤炭企业走出去。

10月20—21日 第十八届“两岸四地”职业安全健康学术研讨会在台北举行，由中华安全卫生协会主办。中国职业安全健康协会理事长张宝明率团出席会议并交流，会后考察台湾职业安全健康工作。

10月27日 由国家能源局、国家煤矿安全监察局和中国煤炭工业协会联合主办中国国际煤炭发展高层论坛在北京昆仑饭店举行，同期在北京农业展览馆举行中国国际煤炭展览会。国家能源局局长张国宝，国家煤矿安全监察局局长赵铁锤，波兰经济产业部副部长、美国驻华使馆公使衔参赞威廉·蔡瑞德，以及内蒙古、河南、陕西等省（自治区）副省长出席论坛并演讲。全国政协副主席厉无畏出席展览会开幕式，宣布展览会开幕并参观了展览。

11月30日—12月2日 国家安全生产监督管理总局副局长王德学访问香港，考察城市应急管理及应急救援体系。会见香港劳工处处长谢凌洁贞、卓永兴，香港应急中心官员和香港职业安全健康局秘书长邓华胜。拜访外交部驻香港特派员公署。

2011年

6月14—15日 国际矿山安全技术与装备研讨会由国家安全生产监督管理总局主办，国际交流合作中心承办，美国电缆公司协办，在北京柏悦酒店举行。会议的主题是“科技领先、安全发展”，围绕“矿山安全监督政策与措施”“矿山安全管理创新与实践”“先进的矿山安全技术与装备应用”“危险源监控与风险预警”“安全性技术创新与可持续发展” 等五个专题进行研讨交流。国家安全生产监督管理总局副局长杨元元、科技部副部长王伟中、国际劳工组织中国蒙古局局长霍百安、美国商务部高级商务专员龚珍出席会议并作主旨演讲，黄毅主持大会。

7 月 1—10 日 国家安全生产监督管理总局总工程师黄毅率团赴欧盟出席第二届中欧盟安全生产对话会议。会后访问捷克国家矿山局、匈牙利国家应急中心、德国矿山应急救援中心和培训中心。

8 月 31 日—9 月 10 日 国家安全生产监督管理总局副局长杨元元率团访问美国、加拿大，考察两国安全健康制度。与美国矿山安全健康局、职业安全健康局、劳工部国际事务局举行工作性会谈，与加拿大劳工部副部长高瑟琳举行定期会谈，讨论工作场所安全健康法规与标准。考察利宝互助保险集团安全健康研究院。

2012 年

4 月 28 日 2012 年“世界安全生产与健康日”纪念活动在北京顺鑫农业集团有限公司举行，国家安全生产监督管理总局副局长孙华山出席活动并讲话，北京市副市长苟仲文、国际劳工组织中国蒙古局局长霍百安分别致辞，法国驻华使馆参赞罗妮卡作了发言。

6 月 17—26 日 国家安全生产监督管理总局副局长孙华山率团访问瑞士和赞比亚，与国际劳工组织举行工作性会谈，会见迪奥普副总干事。考察中国有色集团等在赞比亚中资企业安全生产工作。

9 月 18 日 第六届中国国际安全生产论坛暨中国国际安全生产及职业健康展览会开幕式在北京北辰洲际酒店举行（展览在国家会议中心举行），国务委员兼国务院秘书长马凯出席大会并发表重要讲话。国家安全生产监督管理总局局长作主旨发言,国际劳工组织代理副总干事玛纽拉·拓梅、加拿大劳工部部长莉萨·雷特、北京市副市长苟仲文、国际社会保障协会秘书长康克琉斯基、俄罗斯联邦环境、技术与核能监督总局副局长博瑞斯·克拉斯内赫、国际劳动监察协会主席米歇尔·帕特逊致辞，孙华山主持会议。国务院副秘书长肖亚庆、铁道部部长盛光祖、人力资源和社会保障部副部长邱小平、交通运输部副部长徐祖远、国资委副主任黄淑和、国家质量检验检疫总局副局长刘平均，国家安全生产监督管理总局和国家煤矿安全监察局、行业协会和大型企业领导人出席大会。

9月12—14日 第二十届“两岸四地”职业安全健康学术研讨会在四川成都举行，由中国职业安全健康协会主办。国家安全生产监督管理总局副局长杨元元、四川省副省长刘捷出席会议开幕式并讲话。

9月20日 第三届中欧安全生产对话在北京北辰洲际酒店举行，主题为交流中欧安全生产应急救援管理与经验（重点在矿山、石油及化工行业应急救援），启动实施中欧高危行业职业安全与健康合作项目。国家安全生产监督管理总局副局长孙华山和欧盟委员会就业、社会事务与机会均等总司司长古斯·蕾切尔出席会议并致辞。

11月14日 首届中美安全生产对话在北京西郊宾馆举行。本次对话主题为“职业健康”，重点交流中美职业健康法规标准和监管措施。国家安全生产监督管理总局副局长孙华山和美国劳工部负责国际事务副部长马克·麦特尔哈瑟主持会议并致辞。美方三位副部长和驻华使馆公使参加首届对话会议。

2013年

4月26日 国家安全生产监督管理总局与国际劳工组织共同举办“世界安全生产与健康日”视频报告会。本次纪念活动的主题为“弘扬安全文化，提高预防水平”。报告会主会场在北京，分会场设在各省级安全生产监督管理局，报告会通过人民网进行视频直播。国际劳工组织中国蒙古局局长霍百安致辞，国家安全生产监督管理总局副局长孙华山发表讲话。

6月25—27日 第四届中国国际安全生产应急管理论坛暨应急技术与装备展览会在北京举行。国家安全生产监督管理总局副局长孙华山主持全体会议，国家安全生产监督管理总局局长以及国际劳工组织中国蒙古局局长霍百安、国际矿山救援组织秘书长阿莱克斯格雷斯加致辞，王德学发表主旨演讲，交通运输部安全总监宋家慧、澳大利亚驻华副大使韩家思、国家能源局杨昆、南非矿产资源部副部长戈弗雷·奥列分特发表主题演讲。

6月30日—7月9日 国家安全生产监督管理总局副局长孙华山率团出席在比利时召开的第四届中欧盟安全生产对话会议，考察波兰职业健康研究院和捷克矿山安全。

8月9—13日 中国煤炭工业协会会长王显政出席在加拿大蒙特利尔举行的世界采矿大会第94次国际组委会会议。出席第23届世界采矿大会并发表主题演讲，参观国际采矿技术与设备展览会，会见加拿大政府官员和采矿专家。

9月3—5日 第一届化工过程安全国际研讨会暨石油化工安全新技术新产

品展览会在山东青岛凯宾斯基酒店举行。国家安全生产监督管理总局总工程师王浩水主持会议，国家安全生产监督管理总局副局长孙华山出席并讲话，山东省副省长邓向阳、中国工程院院士王基铭、青岛市副市长牛俊宪、中石化股份公司副总裁王永健、中国石油大学（华东）校长山红红、国际化学品制造商协会主席张康明、美国化学工程师协会过程安全中心主任出席会议并发表演讲。

11 月 11 日 第七届粤港澳安全知识竞赛于 2013 年 11 月 11 日在香港举行，中国安全生产协会会长赵铁锤、国家煤矿安全监察局副局长杨富应邀出席竞赛活动并为获奖者颁奖。

12 月 8—15 日 国家安全生产监督管理总局副局长王德学率团访问美国和加拿大，出席中美安全生产与职业健康对话会议，访问美国安全委员会，交流工作场所安全与应急救援、道路交通安全及安全生产培训经验，参加中加安全与健康定期性会议。

2014 年

4 月 16 日 由国家安全生产监督管理总局和美国 3M 公司合作举办的中美职业安全健康研讨会在北京西郊宾馆举行。会议交流分享美国职业安全与健康局制定职业卫生标准及当前美国一般工业尘、毒、噪声控制技术和经验，对比国内外呼吸防护装备性能标准。国家安全生产监督管理总局副局长杨元元出席会议并讲话。

7 月 23—30 日 国家煤矿安全监察局副局长黄玉治率团考察澳大利亚和新西兰煤矿通风安全和矿山救援技术，访问新西兰矿山救援公司、南岛露天煤矿，出席中澳煤矿安全不定期会议，与昆士兰州自然资源部矿山监察局举行会谈交流经验和做法。

8 月 20 日 第三届中美安全生产对话在北京江苏大厦举行。国家安全生产监督管理总局副局长孙华山和美国劳工部负责矿山安全与健康事务副部长约瑟夫·梅恩出席会议并致辞，美国劳工部负责职业安全健康事务的副部长大卫·迈克尔致辞并演讲，美国驻华大使馆副大使康达致辞。本次对话的议题：危险化学品安全、煤矿安全、安全生产标准化。

8 月 24—31 日 国家安全生产监督管理总局副局长徐绍川访问德国、英国，出席在德国法兰克福举行的第 20 届世界职业安全健康大会和部长对话会议，出席中英安全健康机制性磋商会议，交流中英两国在重点行业安全监管、安全培训教育等方面的做法和经验，并与英方签署《关于在安全生产与职业健康领域开展合作的谅解备忘录》，进一步深化双方的合作关系。

9 月 3—7 日 国家煤矿安全监察局副局长李万疆访问土耳其，出席由土耳其能源部主办的采矿安全与技术研讨会，会见土耳其能源部副部长，考察帕克煤矿，与中资企业座谈。

9 月 24 日 第七届中国国际安全生产论坛暨中国国际安全生产及职业健康展览会在北京北辰洲际酒店举行，国务委员王勇出席会议并发表重要讲话，国家安全生产监督管理总局局长作主旨演讲，国际劳工组织副总干事吉贝尔·福松·洪博致辞。加拿大劳动部部长凯莉·利奇，美国劳工部副部长大卫·麦克尔，国际社会保障协会秘书长康克琉斯基，俄罗斯联邦环保、技术与核能监督总局副局长特列姆毕斯基，国际劳动监察协会主席凯文·迈尔斯发表了演讲。国家安全生产监督管理总局副局长孙华山主持大会。出席论坛的国际组织和国外嘉宾及代表广泛认同中国以人为本、安全发展的理念，高度赞赏中国为实现安全发展，保护人民群众生命安全健康所作的努力和采取的措施，以及取得的举世瞩目的成效，并愿与中国加强合作，共同应对挑战，促进安全健康事业的不断发展。本届论坛共有 26 个国家和地区及国际组织的 826 名代表参加，其中，国外代表 155 人。

9 月 25 日 第二届中俄安全生产对话在北京举行。俄罗斯环境技术与原子能监督总局副局长特列姆毕斯基率九人代表团参会，并在会上致辞。国家安全生产监督管理总局副局长付建华率团参加对话会议并致辞。国家煤矿安全监察局副局长杨富主持会议，双方围绕煤矿安全法规、标准和油气管道安全监管进行对话和深入研讨交流。

同日 第五届中欧安全生产对话在北京北辰洲际酒店举行，主题为“安全与健康规划实施和评估”。国家安全生产监督管理总局副局长孙华山出席并致辞，国家安全生产监督管理总局总工程师吴鑫主持对话会议。

9 月 26 日 第二届中加安全生产对话在北京举行，主题为“职业安全健康法律法规、非煤矿山与油气管道运输安全”。加拿大劳动部负责守法、运营与项目开发事务副部长蔡健能率团出席对话会议，国家安全生产监督管理总局副局长徐绍川率团参加对话并致辞。

10 月 22—24 日 第二十二届“两岸四地”职业安全健康学术研讨会在澳门举行，由澳门劳工事务局主办。国家安全生产监督管理总局总工程师黄毅出席会议并演讲。

2015 年

4 月 28 日 “世界安全生产与健康日”纪念活动暨预防性安全监察国际研讨会在北京举行，以“共同建设预防性安全健康文化”为主题，交流分享国内外预防性安全监察执法的做法和经验，弘扬安全健康文化，促进安全监管监察能力建设。国家安全生产监督管理总局副局长杨元元出席会议并讲话。

6 月 22—26 日 中国煤炭工业协会会长王显政出席在德国德累斯顿弗莱贝格工业大学举行的世界采矿大会第 96 次国际组委会会议并访问德国 IAG 安全健康研究院和培训中心。

9 月 14 日 由国家安全生产监督管理总局和美国劳工部共同主办的中美供应链职业安全与健康研讨会在上海淳大万丽酒店举行。会议由国家安全生产监督管理总局办公厅副主任柏然和美国劳工部国际事务局副司长李朝共同主持，国家安全生产监督管理总局副局长杨元元、美国劳工部大卫・麦克尔副部长出席会议并致辞。美国工业卫生协会主席丹尼尔・厄纳、美国驻华使馆一秘唐德威、3M 公司个人安全产品全球副总裁保罗・柯西拓、苹果公司全球供应商社会责任事务高级总监杰西・海恩斯、美国通用电气公司全球供应链及亚太区可持续发展总监秦之刚、上海迪士尼政府事务总监申佳林、国家安全生产监督管理总局司长吴宗之发表演讲。

11 月 3 日 在北京人民大会堂与法国内政部民事保护和危机管理总局签署《中国国家安全生产监督管理总局与法国内政部民事保护和危机管理总局关于在工业事故领域开展合作的意向书》，由国家安全生产监督管理总局副局长杨元元与法国内政部民事保护和危机管理总局局长在国家主席习近平和法国总统奥朗德见证下签署。

11 月 20 日 国家安全生产监督管理总局与韩国产业安全公团联合举办的中韩石棉生产及其制品危害预防与控制研讨会在北京举行，围绕石棉生产及其制品危害预防与控制进行研讨交流。国家安全生产监督管理总局党组成员、总工程师王浩水参加研讨并讲话。

2016 年

9 月 29 日 第七届中欧安全生产对话在北京江苏大厦举行。双方围绕“科技创新与安全保障”主题进行了对话和充分交流。国家安全生产监督管理总局副局长孙华山和欧盟委员会就业、社会事务与机会均等总司总司长塞尔沃兹出席并讲话。双方达成七项共识，同意开展生产安全事故统计及分析工作，合作开发“通用方法和数据采集系统”。国家安全生产监督管理总局总工程师吴鑫参加对话。

2017 年

4 月 28 日 2017 年“世界安全生产与健康日”纪念活动暨中小企业安全管理研讨会在北京举行。国家安全生产监督管理总局副局长孙华山、国际劳工组织中国蒙古局局长德梅尔出席会议并致辞。

2018 年

4 月 27 日 2018 年“世界安全生产与健康日”纪念活动在北京城市副中心工程安全体验培训中心举行。应急管理部副部长孙华山、国际劳工组织中国蒙古局局长柯凯琳出席活动并致辞。

10 月 16 日 第六届中俄安全生产对话在浙江杭州举行，应急管理部党组书记黄明和俄罗斯联邦环境、技术与原子能监督总局（署）局（署）长阿列克谢·阿廖申出席对话会议并致辞。黄明表示，中俄互为最大邻国和最重要的全面战略协作伙伴，两国元首的战略引领和密切交往为中俄关系深入发展注入了强劲动力，也为加强安全生产领域合作指明了方向。阿列克谢·阿廖申表示，中俄两国本着世代友好和互利伙伴关系的精神，不断扩大合作领域，深化合作内容，双方在安全生产领域的交流合作，对于增进两国人民友谊、推动两国关系发展具有重要意义。对话会上，中俄有关政府官员和专家学者围绕“重大工业事故预防和控制”主题开展了深入探讨和交流。

10 月 16—17 日 第九届中国国际安全生产论坛由应急管理部、国际劳工组织、浙江省人民政府共同主办，在浙江杭州举行。国务委员王勇出席开幕式并致辞，应急管理部党组书记黄明主持开幕式。本届论坛的主题是“强化事故预防，促进安全发展”，设主论坛和矿山事故预防、防范危化品事故、企业安全管理体系、安全生产应急救援、消防安全等 5 个分论坛。来自 40 多个国家和地区、3 个国际组织的 900 多名嘉宾和代表（其中国外代表 280 名）齐聚一堂，90 位嘉宾和专家发表演讲，交流分享国内外安全监管和事故预防经验，探讨安全生产工作新思路、新方法、新途径，宣传和展示党的十八大以来中国安全生产事业取得的新成就。同期举行的中国国际安全生产及职业健康展览会面积 3.4 万平方米，参展单位 400 多家，参观人员 5 万余人。本届论坛和展览会规模均为历届最大。

第二章　国家安全生产监督管理部门建立之前安全生产领域的国际交流与合作

第一节　新中国成立初期与社会主义兄弟国家和个别周边国家的交流与合作

一、与苏联的交流合作

新中国的劳动保护、安全生产事业，得到了社会主义“老大哥”苏联的大力支持和帮助。1953 年 4 月，全国总工会在天津举办劳动保护研究班，专门聘请苏联专家库兹涅左夫、季托夫讲授劳动保护、安全生产的基础理论和基本知识，以培养中国自己的劳动保护、安全生产专家和师资力量。为协助中方做好产业工人的安全技术培训工作，1956 年初，苏联部长会议劳动后备总管理局将八个专课教室的直观教具和一个教学资料陈列室、一个教学方法研究室的教学设备赠给中国劳动管理部门，还专门派遣两位专家具体协助中方建立和布置专课教室、教学资料陈列室和教学方法研究室。1958 年 9 月，以国家计划委员会委员兼劳动部副部长宋平为团长的中国劳动部劳动保护工作考察团赴苏联考察劳动保护、安全生产等工作，受到苏联国家计划经济委员会、劳动工资委员会的热情接待。之后所作出的《赴苏劳动考察报告》，受到中央领导人的重视和肯定。

二、与越南的交流合作

1958 年 8 月 11 日至 11 月 22 日，由越南劳动部监察委员会主任阮寿真为团长的越南劳动保护考察团，来中国学习考察劳动保护、安全生产工作。其间，劳动部、煤炭部、卫生部和全国总工会的相关负责人，向考察团介绍了安全生产和职业病防治等方面的情况。考察团先后在北京、唐山、沈阳、鞍山、抚顺、哈尔滨、天津、上海 8 市的 37 家厂矿企业、建设工地进行了考察。

三、与缅甸的交流合作

1953 年 5 月，缅甸政府劳动参观团访问中国。劳动部分管劳动保护、安全生产的副部长毛齐华向缅甸参观团介绍了新中国的劳动保护相关工作，指出：新中国成立三年多来，劳动行政部门在毛泽东主席、中国共产党、中央人民政府的正确领导下，协同各产业部门、工会组织及其他有关部门进行的改善工矿安全卫生状况、调整工资、实施劳动保险、劳动就业、救济失业、调处劳动争议等一系列工作，从而改善了职工的劳动条件，提高了职工的生活福利待遇，更加激发了职工的劳动热情，推动了生产的发展。

第二节　“文化大革命”结束后相关部门组织开展的一系列出访、考察活动

“文化大革命”的结束，标志着安全生产领域故步自封、盲目排外等“极左”路线的终结。党的十一届三中全会作出的改革开放重大决策，更是打开了中国安全生产对外开放、国际交流合作的大门。为了解世界劳动保护、安全生产工作现状和发展趋势，学习借鉴国外先进经验，国家劳动、卫生管理部门及各工业部门，组织开展了一系列出访、考察活动。

一、工业卫生和职业卫生考察组赴加拿大考察

1977 年 5—7 月，卫生部组成工业卫生和职业卫生赴加考察组，考察参观了加拿大 15 个城市的 60 多个大学、研究所、工厂、矿山、医院等。通过考察，深感加拿大的大型厂矿对防尘、防毒和防噪声工作比较重视，所采用的措施比较完备，管理制度比较严格。在防尘防毒方面，他们采取的根本办法在于改革生产工艺，提高机械化、自动化程度。在有色金属地下矿，推行湿式凿岩和湿式破碎操作。在石棉露天矿，牙轮钻孔机等采取局部密闭通风措施，年产 60 万吨的石棉选矿厂配有整套通风除尘设备。从矿石破碎、干燥到研磨、过筛、分级的全部过程都安装了相应的通风系统，通风量达每小时 100 多万立方米，有效地控制了粉尘的逸散，使工作地点浓度达到卫生要求。某石棉水泥制品厂，1972 年前工作地点石棉浓度超过标准 200 多倍，现对每个生产设备都安装不同型式的局部吸尘罩，使工作地点浓度基本上达到标准要求。

二、中国劳动保护考察团出访罗马尼亚、南斯拉夫

1979 年 1 月 13—28 日，以国家劳动总局副局长章萍为团长的劳动保护考察团，分别对罗马尼亚、南斯拉夫的劳动保护、安全生产进行了考察。在罗马尼亚期间，访问了布加勒斯特、布拉索夫、洪尼多阿拉、佩特罗香四省市的 22 家工厂、矿山、机关、学校、科研单位。在南斯拉夫期间，访问了塞尔维亚、波希尼亚黑塞格维那和克罗地亚三个共和国的 15 家工厂、矿山、机关、学校、科研单位。多次进行座谈交流，深入了解两国劳动保护、安全生产立法情况，国家监察制度的建立和实行情况，科学研究机构的设立和工作进展情况，以及开展劳动保护、安全生产宣传教育和培训情况等。通过考察感受到：罗马尼亚、南斯拉夫两国党和政府十分重视劳动保护工作，劳动保护工作被认为是国家的大事，是生产的重要组成部分。两国在劳动保护工作方面紧紧抓住了四个重要环节，即劳动保护立法，监督检查，宣传教育，科学研究，并在这四个方面做了深入细致的工作，取得了较好的成绩。

受中国国家劳动总局的邀请，由罗马尼亚劳动部副部长、劳动保护监察室主任伊利叶·克舒为团长的罗马尼亚代表团，于 1981 年 4 月 10—16 日访问了中国，对中国的劳动保护、安全生产工作进行了考察。

三、中国劳动保护专业考察团赴日考察

1980 年 4 月 3—20 日，以国家劳动总局副局长章萍为团长的劳动保护专业考察团赴日本进行劳动安全卫生考察。考察主要内容：日本安全生产、职业卫生工作机构设置和人员配置、立法、监察制度建设、科学研究、宣传教育等方面的情况，目的在于学习和借鉴日本的先进经验。在日本期间，访问和参观了日本劳动省、通产省，以及产业安全研究所、产业医学综合研究所和中央劳动灾害防止协会等机构。现场参观了千叶县新日铁君津制铁所、板硝子工厂（玻璃厂），东京日本化药公司的五子化工厂、染料厂、荏原制作厂（生产水泵和鼓风机），神奈川县的日产汽车制造厂和三井三池煤矿等企业，围绕着安全生产和职业病防治，与企业经营管理人员、工人进行了座谈交流。考察团成员深感日本的劳动安全与卫生工作已经达到现代化的科学管理水平，有完备的法规和标准，有健全的监察机构和制度，有先进的设备和设施，科研工作也是世界一流水平的。在工作作风上，他们最大的特点是不说空话，讲究效率。工厂的面貌基本上是清洁、卫生、明亮、安全、舒适，工人的劳动条件好，伤亡事故逐年下降。

随后中日两国安全生产、劳动保护领域交流合作成为常态。1985 年 1 月，

劳动人事部与日本劳动省、日本劳动协会的代表在北京商定，中日两国劳动部门从该年度起，举办劳动学术交流活动，就劳动保护、安全生产等专题广泛交流，加深相互理解。1987 年 9 月，以日本劳动协会理事今井好昭为团长的日方交流团一行四人来中国访问，向中国劳动人事部门人员介绍了日本的工伤事故保险、失业保险制度与具体做法。

四、中国劳动总局代表团访问美国

1980 年 9 月 7—29 日，应美国劳工部部长马歇尔（Rar – Marshall）的邀请。以国家劳动总局局长康永和为团长的中国代表团访问美国。代表团先后访问了联邦教育部主管职业教育的机构、西弗吉尼亚州的教育部门，以及美国北部明尼苏达州明尼阿波利斯城的职业教育中心、南加利福尼亚地区职业教育中心等。围绕着矿山安全与卫生、职业安全与卫生、就业培训等，与美国劳工部相关业务机构及一些区、州、市的劳工部门，进行了座谈交流。

五、中国劳动保护考察团赴美国、加拿大考察

1985 年 8 月 31 日至 9 月 30 日，劳动人事部组织的中国劳动保护考察团赴美国和加拿大，分别考察了两国的劳动保护、安全生产。在加拿大考察期间，分别与加拿大劳工部、安大略省劳工部、阿尔伯特省职业安全卫生局和工人安全卫生赔偿部等机构官员，进行了以安全生产、职业病防治为内容的座谈和交流，实地参观了这些机构所属的职业安全卫生研究所、实验室和一些厂矿企业。在美国考察期间，围绕着政府安全监管体制和机构、安全生产和职业病防治立法、安全生产教育培训等重点内容，与美国劳工部职业安全卫生局、劳工统计局、国际劳工事务局，以及劳工部下属的芝加哥大区、辛辛那提地区职业安全卫生办事处的官员，进行多场座谈交流。考察团访问了美国职业安全卫生研究所在辛辛那提和摩根顿两地的分所，参观了其实验室和检测检验场所。考察团参观了承担对政府相关官员、雇主和工人进行教育培训任务的职业安全卫生培训学院，访问了美国民间职业安全卫生组织——全国安全工程师学会和辐射学会。对一些工厂的安全设施、安全教育和安全管理等，进行了实地考察。

六、中国劳动保护科学技术学会职业安全卫生专家考察团赴美考察

1999 年 11 月 17 日至 12 月 1 日，应美国劳工部邀请，经国家劳动和社会保障部批准，中国劳动保护科学技术学会职业安全卫生专家考察团对美国安全生产管理进行了考察。考察团先后访问了美国劳工部职业安全卫生局、加利福尼亚州

劳工局，并考察了多家企业的安全生产和职业病防治情况。

七、煤炭工业部组织的对外考察、交流活动

1978 年以后，在对外开放方针的指引下，煤矿安全技术与管理方面的对外交流与合作项目、人数逐年增加，范围不断扩大，由民间、企业逐步发展到政府部门。到 1991 年，煤炭系统先后向美国、德国、英国、法国、瑞典、奥地利、加拿大、澳大利亚、波兰、苏联、日本等近 40 个国家和地区派出工程、技术、科研、教育、管理人员考察交流或合作研究，学习国外的科学技术和管理经验。1983—1990 年，煤炭科学研究院与日本工业技术研究院九州资源研究所共同进行煤矿井下粉尘爆炸防治合作研究和人员交流；煤炭科学研究院重庆分院与日本石炭研究所合作开展矿井瓦斯抽放合作研究；煤炭科学研究院重庆分院及抚顺分院、淮北煤矿爆破技术研究所与日本工业技术院石炭研究所共同开展煤矿矿井火灾防治研究和技术交流；煤炭科学研究院与日本北海道大学开展“煤矿井下自然灾害防治研究”，进行矿井瓦斯防治、井下通风、井下火灾防治等课题研究和技术交流。1986—1988 年，煤炭工业部与欧洲经济共同体签订煤炭科技合作协议，开展矿井瓦斯抽放技术、露天矿边坡稳定、煤矿井下安全等方面的人员技术和信息交流，选派专业技术人员和管理人员赴德国、法国、比利时等国考察煤矿企业和科研机构，学习交流技术和管理经验。1978 年，煤炭工业部派团赴波兰考察、学习复合井壁的经验，回国后推广应用了新式复合井壁施工方法。到 1985 年底，用此方法施工的 14 个井筒无一出现井壁开裂和漏水现象。煤炭科学研究总院与波兰采矿研究总院共同进行“煤和岩石冲击性能”研究，取得可喜成果，对煤粉探测危险数据确定方法和冲击地压处理模型方面的研究达到了国际水平。冲击地压监测系统在北京门头沟冲击地压防治中心应用，在生产中发挥了作用。大同矿务局与波兰救护总站合作进行煤峪口矿防灭火研究，采用“均压通风防灭火方案”对 100 多万平方米的井下火区进行防灭火，取得了成功，井下火区已处于惰化窒息状态，井下 13 处一氧化碳涌出点已全部消灭，解放了受到火区严重威胁的储量 3000 万吨，每年可安全采出 151 万吨煤，还培养了一批矿井通风防火的科技人员。在此期间，获得联合国 118. 5 万美元资助，合作建设长沙中小煤矿安全技术培训中心（1987—1991 年）；获得联合国 112 万美元援助，建设燕郊中国煤矿安全培训中心（1989—1992 年）；获得联邦德国政府赠款 200 万马克，完善煤矿安全培训中心项目（1983—1986 年）；获得联邦德国政府赠款 390 万马克，完善煤炭管理干部学院培训中心项目（1985—1988 年）；获得联邦德国政府 550 万马克赠款，建设潞安煤矿安全技术培训中心（1987—1994 年）；

获得比利时政府资助 58 万美元，开展尘肺病防治项目合作（1990—1993 年）。煤炭工业部派矿工休假团多次赴波兰、捷克等国疗养、参观，与国外同行交流座谈，分享煤矿安全生产和职业安全方面的经验。高级别的官员出访不断：1983 年 4 月 12—22 日，应波兰煤炭工业部的邀请，煤炭工业部副部长叶青率团考察波兰煤炭工业。代表团考察了波兰的煤矿、煤炭技术研究所、煤炭机械制造厂，并与波兰煤炭工业部签订了两国煤炭领域合作议定书。

1984 年 4 月 7 日至 5 月 5 日，应英国国家煤炭局和加拿大政府能源部邀请，煤炭工业部部长高扬文率中国煤炭工业代表团一行十人访问英国和加拿大煤炭工业，考察两国煤矿安全开采、煤矿技术研究、装备保障和安全技术培训中心。1984 年 9 月 17 日，中国煤炭工业部部长高扬文访问波兰与波兰采矿动力部部长彼得罗夫斯基在波兰华沙签署协议，成立中波煤炭工业经济与科技合作常设工作组（副部长级），推动和指导中波煤炭经济和煤矿安全科学技术的交流合作。1987 年 9 月 28 日，煤炭工业部安全局与美国矿山安全与健康局签署了“煤矿安全与健康”执行协议，双方互派人员访问、考察，并就矿山安全与健康有关政策和规定开展交流。

第三节　中外安全生产、劳动保护合作项目

一、与日本的合作项目

主要是学习和培训。1999 年 9 月 19 日至 10 月 2 日，由国家经济贸易委员会安全生产局牵头组织的中国企业干部安全生产考察培训团对日本劳动省，以及劳动省产业安全研究所、社会经济生产性本部、中央劳动灾害防止协会，大阪南劳动基准监督署、大河宅急便运输株式会社等单位的安全生产进行了学习考察和培训。

二、与联邦德国的合作项目

1985 年度，联邦德国政府拨款 250 万马克，支持中国煤炭工业部筹建湖南长沙中小型煤矿职业安全技术培训中心。

1987 年 5 月，联邦德国与中国联合开展锅炉与压力容器检测中心合作项目。该项目联邦德国投资 480 万马克。根据协议，从 1986 年到 1990 年，联邦德国在锅炉与压力容器检测中心举办 8 期培训班；另外，中方每年派出 11 人赴联邦德国接受培训，以提高安全技术水平。

三、与美国的合作项目

1986年4月7—10日，美国劳工部部长威廉·布罗克带领代表团访问中国，与劳动人事部部长赵东宛进行了会谈，双方一致认为，中美双方劳动部门的合作，可以先从劳动安全、劳动统计等方面做起，逐步扩大到其他方面。布罗克提出：美方愿意派遣有关方面的专家来中国讲学、咨询；中方也可以派出有关人员赴美考察、培训。

职业安全卫生学习培训。1999年8月15日至9月12日，由国家经济贸易委员会安全生产局组织、有关单位管理和科技人员参加的职业安全卫生技术考察团，赴美国考察学习其职业安全卫生监督管理先进经验和先进技术。美国劳工部矿山安全卫生局制定了学习培训和考察计划，并指定美国利宝互助保险集团公司及其健康研究中心、哈佛大学公共健康学院等实施了学习培训计划。

矿山救援竞赛。1999年9月，由美国首倡和发起的第一届国际矿山救援竞赛在肯塔基州举行，中国应邀派团现场观摩了比赛，并参观访问了设在匹斯堡市的美国劳工部矿山安全卫生局矿山安全卫生技术支援中心。2002年8月中国首次派出矿山救护代表团，参加了在美国内华达州举行的第三届国际矿山救援技术竞赛，并取得了呼吸器操作项目第一名、现场急救项目第三名的好成绩。

四、与西班牙政府的合作项目

1988年6月，西班牙政府资助120万美元，在江苏省苏州市筹建旅馆旅游业高级安全培训中心。

五、与法国政府的合作项目

主要是安全生产培训。1999年6月18日至7月15日，由国家经济贸易委员会安全生产局、部分省市安全生产综合管理部门负责人及部分大中型企业有关人员组成的“安全生产管理培训班”，赴法国进行安全生产管理培训。

六、与国际劳工组织的合作项目

1986年5月，国际劳工局工作条件与环境司会同中国劳动人事部外事局、矿山安全监察局、人事教育局，在北京市房山县联合举办矿山安全监察工作高级培训班。劳动人事部副部长何光和国际劳工局亚太分局、北京分局负责人出席培训班开幕式。聘请英国矿山安全副总监察官尼可拉斯（Nicholas）、印度矿山安全监察局局长沃尔玛（Varma），分别介绍了两国矿山安全监察体制沿革、监管工作现状和监督检查方式方法等。参加培训班的共 80 人。煤炭、有色、地矿、冶金等部门和全国总工会也派员参加培训。

第四节　中国参加的国际劳工组织相关活动

中国是国际劳工组织的创始成员国之一。1949 年中华人民共和国成立后，国际劳工组织在美国等的把持下，继续让台湾当局窃据该组织成员国及理事会成员地位。1971 年 11 月 16 日，国际劳工局理事会第 184 次会议根据联大第 396（V）号决定，通过恢复中国在国际劳工组织中合法权利的决议。1983 年 6 月 1—22 日，以劳动人事部副部长李云川为团长，中国汽车工业公司董事沙叶为雇主代表，中华全国总工会顾问陈宇为工人代表的中国代表团，出席了在日内瓦召开的第 69 届国际劳工大会。劳动部部长赵守一出席大会并发表讲话，阐述了中国政府在维护劳工安全健康权益、促进劳动就业、改善劳动条件，以及加强与国际劳工组织合作等方面的严正立场。这标志着中国正式恢复在国际劳工组织的活动。自此之后，中国重视并积极参与国际劳工组织的各项活动，派员如期出席了历届劳工局理事会及国际劳工大会。1985 年 1 月，国际劳工组织在北京设立分支机构——国际劳工组织北京局，负责与中国有关政府机关、工会组织、企业团体、学术单位等进行联系，实施技术合作计划，协助中国发展职业安全健康等事业。

进行国际劳工领域立法，维护劳动者最基本的安全健康权益，是该组织的主要职能之一。1949 年中华人民共和国成立之前，中国政府曾经批准 14 个国际劳工公约。此后台湾当局盗用“中华民国政府”名义，又批准了 23 个国际劳工公约。1984 年 5 月，中国政府通知国际劳工组织，决定承认 1949 年 10 月 1 日之前中国政府批准实施的包括《防止码头工人事故公约》《本国工人与外国工人关于伤害赔偿的同等待遇公约》等在内的 14 个国际劳工公约。对之后台湾“中华民国政府”批准同意的 23 个公约宣布为非法无效，予以撤销[①]。

1999 年 4 月 11—16 日，国际劳工组织（ILO）、国际社会安全保障协会（ISSA）以“安全、卫生、环境——全球的挑战”为主题，在巴西圣保罗市组织召开了第十五届世界职业安全卫生大会。国家经济贸易委员会安全生产局局长闪淳昌带领中国代表团参加了大会。此后历届世界职业安全卫生大会，中国政府都派员参加。

---

① 迄今中国共批准了 25 项国际劳工公约，包括 4 个核心公约，即《同工同酬公约》《最低就业年龄公约》《禁止童工劳动公约》《就业和职业歧视公约》。

1985年4月16—23日，根据国际劳工组织理事会第226次会议的决定，国际劳工组织在日内瓦召开专家会议，审查讨论《煤矿安全与健康实用规程》，出席会议的专家由六名政府委任的专家、六名由理事会雇主组提名的专家和六名理事会工人组提名的专家组成。中国劳动人事部矿山安全监察局局长傅师荣作为政府委任的专家出席了会议，煤炭工业部安全监察局局长贾悦谦、开滦矿务局副总工程师戴国权作为特别顾问参加了会议。该规程经国际劳工组织理事会第230次会议（1985年5—6月）批准出版。

1988年5月28日，劳动部职业安全卫生监察局派员参加CISC国际职业安全卫生情报中心年会和国际劳工大会建筑业安全卫生委员会。

1988年8月23日，劳动部职业安全卫生监察局派员参加在美国匹兹堡举行的第七届国际尘肺大会。

1988年底，从职业安全、健康和环境人机工程的现状及前景为中心议题的国际会议在北京召开，30多个国家和地区的200多名专家学者出席了会议。

1988年11月23日，劳动部职业安全卫生监察局派员参加在马来西亚召开的国际劳工局建筑业安全会议。

1988年12月5日，劳动部职业安全卫生监察局派员参加在菲律宾马尼拉召开的国际劳工局家庭帮工（个体户佣工）劳动条件研讨会。

1988年12月6日，国际劳工局亚太行政开发署职业安全卫生专家在北京举办化工行业安全卫生培训班。

第三章　国家安全生产监督管理部门建立后外事机构设置与相关规定

第一节　外事机构与职能

一、外事司（国际合作司）

国家安全生产监督管理局成立时（2001 年），内设外事司，作为国家局机关及所属单位和安全生产领域外事工作的职能部门。根据中央编办发〔2003〕15 号文件精神，国家安全监管局外事司与办公室、财务司为一个机构三块牌子，其主要职能：组织开展与外国政府、国际组织及民间组织安全生产方面的国际交流与合作；承担有关外事管理工作。外事司下设国际合作处。2005 年，国家安全监管局变更为国家安全生产监督管理总局（正部级），外事司改称国际合作司。中央编办于 2005 年印发的《国家安全生产监督管理总局主要职责、内设机构和人员编制规定》中第十二项主要职责明确规定：内设机构办公厅（国际合作司、财务司）负责组织开展与国外政府、国际组织及民间组织安全生产方面的国际交流与合作；承担有关外事管理工作。

国际合作司内设两个职能处室即外事管理处、国际合作处。其主要工作职责按《国家安全生产监督管理总局办公厅印发办公厅〈国际合作司、财务司〉领导同志工作分工和内设处室主要工作职责的通知》（厅函〔2010〕39 号）执行。外事管理处：①研究拟订和监督实施外事规章制度、外事工作计划、国际合作项目经费预算。②负责有关外事文件和电报的登记、管理、传递、催办和归档立卷工作；负责总局国际合作司印章和有关名章的保管和用印工作。负责密级外事文电的保管、归档和销毁工作。③负责因公出国（境）任务审核和报批工作，监督检查任务执行情况。④负责因公出国（境）人员的政治审查和报批工作。⑤负责因公出国（境）人员的护照、通行证、签证、签注的申请、核发、收缴、销毁和监督检查工作。负责因公出国（境）人员出国（境）前培训学习。⑥负责外国临时来华人员邀请和签证通知的审核和报批工作。⑦负责国外安全生产和职业健康技术与管理人才、外国文教专家聘请。负责出国（境）培训等智力引进项目的计划、审核、申报、执行和监督管理工作。⑧负责总局系统因公出国（境）培训、考察、学习、交流活动成果总结、推广工作。⑨归口管理各单位与香港特别行政区、澳门特别行政区和台湾地区在安全生产和职业健康方面的交流与合作。⑩承办领导交办的其他事项。国际合作处：①归口管理总局和煤矿安监局及机关各司局、应急指挥中心，以及总局直属事业单位与国外在安全生产和职业健康方面的交流与合作。②承担总局与国外政府部门和机构之间政策对话和工作组会议的组织、协调和管理工作。③承担总局与国外政府间重大合作项目的联络、协调和组织管理工作。④开展与有关国际组织和区域性组织的多边合作。⑤归口管理国外无偿援赠项目，负责援赠项目的审核、申报和管理工作。⑥参加涉及安全生产和职业健康国际公约、规章、标准的磋商谈判，承担国际劳工组织《职业安全和卫生及工作环境公约》(155 号）和《作业场所安全使用化学品公约》(170 号）的履约工作。⑦研究国外和港澳台地区安全生产和职业健康发展状况。⑧承办领导交办的其他事项。

外事司（国际合作司）主要负责人：刘玉华、金克宁、梁嘉琨、田玉章、李万疆、欧广历任办公室（厅)(国际合作司、财务司）主任（司长)，林一胜、柏然任办公厅（国际合作司、财务司）副主任（副司长)，分管外事工作。高雅琴、杨江、薛惠新、王又京、史艳萍任副巡视员。

二、国际交流合作中心

国际交流合作中心成立于 1999 年 3 月，原名为国家煤炭工业局外事中心(正局级事业单位)，由原煤炭工业部外事局、中国统配煤矿总公司外事局、煤炭工业部国际合作司改制而来。国家安全生产监督管理局成立后，经中央编办批准（中央编办复字〔2002〕102 号)，国家煤炭工业局外事中心调整为国家安全生产监督管理局（国家煤矿安全监察局）国际交流合作中心，为国家安全生产监督管理局直属事业单位。主要职责：①承担国家安全监管局（国家煤矿安全监察局）因公出国（境）人员护照、签证（签注)、赴港澳通行证的申办及护照通行证的收缴和管理工作；负责组织因公出国（境）人员出国（境）前的培训工作。②承担国家安全监管局的外事、外专经费管理工作；负责因公出国（境）团组和人员用汇计划申请及核销工作。③与国外政府、国际组织和机构、社团及工矿商贸企业开展经济技术交流与合作。④协助国际合作司开展国际交流与合作。⑤组织本系统各类人员境内外培训；承担本系统引进国外智力工作。⑥组织或承办境内外各类展览及会议。⑦负责信息和科技咨询服务及翻译工作。⑧负责中国煤炭工业协会的国际交流与合作业务。国家安全生产监督管理总局于2006年4月26日印发《国际交流合作中心职责范围、内设机构和人员编制方案的通知》(安监总厅〔2006〕69号)，增加了国际交流合作中心的职责：①实施总局国际交流与合作项目，参与研究拟订安全生产相关的国际规则和标准。②组织开展安全生产和职业健康领域新技术、新工艺、新产品和安全文化建设方面的国际交流与推广工作。③开展国际安全生产和职业健康信息研究与科技咨询服务工作。国家科技部于2002年7月31日印发《关于授予信息产业部电子国际合作服务中心等14个单位主办境内国家科学技术展览资格的批复》(国科发外字〔2002〕261号)，授予国家安全生产监督管理局（国家煤矿安全监察局）国际交流合作中心主办境内国际科学技术展览资格。2002年至2010年，中国煤炭工业协会国际合作部设在国家安全生产监督管理局（总局）国际交流合作中心，协会的外事工作由国际交流合作中心承担，柏然兼任国际合作部主任，杨江、胡予红、王清华兼任国际合作部副主任。

柏然任国际交流合作中心主任（2001—2013年），陈江接任主任（2013年），高雅琴、杨江、胡予红、王清华、李聪梅任副主任。国际交流合作中心内设5个职能处室：①综合处（财务处），负责中心行政事务、人事、党务及财务管理工作。②合作处（培训处），负责开发和管理政府间及多边和工矿商贸企业之间的合作项目，组织境内外人员培训。③技术交流处（会议展览处），负责组织国内外科技文化交流与合作，组织或承办境内外展览及会议。④科技信息处，负责信息与科技咨询服务、翻译服务。⑤出国服务处，负责因公出国人员护照、签证申办和管理，组织出国前培训。

三、成立外事工作领导机构（非常设机构）

国家安全生产监督管理总局办公厅印发《关于调整全面深化改革领导小组等10个非常设机构组成人员的通知》(安监总厅字〔2015〕52号)：①国家安全生产监督管理总局外事工作领导小组，组长为局长；副组长为杨元元副局长（正部长级）、黄玉治副局长。成员：办公厅（国际合作司、财务司）主任（司长）欧广、办公厅（国际合作司、财务司）副主任（副司长，正司局长级）柏然、人事司（宣教办）司长（主任）杨玉洲、直属机关党委常务副书记李德清、办公厅（国际合作司、财务司）副主任（副司长）王士杰、国际交流合作中心主任陈江。领导小组办公室设在办公厅（国际合作司），作为领导小组的办事机构，承担领导小组的日常工作。办公室主任由欧广兼任，副主任由柏然兼任。

②国家安全生产监督管理总局引进国外智力领导小组，组长为国家安全生产监督管理总局副局长（正部长级）杨元元。成员：办公厅（国际合作司、财务司）主任（司长）欧广，办公厅（国际合作司、财务司）副主任（副司长，正司局长级）柏然，国家安全生产监督管理总局总工程师、规划科技司司长吴鑫，人事司（宣教办）司长（主任）杨玉洲，煤矿安监局办公室主任韩小乾，应急指挥中心常务副主任王晋中，国际交流合作中心主任陈江。领导小组办公室设在办公厅（国际合作司），作为领导小组的办事机构，承担领导小组的日常工作。办公室主任由柏然兼任。国家安全生产监督管理局（总局）、国家煤矿安全监察局引智领导小组成立于2001年，历任引智领导小组组长有张宝明局长（2001年）、梁嘉琨副局长（2005年）、孙华山副局长（2012年）、杨元元副局长（2015年）。引进国外人才智力是外事工作的一部分，也是国际交流合作的重要内容。国家安全生产监督管理总局国际合作司（外事司）负责归口管理安全生产引智培训工作，制定中长期和年度引智培训计划，组织实施引智项目，总结交流推广引智成果。③国家安全生产监督管理总局中欧高危行业职业安全与健康项目领导小组，组长为国家安全监管局副局长（正部长级）杨元元。成员：办公厅（国际合作司、财务司）副主任（副司长，正司局长级）柏然，国家煤矿安监局安全总监、政策法规司司长支同祥，规划科技司副司长（正司局长级）李德忠，监管一司（海油安办）副司长（副主任）薛剑光，国家安全生产监察专员（正司局长级）刘强，监管四司副司长尚文启，职业健康司副司长王建冬，人事司（宣教办）司长（主任）杨玉洲，办公厅（国际合作司、财务司）副主任（副司长）王士杰，国家煤矿安监局行管司副司长王万生，国际交流合作中心副主任胡予红，培训中心副主任相桂生，中国安全生产科学研究院院长张兴凯，华北科技学院副院长邹光华。领导小组办公室设在办公厅（国际合作司），作为领导小组的办事机构，承担领导小组的日常工作。办公室主任由柏然兼任。中欧高危行业职业安全与健康项目领导小组于2012年成立，领导小组组长由孙华山副局长担任。成员：吴鑫、柏然、李书清、邬燕云、王啟明、王海军、罗音宇、杨玉洲、徐少斗、王素锋、胡予红、相桂生、吴宗之、汪永高。领导小组办公室设在办公厅（国际合作司），柏然兼任办公室主任。国家安全生产监督管理总局办公厅于2012年10月19日印发了《关于成立中欧高危行业职业安全与健康项目领导小组的通知》（安监总厅国际〔2012〕146号）。

第二节　外事管理规定

一、国家安全生产监督管理局、国家煤矿安全监察局外事管理工作暂行规定

国家安全生产监督管理局、国家煤矿安全监察局于2001年12月25日印发《国家安全生产监督管理局、国家煤矿安全监察局外事管理工作暂行规定》(安监管外字〔2001〕106号)。

第一条　国家安全生产监督管理局（国家煤矿安全监察局）办公室（外事司），负责安全生产监督管理和煤矿安全监察方面的外事工作，指导、协调、管理、组织局机关和本系统的外事工作及其他有关涉外事宜。

第二条　在外事工作中要坚持“外事无小事，事事要请示”的原则。各单位在涉外活动中遇有不明确的问题，应当通过外事司及时向主管外事工作的国家局领导请示，必要时由国家局向中央有关部门请示。

第三条　各单位和有关人员在外事活动中，应当遵守国家有关保密工作的规定，保管好有关文件、资料。

第四条　外事司对下列单位和人员实施外事管理：①国家局机关及其国家公务员；②在京直属单位及其人员；③省级煤矿安全监察局及其人员；④煤矿安全监察办事处及其人员；⑤在京所属社会团体及其人员；⑥安全生产监督管理局和煤矿安全监察方面的其他有关机构及其人员。

第五条　根据工作需要，外事司可以委托外事中心具体办理有关外事事宜。

第六条　外事司履行以下外事管理职责：①指导安全生产监督管理和煤矿安全监察的涉外工作，研究提出安全生产监督管理和煤矿安全监察对外交流与合作的计划。②组织、协调与港、澳、台、外国政府、国际组织和工矿商贸企业之间的经济技术交流与合作；负责联合国等国际机构对华援助、赠予、贷款等外国资金的归口管理。③负责出国（境）任务的审核、审批和护照、签证的申请；负责赴港、澳的出境审核、报批和通行证、签注的申请，负责赴台湾从事公务活动的审核和报批。④负责外国人来华邀请的审批、审核和报批。⑤负责在境内外主办国际会议（研讨会）和展览会的审核和报批。⑥负责有关机构和人员参加国际组织的审核和报批。⑦负责安全生产监督管理和煤矿安全监察方面外国企业常驻代表机构设置、变更、延期、注销等事宜的审核、报批。⑧承办外交部等有关部门交办的事项。

第七条　各单位组织因公出国（境）团组，应当于上一年的12月15日前

提出下一年的计划，由外事司汇总、审核后报国家局领导审定。

第八条 出国（境）计划应当详细说明出国（境）的任务（目的）、拟出访的国别（地区）团组人数、在外停留时间，以及经费来源等情况。

第九条 经批准的因公出国（境）团组，应当按批准的计划严格执行，无特殊情况不得变更。

第十条 一个单位有两位以上领导因公出国（境）的，原则上不得同团出访或同时分别率团出访同一个国家或地区。

第十一条 领导干部出访任务必须与其公职身份相符。

第十二条 因公出国（境）团组的出访费用，应当严格控制在本单位外事经费预算之内。不得接受国内企业及境外中资企业的资助。

第十三条 因公临时出国人员在外费用开支标准，按照财政部、外交部《临时出国人员费用开支标准和管理办法的规定》(财行字〔2001〕73号）执行。

第十四条 国家局领导因公出国（境）按国务院规定办理报批手续。

第十五条 局机关正副司局级领导（包括安全生产监察专员）和在京社团、事业单位副局级以上的党政负责人因公出国（境），由所在单位书面报外事司，经外事司审核后，报分管局长和局长审批。

第十六条 省级煤矿安全监察局党政负责人因公出国（境）由所在单位书面报外事司，经外事司审核后，报国家局领导审定。

第十七条 处级以下人员（含处级）因公出国（境），由所在单位报外事司审定。

第十八条 因公出国（境）团组赴港澳、台湾地区执行公务的，根据国家局出国人员审批权限的有关规定，由外事司行文报国务院港澳办、国务院台办审批。

第十九条 各单位对外申报合作项目，应当向外事司提出合作项目的建议，经外事司审核并报国家局领导同意后，由外事司对外办理。

第二十条 为国（境）内外举办的国际会议或国际研讨会提供的论文，应当经论文作者所在单位审查同意后，才能对外提交。

第二十一条 外国及港澳台人员来访的邀请和接待工作，由外事司统一管理。

第二十二条 各单位邀请外国政府现职副部级以上人员临时来华从事公务活动，应当向外事司提出书面报告，由外事司按照国务院及外交部有关规定办理。其他人员临时来华活动由外事司办理。

第二十三条 国家局机关、在京社团和事业单位的主要外事活动由外事司归口管理和组织。

第二十四条　因公出国（境）人员的选派和审查：①各单位选派的出国（境）人员应当政治可靠，历史清楚，热爱祖国，作风正派，遵纪守法。②出国（境）人员应当熟悉出国任务所需要的业务知识，有一定的实际工作经验，具有分析问题和解决问题的能力。③到国外进修、从事合作科研或参加国际学术会议的出国（境）人员，应当具有相应的外语水平。④执行培训和设备检验任务的出国（境）人员，应当从技术人员和生产一线人员中选派。⑤离退休人员一般不再派遣出国执行公务；如情况特殊，可由派人单位提出专门申请，说明理由，报国家局领导审定。⑥出国（境）人员的政审材料，由外事司进行审查。

第二十五条　护照和签证的管理：①外事司负责国家局因公出国（境）人员护照（通行证）、签证（签注）申请，以及护照（通行证）的收缴和管理工作。②护照、签注专办人员应当按照出国（境）任务批件、任务通知书和任务确认件，填写《申请出国护照事项表》《申请出国签证事项表》《申请因公往来港澳特别行政区通行证事项表》，以及相关照会，并为出国（境）人员统一申请护照及前往国家（地区）的签证（签注）。③出国人员回国后或因故未出国，应当及时将护照或者其他出境证件交回外事司。

第二十六条　外事纪律：①出国人员应当热爱祖国、热爱中国共产党，坚持四项基本原则，拥护改革开放政策。②外事司负责组织出国（境）人员出国（境）前的培训和学习。③出国人员在对外交往中，应当讲文明、讲礼貌，尊重外国风俗习惯。④出国人员在外活动中，应当遵守国家有关外事纪律的规定，严禁去色情场所。⑤出国人员在对外公务活动中接受的礼物，应当按有关规定处理。价值按国内市价折合人民币200元以上的，回国后一个月内填写礼品申报单并随同礼物一起上缴外事部门或所在单位。

二、国家安全生产监督管理总局关于加强和规范外事管理工作的通知

国家安全生产监督管理总局于2007年7月4日印发《关于加强和规范外事管理工作的通知》（安监总国际〔2007〕142号）。根据中央外事工作会议精神和中央关于加强和改进新形势下外事工作的意见，为加强和规范国家安全生产监督管理总局外事管理，现将有关工作要求通知如下：

第一条　外事工作要坚持“统一领导、归口管理、分级负责、协调配合”的原则。国家安全生产监督管理总局的外事工作由总局党组统一领导，总局办公厅（国际合作司）归口管理，建立健全外事管理规章制度，严格规范对外交流与合作。按照分级负责的要求，各单位要根据职能和授权组织、开展或参与相关

涉外活动。对外交流与合作过程中，要优化外事资源，协调配合，形成合力。有关工作要向国际合作司报告。

第二条 实行因公出国（境）活动和举办国际会议计划管理制度。各单位应于每年年底前提出下一年度因公出国（境）和拟召开的国际会议计划。出国（境）计划应当详细说明出国（境）的任务（目的）、拟出访的国别（地区）、团组人数、在外时间，以及经费来源等情况。出访人员身份要与出访任务相符，不得出国（境）执行与本人负责工作无关的出访任务。年度出国（境）计划由国际合作司负责审核编制并报请总局局长办公会审定后下达。根据国家有关规定，离退休人员不再派遣出国执行公务，特殊情况，报请总局领导批准。同一个单位的负责人不得同团出访或同时分别率团出访同一个国家或地区。要避免出访团组过于集中在少数热点国家或地区。国际会议的主办和承办单位要加强会议前期调研，根据工作重点和实际需要，提出拟召开的国际会议申请报告，内容应包括：申办、承办和举办国际会议的必要性，主办、承办、协办单位名称，会议主题和主要内容，举办时间、会期、地点，与会人员范围、总数及外宾人数，是否邀请总局领导出席会议，会议经费来源，有无涉台问题和其他敏感政治问题，活动期间安全和应急预案，有关国际组织情况等。国际合作司审核后报请总局主管副局长和局长审批。

第三条 实行因公出国（境）团组审批制度。总局和煤矿安监局机关正副司局级人员（包括安全生产监察专员和煤矿安全监察专员）、应急指挥中心副主任、直属事业单位和社团组织党政主要负责人、各省级煤矿安全监察机构党政主要负责人因公出国（境）由所在单位书面报告国际合作司。国际合作司审核立项后，由总局人事培训司、机关党委和驻总局监察局对出国（境）人员进行初审，报请总局有关领导审核后，由总局主管副局长和局长审批。应急指挥中心各部门正副主任、直属事业单位和社团组织党政副职、各省级煤矿安全监察机构党政副职因公出国（境），由所在单位书面报告国际合作司。国际合作司审核立项后，由总局人事培训司、机关党委和驻总局监察局对出国（境）人员进行审核，报请总局主管副局长审批。处级以下人员（含处级）因公出国（境），由所在单位书面报告国际合作司审批。参加其他部委或地方组织的出国（境）团组，也必须事前按上述程序办理。凡出访任务涉及应由国务院有关部门归口管理审批的项目，总局批准前，须由国务院有关部门批复同意，如出国（境）培训、出国（境）文艺演出等。

第四条 实行举办国际会议审批制度。国际会议是指在中国境内（不含港、澳、台地区）举办，与会者来自 3 个或 3 个以上国家和地区（不含港、澳、台地区），内容涉及安全监管监察、职业健康，以及安全生产、应急救援等专业会议或学术性会议、论坛、研讨会、报告会、交流会等。国际会议的类型主要包括由总局及其所属有关单位主办，或与国际组织、国外有关团体（机构）共同举办，或受其委托由总局或所属有关单位承办的会议，以及国际组织或外国有关团体、机构单独举办的各类会议。未经总局批准，所属单位不得擅自举办各种类型的国际会议，也不得对外申办或承诺举办；不得以已与外方商妥为由要求认可或批准；不得为取得外方赞助而同意在华举办国际会议。经批准同意申办的国际会议，主办或承办单位在对外申办过程中，不得作出超出授权范围的承诺或承担额外的义务。外宾人数在 100 人以内，或会议总人数在 400 人以内的一般性国际会议，以及外宾人数在 300 人以内或会议总人数在 800 人以内的安全生产领域的专业或学术性国际会议由总局审批。超出上述规模的国际会议由总局报请国务院审批。

第五条　实行对外合作项目和对外提交论文审批制度。各单位对外开展合作，由项目单位向国际合作司报送合作项目建议书（可行性研究报告），项目建议书应包括：项目名称、项目目标、合作依据、合作内容、合作方式、合作期限、项目实施地点、外方合作对象及其背景情况、资金来源等。国际合作司审核并征求有关单位意见后，报总局领导审批。未经批准，任何单位不得对外签约和承诺。应邀为国（境）外媒体撰稿或向（境）外举办的国际会议或研讨会提交论文，需经作者所在单位同意并书面报告国际合作司，国际合作司审核并报总局保密委员会同意后，方可对外提交。

第六条　实行参加涉外活动报告备案制度。总局和煤矿安监局、应急指挥中心人员参加外国驻华使馆、驻华代表机构和境外团体、机构单独在华举办的国际会议及活动，由国际合作司按有关规定统一安排。总局直属事业单位、社团组织，以及各省级煤矿安全监察机构人员参加上述活动，事先报国际合作司备案。各单位的重要涉外活动需请总局领导出席的，活动主办或承办单位应书面报告国际合作司，由国际合作司请示总局局长协调安排。

第七条　执行因公出访任务要严格控制在外时间，增强出访效果。除培训项目和特殊情况外，出访一个国家（或地区），在外停留不超过 6 天；出访 2 个国家（或地区），不超过 10 天；出访 3 个以上国家（或地区），不超过 12 天。未经批准，不得擅自增加出访国家或延长在境外停留时间，不得以任何理由绕道旅行，不得取得一国签证而走访多国，原则上不得跨洲出访。出访任务结束后，出访人员须在回国（入境）15 天内将所持护照（通行证）交国际合作司集中管理。出访团组须在 2 个月内向国际合作司提交出访报告，由国际合作司视情况报送有关领导和有关部门审阅，并通过适当方式进行成果交流。

第八条 邀请和接待外国人员来华，要统一管理。各单位邀请外国政府现职副部级以上人员（含副部级）临时来华从事公务活动，应当事先向国际合作司提出书面报告，由国际合作司按照国务院及外交部有关规定办理。邀请外国政府副部级以下人员和其他人员临时来华从事公务活动，应当事先向国际合作司提出书面报告，由国际合作司按照有关规定办理。邀请外国人员来华的报告中需提供被邀请人基本情况（姓名、性别、国籍、出生时间、工作单位、职务、护照号码等）、访问目的、访问时间、访问地点，以及费用等情况。

三、国家安全生产监督管理总局关于进一步加强因公出国（境）管理的通知

国家安全生产监督管理总局于2008年8月15日印发《关于进一步加强因公出国（境）管理的通知》（安监总国际〔2008〕150号）。根据中共中央办公厅和国务院办公厅《关于进一步加强因公出国（境）管理的若干规定》的通知（中办发〔2008〕9号）和中央纪委《关于开展贯彻落实“两办规定”制止党政干部公款出国（境）旅游专项工作的通知》（中纪发〔2008〕10号），为加强党风廉政建设，进一步加强国家安全生产监督管理总局系统人员因公出国（境）管理工作，现将有关事项通知如下：

第一条 严格执行因公出国（境）审批制度。国家安全生产监督管理总局部级人员因公出国（境）严格执行党中央和国务院有关规定。总局和煤矿安监局机关各司局、应急指挥中心、各省级煤矿安全监察机构、总局各直属事业单位、社团组织正副司局级人员因公出国（境），由所在单位书面报告总局办公厅（国际合作司）。国际合作司审核立项后，由总局人事司、机关党委和驻总局监察局对出国（境）人员进行初审，报请分管申请单位的总局领导和分管外事工作的总局领导审核，报请总局局长审批。

第二条 要有明确的因公出国（境）任务。总局系统司局级及以下人员因公出国（境），必须是工作需要的考察访问或出席国际性会议活动。不准无任务、无目的、无实质内容的出国（境），严禁公款出国（境）旅游。

第三条 严格控制出国（境）团组在外停留时间。出国（境）考察和出席国际会议团组出访一个国家（或地区），在外停留不超过6天；出访两个国家（或地区），不超过10天；出访3个以上国家（或地区）不超过12天。出国（境）培训团组在外时间一般不少于21天，在一国内完成。离抵境当日计入在外停留时间。未经批准，不得擅自增加出访国家或延长在境外停留时间，不得擅

自前往未报批国家（地区），包括未批准的“申根国家”和互免签证国家。

第四条　控制团组规模，优化团组人员，提高出访实效。出国（境）考察和出席国际会议人员应根据工作需要确定，团组人员总数不得超过6人，严禁拆分组团或组织“团外团”。离退休人员一般不安排出访。出国（境）培训人员必须业务对口，年龄在50周岁以下，回国（境）后仍然从事该项工作。出国（境）培训团组人员总数应控制在25人以内。团组在外公务活动应占在外日程的三分之二以上。国（境）外邀请单位应业务对口、级别对等，严禁通过中介机构联系或出具邀请函。出访团组须在回国（境）1个月内向国际合作司提交出访报告，国际合作司组织成果交流和共享。

第五条　从严组织跨地区跨部门（双跨）团组。凡组织总局人事隶属关系以外人员参加的团组均按照双跨团组管理，由总局国际合作司按规定征求有关外事部门意见并组织报批。其他单位不得下发组团通知。

第六条　加强因公出国（境）证件管理。凡公费出国（境）的团组和个人必须通过因公出国（境）审批渠道办理手续，严禁持普通护照出国（境）执行公务。因私出国（境）仅限于自费旅游、探亲和处理其他个人事务，并须报组织人事部门批准办理有关手续。因私出国（境）不得使用因公出国（境）证件。因公出国（境）任务结束后，出访人员须在回国（境）7天内将所持护照（通行证）交国际合作司集中管理。

第七条　加强因公出国（境）经费管理。因公出国（境）经费应按照有关规定纳入专项预算管理。各单位财务部门严格根据经费预算和财政部、外交部制定的临时出国（境）人员费用开支标准及管理办法审核出国（境）费用。总局所属党政机关干部因公出国（境）不得由企事业单位出资或补助，不得向下属单位、企业和地方摊派，不得转嫁出国（境）费用。

第八条　国家安全生产监督管理总局于2009年2月13日印发总局内设机构主要职责、处室设置和人员编制规定的通知（安监总办〔2009〕27号），明确办公厅（国际合作司）主要职责：①归口管理外事工作，拟订外事工作规章、规划并组织实施，承担机关和直属单位人员因公出国（境）任务审批、人员审查及相关证照的办理和管理工作。②承担机关和直属单位与相关国际组织及机构、外国政府及机构、港澳台地区职业安全与健康方面的交流与合作，组织、协调、管理与外国政府间和国际组织的双边合作项目及政府间工作组会议。③承担国外职业安全与健康人才、专家聘请，以及出国（境）培训等引进国外智力项目的审核、申报、执行和管理工作。

四、国家安全生产监督管理总局因公出国（境）团组审批管理实施细则

国家安全生产监督管理总局于2013年5月15日印发《国家安全生产监督管理总局因公出国（境）团组审批管理实施细则》(安监总国际〔2013〕53号)：

第一条 为进一步加强和规范国家安全生产监督管理总局（以下称“总局”）系统因公出国（境）团组审批和管理工作，根据中央办公厅、中央纪委、国务院办公厅及外交部等部门关于因公出国（境）管理的规定，结合总局工作实际，制定本细则。

第二条 总局系统因公出国（境）团组和总局系统人员参加的外地区外部门（双跨）团组的审批管理适用本细则。

第三条 总局办公厅（国际合作司）作为总局外事工作的归口管理部门，负责总局系统因公出国（境）团组的审核报批工作。

第四条 总局人事司和驻总局监察局负责对因公临时出国（境）的总局和国家煤矿安监局机关各司局、应急指挥中心人员，各省级煤矿安全监察局、总局各直属事业单位和社团组织领导班子成员进行审核备案。

第五条 因公出国（境）团组须列入总局年度的因公出国（境）计划。

五、国家安全生产监督管理总局工作规则

国家安全生产监督管理总局于2014年3月3日印发《国家安全生产监督管理总局工作规则》(安监总办〔2014〕20号)，对总局外事活动作出规定：

第一条 （原第五十八条)，总局领导出国（境）访问的计划由办公厅（国际合作司）提出报告，经局长同意后，按国务院有关规定报批及备案。

第二条 （原第五十九条)，总局邀请的外国团组，由办公厅（国际合作司）按程序报批后进行安排。有关司局要做好会议记录及议定事项的落实。非官方的外事活动需总局领导参加时，由接待单位商办公厅（国际合作司）按程序报请总局领导决定。

第三条 （原第六十条)，总局机关和直属单位副司级以上干部出国（境)，由所在单位提出专题申请，经办公厅（国际合作司)、人事司、驻总局监察局审核并报总局分管领导审阅同意后，按程序报局长审批。

第四条 （原第六十五条)，总局机关全体公务员要严格遵守保密纪律和外事纪律，严禁泄露国家机密、工作秘密或因履行职责掌握的商业秘密等，坚决维护国家的安全、荣誉和利益，维护当事人的合法权益。

第五条 （原第七十条)，严格控制因公出国（境）团组数量和规模。严格

控制和规范国际会议、论坛、庆典、节会等活动。各类会议活动经费要全部纳入预算管理。

六、国家安全生产监督管理总局系统因私出国（境）审批办法

国家安全生产监督管理总局于2015年5月15日印发《国家安全生产监督管理总局系统因私出国（境）审批办法的通知》（安监总人事〔2015〕50号）：

第一条　根据中央办公厅等九部门《关于加强党政机关县（处）级以上领导干部出国（境）管理工作意见》和《中共中央组织部关于进一步加强领导干部出国（境）管理监督工作的通知》（组通字〔2014〕14号）等有关规定，结合实际，制定本办法。

第二条　国家安全生产监督管理总局和国家煤矿安监局机关各司局、应急指挥中心（以下统称“总局机关”）在职干部及直属单位负责人申请因私出国（境），应由所在单位主要负责人以适当方式请示总局或国家煤矿安监局分管领导（省级煤矿安监局负责人请示国家煤矿安监局主要领导）同意并签字后，送请由人事司（宣教办）会同办公厅（国际合作司）、直属机关党委、驻总局监察局核准。经核准符合条件的，报总局或国家煤矿安监局分管领导签署意见，其中各单位主要负责人因私出国（境）需报总局局长批准。

第三条　总局机关退（离）休干部因私出国（境），由离退休干部局核准，直属单位退（离）休干部因私出国（境）由所在单位核准。其中，退（离）休司局级干部因私出国（境）需征得办公厅（国际合作司）、驻总局监察局和人事司同意。

第四条　法律法规规定不准出国（境）的，以及涉嫌严重违纪违法的人员，一律不予批准。在保密要害部门、要害岗位工作或离开上述部门、岗位尚未达到脱密期限的干部，一般不批准因私出国（境）。

第五条　有下列情形之一的可以申请办理因私出国（境）：

（1）探望在国（境）外定居、留学或工作的直系亲属；

（2）需要到国（境）外就医或陪同直系亲属到国外就医；

（3）旅游；

（4）其他不涉及国家安全或秘密的非公务活动。

第六条　在职干部因私出国（境）原则上一年内不超过两次，因私出国（境）时间一般不能超过当年可享受的年休假时间。

第七条　因私出国（境）应当严格按照本办法要求，填写《国家工作人员因私出国（境）承诺书》和《因私出国（境）审批表》，原则上由干部所在单

位征求相关司局意见并履行审批手续。

第八条 总局机关和直属单位其他干部由各单位按照干部管理权限批准。

第三节 国际交流与合作总体情况

2001年国家安全生产监督管理局成立以来，特别是2005年调整为国家安全生产监督管理总局（正部级）以来，国家安全监管局（总局）按照中央关于“对外开放全方位、宽领域、多渠道、高层次，不断提高对外交流与合作水平”的要求，坚持服务于国家外交工作大局、服务于安全生产中心工作，积极推进安全生产领域的对外开放，不断扩大国际交流与合作，取得明显成果，为促进中国安全生产形势明显好转，推动中国安全健康事业的发展进步发挥了积极重要作用。

（1）加强与外国政府、国际组织、地区组织和民间合作，形成了全方位、多渠道的安全生产对外开放格局。与五大洲的30多个国家和地区的安全健康监管部门建立了双边合作关系，与16个国家的政府相关部门签署了合作备忘录；与美国劳工部，澳大利亚工业、旅游和资源部，加拿大劳工部，俄罗斯工业、环境与原子能监督管理总局，英国安全健康局，欧盟社会事务与就业总司，法国内政部，日本厚生劳动省等建立了政府间合作机制，开展法规与标准，预防与监督，人员与技术信息方面的交流与合作；组织开展中美、中加、中欧盟、中俄安全健康年度对话；与联合国开发计划署、国际劳工组织、世界卫生组织、亚洲开发银行等国际组织和机构合作，开展安全健康专题研讨、国际专家交流、专业人才培养；参加东盟10+3（东南亚国家联盟10国和中、日、韩）职业安全健康对话，交流经验，分享成果，培训人员；密切与港、澳、台地区联系，支持并参与“两岸四地”安全生产与职业健康经验交流，支持并参加粤、港、澳安全健康知识竞赛，支持并参加珠江三角区9+2（珠江9省+香港、澳门）安全健康对话活动；与美国安全委员会、日本中央灾害防止协会、韩国产业安全工团、德国工商保险协会、智利安全生产协会，以及美国陶氏化学公司、美国杜邦公司、英国劳氏船级社、德国鲁尔集团、澳大利亚英美资源、南非安瑞康风险管理集团等行业协会、社会团体、国际知名企业开展了企业安全文化、企业安全健康管理方面的交流与合作，形成了“以官带民、以民促官、官民并举”的外事工作格局。

（2）加入相关国际组织，积极参与国际活动。经外交部批准，国家安全生产监督管理总局加入国际社会保障协会并成为联系会员，加入国际劳动监察协会、国际矿山救援组织、亚太地区职业安全健康组织。积极参加世界职业安全健康大会、世界采矿大会、国际矿山安全研讨会、国际化学品安全大会、国际矿山救援竞赛等重大国际性活动。

（3）举办大型国际性会议和展览，搭建国际交流与合作的重要平台。成功举办每两年一届的中国国际安全生产论坛暨中国国际安全生产与职业健康展览会，中国国际安全生产应急管理论坛暨展览会，中国国际煤矿瓦斯治理和利用大会，第五届国际矿山救援大会及救援技术竞赛，第三十二届国际矿山安全研讨会。这些会展在世界安全健康领域具有重大影响力，得到了国际社会和国内外同行的广泛关注和积极参与，成为探索理论、研究政策、交流技术、分享经验、推动合作的重要平台。

第四章　与国际组织和机构的交流合作

第一节　与国际劳工组织的交流与合作

一、国际劳工组织的机构与职能及主要活动

国际劳工组织（International Labour Organization，简称ILO）成立于1919年，原为国际联盟的附属机构，1946年成为联合国系统负责社会和劳工事务的一个专门机构，是联合国机构中历史最悠久、地位十分重要的一个专门机构。总部设在瑞士的日内瓦。

国际劳工组织是目前唯一由成员国政府、工会和雇主组织三方组成的联合国专门机构。其组织结构主要包括国际劳工大会、理事会、国际劳工局。国际劳工大会是最高权力机关，每年召开一次。成员国代表团由两名政府代表、一名工人代表和一名雇主代表，以及他们的顾问组成。大会主要讨论当前国际社会和劳动领域的重大问题，批准该组织的计划预算、制定和通过国际劳工标准、选举理事会等。大会期间，许多国家元首、政府首脑出席大会并发表演讲。

理事会是国际劳工组织的执行委员会，每年召开三次会议，决定该组织的政策、国际劳工大会的议程、制定计划预算、选举总干事等。理事会由56名理事和66名副理事组成，分别由政府组、工会组、雇主组独立选举产生。

国际劳工局是常设秘书处，负责处理该组织的日常事务。国际劳工组织还有5个区域局和40个国家局。国际劳工组织亚太地区局设在泰国曼谷。国际劳工组织北京局于1985年成立，具体负责中国和蒙古国的事务。

1919年10月，国际劳工组织在华盛顿召开了第一届国际劳工大会。首届大会制定了六个国际劳工公约和建议书，任命了理事会。法国社会党人阿尔培特·多玛被任命为第一届国际劳工局总干事。

国际劳工组织从1919年到现在经历了三个发展阶段：

1919—1939年，它是国际联盟中的一个自主的专门机构。

1940—1945年，因为第二次世界大战爆发，国际联盟解体，它作为一个独

立的国际组织继续存在。

1946 年至现在，它成为联合国中负责社会和劳工事务的一个专门机构。

实现全世界的永久和平、公正和人道是国际劳工组织的宗旨。这一宗旨已体现在国际劳工组织 1944 年在美国费城通过的国际劳工组织章程中，即“只有以社会正义为基础，才能建立世界持久和平”。1969 年国际劳工组织获得诺贝尔和平奖。1998 年国际劳工组织通过了“工作中基本原则和权利宣言”。

第一位来自发展中国家的国际劳工局总干事胡安·索马维亚在其 1999 年国际劳工大会上的施政报告《体面的劳动》中提出了给人以“体面的劳动”的新理念，将工作中的基本原则和权利，以及合理的报酬、工作条件和社会保障融入其中，作为检验“全球化的试金石”。保护员工免遭与工作相关的伤害、疾病、不健康的影响是国际劳工组织肩负的一项历史使命，是实现“体面的劳动”的最基本的要求。既不能把疾病与伤害与工作相伴而生作为忽视员工安全与健康的理由，也不能把贫穷作为忽视员工安全与健康的借口。国际劳工组织的首要目标就是创造条件，让人们在自由、公正、安全、尊严的环境下获得舒适、高效的工作，我们称之为“体面的工作”。体面的工作一定是安全的工作，而且安全的工作也是提高生产率、促进经济增长的有利因素之一。

2019 年是国际劳工组织成立的百年庆典。为此，国际劳工局总干事盖·莱德发起了以“推动社会正义，促进体面劳动”为口号的“未来工作百年倡议”活动，并组织成立了“未来工作全球委员会”。全球委员会由南非总统马塔梅拉·西里尔·拉马福萨和瑞典首相斯蒂凡·洛夫文担任共同主席，并于 2019 年 1 月 22 日发布了题为“为了光明的未来而工作”的报告。

国际劳工组织经过百年的发展变化，工作和活动范围不断扩大，成员国日益增多。截止到 2018 年底，成员国总数已为 187 个。

二、中国与国际劳工组织

中国是国际劳工组织的创始成员国之一，也是政府常任理事国。从 1949 年中华人民共和国成立到 1971 年，由于新中国在联合国中的席位被非法剥夺，所以中国与国际劳工组织的关系被割断了。直到 1971 年联合国大会恢复中国的合法席位以后，国际劳工组织也恢复了中国在该组织的合法席位。1971 年 11 月 16 日，国际劳工组织理事会第 184 次会议根据联合国大会第 396（V）决议，通过恢复中国合法权利的决议，驱逐了台湾的三方代表，并通知邀请中国政府参加国际劳工大会和其他会议。1972 年 8 月，中华人民共和国常驻联合国日内瓦办事处和瑞士其他国际组织代表团正式建立。

经过多次反复协商，中国政府决定从国际劳工组织1983年召开的第69届国际劳工大会起，正式参加了国际劳工组织的各项活动。当时的劳动人事部部长赵守一作为到会部长参加了这次对新中国具有历史意义的国际劳工大会，中国政府代表为劳动人事部副部长李云川和日内瓦代表团常驻副代表田金，中国工会代表为中华全国总工会书记处书记陈宇，中国雇主代表为中国企业管理协会常务理事沙叶。以后每届大会都派由三方代表组成的中国代表团出席，并派代表出席国际劳工组织理事会，以及其他会议，参与国际劳工标准和政策的制定。

1985年1月，国际劳工组织在北京设立了国际劳工组织北京局，负责与中国和蒙古国政府、雇主、工人组织，以及其他有关机构的联系与合作，开始了国际劳工组织与中国合作的新时期，在国际劳工标准、技术合作、研究咨询、出版图书、教育培训等各方面开展了广泛的合作。

三、与国际劳工组织在安全健康领域的合作

1983年，中华人民共和国首次派三方代表组成的代表团参加了第69届国际劳工大会，揭开了中国与国际劳工组织合作的新篇章。双方的合作是全方位的，其中在职业安全卫生领域，双方一直保持着积极的、良好的合作。

（一）搭建合作平台，扩大安全健康知识、信息交流

1985年，国际劳工组织北京局的成立也为双方的合作奠定了组织机构保障。1987年以后，国际劳工局先后组织并实施了三个较大规模的中国职业安全卫生技术合作项目，即由原国家煤炭工业部负责立项的长沙中小煤矿安全培训中心（CPR/87/M02）和建立全国煤炭工业安全培训中心（河北燕郊，CPR/87/022）项目，以及由原国家劳动部负责的发展劳动安全卫生培训计划项目（CPR/89/008）。这些资助规模均在百万美元左右的项目，为中国的职业安全卫生国际合作开辟了渠道，促进了中国职业安全卫生各方面工作的开展，特别是为培训工作奠定了良好基础。

此外，ILO/CIS中国国家中心（设在安全生产科学技术研究院和华北科技学院）于1987年被国际劳工组织国际职业安全卫生信息中心（ILO/CIS）正式接纳为成员单位，并开展了以下工作：

（1）参与了由国际劳工组织国际开发署资助的“开发国家职业安全卫生培训计划”项目的信息部分工作（1989年）。

（2）参与了由芬兰政府资助的国际劳工组织/芬兰国际开发署亚太区域职业安全卫生项目（ILO/FINNIDA）工作。在1992年至2000年项目执行期间，ILO/CIS中国国家中心开展了以下工作：

① 1993 年，ILO/FINNIDA 与原劳动部职业安全卫生监察局、ILO/CIS 中国国家中心共同合作，在北京举办了“国家职业安全卫生信息网络研讨会”。本次会议的目的是讨论在中国建立职业安全卫生信息网，加强全社会在职业安全卫生领域的协作，实现职业安全卫生信息资源共享，以最终服务于全社会，减少伤亡事故和职业病，改善劳动者的工作条件的必要性和可能性。来自全国政府部门、工会、企业家协会、大专院校等组织的代表参加了会议。

② 1994 年，ILO/FINNIDA 与 ILO/CIS 中国国家中心共同组织国家职业安全卫生信息网机构数据库研讨会。来自政府部门、雇主组织、企协等部门从事计算机工作的人员参加了此次研讨会。

③ 1995—1996 年，ILO/CIS 中国国家中心进行了中国职业安全卫生机构的调研工作，在此基础上，编辑了中、英文版《中国职业安全卫生机构指南》。该指南介绍了中国职业安全卫生政府管理机构、工会组织、学（协）会、科研机构、大专院校及信息中心等机构的概况。

④ 1998—1999 年，ILO/CIS 中国国家中心编辑了一本《中国化工安全机构指南》（中、英文版），旨在加强各部门的信息交流，有助于在工作场所采取预防措施，防止化学危害。同时，也可作为政府官员、进出口商、化学品制造商、供应商、雇主代表、教育部门、国际组织，以及研究机构使用化学品的有关人员的工具书。

⑤ 1998 年底，ILO/CIS 中国国家中心在项目专家的帮助下，建立了“中国职业安全卫生信息网”（中、英文版）。

⑥ 1999 年 9 月，与国际劳工组织、国际劳工组织北京局合作，举办了由中国国家中心下属分中心从事职业安全卫生信息工作人员参加的“职业安全卫生信息培训班”。

⑦ 2000 年 7 月，ILO/CIS 中国国家中心与国际劳工组织和国际劳工组织北京局合作举办了“职业安全卫生信息系统培训员”培训班，目的是使这些培训员利用现有的职业安全卫生信息源，特别是国际互联网，迅速了解国际最新的职业安全卫生动态，掌握新的培训方法和教学手段，使他们能够承担起本系统或本部门的职业安全卫生培训工作。

⑧《职业事故和职业病记录与通报实用规程》是国际劳工组织授权，由 ILO/CIS 中国国家中心组织有关专家翻译的一本工具书。该书对指导中国工伤事故统计与报告工作很有帮助。

（3）《现代职业安全》是 ILO/CIS 中国国家中心与有关部门合作共同出版的期刊。它主要报道国内外职业安全卫生最新信息，使政府部门、企事业单位及众多职工及时了解和掌握国内外有关职业安全卫生工作的发展趋势，对中国职业安全卫生工作的发展起到积极的促进作用。

（4）参与国际劳工组织在职业安全卫生领域中与标准相关活动的调查工作。

（5）开发国际劳工组织中文出版物光盘：包括《重大工业事故预防实用规程》《工作中安全使用化学品实用规程》《职业事故和职业病记录与通报实用规程》《安全使用合成玻璃纤维热棉（玻璃棉、岩棉和渣棉）实用规程》《工作中化学品的使用安全与卫生培训手册》《亚洲职业危害预防措施指南》《人机工程检查要点》《职业安全卫生百科全书》《林业职业安全卫生实用规程》《职业安全卫生管理体系导则》。

应中国政府要求，1994 年双方就中国的工作条件与环境问题开展了调查，并形成了一份调查报告——《中国在转轨：创造一个更加美好的工作场所和环境》，报告全面地介绍了中国在向市场经济转轨过程中，职业安全卫生及工作环境面临的问题和挑战，并有针对性地提出了一些优先行动方案。

1995 年 11 月，曾在原劳动部职业安全卫生监察局工作的朱常有加入国际劳工组织北京局。因其职业和技术背景，朱常有为中国与国际劳工组织的合作做出了许多努力。

1996 年，国际劳工局再次与中国政府有关部门合作，就中国的乡镇企业职业安全卫生现状和问题进行了调研，也形成一份题为“促进乡镇企业的安全卫生”的报告。报告对乡镇企业这一具有中国特色的企业类型的安全卫生问题，进行了详细的论述和分析，并提出了一些建设性的改进措施和行动方案。

（二）推动履行国际化学品公约、组织煤矿安全健康交流培训

从 1997 年开始，在丹麦政府的资助下，国际劳工组织同中国政府有关部门在如下领域开展了富有成效的合作。

1. 化学品安全（INT/95/M10/DAN）

中国政府于 1995 年批准了国际劳工组织第 170 号化学品公约。为了帮助中国履行化学品公约，建立国家工作场所化学品安全管理体系，双方开展了一系列合作活动：邀请国际化学品安全专家来华介绍交流先进经验；派中方人员赴国外考察；制定工作场所化学品安全管理规定并由原国家劳动部和化学工业部于 1997 年联合发布、修订化学品标签和安全技术说明书国家标准；开发化学品安全培训手册；举办全国化学品安全知识竞赛，以及举办了多期国家安全监察员及化工企业厂长经理和安全技术人员的培训班和研讨会。在项目执行期间，中石化安全工程研究院（原化工部青岛劳保所）充分发挥了其技术支持作用，并获得了全国化学品安全信息与培训中心的授权。

2. 煤矿安全卫生（INT/95/M11/DAN）

煤炭工业是中国职业事故的高发行业，特别是乡镇煤矿。矿工的职业病问题也十分突出，煤尘肺病就占全部尘肺病的46%。为此，国际劳工组织与原煤炭工业部开展了煤矿尘肺预防方面的合作。主要是制定煤矿呼吸性粉尘的监测和分析导则、开发相应的培训教材和煤矿呼尘监测管理计算机软件，以及举办了数期培训班。同时，还聘请国际专家帮助长沙中小煤矿安全培训中心，制定开发适合乡镇煤矿各类人员的培训大纲和教材，并开展了试点性培训。2000 年，国际劳工组织又与原国家煤炭工业局共同在北京举办了中国矿山职业安全卫生研讨会，劳工局专家介绍了国际劳工组织第 176 号矿山职业安全卫生公约。

2004 年，国际劳工组织与国际化学、能源、矿山和工会联合会和国际采矿和金属理事会的有关负责人就如何提供切实可行的技术支持，促进中国矿山安全健康状况的明显改善这一问题进行了探讨。这两家单位随即开始与国际劳工组织一道，在中国推行三方合作的工作方法。2004 年 12 月，首次三方高层研讨会在北京召开，会议同意将进一步通过会议、技术访问和研讨的形式在更广泛的领域开展合作。2005 年 12 月，进行了技术访问，考察了一座大型煤矿和一座小型煤矿并就有关问题进行了探讨。

2006 年 7 月，国家安全生产监督管理总局、国家煤矿安全监察局和国际劳工组织召开了为期两天的研讨会，会议由国家安全生产监督管理总局国际合作司司长柏然和国际劳工组织中国蒙古局官员朱常有主持。会议对考察成果进行了讨论，形成了《改善中国煤矿职业安全健康状况：采用相互协调和三方参与的方法评估和管理风险》项目建议书，就合作项目的主要组成部分达成一致意见。建议书体现了合作的基本原则、技术考察成果和经过研讨会讨论和认可的重大调整。

为保持参与各方在制定项目和获得资金支持等方面的主动性、承诺和热情，为项目开展打下坚实的基础，大家一致同意在 2007 年初召开一次风险评估和管理研讨会。研讨会的成功召开将有助于参与各方在项目开始前就以上内容和所有有关事项达成共识。

2007 年 4 月 2—3 日，国家安全生产监督管理总局、国家煤矿安全监察局和国际劳工组织联合在北京举办煤矿风险评价与管理三方研讨会。国家煤矿安全监察局监察专员朱凤山、赵振海和国际劳工组织中国蒙古局局长康妮出席会议并讲话。会议的主要目的是通过研究和探讨煤矿风险辨识、评价和控制管理方法，学习和借鉴国外风险评价和管理技术及方法。研讨会上，中外专家就煤矿风险评价与管理这一主题，进行了深入的交流和探讨，并达成一致意见：风险评价作为科学的安全管理模式，体现了以人为本和预防为主的安全管理理念，是预防事故的重要手段，风险评价与管理技术在世界范围内的广泛应用对采矿业的安全发展起到了积极的推动作用。项目所采取的“三方参与”的安全健康风险评价和管理方法，是一种新的理念和方法，符合中国煤矿企业安全生产管理的实际需要。

此次会议得到了有关各方的高度重视，来自国家安全生产监督管理总局、国家煤矿安全监察局、中华全国总工会、中国企业联合会、有关省煤矿安监局、煤炭企业、科研院所，以及国际劳工组织、国际化学、能源、矿山和工会联合会和国际采矿和金属理事会的专家和代表40余人参加了会议。

为了获得项目资金方面的支持，2007 年 4 月 3 日下午，国家安全生产监督管理总局、国家煤矿安全监察局和国际劳工组织在北京组织召开了中国煤矿安全国际合作交流会，此次会议得到中国政府和国际劳工组织的高度重视，中国国家安全生产监督管理总局副局长梁嘉琨、国际劳工组织中国蒙古局局长康妮出席会议并致辞。

2007 年 8 月 10 日，国家安全生产监督管理总局局长李毅中在国家安全生产监督管理总局会见了国际劳工组织总干事索马维亚，双方充分肯定并高度赞赏所建立的合作关系，支持在安全健康领域开展更加紧密的合作。随同索马维亚会见的劳工组织官员有国际劳工组织亚太地区局局长山本幸子、总部高级顾问沁格、中国蒙古局局长康妮、总部官员阿夫里迪、中国蒙古局副局长张国庆、中国蒙古局项目官员朱常有。中方参加会见的人员有国家安全生产监督管理总局政法司司长黄毅、规划科技司司长杨富、国际合作司副司长柏然、处长薛惠新、处长史艳萍、劳动部国际司处长管静和。

2010 年起，国家安全生产监督管理总局与国际劳工组织合作执行联合国“中国妇幼儿童食品安全”项目“儿童食品企业生产安全”子项目，共同开发编写了“中小食品企业职业健康手册”“食品企业安全生产标准化指南”和“食品行业安全监察员培训教材”，指导试点企业开展安全标准化建设，培训试点省份（贵州、云南）工贸（食品）行业安全监管人员，提高了试点企业安全管理水平和试点地区监管人员素质和能力。（该项目由国际交流合作中心刘晓兵具体执行。）

（三）促进建筑业安全卫生公约批准（INT/95/M11/DAN）

从事故发生的概率和行业特点来看，建筑业也是一个危险性高的行业。为促进中国批准第 167 号《建筑业职业安全卫生公约》，国际劳工组织曾经先后两次在华召开研讨会，并开发了一个为期一年的促进中国建筑业职业安全卫生项目。项目着重帮助政府有关部门做好批约前后的准备工作，了解其他国家开展建筑业安全卫生工作的经验和开发建筑工人安全培训教材等。这个公约已于2001年10月被中国政府批准实施。

（四）组织尘肺病防治专题研讨（INT/97/M04/DAN）

国际劳工组织与国家卫生部开展了尘肺病防治方面的合作，准备了尘肺病现状国家报告，制定了尘肺病防治国家行动方案，并就《职业病防治法（草案）》召开了研讨会。

（五）组织监管监察人员培训（INT/95/M11/DAN），提升安全健康监管监察能力

1993年，针对因机构改革而造成的监察队伍的变化，国际劳工组织适时与原国家经济贸易委员会开展了国家监察员培训项目。委托国家经济贸易委员会职业安全卫生培训中心开发了一套培训教材，包括模块式培训教材、电子版教学培训资料，以及配套的音像资料。曾先后在大连、北京、昆明举办了培训班并取得良好的效果。进入21世纪，2001年2月挂牌成立的国家安全生产监督管理局和国际劳工组织的合作也进入了新时期。当时国家安全生产监督管理局国际合作司副司长林一胜和国际交流合作中心主任柏然，以及国际劳工组织中国蒙古局项目官员朱常有为推动与国际劳工组织的合作发挥了关键作用。自2002年起，先后在北京、广州、成都和青岛等地组织多期监管监察人员培训班或提高监管监察能力研讨班，邀请国际劳工组织专家来华授课，内容涉及安全监管执法、职业安全健康、中小企业安全管理，培训了一大批安全监管监察人员、企业安全管理人员和专业技术人员。同时，国家安全生产监督管理总局积极选派政府监管监察人员和企业安全管理人员定期赴国际劳工组织都灵培训中心、韩国产业安全公团等国外机构，参加国际劳工组织主办的培训，学习考察国外安全生产先进经验。通过“请进来”和“走出去”，有力地促进了中国安全监管监察队伍建设，还组织了对培训项目及培训人员的跟踪调研和评估，总结培训经验，推广培训成果。

（六）推动《职业安全和卫生及工作环境公约》批准

《职业安全和卫生及工作环境公约》即第155号公约于1981年6月22日经第67届国际劳工大会通过，1983年8月11日生效。该公约通过促进各会员国在职业安全、职业卫生和改善工作环境方面制定相关法律和措施，明确政府、企业和个人各自承担的责任，从而把工作环境中存在的危险因素减少到最低限度，以预防来自工作过程中发生的事故和对健康的危害。第155号公约是一项综合性公约，是国际劳工职业安全卫生标准的基础标准。截至2011年5月26日，在国际劳工组织183个会员国中，已经有57个会员国批准了这一公约。2001年7月，国际劳工组织与劳动社会保障部、卫生部、国家安全生产监督管理局、中华全国总工会和中国企业家联合会在北京共同召开了有关国际劳工组织职业安全卫生领域两个重要公约，即《职业安全卫生公约》(第155号）和《职业卫生服务公约》(第161号）的研讨会。2002年7月2—4日，国际劳工组织会同国家安全生产监督管理局召开了中国促进职业安全卫生管理体系研讨会。针对目前中国职业安全卫生现状和发展变化，国际劳工组织与政府有关部门、中华全国总工会和中国企业家联合会共同开展一次中国职业安全卫生现状调研活动，为制定国家中长期安全卫生发展战略计划，加强职业安全卫生国际技术交流与合作奠定基础。为了借鉴国外的经验，国家安全监管局与ILO合作编译了10个国家的职业安全健康发展计划。2002年开始，国家安全监管局就中国政府批准国际劳工组织第155号公约开展可行性研究，组织国务院法制办等单位到国际劳工组织进行了考察。经过几年的努力，最终促成十届全国人大常委会第24次会议于2006年10月31日作出批准第155号公约的决定。此举不仅有利于保护劳动者的人身安全和健康、促进安全生产和职业卫生方面的立法和执法工作、完善中国的职业安全健康国家政策，还彰显了中国负责任大国形象，受到国际社会的普遍赞誉。2007年1月25日，经国际劳工组织正式登记，中国加入了这个公约。

履约情况：加入第155号公约之后，国家安全生产监督管理总局积极与人力资源和社会保障部、卫生部和全国总工会等有关部门合作，认真履行公约所规定的有关责任和义务，并取得了明显成效，有力地保护了劳动者的人身安全和健康。按照公约的要求，国家安全生产监督管理总局定期向国际劳工组织提交履约情况报告。其中，2010年国家安全生产监督管理总局按履约规定向国际劳工组织提交了关于中国职业安全与健康履约情况的报告，之后，国际工会联合会(ITUC）于2010年9月1日向国际劳工组织专家委员会提交了一份《关于第155号公约实施情况的观察报告：中国的职业安全与健康》。观察报告大量引用近年来中国的职业健康案例，意图将中国作为一个案例国纳入国际劳工组织短名单，接受国际劳工大会审议。观察报告结合上述案例，引用中国官方数据及法律条文，分析中国职业健康所面临的严峻形势和发展趋势，提出了中国在职业安全健康方面存在的突出问题，概括起来有以下八个方面：①职业健康监察资源、能力不足，覆盖面窄；②职业健康管理工作的商业化和地方保护主义严重妨碍了职业健康监察机构的独立性；③职业健康监管部门间缺乏统一性和协调性，执法不力；④违法违规处罚力度过轻；⑤职业健康监察结果和数据缺乏透明度；⑥职业病统计报告制度不完善；⑦职业病检查、诊断、鉴定、赔偿规定和程序存在严重不足；⑧法律、地方性法规和司法解释之间相互冲突，法规不完善。国家安全生产监督管理总局对此高度重视，一方面认真研究报告提出的相关问题，吸取教训，切实采取相关措施，促进中国职业健康状况的好转。另一方面，需要认真做好应对国际劳工大会审议的充分准备，回应对方关切，澄清事实，说明真相，加强对外宣传，争取变被动为主动，尽可能消除由此产生的不良影响。

（七）共同举办中国国际安全生产论坛

2002 年 10 月 10—12 日，国际劳工组织与国家安全生产监督管理局共同举办了第一届中国国际安全生产论坛暨中国国际安全生产及职业健康展览会。这是一次具有重要意义的盛会，时任国务院副总理吴邦国为论坛发来贺信。论坛的主题为“二十一世纪安全生产与职业健康”，内容涉及安全生产法律法规、立法与监督监察体制；企业安全生产管理与事故预防、事故应急、救援及工伤保险体系；职业危害的识别、风险评估与控制技术；安全生产教育、宣传、培训、科技和信息工程技术等四个方面。出席会议的 400 名代表，来自中国、美国、加拿大、俄罗斯、波兰、英国、德国、日本等 20 多个国家和地区的政府机构、国际组织和大型企事业单位及科研机构。其中，美国、俄罗斯、英国、波兰专门派代表团出席会议，并在会议期间与国家安全生产监督管理局商谈或签署有关安全生产和职业健康方面的合作协议。

截至 2018 年底，该国际论坛已成功举办九届，为推动职业安全健康领域的国际经验交流与合作发挥了积极的作用，促进了中国安全生产和职业安全健康工作。论坛已成为中国与国际劳工组织合作的典范，必将为今后新全球化背景下如何进一步推动全球职业安全健康工作作出新的努力和探索。

（八）共同举办“世界安全生产与健康日”纪念活动

2001 年 4 月 24 日，国际劳工组织为纪念工作中受伤或死亡的工人，宣布将每年 4 月 28 日作为“世界安全生产与健康日”。联合国有 100 多个国家和地区，在每年的 4 月 28 日开展各种形式的纪念活动。2004 年 4 月 28 日，国际劳工组织与国家安全生产监督管理局首次在北京共同举办纪念活动，之后，每年合作举办各种形式的纪念活动。每年在中国举行的纪念活动由国家安全生产监督管理总局与国际劳工组织共同主办，由国家安全生产监督管理总局宣教中心和国际劳工组织中国蒙古局联合承办，邀请工会和雇主组织参加。通过召开报告会、研讨会、现场会，举办论坛、展览、在有关报刊上开辟专栏，深入奥运建筑工地和石化企业送安全文化等多种形式，宣传安全生产和职业健康政策法规、党和政府为加强安全生产和职业健康工作采取的重大措施及取得的成效，普及安全生产和职业健康知识，宣传推广国际劳工组织“体面劳动”理念，增强全社会科学发展、安全发展的思想意识，持续不断地推动中国安全健康文化建设。纪念活动吸引了国内外专家、学者、企业管理者和政府有关部门的积极参与，得到国际社会的重视和赞扬，树立了中国政府的良好形象，扩大了国家安全生产监督管理总局的影响。主要纪念活动如下：

（1）2007 年“4·28”纪念活动：国家安全生产监督管理总局与国际劳工组织采用主题报告会形式在北京举办纪念活动。报告会于 4 月 27 日上午在国家安全生产监督管理总局 A511 会议室举行，报告会以“安全健康的工作场所——体面的劳动变为现实”“关注我国矿业领域职工安全与职业健康”为主题，大力倡导“安全发展”科学理念，营造全社会重视职业安全卫生和工作环境健康的浓厚氛围，预防和减少各类事故，保护职工群众生命健康，促进中国职业安全与健康事业的发展。报告会由国家安全生产监督管理总局政法司司长黄毅主持，国家安全生产监督管理总局副局长王显政、国际劳工组织中国蒙古局局长康妮、世界卫生组织驻中国代表贝汉卫致辞，劳动部司长刘旭、卫生部副局长苏志、全国总工会劳动保护部副部长王俊治、中国企业联合会李明星、西山煤电集团总工程师宋油唐等发表演讲，国家安全生产监督管理总局机关及在京单位有关人员和新闻媒体人员参加会议。

（2）2008 年“4·28”纪念活动：2008 年 4 月 28 日，国家安全生产监督管理总局与国际劳工组织在北京举办“4·28 世界安全生产日”主题报告会，活动的主题是“工作环境中的风险管理”，活动的宗旨是，加强工作环境中风险管理，加大隐患排查治理力度，有效预防和减少各类事故，保障人民群众生命财产安全，促进社会和谐发展。国家安全生产监督管理总局办公厅副主任柏然主持报告会，国家安全生产监督管理总局新闻发言人黄毅、国际劳工组织中国蒙古局局长康妮作主题报告，中华全国总工会、中国企业联合会代表及徐州矿务集团、BP 中国有限公司、中国安全生产科学研究院中日合作项目日本首席专家分别作了精彩的演讲。国家安全生产监督管理总局坚持“安全第一，预防为主，综合治理”的安全生产方针，贯彻落实党中央、国务院的工作部署，全面启动了“隐患治理年”的各项工作，认真落实隐患排查治理的各项措施。4 月 17 日国务院办公厅下发了《开展安全生产百日督查专项行动的通知》，通过深入持久的督查行动，进一步促进党和国家安全生产方针政策、法律法规，以及“隐患治理年”各项工作部署的落实，促进各生产经营单位安全生产主体责任和地方各级人民政府监管主体责任的落实，立足于治大隐患、防大事故，建立健全隐患治理和危险源监控制度，加强事故预警、预防和应急救援工作，努力构建安全生产长效机制，实现全国安全生产形势的持续稳定好转。

（3）2009 年“4·28”纪念活动：2009 年世界安全生产与健康日纪念活动

由主题报告会和“送安全文化到基层”活动组成，由国家安全生产监督管理总局、国际劳工组织和山东省政府共同主办，由国家安全生产监督管理总局宣教中心、国际劳工组织中国蒙古局、山东省安全监管局和菏泽市人民政府承办，由菏泽市牡丹区人民政府、菏泽市安全监管局协办，于4月27日在山东省菏泽市举行。围绕2009年“世界安全生产与健康日”的“工作中健康与生活”这个主题，把中国2009年活动的主题确定为“推动社区安全文化建设”，着力提高全民安全生产意识和安全防范能力，营造“关爱生命、关注安全”的舆论氛围和社会风尚。纪念活动为一天。上午为主题报告会，上半场由国家煤矿安监局副局长黄毅主持，国家安全监管总局副局长杨元元、山东省省长助理曲植凡、国际劳工组织中国蒙古局副局长张国庆、中华全国总工会劳动保护部部长汪忠汉、山东省菏泽市委书记赵润田等领导发表主题报告和演讲。下半场由国家安全生产监督管理总局办公厅副主任柏然主持，杜邦公司、首都经贸大学和济南市槐荫区的专家和代表介绍了安全管理和安全社区创建的经验。下午，到菏泽市牡丹区西城、吴店社区现场举行“送安全文化到基层”活动，参加活动的领导向社区代表赠送了《全民安全知识读本》《安全文化与小康社会》《从业人员安全培训教材》《学校公共安全教育模块》《邻里互助改善劳动安全卫生》和《安全健康防护》(光盘)、《农民工培训》(光盘) 及《平安是福》电视剧等安全文化书籍和音像制品，观看了社区安全知识教育展板、村民消防演习和安全文艺表演，并走进村民家里，详细询问居民用电、煤气、消防、交通、农用车等方面的安全常识，领导们饶有兴趣地和村民攀谈，交流安全常识，畅谈安全体会。社区居民普遍认为，家中老小安全健康，就是老百姓的最大幸福。其间，中国职业安全健康协会举行仪式，为山东省菏泽市牡丹区西城、吴店两乡镇颁牌命名（全国第一批国家级安全社区）。国家安全生产监督管理总局的有关单位、中国职业健康协会和菏泽市政府、安全文化专家和代表，山东省、菏泽市及牡丹区相关部门人员和代表，新闻媒体记者等800余人出席纪念活动。

（4）2011年“4·28”纪念活动：2011年“世界安全生产与健康日”纪念活动暨企业安全文化研讨会于4月28日在河北唐山举行。该活动由国家安全生产监督管理总局和国际劳工组织主办，国家安全生产监督管理总局宣教中心、国际劳工组织中国蒙古局、唐山市人民政府、河北省安全生产监督管理局承办，河北省唐山市安全生产监督管理局、唐山兴科信息咨询有限公司协办。2011年“世界安全生产与健康日”的主题是“安全责任重在落实”；中国确定的主题是“加强安全文化建设，落实企业主体责任”。国家安全生产监督管理总局办公厅副主任柏然主持会议，国家安全生产监督管理总局政法司司长支同祥、国际劳工组织中国蒙古局局长霍百安、中华全国总工会劳动保护部副部长段佑武、国家安全生产监督管理总局宣教中心主任裴文田、河北省安全监管局局长高圣先、河北煤矿安监局局长秦文昌、唐山市委副书记、唐山市市长陈国鹰出席会议并作报告和演讲。陈国鹰强调，唐山市坚持把安全生产作为“天字号”工程，实施了党政一岗双责、齐抓共管、高规格配备安委会、严格落实企业主体责任、持续开展安全生产专项整治等七项措施，全市安全生产保持了总体稳定的良好态势。2011年“世界安全生产与健康日”把“加强安全文化建设、落实企业主体责任”作为主题，对于进一步增强全社会安全发展意识，提高企业安全管理水平，健全安全生产长效机制，实现安全发展、和谐发展具有十分重要的意义。会上，河北钢铁集团矿业有限公司董事长王洪仁介绍了企业安全文化建设经验，有关专家作了精彩演讲，与会代表进行广泛研讨交流。会后，与会代表参观了河北钢铁集团矿业有限公司下属铁矿企业。全国各省级安全监管部门和煤矿安监机构有关人员、相关企业负责人、新闻媒体代表出席纪念活动。

（5）2012年“4·28”纪念活动：2012年“世界安全生产与健康日”纪念活动于4月28日在北京顺鑫农业集团有限公司举行，国家安全生产监督管理总局办公厅副主任柏然主持纪念活动，国家安全生产监督管理总局副局长孙华山出席活动并讲话，北京市副市长苟仲文、国际劳工组织中国蒙古局局长霍百安分别致辞，法国驻华使馆参赞罗妮卡作了发言。北京顺鑫农业发展集团党委副书记、副总经理郭舫军发言并介绍企业安全文化建设工作和经验。考察了顺鑫农业集团安全文化建设情况。法国驻华使馆参赞罗妮卡、美国驻华使馆一秘潘仁义、日本驻华使馆一秘富贺见英城、新西兰驻华使馆大使代表大卫·菲科特、欧盟高级专家保罗·约翰内斯、国际劳工组织其他官员和专家应邀参加纪念活动，北京市安全监管局副局长唐明明，北京市顺义区委常委、常务副区长林向阳，北京市顺义区副区长盛德利，顺义区安全监管局局长高士虎，北京顺鑫农业发展集团董事长李维昌，国家安全生产监督管理总局宣教中心主任裴文田、副主任贺定超，政法司副巡视员曹宗理、监管四司副司长罗音宇、职业健康司副司长王建冬，国际合作司和国际交流合作中心杨江、胡予红、王清华、王又京、史艳萍、李聪梅等参加了纪念活动。

（6）2013年“4·28”纪念活动：2013年“世界安全生产与健康日”主题是“预防职业病”。结合中国安全生产工作情况，确定2013年纪念活动的主题为“弘扬安全文化，提高预防水平”。国家安全生产监督管理总局与国际劳工组织共同于4月26日举办主题报告视频会。报告会主会场在北京，分会场设在各省级安全监管局，报告会通过人民网进行视频直播。国家安全生产监督管理总局办公厅副主任柏然主持会议，国际劳工组织中国蒙古局局长霍百安致辞，金川集团股份有限公司董事长作了题为“文化引领，科学发展，着力打造安全、环保、健康、和谐的跨国集团”的主题报告。国家安全生产监督管理总局副局长孙华山发表讲话，他强调：职业病危害是影响劳动者健康、造成劳动者过早失去劳动能力的主要因素。“预防职业病”是今年“世界安全生产与健康日”的主题。这一主题，充分体现了对劳动者的尊重和关爱。为劳动者提供安全、舒适、健康的作业环境，让劳动者人人享有职业健康保障，是包括中国政府在内的世界各国追求的共同目标。在日益加快的全球经济一体化进程中，国际劳工组织制定的《职业安全、健康与环境全球规划》，为实现我们共同目标开辟了有效的方法途径，提供了广阔的合作空间。他指出：中国自2006年加入国际劳工组织155号《职业安全健康和工作环境公约》以来，各地区、各部门、各单位以贯彻落实新修订的《职业病防治法》及《国家职业病防治规划（2009—2015年）》为核心，注重健全职业健康法规标准体系，注重完善职业健康工作机制，注重提升职业健康监管能力，注重突出重点行业领域职业危害防控，职业病防治工作不断加强。下一阶段，我们将以本次“世界安全生产与健康日”主题活动为契机，采取更加有力的措施，建立更加高效的机制，实施更加有效的方法，狠抓体制、机制、法制建设，强化基础建设，督促用人单位认真落实好职业健康主体责任，继续提升职业健康保障能力，努力减少职业病危害事故的发生，切实维护劳动者的健康权益，不断推动全国职业健康工作再上新的台阶。在主会场参加报告会的有：国家安全生产监督管理总局和国家煤矿安监局机关各司局、应急指挥中心，以及有关在京直属事业单位、社团组织有关负责人，国际劳工组织有关官员，新华社、人民网、中国安全生产报社、国家安全生产监督管理总局主管的杂志和网站等媒体的记者朋友。各省、自治区、直辖市及新疆生产建设兵团安全监管局，各省级煤矿安监局负责职业安全健康、宣传教育和安全文化建设有关人员在分会场参加报告会。

（7）2015年“4·28”纪念活动：国家安全生产监督管理总局和国际劳工组织于2015年4月28日在北京举办“世界安全生产与健康日”纪念活动暨预防性安全监察国际研讨会，以“共同建设预防性安全健康文化”为主题，交流分享国内外预防性安全监察执法的做法和经验，弘扬安全健康文化，促进安全监管监察能力建设。会议由国家安全生产监督管理总局办公厅副主任柏然主持，国家安全生产监督管理总局副局长杨元元出席会议并讲话。他强调，举办此次纪念活动暨研讨会，对倡导建设预防性安全健康文化，交流分享国内外开展预防性安全监察的最佳实践，学习借鉴国外先进经验和做法，促进我国安全生产工作具有重要意义。下一步，国家安全生产监督管理总局将围绕贯彻落实国务院办公厅《关于加强安全生产监管执法的通知》，强化安全监管执法，注重预防和治本；积极响应国际劳工组织号召，加强预防性安全文化建设。国际劳工组织中国蒙古局局长德梅尔、中华全国总工会劳动保护部副部长王晓涛、中国企业联合会国际部副主任刘寒松致辞。国家安全生产监督管理总局监管四司副司长尚文启作了题为“隐患排查治理体系建设，促进预防性监管监察”的主题演讲，浙江省安全生产监督管理局副局长徐洪军作了题为“以安全生产社会化服务为支撑，推动做好预防性安全监察工作”的主题演讲，国际劳工组织中国蒙古局局长德梅尔作了题为“国际劳工标准在安全监察工作中的体现”的主题演讲，国际劳工组织亚太局高级专家英格丽作了题为“携手创建职业安全健康领域的预防文化”的演讲，国家煤矿安监局监察司副司长胡海军作了题为“预防性安全监察实践”的演讲。国家安全生产监督管理总局办公厅、国际合作司、政策法规司、监管四司、职业健康司、人事司，国家煤矿安监局安全监察司，国家安全生产监督管理总局国际交流合作中心、宣教中心负责人，浙江省安全监管局、湖州市安全监管局、四川省安全监管局、德阳市安全监管局，山东、安徽煤矿安监局的代表，国际劳工组织有关官员和专家，中国安全生产报社、国家安全监管总局网站等媒体的记者朋友参加了纪念活动暨研讨会。

（8）2017 年“4·28”纪念活动：2017 年“世界安全生产与健康日”纪念活动暨中小企业安全管理研讨会于 4 月 28 日在北京举行。国家安全生产监督管理总局副局长孙华山、国际劳工组织中国蒙古局局长德梅尔出席会议并致辞。孙华山在致辞中指出，今年“世界安全生产与健康日”的主题是“优化职业安全与健康数据的采集和应用”。随着大数据、“互联网 +”的深入发展，中国安全生产工作面临着一系列的机遇和挑战，我们将积极响应国际劳工组织倡导，坚持“依法统计、科学统计”，稳妥开展安全生产统计改革，进一步提高统计数据质量；加快统计信息化建设，强化预测预警能力，提升安全生产决策科学化水平。同时，要积极借鉴国际先进理念和经验，切实发挥政府、企业、员工三方合作机制对安全生产工作的有效推动作用，不断提升中小企业安全管理水平。中华全国总工会、中国企业联合会等单位负责人应邀参加会议。国家安全生产监督管理总局有关司局和直属单位负责人、国际劳工组织总部和亚太局有关部门负责人及专家、部分东盟国家代表、国内外相关专家学者及部分省市县安全监管局代表参加了会议并进行了深入交流。

（9）2018 年“4·28”纪念活动：2018 年“世界安全生产与健康日”纪念活动于 4 月 27 日在北京城市副中心工程安全体验培训中心举行。应急管理部副部长孙华山、国际劳工组织中国蒙古局局长柯凯琳出席活动并致辞。孙华山在致辞中指出，今年“世界安全生产与健康日”的主题是“健康和安全的一代”，充分体现了国际社会对青年一代的关心与爱护。作为产业工人的主力军，作为安全生产工作的主体和骨干，提高青年职工的安全生产技能和安全意识，保护青年工人的安全与健康，对于促进安全生产工作，推进社会发展至关重要。他要求，要大力宣传安全发展的理念，弘扬生命至上、安全第一的思想，使青年工人时时警觉、处处抵制不安全的行为；要大力开展安全技能培训，深入推进青年安全生产示范岗创建活动，带动广大从业人员做安全生产的标兵模范；要大力创造安全生产的环境条件，将青年工作作为开展企业可持续发展项目的主体，实现项目发展与青年人的安全技能水平同推动、共进步；要大力强化安全生产责任落实，认真贯彻落实《地方党政领导干部安全生产责任制规定》，健全安全生产责任体系，层层传导、压实部门的监管责任、企业的主体责任，切实做到促一方发展、保一方平安。老挝劳动与社会福利部副部长拉素堪和中华全国总工会、中国企业联合会等单位负责人应邀出席活动。应急管理部机关有关司局和直属事业单位负责人、北京市和通州区有关部门和企业负责人、青年工人代表约200人参加活动。

世界安全生产与健康日每年都确定一个主题，历年的主题如下：

2001年和2002年：“纪念死亡和伤残工人”。

2003年：“让安全和健康文化全球化”。

2004年：“创建并持续推行安全文化”。

2005年：“关注建筑安全”。

2006年：“体面的工作，安全的工作”。

2007年：“安全健康的工作场所——体面的工作变为现实”。

2008年：“我的生活、我的工作、我的工作安全——管理工作环境中的风险”。

2009年：“工作中健康与生活”。

2010年：“安全发展预防为主”。

2011年：“安全责任重在落实”。

2012年：“科学发展安全发展”。

2013年：“预防职业病”。

2014年：“作业场所使用化学品的安全与健康”。

2015年：“参与建设保障职业安全与健康的预防文化”。

2016年：“工作场所压力，共同的挑战”。

2017年：“优化职业安全与健康数据的采集和应用”。

2018 年："健康和安全的一代"。

（九）合作实施"企业可持续发展项目"

近年来，国际劳工组织和中国政府安全生产主管部门的主要合作是执行"企业可持续发展"（Sustaining Competitive and Responsible Enterprises，简称 SCORE）项目。该项目由国际劳工组织开发，是一个在全球多个国家实施的技术合作项目。SCORE 的项目目标是促进改善中小企业的工作场所条件，提高企业的生产力和竞争力。

2014 年 4 月，国际劳工组织与国家安全生产监督管理总局签署合作备忘录，开始了共同合作。项目试点自 2015 年至 2016 年期间先后在浙江省湖州市南浔区和德清县的 20 家企业进行，并取得了良好效果。一线员工提出了 5100 余条改进建议；实施的改进项目有 4300 余项，为企业节约了生产成本 5000 余万元；此外，安全生产隐患排查总量同比增加了 260%，工伤事故数则同比下降了 70%。

2017 年初，为巩固扩大 SCORE 项目试点成效，湖州市加大推广力度，决定将 SCORE 项目试点区域扩大至整个湖州市范围，并于 3 月 31 日举行 SCORE 项目湖州推广会，并决定于 2017 年在全市范围内增加 SCORE 项目试点企业至 50 余家，并计划在培训周期内完成咨询师的评估认证。

在浙江成功试点的基础上，2017 年 4 月，国际劳工组织与国家安全生产监督管理总局决定将试点进一步扩大，北京市房山区被国家安全生产监督管理总局确定为 2017 年企业可持续发展（SCORE）项目试点地区。4 月 27 日，国际劳工组织、国家安全生产监督管理总局、房山区政府在北京市房山区共同举办了企业可持续发展项目启动活动，标志着 SCORE 项目在房山正式启动。项目前期邀请安全生产方面的专家和信息化方面的专家，深入探讨和研究，力争通过引入 SCORE 项目的国际理念和方法，与房山区安全生产工作深度融合，形成企业可持续发展项目与安全生产标准化创建、隐患排查治理体系建设、安全生产信息化应用"四位一体"的总体思路。通过 SCORE 项目试点，实现企业自下而上开展隐患排查工作，建立企业自主式安全管理机制，落实企业安全生产主体责任；创新政府安全监管理念和方法，探索政府对企业安全管理进行有效指导与服务的新型模式。

通过 SCORE 项目的实施，北京市房山区初步尝试安全监管执法与指导服务模式、开展差异化监管执法、探索监察豁免等监管方式创新。项目的实施推动了政府监管监察机制创新及信息化平台的应用，并将房山区其他安全生产工作进行深化融合。在试点推进过程中，不仅提高了房山区安全监管人员素质水平，也加强了对专职安全员的组织培训，使其更好为辖区内各类企业做好安全指导、服务工作。

第二节 与联合国开发计划署的交流与合作

一、中国煤层气资源开发项目的实施

1991年联合国开发计划署（UNDP）向中国提供援助，1992年6月，该项目转为全球环境基金（GEF）项目，提供援助资金1000万美元。1992年6月，中华人民共和国与联合国开发计划署签署了“中国煤层气资源开发”项目协议，协议包括松藻、开滦、铁法矿务局和煤炭科学研究总院西安分院等4个子项目，由UNDP通过世界银行的全球环境基金资助中国1000万美元，中国政府也投入与当年汇率等价的5620万元人民币，作为该项目的国内配套资金。项目于当年正式启动。该项目由松藻矿务局、开滦矿业集团和铁法煤业集团公司3个煤层气开发子项目，以及煤炭科学研究总院西安分院煤层气资源评价子项目组成。通过各种培训、研讨会及先进的煤层气取芯、测试和钻井技术的示范，提高了中国独立进行煤层气商业开发的能力。

该项目的总体目标，一是为中国制定发展煤层气工业战略提供技术和组织机构上的示范；二是介绍和展示开发煤层气所需的各种技术和工艺；三是为中央和地方政府决策提供智力支持，充分认识合理开采和利用煤层气资源对环境保护和以煤层气作为新能源的重大意义。

该项目原计划从1992年7月到1995年6月三年时间内完成，由于受联合国机构改革的影响，以及国内资金筹措和国外采购设备不能及时到货等原因，项目推迟至1997年完成，取得了成功，实现了预定目标。1997年，GEF的官员在对项目执行情况进行实地考察后，对该项目给予了较高的评价。

该项目的执行机构为联合国发展援助与管理服务部（DDSMS），现更名为联合国经济与社会事务部（DESA），实施机构为中华人民共和国能源部，1993年政府机构改革后由煤炭工业部接管。煤炭工业部对此项目非常重视，成立了以陈明和总工程师为组长的联合国煤层气项目领导小组，并由他担任中方项目负责人，由国际合作司和规划发展司负责管理、协调项目的实施及国内配套资金的筹措，委托四达矿业公司负责项目实施中具体事务的协调。各子项目单位也组建了相应的领导机构，并配备了专业技术人员。

为了实现向中国转让先进技术的目标，1993年，联合国通过招标方式，并征得中方项目负责人的同意，确定了松藻、铁法和开滦三个子项目的国外承包商。为便于督促检查项目的实施，并从总体上对四个子项目进行技术协调和平衡，联合国 DDSMS 还聘请美国煤层气工业的开创者、经验丰富的安塞尔担任项目的总顾问。为解决子项目施工中经常出现的一些技术问题，加快工程进度，提高施工质量，根据煤炭工业部的建议，1995 年 7 月，联合国 DDSMS 批准建立了由煤炭和石油专家组成的联合国中方专家组，很好地解决了施工中的技术问题。

二、与联合国开发计划署开展的合作项目

（1）1983—1986 年，联合国资助 150 万美元，完善中国煤炭直接液化技术，其中设备费用 48.8 万美元。

（2）1987—1991 年，联合国资助 150 万美元，支持中国水煤浆制备及燃烧项目，其中设备费用 75 万美元。

（3）1987—1991 年，联合国资助长沙中小煤矿安全培训中心项目 118.5 万美元，其中设备费用 68.5 万美元。

（4）1989—1991 年，联合国资助 200 万美元，用于帮助码头洗煤厂技术改造，其中技术费用 50 万美元，设备费用 150 万美元。

（5）1989—1992 年，联合国资助 112 万美元，用于支持煤炭工业部燕郊中国煤矿安全培训中心（华北科技学院）建设，其中设备费用 92 万美元。

（6）1993 年 8 月至 1996 年 12 月，联合国开发计划署资助 130 万美元，与中国煤炭工业部开展“深部煤层气勘探”项目合作，该项目在山西柳森试验区钻探 7 口煤层气试验井。通过该项合作，获取了勘探煤层气的关键技术，培训了地质工程人员，引进了先进的装备和软件，初步形成了中国自主勘探煤层气的技术力量。

（7）2006 年 12 月，国家安全生产监督管理总局、国家煤矿安全监察局与联合国开发计划署合作，开展“加强中国煤矿安全保障能力建设”项目，联合国开发计划署援助 202 万美元，由商务部中国国际经济技术交流中心负责管理，国家安全生产监督管理总局国际交流合作中心负责组织实施。通过课题研究、培训、出国学习考察、现场实施和召开研讨会，学习借鉴国外先进的煤矿安全管理理念和经验，引进国外先进的技术与装备，推动中国煤矿安全保障能力建设。

第三节　与国际矿山救援组织的交流与合作

（1）国际矿山救援组织（IMRB）于 2001 年 5 月在波兰乌斯特龙矿山救援机构会议上宣布成立，发起国包括：捷克、法国、美国、罗马尼亚、斯洛伐克、南非、澳大利亚、英国和波兰。该组织旨在促进国际矿山救援方面的交流

与合作，共享先进的培训方法、救援技术和设备信息。中国于2003年加入该组织，并被接受为正式成员。国际矿山救援组织成员国现有21个，它们是澳大利亚、捷克、法国、波兰、罗马尼亚、斯洛伐克、南非、英国、美国、加拿大、中国、德国、印度、乌克兰、新西兰、挪威、奥地利、蒙古、俄罗斯、越南、赞比亚。

国际矿山救援组织自2001年成立以来，致力于扩大成员国之间在矿山救援领域的交流与合作，从2003年开始每两年举行一届国际矿山救援大会，对于提升救援技术与装备水准、改进救援训练方法、促进国际矿山救援事业发展，起到了积极重要的作用。中国加入国际矿山救援组织以来，积极参加了历届国际矿山救援大会，多次派专家出席会议进行交流磋商。

（2）国际矿山救援技术竞赛是展示各国矿山救援技术水平和促进国际交流的高水平赛事，在国际矿山救援组织主导下，由各成员国申请，轮流举办。自1999年美国举办首届竞赛以来，两年一届，前三届在美国举行，第四届在波兰举行，中国派出矿山救援队参加第三届、第四届竞赛，取得了优异的成绩。在2004年第四届国际矿山救援技术竞赛中，中国申办并成功获得了2006年第五届国际矿山救援技术竞赛的举办权。

（3）中国举办第五届国际矿山救援技术竞赛。①竞赛目标：加强矿山救援的国际交流与合作，学习国际先进的矿山救援技术和管理经验，努力提高中国矿山救援技术水平、救援队伍整体素质和矿山应急救援能力，全面促进中国矿山应急救援体系建设。②竞赛主题：合作、交流、提高、发展。③竞赛组织机构：竞赛主办为国家安全生产监督管理总局、国家煤矿安全监察局、河南省人民政府。竞赛承办为平煤集团。竞赛协办为平顶山市人民政府。④竞赛规则：按前四届竞赛惯例，由举办国对前几届竞赛的规则进行修订后发布。本届竞赛成立了由国内外专家组成的专家组，在修订前几届竞赛规则的基础上，通过国际合作，制定《竞赛规则》。⑤竞赛时间、地点与规模：2006年9月14—16日，第五届国际矿山救援技术竞赛在河南省平顶山市举行。来自中国、澳大利亚、美国、波兰、俄罗斯、秘鲁、乌克兰、印度8个国家的11个代表队，参加了矿山救护、模拟救灾、医疗急救、呼吸器操作等4个项目的竞赛。

（4）中国矿山救援队在第十一届国际矿山救援技术竞赛中创佳绩。第十一届国际矿山救援技术竞赛于2018年9月24—28日在俄罗斯叶卡捷琳堡市举行，竞赛共设置矿井救灾、消防灭火、医疗急救、理论考试、救援接力赛、呼吸器操作、虚拟现实救灾7个项目，来自12个国家的25支代表队参加了竞赛。中国参赛的2支代表队积极克服语言和环境等困难，取得优异成绩。国家矿山应急救援开滦代表队取得 BG－4 呼吸器操作竞赛第一名、阳泉煤业（集团）公司矿山救护代表队取得 BG－4 呼吸器操作竞赛第二名。阳泉煤业（集团）公司矿山救护代表队荣获本次竞赛团体最佳拼搏奖。此次参赛充分展示了中国矿山救援队伍的技术水平和良好形象，进一步加强了矿山救援领域的国际交流与合作，学习了国外先进的矿山救援理念、技术和经验，对中国矿山救援队伍技术装备水平和应急救援能力的提高具有推动作用。

第四节　与亚洲开发银行的交流与合作

2007 年 5 月，亚洲开发银行技术援助项目“改善煤矿安全”。项目以郑煤集团为试点，通过开展小煤矿整合，煤矿瓦斯利用和监控系统，矿井水治理与利用和培训等方面的研究，为改善中国煤矿安全状况提供支持。2008 年 5 月 27 日，亚洲开发银行“改善煤矿安全”项目报告会在北京举行。会议由国家煤矿安全监察局和亚行共同举办，国家安全生产监督管理总局国际交流合作中心承办。国家煤矿安监局科技装备司监察专员朱凤山，亚行东亚局能源处处长阿尼尔·特威，国家安全生产监督管理总局国际合作司、亚行东亚局能源处能源融资官员莫丽塔·潘加莉出席了报告会，国家安全生产监督管理总局国际交流合作中心、国家安全生产监督管理总局信息研究院分别主持上午和下午的报告会。部分省级煤矿安监局和部分大中型煤炭企业的领导和专业技术人员，以及项目中外专家组成员共 60 余人参加了报告会。

第五节　与世界采矿大会的交流与合作

世界采矿大会于 1958 年在波兰华沙成立，并于当年召开第一届大会。世界采矿大会发起的主要目的是对东欧国家采矿事宜进行决策，并保持与亚洲、美洲和欧洲矿业界的联系，对世界采矿情况进行统计。后来，大会增加了采矿与环境保护、采矿业发展规划、采矿技术与开采工艺等内容。

一、宗旨

（1）开展国际科技合作，促进和支持固体矿物开采和天然矿物资源开发。

（2）开展国际信息交流，促进采矿科学技术与经济的发展，保护和改善采矿作业安全健康与环境。

二、组织机构

世界采矿大会的最高权力机构是国际组织委员会，由 50 多个国家，174 名委员组成，其中包括 7 名政府官员，17 个国家的 32 名名誉委员和 4 个永久性合作机构的 4 名代表。国际组织委员会设主席、副主席、委员、名誉委员。下设秘书处和秘书长，秘书处设在波兰中央采矿研究院。

三、主要活动和出版物

世界采矿大会每年召开一次国际组织委员会会议，每三年召开一次大会。到 2018 年底，共召开 98 次国际组委会会议，26 届世界采矿大会。出版物有《世界矿业统计》《世界采矿大会论文集》。

四、中国参加该组织情况

中国于 1958 年经国家科学技术委员会和时任科委主任聂荣臻批准，加入世界采矿大会。根据世界采矿大会章程规定，经国务院批准，1976 年 4 月正式成立中国采矿全国委员会，并以此名义参加世界采矿大会。国务院批准煤炭工业部关于参加第九届世界采矿会议有关问题的请示（〔76〕煤外字第 217 号），业经国务院副总理纪登奎批准成立的中国采矿全国委员会名称仅对外使用，其成员仍在原单位工作，只对采矿会议国际组委会的重大事情进行研究，日常工作由煤炭工业部外事局负责。因世界采矿会议涉及煤炭和冶金，中国采矿全国委员会由煤炭工业部和冶金部八位同志组成：主任许在廉（煤炭工业部副部长），副主任贺炳章（煤炭工业部煤炭科学研究院院长、世界采矿大会国际组委会委员），委员有杨毅（煤炭工业部科技局负责人）、王珣（煤炭工业部外事局负责人）、范维唐（煤炭工业部煤炭科学研究院总工程师）、洪戈（冶金部外事司负责人）、董稼祥（冶金部矿山司副处长）、秘书长王志远（煤炭工业部外事局处长）。经国务院批准，王森浩（煤炭工业部部长）和张宝明（煤炭工业部副部长、国家安全生产监督管理局、国家煤矿安全监察局局长）分别担任中国采矿全国委员会主任。秘书处设在煤炭工业部外事局、国家安全生产监督管理总局国际合作司和中国煤炭工业协会，孙姣花任执行秘书。

五、中国在世界采矿大会中任职情况

担任世界采矿大会国际组织委员会委员有贺炳章（煤炭工业部煤炭科学研究院院长、煤炭工业部副部长）、王珣（煤炭工业部外事局负责人）、范维唐

（煤炭工业部煤炭科学研究院总工程师、煤炭工业部副部长、中国工程院院士、中国煤炭工业协会会长）、王显政（煤炭工业部副部长、国家煤矿安全监察局局长、国家安全生产监督管理总局副局长、中国煤炭工业协会会长）、洪戈（冶金部外事司负责人）、王志远（煤炭工业部外事局局长）、王成龙（煤炭工业部国际合作司司长）、朱德仁（中国煤炭工业协会副会长）、柏然（国家安全生产监督管理总局国际交流合作中心主任）、邹健（中国冶金矿业总公司总经理）、彭怀生（有色工程设计研究总院副院长）、宁宇（中煤科工集团副总经理）、李明辉（北京煤矿设计研究院院长）、阚欣（北京京煤集团总经理）。经国务院批准，范维唐、王显政先后担任世界采矿大会国际组委会副主席。

六、在世界采矿大会中承担的义务和参加的重大活动

（1）中国作为采矿大国，在世界采矿大会中发挥着重要的作用，为推动采矿技术进步，促进世界采矿业的发展做出积极的努力。范维唐、王显政长期担任世界采矿大会国际组委会副主席，在该组织中有很强的话语权和影响力。中国采矿行业的资深官员和高级专家担任世界采矿大会国际组委会委员（如冶金部洪戈、潘永文，中国有色金属公司胡克智、于润沧，煤炭工业部王志远、王成龙、柏然，煤炭科学研究总院朱德仁、宁宇，华宇集团李明辉，京煤集团阚欣等），他们在这个重要国际组织中，积极参与国际规划和行业标准的制定，开展国际交流合作。

（2）参加该组织举办的每三年一届的国际大会和每年一次的国际组委会会议。世界采矿大会已在世界范围内召开过 25 届大会和 95 次国际组织委员会会议，中国采矿全国委员会及煤炭和矿业主管部门积极推荐学术论文在大会上发表，选派行业专家学者及企业领导人参会交流研讨，组织先进技术和装备参加国际展览和交流。

（3）承办世界采矿大会和组委会。第 14 届世界采矿大会及第 48 次、第 75 次国际组委会会议分别于 1981 年、1990 年和 1996 年在中国举行。特别是 1990 年 5 月由中国承办的第 14 届世界采矿大会和展览会，达到空前的规模，参会代表 2750 人，其中国外代表 679 人及随行人员 122 人；参加采矿技术与装备展览会的代表 1350 人，其中国外公司 99 家，外商代表 300 余人。参加国家与参会人数、论文数量和水准均创历史最高纪录。通过这些活动，增进了与国际采矿界的相互了解，加强了技术、信息和经济的交流，促进了中国和世界采矿业的不断发展。

（4）推动成立世界采矿大会煤炭工作委员会。在中国国家委员会的推动之

下，经世界采矿大会国际组委会批准，世界采矿大会成立煤炭委员会，秘书处设在中国，以促进煤炭科技进步和煤炭工业发展。中国在世界采矿大会组织中，尤其在世界煤炭领域将发挥更大的引领作用。

（5）世界采矿大会支持和参与国家煤矿安全监察局开展的煤矿安全治理工作，支持并参加由国家安全生产监督管理总局和国家煤矿安全监察局主办的“中国国际煤矿瓦斯防治与利用大会”“中国国际安全生产应急救援论坛”等重大活动。

第六节　与国际社会保障协会的交流与合作

一、关于国际社会保障协会

国际社会保障协会（ISSA）于1927年在日内瓦成立，截止到2012年8月，国际社会保障协会拥有来自158个国家的340个会员机构（271个正式会员和69个联系会员）。国际社会保障协会总部设在日内瓦的国际劳工组织办公楼，并与国际劳工组织有着密彻的联系，也是联合国经济与社会委员会的重要咨询机构。中国于1994年加入该组织，并派员担任了最高执行局的有关负责工作。国际社会保障协会于2004年9月在北京召开了国际社会保障协会第28届全球大会。

国际社会保障协会是国际保障领域规模最大最具代表性的非营利性国际组织。其主要目的是推动世界各国涉及社会保障的研究机构和政府机构的交流与合作。在社会平等的基础上，提高技术和管理水平，改进社会和经济条件，从而推动世界范围内的社会保障事业向前发展。国际社会保障协会的三大基本任务：①努力成为汇聚全世界各种社会保障观点的中心，以及经验比较、信息交流和对具体问题讨论的国际论坛。②作为收集和传播世界范围内有关社会保障的发展状况、创新经验、主要争论，以及研究的信息中心。③协助成员组织提高社会保障水平，促进相互合作与技术援助，增强管理能力。协会的组织机构：国际社会保障协会由大会、理事会和执行局组成。会员大会是最高权力机构，每三年召开一次会员大会，由每个正式会员组织委派代表参加会议。理事会是其选举机构，以国家为单位，由该国所有正式会员推选代表组成，联系会员也可以派代表参加会议。执行局是国际社会保障协会的管理机构。由理事会选举产生的成员和10个永久技术委员会的主席组成。按职务分：由主席、副主席、司库、秘书长和区域代表组成，管理局每年至少召开一次会议。现任主席是荷兰的埃洛尔·弗兰科·斯图维，秘书长是丹麦的汉斯－豪斯特·康克琉斯基。国际社会保障协会在各大洲设有地区办事处，亚洲及太平洋地区办事处设在菲律宾马尼拉。国际社会保障协会在预防方面下设11个专业委员会，即农业、化学、建筑、教育和培训、电力、卫生服务、信息、钢铁和金属、机械和系统安全、采矿、研究等。其中采矿委员会成立于1970年。要成为委员会的正式成员，首先必须加入国际社会保障协会。

协会的主要活动：国际社会保障协会的主要活动可分为五个方面、七个领域。五个方面是国际性或区域性会议，以出版物和国际专业数据库为媒体收集和传播世界范围的社会保障信息，发起和传播有关社会保障议题的调查研究，综合的或专门的培训项目（包括培训教材和成员组织间的技术援助），以及与其他国际性或区域性的有关社会保障的组织之间的合作。七个活动领域分别是社会保障、研究、保险和统计的议题、行政管理、信息技术、培训和预防等。

二、加入国际社会保障协会

2003年9月，经外交部和财政部批准，国家安全生产监督管理局正式申请加入国际社会保障协会。2003年10月30日，国际社会保障协会前任秘书长霍斯金致函国家安全生产监督管理局并正式确认：国际社会保障协会于2003年10月23—24日在日内瓦召开的第87次会议，决定接纳中国国家安全生产监督管理局为国际社会保障协会联系会员。目前，中国人力资源和社会保障部是国际社会保障协会的正式会员，国家安全生产监督管理总局、中国老龄协会和香港职业安全健康局均为国际社会保障协会联系会员。此外，中国社会科学院研究员熊必俊和西南财经大学教授林义以专家学者身份成为该协会个人会员。

三、合作情况

（1）国际社会保障协会第28届大会于2004年9月在北京召开，国家安全生产监督管理局负责第28届大会工作场所安全分会的承办和组织工作。国家安全生产监督管理局副局长王德学担任大会领导小组成员。国家安全生产监督管理局派出十位正式代表出席会议，四位官员、专家和学者做大会发言。分会取得圆满成功，获得国际劳工组织和国际社会保障协会官员的高度赞赏。

（2）应国际社会保障协会邀请，国家安全生产监督管理总局先后派代表出席了2004年3月在科威特召开的国际社会保障协会亚太地区会议、2005年11月在韩国召开的国际社会保障协会亚太地区会议、2008年6月在韩国召开的第18届世界职业安全健康大会、2012年在蒙古召开的国际社会保障协会社会保障技术研讨会。

（3）国际社会保障协会支持国家安全生产监督管理总局举办中国国际安全生产论坛，自2002年首届起，不仅挂名支持每届论坛，而且其主席或秘书长率团出席每届论坛并发表致辞和主题演讲，经常帮助主持分论坛。派遣国际社会保障协会专家团队或推荐国际专家参加中方组织或主办的矿山安全、化学品安全、工作场所安全与健康等技术、标准和法规等研讨会和交流会，积极地为中国安全健康事业提供人才和智力支持。

第七节　与国际劳动监察协会的交流与合作

一、关于国际劳动监察协会

国际劳动监察协会（IALI）是国际劳工组织认可的非营利性国际组织，也是国际劳工组织和欧盟职业安全与健康局的合作机构。国际劳动监察协会成立于1972年，总部设在日内瓦，其宗旨是促进各国在劳动监察领域的交流与合作，研究并提出与劳动监察，包括安全生产有关的法律、监察体制、监察模式方面的建议，以全面提高各国劳动监察水平。国际劳动监察协会的纲领是为劳动监察工作提供信息与经验交流，以及促进与该工作相关的各组织机构间的密切合作。通过代表会议、技术讨论会、座谈会、研讨会、国际咨询和其他出版物等对所有关于劳动监察方面的信息进行散发，以提高劳动监察在全世界范围内的专业性影响和工作效率。国际劳动监察协会的管理机构由会员大会、执行委员会、秘书处、地区代表、地区秘书处和审计部组成。目前，有约100个国家和地区的110个组织和机构加入了该协会，成为会员，其中包括香港特别行政区和澳门特别行政区。国家安全生产监督管理局于2004年9月加入该协会，成为正式会员。该协会每三年在日内瓦召开一次会员大会，任务是选举产生执行委员会，批准工作报告和财务核算，接纳新会员。2005年6月，国家安全生产监督管理总局国际合作司派史艳萍参加第十一届大会并任执委会副主席。

二、合作情况

国家安全生产监督管理总局与国际劳动监察协会于2006年4月13日在北京举办国际职业安全健康监察机制研讨会，国内外30个国家的200名政府代表和专家学者参加会议和研讨交流。自2006年以来，国际劳动监察协会支持并参加中国国际安全生产论坛。2010年，国际劳动监察协会专家参与国际劳工组织与国家安全生产监督管理总局共同开展职业安全卫生监察执法调研，经过对山东和宁夏等考察调研提出建议和意见。

第八节　与亚太地区职业安全健康组织的交流与合作

亚太地区职业安全健康组织（APOSHO）成立于1985年，是一个非政府、非营利性、专业性的国际组织，致力于促进亚太地区职业安全和健康事业的发展。

一、会员组织

正式会员（Full Member）：主要为亚太地区独立、非政府、非营利、关心社会公众福利、致力于职业安全和卫生的组织。根据该组织章程定义，列出亚太国家和地区（亚洲国家和地区、澳大利亚和太平洋岛国）33个成员名单：阿富汗、孟加拉国、文莱、不丹、柬埔寨、中国、中国香港、中国台湾地区、印度、印度尼西亚、日本、朝鲜、韩国、老挝、中国澳门、马来西亚、马尔代夫、蒙古、缅甸、尼泊尔、巴基斯坦、菲律宾、新加坡、斯里兰卡、泰国、越南、澳大利亚、斐济、瑙鲁、新西兰、巴布亚新几内亚、汤加、西萨摩亚。

准会员（Associate Member）：如上述国家或地区无正式会员资格的组织存在，可由这些国家或地区从事职业安全和卫生的政府机构或组织作为准会员。

联系会员（Affiliate Member）：如该国家和地区已有正式会员，而其他新的组织再申请加入可吸收为联系会员；亚太国家和地区以外的从事职业安全和卫生的组织也可作为联系会员。

二、主要活动

亚太地区职业安全健康组织的主要活动是每年举办一届的APOSHO大会，大会由成员组织自愿轮流举办。大会主要议程包括：全体会议和分会，开展学术交流和专题研讨；各会员组织报告上年度的工作和活动；决定下次年会的地点和承办方。除了大会和分会外，APOSHO下属五个委员会，即会员资格认定委员会、管理发展委员会、职业安全与健康管理体系委员会、技术委员会和教育培训委员会将召开各自的委员会会议。APOSHO在交流职业安全健康信息，制定区域性技术标准，促进职业安全健康合作方面产生了重要的影响，发挥了积极的作用，已成为亚太地区职业安全健康领域活动的重要平台。

三、中国在 APOSHO 中的作用

（1）中国职业安全健康协会是 APOSHO 的早期成员，于 1988 年（原中国劳动保护科学技术学会）经劳动部批准加入该组织。中国职业安全健康协会及其前身中国劳动保护科学技术学会在原劳动部、原国家经济贸易委员会和国家安全生产监督管理总局的支持下，定期参加了 APOSHO 大会，并于 1991 年和 1992 年连续担任轮值主席，主办了第七届、第八届和第二十届年会（2004 年 8 月 31 日至 9 月 3 日在北京长城饭店），均取得圆满成功，获得广泛好评。中国职业安全健康协会组织会员单位参加 APOSHO 的会议和活动，参与职业安全健康技术、信息和标准交流。在 2014 年召开的第 29 届年会上，中国职业安全健康协会成为 APOSHO 下属的会员资格认定委员会、管理发展委员会和教育培训委员会等三个委员会的主席单位和委员单位。

（2）中国安全生产协会于 2014 年加入 APOSHO，并成为正式成员。

（3）武汉钢铁集团环境安全与卫生研究院也较早地加入 APOSHO。

中国职业安全健康协会理事长张宝明于 2003 年 9 月 2 日率团参加在马来西亚吉隆坡召开的亚太地区职业安全健康组织第 19 届年会，并发表主题演讲。国家安全生产监督管理总局副局长孙华山率团出席于 2016 年 4 月 5 日在印度新德里召开的第 31 届亚太地区职业安全健康大会，并参观同期举办的职业安全健康展览会。

第五章 国际公约的批准和生效

1994 年中国批准《作业场所安全使用化学品公约》(第 170 号公约)，2001 年批准《建筑业安全卫生公约》(第 167 号公约)，2006 年批准《职业安全与卫生及工作环境公约》(第 155 号公约)。

第一节 劳工标准简介

国际劳工组织制定的国际公约与建议书，是国际劳工标准的主要形式。公约和建议书涉及的内容，随着世界经济和文明的发展与社会的进步而不断丰富和扩展，做到与时俱进（见附录）。

第二次世界大战以前，国际劳工大会主要关心并制定国际劳工标准的问题是有关改善劳动条件、保护工人健康方面。例如，1919 年至 1930 年国际劳工大会通过的公约和建议书中，多数内容是关于限制工作时间、禁止妇女和未成年工夜班作业、规定最低工作年龄、防止工业灾害等内容。其次是关于实行社会保险、赔偿工人损失等方面。例如，规定工人伤害和职业病赔偿、疾病保险、失业保险，以及工人赔偿的最低标准等。

第二次世界大战之后，国际劳工标准的内容逐步涉及保护工作中的基本原则和权益，改善工人的劳动条件和生活条件、促进就业等内容。从 1919 年至 2018 年底，国际劳工大会共通过了 189 个公约、205 个建议书和 6 个议定书，形成了一个完整的国际劳工标准体系，覆盖了有关劳工领域内的所有实际问题。公约和建议书的适用范围也在不断扩大，开始主要限于工业，后来逐步扩大到商业、农业，以及其他一切经济活动部门。

截至 2018 年底，中国已批准 26 个国际劳工公约（见附录）。

第二节 职业安全卫生公约与建议书分类

可将与职业安全卫生标准密切相关的国际劳工标准(公约和建议书)分为四类,即一般规定标准、特殊行业的预防标准、特殊危害的预防标准、劳动监察标准。

一、一般规定标准

一般规定标准是用来指导成员国为了达到安全健康的工作环境，保证工人的福利与尊严制定的方针和措施，一般指政策指导性的标准。

1. 适用标准（鼓励成员国批准的公约和建议成员国采用的建议书）

2006 年，促进职业安全卫生框架公约（C187）、促进职业安全卫生框架建议书（R197）。

2002 年，职业病名单建议书（R194）。

1985 年，职业卫生服务公约（C161）、职业卫生服务建议书（R171）。

1981 年，职业安全卫生公约（C155）、职业安全卫生建议书（R164）。

1964 年，工伤待遇公约（C121）、工伤待遇建议书（R121）。

1961 年，工人住房建议书（R115）。

1956 年，福利设施建议书（R102）。

1953 年，保护工人健康建议书（R97）。

2. 其他标准（此类已不太适用，但部分内容仍与现实有关）

1929 年，预防工业事故建议书（R31）。

3. 过时标准（不再建议成员国采用的建议书）

1959 年，职业卫生服务建议书（R112）。

二、特殊行业的预防标准

特殊行业的预防标准是针对某些行业，如建筑业、矿业、农业、商业和办公室及码头等制定的预防标准。

1. 适用标准（鼓励成员国批准的公约和建议成员国采用的建议书）

2001 年，农业安全卫生公约（C184）、农业安全卫生建议书（R192）。

1995 年，矿山安全卫生公约（C176）、矿山安全卫生建议书（R183）。

1988 年，建筑业安全卫生公约（C167）、建筑业安全卫生建议书（R175）。

1979 年，（码头作业）职业安全卫生公约（C152）、（码头作业）职业安全卫生建议书（R160）。

1964 年，（商业与办事处所）卫生公约（C120）、（商业与办事处所）卫生建议书（R120）。

2. 过时标准（不再建议成员国采用）

1937 年，（建筑）安全条款公约（C62）、（建筑）安全条款建议书（R53）（已被第 175 号建筑安全卫生建议书取代）、（建筑）事故预防合作建议书（R55）。

三、特殊危害的预防标准

特殊危害的预防标准是针对特殊物质（白铅、辐射、苯、石棉和化学品）或工作环境中的特殊危害而制定的预防标准。

1. 适用标准（鼓励成员国批准和采用）

1993 年，预防重大工业事故公约（C174）、预防重大工业事故建议书（R181）。

1990 年，化学品公约（C170）、化学品建议书（R177）。

1986 年，石棉公约（C162）、石棉建议书（R172）。

1977 年，工作环境（空气污染、噪声和振动）公约（C148）、工作环境（空气污染、噪声和振动）建议书（R156）。

1974 年，职业癌公约（C139）、职业癌建议书（R147）。

1960 年，辐射防护公约（C115）、辐射防护建议书（R114）。

2. 有待修订的标准

1971 年，苯公约（C136）、苯建议书（R144）。

1967 年，最大负重公约（C127）、最大负重建议书（R128）。

1963 年，机器防护公约（C119）、机器防护建议书（R118）。

1921 年，（油漆）白铅公约（C13）。

1919 年，炭疽杆菌防护建议书（R3）、（妇女和儿童）铅中毒建议书（R4）、白磷建议书（R6）。

3. 过时标准（不在鼓励成员国批准的公约或不再建议成员国采用的建议书）

1929 年，动力机器建议书（R32）。

四、劳动监察标准

1969 年，（农业）劳动监察公约（C129）、（农业）劳动监察建议书（R133）。

1947 年，劳动监察（工商业）公约（C81）、劳动监察（工商业）建议书（R81）、（采矿和运输业）劳动监察建议书（R82）。

第三节　中国批准的职业安全卫生公约

新中国成立以后，由于长期没有参加国际劳工组织的活动，国际劳工公约和建议书对中国的影响有限。中国政府在 1983 年第一次参加国际劳工大会时曾经表示中国对国际劳工组织已制定的国际劳工公约将进行研究并就有关情况做出决定。

这次大会以后，中国有关主管部门首先对之前中国所批准的 14 个公约进行了审议，认为基本上适合中国的实际情况，已于 1984 年 5 月经国务院决定予以承认。从 1988 年至 2018 年底，中国政府又先后批准了 12 个国际劳工公约。这包括 1995 年批准的第 170 号化学品公约、2002 年批准的第 167 号建筑业职业安全卫生公约和 2006 年批准的第 155 号《职业安全和卫生及工作环境公约》。

批准国际劳工公约一方面向国际社会表明中国承诺加强劳动保护和改善劳动条件，另一方面也充分学习和借鉴国际上的最佳实践来不断完善中国的职业安全健康工作的政策、立法、制度和机制。比如，中国 1995 年批准《化学品公约》（第 170 号公约）以后，通过与国际劳工组织的技术合作项目和国际交流，推动了中国危险化学品的法制建设、技术标准的完善、工作机制的建立和企业安全管理的加强。1997 年，由原劳动部和化工部联合发布了《工作场所化学品安全管理规定》；修订了《化学品标签和安全技术说明书》国家标准；开发了化学品安全培训手册；举办了全国化学品安全知识竞赛，以及多期国家安全监察员和企业管理人员的培训班和研讨会；2001 年，成立的国家安全生产监督管理局首次设立了危险化学品监督管理司；2002 年，国务院颁布了《危险化学品安全管理条例》。

即使未批准国际标准，国际劳工标准也会对中国的相关工作提供指导和借鉴。例如，通过与国际劳工组织开展技术合作，中国充分学习借鉴国际劳工组织的《预防重大工业事故公约》（第 174 号），并制定了国家《危险化学品重大危险源辨识》；翻译出版了国际劳工组织 1991 年《预防重大工业事故实用规程》；1997 年，在北京等六个城市开展了“重大危险源普查监控系统试点”工作。

此外，中国政府有关部门在制定有关法律法规和技术标准时，也参考和借鉴了国际劳工标准、实用规程和其他相关文书。例如，2001 年 12 月，中国颁布了《GB/T 28001—2001 职业安全卫生管理体系规范》《职业安全卫生管理体系指导意见》（国家导则）和《职业安全卫生管理体系审核规范》，都是在参考了国际劳工组织 2001 年《职业安全卫生管理体系导则》的基础上制定的；国际劳工组织制定的《煤矿安全与卫生实用规程》《露天矿山安全与卫生实用规程》《建筑安全与卫生实用规程》《工作中安全使用化学品实用规程》《职业事故与职业病记录与报告实用规程》等对中国有关标准的制定和修订起到了指导和借鉴作用。

第六章　与外国政府之间的双边合作

第一节　合作备忘录的签署

（1）国家安全生产监督管理总局与国际劳工组织签署《关于促进中小企业安全可持续发展合作备忘录》。该项目由国家安全生产监督管理总局国际合作司、监管四司与国际劳工组织中国蒙古局共同签署并指导实施。该项目于2014年至2016年在四川德阳、浙江湖州实施，旨在创新中小企业安全监管监察方式方法，增强中小企业自主安全管理能力，落实中小企业安全主体责任，培育第三方咨询与培训市场。

（2）国家安全生产监督管理总局与国际社会保障协会签署《关于开展预防性安全文化合作备忘录》，由副局长梁嘉琨与秘书长康克琉斯基于2010年9月签署。旨在组织培训教育、咨询研讨、论坛或调研、信息和资料分享，开展矿山安全、化学品安全，以及职业安全健康法规和标准及信息的交流与合作。

（3）国家安全生产监督管理局、国家煤矿安全监察局于2002年3月与日本新能源产业技术综合开发机构签署《中日煤矿安全技术培训合作备忘录》，根据本备忘录，中方每年选派100名煤矿安全管理和技术人员赴日本进行中长期培训，日方每年选派安全专家来华培训煤矿安全管理和技术人员。

（4）国家安全生产监督管理总局通过科技部与日本国际协力机构签署《加强中国职业卫生能力建设协议》，开展为期四年（2011年至2015年）的加强中国职业卫生能力建设合作。

（5）国家安全生产监督管理总局与韩国产业安全公团签署《关于开展产业安全技术交流与合作谅解备忘录》，由副局长梁嘉琨和韩国产业公团理事长于2010年在北京签署。旨在建立安全健康合作关系，提升安全健康应对能力，开展知识、经验和信息的交流与分享。

（6）国家安全生产监督管理局与美国劳工部签署《关于中美开展矿山安全合作谅解备忘录》，由局长王显政与美国劳工部副部长劳瑞斯基于2002年9月在北京签署。与美国劳工部签署《关于工作场所安全与健康合作补充谅解书》，由局长王显政与美国劳工部副部长亨肖于2004年10月在北京签署。

（7）与澳大利亚签署《中国国家安全生产监督管理总局与澳大利亚联邦工业、旅游和资源部关于煤矿安全合作的谅解备忘录》，由中国驻澳大利亚大使傅莹代表国家安全生产监督管理总局与澳方部长麦克法兰于2006年4月在堪培拉签署。

（8）与芬兰社会事务与卫生部签署《中国国家安全生产监督管理总局与芬兰社会事务与卫生部关于在职业安全与健康领域开展合作的谅解备忘录》，由局长李毅中与芬兰社会事务与卫生部部长于2006年4月在北京签署。

（9）与欧盟委员会就业、社会事务与机会均等总司签署《中国国家安全生产监督管理总局与欧盟委员会就业、社会事务与机会均等总司关于在安全健康领域合作的谅解备忘录》，由中国驻欧盟大使宋哲与欧盟委员斯皮拉德于2009年1月30日签署。该备忘录建立了合作机制，明确了开展“提升中国安全健康能力建设”合作项目。

（10）与俄罗斯联邦环境、技术与核能监督总局签署《中俄工业安全领域合作备忘录》，开展煤矿安全及应急救援方面的交流与合作。该备忘录于2012年由副局长孙华山与俄罗斯联邦环境、技术与核能监督总局副局长签署。

（11）与挪威劳工部签署《中国国家安全生产监督管理总局与挪威劳工部关于在职业安全与健康领域开展合作的谅解备忘录》，由副局长梁嘉琨与挪威劳工部副部长于2010年9月签署。

（12）2011年8月，与法国劳动、就业与卫生部签署《中国国家安全生产监督管理总局与法国劳动、就业与卫生部关于在安全生产与职业健康领域开展交流与合作的协定》，由局长骆琳与法国劳动、就业与卫生部部长签署。2015年11月3日，与法国内政部民事保护和危机管理总局签署《中国国家安全生产监督管理总局与法国内政部民事保护和危机管理总局关于在工业事故领域开展合作的意向书》，由副局长杨元元与法国内政部民事保护和危机管理总局局长在国家主席习近平和法国总统奥朗德见证下在北京人民大会堂签署。

（13）与加拿大人力资源和技能发展部签署《中国国家安全生产监督管理总局与加拿大人力资源和技能发展部/劳动部关于在安全生产与职业健康领域开展合作的谅解备忘录》，由副局长孙华山与加方副部长于2012年4月18日签署。

（14）与英国健康与安全执行局签署《中国国家安全生产监督管理总局和英国健康与安全执行局关于在安全生产与职业健康领域开展合作的谅解备忘录》，由副局长徐绍川与英国健康与安全执行局局长迈尔斯于2014年8月29日签署。

（15）与德国法定事故保险协会（DGUV）签署《中国国家安全生产监督管理总局和德国法定事故保险协会开展合作的谅解备忘录》，由副局长徐绍川与主席伯乐尔于2014年8月25日签署。

（16）与瑞士联邦经济事务、教育与研究部签署《中国国家安全生产监督管理总局与瑞士联邦经济事务、教育与研究部关于开展职业安全与健康合作的谅解备忘录》，由副局长徐绍川与瑞士副部长签署。

（17）与智利劳动和社会保障部签署《中国国家安全生产监督管理总局与智利劳动和社会保障部关于在安全生产和职业健康领域开展合作的谅解备忘录》，由副局长徐绍川与智利劳动和社会保障部副部长于2016年5月20日签署。2010年12月17日，国家安全生产监督管理总局国际合作司与智利国家安全生产协会签署《关于在安全生产和职业健康领域开展合作的谅解备忘录》，开展矿山安全监管、风险管控、应急反应方面的交流。

（18）与波兰国家矿山局签署《国家煤矿安全监察局与波兰国家矿山局开展煤矿安全监察合作的谅解备忘录》，由局长赵铁锤与波兰国家矿山局副局长师柴尔宾斯基于2000年11月签署。双方同意在以下领域开展交流与合作：一是煤矿安全监察体制、法规和信息交流；二是双方定期共同主办煤矿安全监察技术和法规方面的研讨会或应邀参加对方主办的活动；三是双方每年互派两个代表团到对方考察交流。

（19）与土耳其签署《中国国家煤矿安全监察局与土耳其能源和自然资源部在煤矿安全领域开展合作的谅解备忘录》，由国家煤矿安全监察局副局长李万疆与土耳其能源和自然资源部副部长助理于2014年签署。

（20）与捷克国家矿山局签署《中国国家煤矿安全监察局与捷克国家矿山局关于矿山安全合作谅解备忘录》，由局长赵铁锤与捷克国家矿山局局长签署。

第二节　安全健康对话机制的建立

建立中外安全生产对话机制是安全生产外事工作的重大突破和创新。建立中外政府间安全生产对话机制，定期开展安全生产对话，有利于增进了解，增加互信和持续合作。

一、中美安全生产对话

中美安全生产与职业健康对话是国家安全生产监督管理总局与美国劳工部为落实双方签署的合作谅解备忘录精神，于2012年开始启动的部级对话，每年一次，在两国轮流举行。2012 年至 2014 年，安全生产与职业健康被连续纳入第四轮、第五轮和第六轮“中美战略与经济对话”框架，成为中美两国总体外交框架下的议题之一。中美安全生产与职业健康对话成为中美战略与经济对话框架下安全生产与职业健康议题内的重要安排，是中美双方在安全生产与职业健康领域开展定期交流的重要合作机制。

（一）首届中美安全生产对话

为落实第四轮中美战略与经济对话成果，首届中美安全生产对话于 2012 年 11 月在北京举行。本次对话主题为“职业健康”，重点交流中美职业健康法规标准和监管措施。国家安全生产监督管理总局副局长孙华山和美国劳工部负责国际事务副部长马克·麦特尔哈瑟出席会议并致辞。美方三位副部长和驻华使馆公使参加首届对话会议。对话会议有四个议程：中美煤矿安全合作十周年总结交流；职业健康法规标准对话；职业健康监督管理策略对话；尘肺病预防，预防策略与监控对话。

时间：2012 年 11 月 14 日。

地点：北京西郊宾馆 5 号楼二层金缘厅。

中方代表：

孙华山　国家安全生产监督管理总局副局长

王树鹤　国家煤矿安全监察局副局长、总工程师

柏　然　国家安全生产监督管理总局办公厅（国际合作司）副主任（副司长）

支同祥　国家安全生产监督管理总局政法司司长

高世民　国家安全生产监督管理总局职业健康司司长

李书清　国家安全生产监察专员

张平远　国家安全生产应急救援指挥中心党委副书记

朱志林　国家煤矿安全监察局办公室副巡视员

孙洪灵　国家煤矿安全监察局事故调查司副司长

吴宗之　中国安全生产科学研究院院长

马　骏　国家安全生产监督管理总局职业卫生研究中心主任

邬燕云　国家安全生产监督管理总局政策法规司副司长

徐少斗　国家安全生产监督管理总局职业健康司副巡视员

胡予红　国家安全生产监督管理总局国际交流合作中心副主任

史艳萍　国家安全生产监督管理总局国际合作司处长

王又京　国家安全生产监督管理总局国际合作司处长

张天虎　国家安全生产监督管理总局国际合作司处长

毛瑞军　山西阳煤集团安监局副局长
潘新刚　山西阳煤集团救护队长
美方代表：
马克·麦特尔哈瑟　美国劳工部国际事务副部长
约瑟夫·梅恩　美国劳工部矿山安全与健康事务副部长
大卫·麦克尔　美国劳工部工作场所安全与健康事务副部长
李　朝　美国劳工部国际劳工事务局副司长
威廉·佩里　美国职业安全健康局标准指南司副司长
王晓岷　美国驻华大使馆公使
马嘉文　美国驻华大使馆一等秘书
唐伟德　美国驻华大使馆一等秘书
鲁　镇　美国驻华大使馆项目官员

（二）第二届中美安全生产对话

第二届中美安全生产对话于2013年12月9日在美国华盛顿举行，主题为"应急救援"，国家安全生产监督管理总局副局长王德学率团参加对话，美国矿山安全健康局副局长派崔西亚·斯尔维主持对话会议，美国劳工部负责矿山安全事务的副部长约瑟夫·梅恩出席会议并演讲。议程一：讨论2013—2014年中美矿山安全工作重点，由副部长梅恩主持，美国矿山安全健康局煤矿安全与健康司司长凯文·斯崔克林发言，中方国家煤矿安全监察局事故调查司司长刘云涛、监管一司司长王铃丁发言。议程二：矿山应急响应（应急响应操作、运行、技术、培训），由副局长王德学主持，中方应急救援指挥中心副主任李万春发言；美方技术支持指挥部主任乔治·费萨克、教育政策与发展部主任杰夫·邓肯发言。议程三：讨论双方共同面对的挑战与合作，由副部长梅恩和副局长王德学共同主持。代表团还于12月11日考察了位于芝加哥的美国安全委员会及培训机构，与美国安全委员会举行"工作场所安全与应急救援、公路和道路交通安全及安全生产培训"研讨交流，副局长王德学和美国安全委员会主席麦哈坦共同主持研讨会。

（三）第三届中美安全生产对话

第三届"中美安全生产对话"于2014年8月20日在北京江苏大厦举行。国家安全生产监督管理总局副局长孙华山和美国劳工部负责矿山安全与健康事务副部长约瑟夫·梅恩出席会议并致辞，美国劳工部负责职业安全健康事务的副部长大卫·迈克尔致辞并演讲，美国驻华大使馆副大使康达致辞。本次对话的议题：危险化学品安全、煤矿安全、安全生产标准化。围绕危险化学品安全管理，中方介绍了中国危险化学品安全法律法规标准、危险化学品安全法规制度、危险化学品监管工作，美方分享了美国危化品过程安全管理先进经验，包括监管策略、标准制定、行动计划等。围绕煤矿安全准入，中方介绍了中国涉及安全准入的煤矿建设项目审批程序和安全技术措施，美方介绍了美国矿山安全健康法律法规制定流程，包括国会立法、法规与行政程序等，以及美国矿山安全健康局近期出台的法规。在安全生产标准化方面，中方介绍了中国企业安全生产标准化建设的主要内容、体系要素、安全生产标准化与职业安全健康管理体系对比、企业安全生产标准化建设流程及方法、评审体系、示范引领、政府监管等，美方介绍了安全与健康管理体系基本内容，工人、工会的职责，企业管理层的职责和安全监管部门的职责，分享了美国政府职业安全健康监管方面的先进经验。双方还就拓展合作领域达成初步意向，愿进一步加强在危险化学品运输、粉尘治理等方面交流，分享经验。国家安全生产监督管理总局总工程师王树鹤主持对话会议。美国劳工部官员李朝、美国驻华使馆代表参加对话，国家安全生产监督管理总局办公厅国际合作司柏然、监管一司王铃丁、监管三司刘强、监管四司尚文启，国家煤矿安全监察局韩小乾，国家安全生产监督管理总局国际交流合作中心陈江、胡予红、刘晓兵等代表30余人参加对话。应美方要求，在对话会议后，国家安全生产监督管理总局安排美国代表团副部长迈克尔等赴山东滨州滨化集团有限公司参观考察。

（四）第四届中美安全生产对话

第四届中美安全生产对话于2015年8月27日在美国西雅图举行。双方围绕“促进改善金属非金属矿山安全与健康状况的科技”“油气开采领域机遇和挑战”“专业组织和非政府组织在改善安全与健康的工作环境和促进守法文化中所起到的作用”“中美合作展望” 四个议题进行了深入的对话交流。国家安全生产监督管理总局副局长杨元元率团（总工程师吴鑫、司长柏然、监察专员周彬、处长史艳萍、主任李大武、主任杨大明）参加对话会议。美国劳工部出席会议的人员：美国劳工部副部长兼任矿山安全与健康局局长约瑟夫·梅恩、美国职业安全与健康局地方局局长肯尼斯·阿瑟、美国劳工部国际合作事务局副司长李朝、美国职业安全与健康局北达科他州分局局长艾里克·布鲁克斯、美国工业卫生协会主席旦尼尔·安娜、协会执行官皮特·奥尼尔。

（五）第五届中美安全生产对话

第五届中美安全生产对话于2016年12月在北京举行，双方就危化品爆炸事故调查经验与建议展开对话交流。国家安全生产监督管理总局副局长孙华山和美国劳工部副部长、美国职业安全健康局局长大卫·麦克尔共同主持并展开对话交流。

二、中欧安全生产对话

中欧安全生产对话是国家安全生产监督管理总局与欧盟委员会就业、社会事务与机会均等总司以安全生产为主题,每年轮流在中国和欧盟开展高级别对话,就共同关心的安全生产议题进行深入研讨,交流和分享经验做法,加深双方理解。

(一) 首届中欧安全生产对话

时间:2010 年 9 月 3 日。

地点:北京北辰洲际酒店二层第一会议室。

主题:矿山安全监察与执法。以矿山安全为主题,交流矿山安全相关的政策、法规、监管、执法和救援等实践与经验。国家安全生产监督管理总局副局长梁嘉琨和欧盟委员会就业、社会事务与机会均等总司社会对话司司长阿米恩多·席尔瓦出席会议并致辞。

中方代表:

梁嘉琨　国家安全生产监督管理总局副局长

黄　毅　国家煤矿安全监察局副局长

徐绍川　国家安全生产监督管理总局安全监督管理一司司长

柏　然　国家安全生产监督管理总局办公厅(国际合作司)副主任(副司长)

石少华　国家安全生产监督管理总局政策法规司巡视员

王志坚　国家安全生产应急救援指挥中心副主任,国家安全生产监督管理总局矿山救援指挥中心主任

李伟敏　国家煤矿安全监察局安全监察司副巡视员

胡予红　国家安全生产监督管理总局国际交流合作中心副主任

邬燕云　国家安全生产监督管理总局政策法规司处长

郭　岩　国家安全生产监督管理总局安全监督管理一司

朱　林　国家煤矿安全监察局安全监察司

刘晓兵　国家安全生产监督管理总局国际交流合作中心副处长

张安琦　国家安全生产监督管理总局矿山救援指挥中心

姚美群　开滦集团安全监察部副部长

欧方代表:

阿米恩多·席尔瓦　欧盟委员会就业、社会事务与机会均等总司社会对话司司长

迈克尔·莫拉斯　欧盟委员会就业、社会事务与机会均等总司国际司司长

克里斯提·德弗里　比利时联邦公共服务部就业、劳工与社会对话司司长

乌尔里奇·库勒曼　德国联邦经济技术部司长
安东尼尼·托弗　捷克矿山局司长
达瑞兹·波多阿拉　波兰矿工工会副主席
马修·海珀雷斯顿　欧盟委员会就业、社会事务与机会均等总司首席行政官
安东尼奥·卡玛落塔　欧盟委员会就业、社会事务与机会均等总司政策官员
丹尼尔·瓦特尔斯候特　欧盟委员会就业、社会事务与机会均等总司政策协调官
沃尔特·门采尔　波兰最高矿业监察局矿业司动力机械设备监察办公室主任
帕特里克·格里芬　爱尔兰健康安全局矿山高级监察员
弗拉基米尔·阿尔特纳　捷克矿山、地质与采油行业工会高级顾问
斯图尔特·弗莱瑟　国际油气生产商协会健康与安全部主任（英国）
约翰·格林那　爱尔兰 Boliden Tara 矿安全主管
蓝鸽　欧盟驻华代表团发展与合作处随员

（二）第二届中欧安全生产对话

第二届中欧安全生产对话于 2011 年 6 月在欧盟总部布鲁塞尔举行，双方共同交流“安全生产法律法规”方面的做法和经验。国家安全生产监督管理总局总工程师黄毅率队参加对话。

中方代表：
黄　毅　国家安全生产监督管理总局总工程师
柏　然　国家安全生产监督管理总局办公厅(国际合作司)副主任(副司长)
张文杰　国家煤矿安全监察局专员
李豪文　国家安全生产监督管理总局政策法规司处长
李增波　国家安全生产监督管理总局政策法规司调研员
王金永　国家安全生产监督管理总局国际交流合作中心项目主管
欧方代表：
阿米恩多·席尔瓦　欧盟委员会就业、社会事务与机会均等总司社会对话司司长
迈克尔·莫拉斯　欧盟委员会就业、社会事务与机会均等总司国际司司长
克里斯提·德弗里　比利时联邦公共服务部就业、劳工与社会对话司司长
乌尔里奇·库勒曼　德国联邦经济技术部司长
安东尼尼·托弗　捷克矿山局司长
达瑞兹·波多阿拉　波兰矿工工会副主席
马修·海珀雷斯顿　欧盟委员会就业、社会事务与机会均等总司首席行政官

（三）第三届中欧安全生产对话

时间：2012 年 9 月 20 日。

地点：北京北辰洲际酒店二层第六会议室。

主题：交流中欧安全生产应急救援管理与经验（重点在矿山、石油及化工行业应急救援），启动实施中欧高危行业职业安全与健康合作项目。国家安全生产监督管理总局副局长孙华山和欧盟委员会就业、社会事务与机会均等总司司长古斯·蕾切尔出席会议并致辞。

中方代表：

柏　然　国家安全生产监督管理总局办公厅(国际合作司)副主任(副司长)

邬燕云　国家安全生产监督管理总局政法司副司长

王啟明　国家安全生产监督管理总局监管一司副司长

刘　强　国家安全生产监督管理总局监管三司副司长

王志坚　国家安全生产应急救援指挥中心副主任

郭治武　国家安全生产应急救援指挥中心技术装备部副主任

田得雨　矿山救援指挥中心副主任

史艳萍　国家安全生产监督管理总局办公厅（国际合作司）处长

胡予红　国家安全生产监督管理总局国际交流合作中心副主任

周维奇　国家安全生产监督管理总局国际交流合作中心处长

刘晓兵　国家安全生产监督管理总局国际交流合作中心副处长

李运强　国家安全生产监督管理总局办公厅（国际合作司）干部

欧方代表：

阿明多·席尔瓦　欧盟委员会就业、社会事务与机会均等总司社会对话司司长

马修·赫普利斯顿　欧盟委员会就业、社会事务与机会均等总司职业安全健康司政策官员

沃格尔　欧盟安全健康咨询委员会成员

罗伯特·考克斯　国际石油工业环境保护协会技术主管，石油外漏联合反应行业项目经理

托弗　捷克矿山局司长

卡乐里·捷尔吉　匈牙利工会国家联盟主任

UloKristjuhan　塔林科技大学教授

沃尔特·门泽尔　欧盟安全卫生专家

帕韦莱克·兹德内克　斯特拉瓦矿山救援局专家

（四）第四届中欧安全生产对话

时间：2013 年 7 月 2 日。

地点：比利时布鲁塞尔。

主题：工作场所化学品安全管理面临的挑战。国家安全生产监督管理总局副局长孙华山率团参加对话，欧盟委员会就业、社会事务和机会均等总司司长库斯·雷切尔率团参加对话会议。

中方代表：

孙华山　国家安全生产监督管理总局副局长

柏　然　国家安全生产监督管理总局办公厅（国际合作司）副主任（副司长）

汪崇鲜　国家安全生产监督管理总局办公厅副主任

唐明明　北京市安全生产监督管理局副局长

徐汉才　国家安全生产监督管理总局培训中心主任

吴宗之　中国安全生产科学研究院院长

王海军　国家安全生产监督管理总局三司副司长

徐　伟　中石化青岛安全工程研究院高级工程师

欧方代表：

库斯·雷切尔　欧盟委员会就业、社会事务与机会均等总司总司长

阿明多·席尔瓦　欧盟委员会就业、社会事务与机会均等总司社会对话司司长

马修·赫普利斯顿　欧盟委员会就业、社会事务与机会均等总司职业安全健康司政策官员

沃格尔　欧盟安全健康咨询委员会成员

罗伯特·考克斯　国际石油工业环境保护协会技术主管，石油外漏联合反应行业项目经理

托弗　捷克矿山局司长

卡乐里·捷尔吉　匈牙利工会国家联盟主任

UloKristjuhan　塔林科技大学教授

帕韦莱克·兹德内克　斯特拉瓦矿山救援局副局长

（五）第五届中欧安全生产对话

第五届中欧安全生产对话于 2014 年 9 月在北京举行，双方围绕“安全生产规划”和“市场环境下化工企业供求双方间的安全与健康要求”两个主题开展交流与对话。中方介绍了中国安全生产“十二五”规划实施情况和“十三五”规划的初步设想；欧方介绍了欧盟 2007—2012 年安全与健康战略的评估及

2014—2020年安全与健康战略框架，使中方对欧盟安全与健康战略有了更细致的了解。中方还介绍了中国化工企业与产品用户间的安全与健康要求，欧方分享了通过市场积极影响安全与健康、采用监管与自愿相结合的方式改善工人的安全健康、鼓励工人参与化工企业安全管理等先进经验。国家安全生产监督管理总局副局长孙华山出席并致辞，总工程师吴鑫主持对话会议。应欧方要求，在对话会议之后，安排欧盟代表团一行赴中欧合作项目试点单位北京首云矿业股份有限公司参观调研，实地了解中欧合作项目试点工作实施进展情况。

时间：2014年9月25日。

地点：北京北辰洲际酒店。

主题：安全与健康规划实施和评估。

中方代表：

孙华山　国家安全生产监督管理总局副局长

吴　鑫　国家安全生产监督管理总局总工程师，规划司司长

柏　然　国家安全生产监督管理总局办公厅(国际合作司)副主任(副司长)

孙文德　国家安全生产监督管理总局规划司副司长

李　峰　国家安全生产监督管理总局监管一司副司长

吴宗之　中国安全生产科学研究院院长

胡予红　国家安全生产监督管理总局国际交流合作中心副主任

李聪梅　国家安全生产监督管理总局国际交流合作中心副主任

路念明　中国化学品安全协会秘书长

史艳萍　国家安全生产监督管理总局办公厅（国际合作司）处长

李　扬　国家安全生产监督管理总局规划科技司处长

陆　旭　国家安全生产监督管理总局监管三司处长

高建明　国家安全生产监督管理总局办公厅副处长

刘晓兵　国家安全生产监督管理总局国际交流合作中心副处长

欧方代表：

阿明多·席尔瓦　欧盟委员会就业、社会事务与机会均等总司社会对话司司长

玛利亚·特雷萨　欧盟委员会就业、社会事务与机会均等总司工作安全健康处处长

马修·赫普利斯顿　欧盟委员会就业、社会事务与机会均等总司职业安全健康政策行政官员

亚力克·莫里斯　欧盟委员会就业、社会事务与机会均等总司职业安全健康

政策行政官员

丹尼尔·瓦特尔斯候特　欧盟委员会就业、社会事务与机会均等总司对外事务政策协调官

罗宾·福斯特　英国职业安全健康执行局威斯敏斯特分局局长

马蒂厄·拉苏　法国劳动部处长

托尔斯腾·沃尔夫　德国联邦职业安全健康研究院研究员

弗兰克·巴里　爱尔兰总工会主任

托尼·穆苏　芬兰中央工会组织部长

吉莱·赛茨　法国总工会干事

帕特里克·立威　法国罗迪亚公司总经理

瓦伊多塔斯·李伟基斯　立陶宛商业雇主联合会副主席

马里奥·范·米尔洛　荷兰雇主联合会主席

（六）第六届中欧安全生产对话

第六届中欧安全生产对话于2015年6月在欧盟总部布鲁塞尔举行。国家安全生产监督管理总局派司局级代表团出席，双方共同围绕“安全科技”展开交流与对话。

时间：2015年6月11—12日。

地点：布鲁塞尔都市酒店。

主题：科学技术对安全生产的支撑作用。

中方代表：

陈　江　国家安全生产监督管理总局国际交流合作中心主任

张兴凯　中国安全生产科学研究院院长

孙文德　国家安全生产监督管理总局规划科技司副司长

高建明　国家安全生产监督管理总局办公厅处长

王光远　国家安全生产监督管理总局国际交流合作中心翻译

欧方代表：

阿明多·席尔瓦　欧盟委员会就业、社会事务与机会均等总司社会对话司司长

玛利亚·特雷萨　欧盟委员会就业、社会事务与机会均等总司工作安全健康处处长

马修·赫普利斯顿　欧盟委员会就业、社会事务与机会均等总司职业安全健康政策行政官员

亚力克·莫里斯　欧盟委员会就业、社会事务与机会均等总司职业安全健康

政策行政官员

丹尼尔·瓦特尔斯候特　欧盟委员会就业、社会事务与机会均等总司对外事务政策协调官

罗宾·福斯特　英国职业安全健康执行局威斯敏斯特分局局长

马蒂厄·拉苏　法国劳动部处长

托尔斯腾·沃尔夫　德国联邦职业安全健康研究院研究员

弗兰克·巴里　爱尔兰总工会主任

托尼·穆苏　芬兰中央工会组织部长

（七）第七届中欧安全生产对话

第七届中欧安全生产对话于2016年9月在北京召开。双方就“科技创新与安全保障”进行了充分交流和热烈讨论。国家安全生产监督管理总局副局长孙华山和欧盟委员会就业、社会事务与机会均等总司总司长塞尔沃兹出席并讲话。对话期间，双方达成7项共识，同意开展生产安全事故统计及分析工作，合作开发“通用方法和数据采集系统”。

时间：2016年9月29日。

地点：江苏大厦四层锦绣厅。

主题：科技创新与安全保障，重点交流在矿山、危化品等高危行业领域的科技支撑和安全保障。

中方代表：

孙华山　国家安全生产监督管理总局副局长

吴　鑫　国家安全生产监督管理总局总工程师、规划司司长

杨智慧　国家安全生产监察专员（正司局长级）

陈　江　国家安全生产监督管理总局国际交流合作中心主任

李　扬　国家安全生产监督管理总局规划科技司副司长

魏利军　中国安全生产科学研究院副院长

史艳萍　国家安全生产监督管理总局办公厅（国际合作司）处长

郑双忠　国家安全生产监督管理总局规划科技司处长

张天虎　国家安全生产监督管理总局办公厅（国际合作司）调研员

陈东科　国家煤矿安全监察局科技装备司处长

王铁根　国家煤矿安全监察局科技装备司处长

刘晓兵　国家安全生产监督管理总局国际交流合作中心处长

张　斌　北京市劳保所所长

康荣学　中国安全生产科学研究院处长

谢旭阳　中国安全生产科学研究院副所长
刘志文　国家安全生产监督管理总局信息研究院处长
唐仕川　国家职业安全健康重点实验室主任
谢　宏　华北科技学院处长
朱瑞军　中国恩菲有限责任公司科技发展部部长
雷　毅　中煤科工集团博士
张风科　煤炭科学技术研究总院博士
欧方代表：
麦克·塞尔沃兹　欧盟委员会就业、社会事务与机会均等总司总司长
斯蒂芬·奥尔森　欧盟委员会就业、社会事务与机会均等总司就业司司长
丹尼尔·沃特舒特　欧盟委员会就业、社会事务与机会均等总司对外关系司政策官员
马修·赫普利斯顿　欧盟委员会就业、社会事务与机会均等总司职业安全健康政策行政官员
葛澜森　欧盟驻华代表团合作部主任
易小琳　欧盟驻华代表团项目官员
弗朗索瓦·恩格斯　卢森堡技术工程师联合会顾问董事
列维基斯·维多塔斯　立陶宛雇主联盟副主任
维克托·肯帕　欧洲工会研究院高级研究员
玛利亚·彼耶尔　丹麦全国总工会顾问
马里奥·范·米尔洛　荷兰工业雇主联合会国际社会事务部副主任
马可·博利　卢森堡劳动与矿山监察局司长
威廉·凡·韦伦　荷兰工会联合会安全与健康政策高级顾问
帕特里克·立威　法国化工专业协会医疗顾问

（八）第八届中欧安全生产对话

第八届中欧安全生产对话于2017年11月在卢森堡召开。双方就“职业安全与健康政策举措”和“中小企业安全科技”进行了充分交流和热烈讨论。国家安全生产监督管理总局副局长付建华和欧盟委员会就业、社会事务与机会均等总司司长斯蒂芬·奥尔森出席并讲话。

（九）第九届中欧安全生产对话

时间：2018年10月17日。

地点：中国浙江省杭州市杭州国际博览中心。

主题：建筑领域安全生产标准对标，重点交流房屋建筑和交通建设施工领域

的安全标准。

中方代表：

苏　洁　应急管理部安全生产综合协调司司长

韩　泓　应急管理部安全生产综合协调司副巡视员

史艳萍　应急管理部国际合作和救援司处长

张　刚　应急管理部综合协调司处长

吴俊荣　应急管理部综合协调司副处长

刘晓兵　应急管理部国际交流合作中心处长

魏铁山　北京城建科技促进会模架专业技术委员会副主任

曹信红　中国交通建设股份有限公司安全质量环保监督部总经理

蔡　军　中交一公局集团有限公司副总工程师

欧方代表：

斯蒂芬·欧勒森　欧盟委员会就业、社会事务与机会均等总司司长

马迪亚斯·弗瑞兹　欧盟委员会就业、社会事务与机会均等总司安全健康司首席监察员

克里斯蒂安·阿曼达　比利时企业联合会首席咨询师

多米尼哥·巴特罗尼奥·卡珀格兰德　欧洲建筑业联合会社会事务主席

马瑞·凡·米尔勒　欧洲社会事务、安全健康高级政策顾问，社会保护工作组商业主席

瓦特戴斯·乐维特　立陶宛商业雇主联合会副总干事

佛朗西斯·查理斯·恩格斯　卢森堡工匠联合会社会事务主任

米歇尔·麦克多纳　爱尔兰职业安全健康局建筑、消防和高处作业高级督察员

维克多·坎帕　欧洲工会协会高级研究员

妮娜·尼尔森　丹麦专业人士联合会职业安全健康咨询委员会工会组织政策顾问

玛丽安·莎波曼　欧洲工会协会欧洲委员会工作安全健康咨询委员会工作条件研究组组长及工人兴趣小组协调员

安德鲁斯·斯特米特斯　希腊工人总联合会建筑工人协会联合会主席、欧盟职业安全健康主席团成员

双方就“建筑施工领域安全生产”进行了充分交流和热烈讨论。应急管理部司长苏洁和欧盟委员会就业、社会事务与机会均等总司司长斯蒂芬·奥尔森出席并讲话。

三、中加安全生产对话

根据国家安全生产监督管理总局与加拿大人力资源与技能发展部签署的《关于在安全生产与职业健康领域开展合作的谅解备忘录》，中加双方通过加强在安全生产与职业健康领域的交流与合作分享成功经验和做法，不断完善安全与健康管理体系，改善工作场所，保护劳动者的安全与健康。双方在安全与健康法规制度建设与完善、安全与健康监察执法机制和实践、促进预防性安全与健康文化建设、安全与健康监管监察人员的录用与培训、隐患治理与事故预防等方面开展人员互访、短期研究、成果共享与信息交流。

中国国家安全生产监督管理总局与加拿大人力资源与技能发展部安全生产与职业健康对话机制于 2012 年建立，双方派副部长级代表团参加每次对话会议，围绕两国安全生产和职业健康重点任务和共同关注的问题和领域，开展广泛交流和深入探讨，是交流信息，分享经验，增强互信，合作共赢的重要平台。

（1）首次对话于 2013 年 12 月 13 日在加拿大渥太华举行，主题为“矿山安全与工作场所应急准备”，交流矿山安全和工作场所应急准备的相关法规、标准、应急预案和实践。商讨了在合作备忘录框架下，制订五年合作计划。中国国家安全生产监督管理总局副局长王德学率团参加对话，加拿大劳动部副部长高瑟琳和副部长蔡健能及官员和专家出席对话会议。会议由副局长王德学和副部长高瑟琳共同主持，王铃丁、刘云涛、李万春、印明钰、王振永等参加对话会议并发言交流。中国驻加拿大大使章均赛会见代表团。

（2）第二次对话于 2014 年 9 月 26 日在北京举行，主题为“职业安全健康法律法规、非煤矿山与油气管道运输安全”。通过对话交流，中方详细地了解到加拿大油气管道安全监管方式和经验，包括油气管道安全立法、行政管理、监察员职责和培训、创新实践（油气管道内部探测器和智能探测、监控和数据采集系统、数据分析软件等先进技术），对于中方深入开展油气输送管道隐患整治、提高中国油气管道安全监管水平具有借鉴作用和启发意义。中方还介绍了中国非煤矿山基本情况、安全监管体系、法律法规及安全监管重点，加方也介绍了萨斯喀彻温省的采矿安全工作，包括矿山法规、操作细则、内部责任制、矿山安全监察、监察员的资质和责任及培训、矿山应急救援以及 2014—2015 年工作重点，使中方对加拿大非煤矿山安全监管有了详细的了解。加拿大劳动部负责守法、运营与项目开发事务副部长蔡健能率团出席对话会议，国家安全生产监督管理总局副局长徐绍川率团参加对话并致辞。双方一致认为，第二届中加安全健康对话级别层次高、主题突出、针对性强，而且务实高效，实现了预期目标，取得圆满成功。应加方要求，在对话会议之前，国家安全生产监督管理总局安排加拿大代表团一行赴北京燕山石化公司进行参观调研。国家安全生产监督管理总局国际合作司、政策法规司、监管一司、监管三司、国际交流合作中心主要负责人参加对话会议。会议由监管一司司长王铃丁主持。

（3）第三次对话于2015年8月25日在加拿大温哥华举行，中国国家安全生产监督管理总局副局长杨元元、总工程师吴鑫、司长柏然、监管一司（海油安办）副司长周彬、外事司处长史艳萍、安标中心主任杨大明参加对话，总局办公厅李大武出席对话会议。加拿大劳动部副部长萝莉·斯特林、劳动部国际与政府间劳工事务司司长拉克什·帕特里、加拿大英属哥伦比亚省能源矿山局矿山安全总监察长阿尔·霍夫曼、加拿大萨斯喀彻温省劳动关系与工作场所安全部矿山安全总监察长莱恩·卡斯基夫、加拿大劳动部国际与政府间劳工事务司副处长周畅、加拿大劳工部职业安全健康守法运营处经理玛西亚·埃德加、哥伦比亚省采矿协会副主席布莱恩·考克斯参加对话会议。双方围绕“中小矿山企业的安全监察执法”“政府为促进守法采取的措施”“矿山安全科技”“相关部门在中小矿山安全生产、职业健康法规标准制定，以及安全管理中的作用”等议题充分讨论，交流各自的做法和经验。

四、中俄安全生产对话

中俄安全生产对话机制始建于2013年，由国家安全生产监督管理总局与俄罗斯联邦环境、技术与原子能监督总局（署）共同组织，每年举行一次对话会议，轮流在中国和俄罗斯举行，双方在安全法规、安全科技、事故预防等方面开展一系列的交流合作。

第二届中俄安全生产对话于2014年9月25日在北京举行。俄罗斯环境、技术与原子能监督总局副局长特列姆毕斯基率9人代表团参会，并在会上致辞。国家安全生产监督管理总局副局长付建华率33人团参加对话会议。对话会议由副局长杨富主持，国家安全生产监督管理总局办公厅、国际合作司（张天虎）、政策法规司（邬燕云）、监管三司（孙广宇）、国家煤矿安全监察局办公室（韩小乾）、科技装备司（张文杰）、国际交流合作中心（陈江）、神华集团（孟超、胡渝）、中煤科工集团（姬阳瑞）负责人参加。双方围绕煤矿安全法规、标准和油气管道安全监管进行深入研讨和交流。在煤矿安全方面，双方还介绍了爆破作业活动的相关法规标准和专业爆破作业人员培训体系，乳化炸药爆破技术的发展和应用，矿山企业高级管理人员资格等。双方同意继续加强煤矿安全和油气管道安全方面的合作与交流。俄方邀请中方参加2015年在俄罗斯召开的金砖国家峰会——能源与安全对话。

第六届中俄安全生产对话于2018年10月16日在浙江杭州举行，应急管理部党组书记黄明和俄罗斯联邦环境、技术与原子能监督总局（署）局（署）长阿列克谢·阿廖申出席对话会议并致辞。黄明表示，中俄互为最大邻国和最重要的全面战略协作伙伴，两国元首的战略引领和密切交往为中俄关系深入发展注入了强劲动力，也为加强安全生产领域合作指明了方向。自2013年中俄安全生产对话机制建立以来，双方在安全生产领域开展有效的交流合作，取得了丰硕成果。黄明强调，中国改革开放40年来，特别是在中国共产党第十八次全国代表大会以来，安全生产工作取得显著成效，实现了经济发展和安全生产水平双提升。当前，中国正处于工业化快速发展阶段，各类风险隐患交织叠加，安全生产仍处于脆弱期、爬坡期、过坎期。我们将坚持以习近平新时代中国特色社会主义思想为指导，牢固树立安全发展理念，进一步落实安全生产责任制，强化源头治理，推进依法治安，完善风险隐患排查治理机制，提高安全基础保障能力，不断提升安全生产水平，更好地保护人民群众生命财产安全。新组建的应急管理部愿与俄方一道，进一步扩大交流合作，完善高层对话机制，为推动两国安全生产事业发展作出更大贡献。阿列克谢·阿廖申表示，中俄两国本着世代友好和互利伙伴关系的精神，不断扩大合作领域，深化合作内容，双方在安全生产领域的交流合作，对于增进两国人民友谊、推动两国关系发展具有重要意义。阿列克谢·阿廖申重点介绍了俄罗斯近年来完善安全生产法律法规和加强监督检查、行政执法等工作及取得的成效，介绍了推广远程控制系统、改进法律法规、加强运营单位责任、增强公众安全意识等下一步工作安排。希望中俄双方继续深化安全生产交流合作，不断丰富合作内容，共同提高安全监管监察能力和水平。对话会上，中俄有关政府官员和专家学者围绕“重大工业事故预防和控制”主题开展了深入探讨和交流。

第三节　与外国政府部门及跨国企业的合作

一、与美国的交流与合作

（一）中美化石能合作协议及项目

中美化石能研究与发展合作议定书于1985年4月16日由煤炭工业部部长于洪恩和美国能源部部长签订，该议定书作为中美政府科技合作的一部分，由中国煤炭工业部和美国能源部牵头组织实施。中美双方共签署了11个附件，其中5个附件由煤炭工业部执行，其他附件由国家科学技术委员会、中国科学院、化工部等单位执行。煤炭工业部执行的项目是：

（1）矿山安全与健康：该附件由煤炭工业部安全司与美国劳工部矿山健康与安全局于1987年9月28日签署，双方互派人员访问、考察，并就矿山安全与健康有关政策和规定开展交流。

（2）选煤与废流利用：该附件于1987年10月13日签署，由煤炭工业部煤炭科学研究总院与美国能源部匹兹堡能源技术中心执行。双方开展了科研合作与交流，1991年完成了合作项目。1995年4月18日煤炭工业部与美国能源部重新修订附件将原“选煤与废流利用”改为煤炭加工与矸石利用。

（3）煤的常压流化床燃烧：该附件于1987年10月13日在华盛顿签署，由煤炭工业部煤炭科学研究总院和美国能源部摩根城能源技术中心执行，1992年结束。

（4）煤层气回收与利用：该附件于1995年2月23日由美国能源部部长奥里瑞与煤炭工业部部长王森浩签署，中美双方在煤层气领域里广泛开展交流与合作。

（5）煤炭工业发展与信息交流：该附件由美国能源部副部长助理与煤炭工业部国际合作司于1997年11月14日签署，中美双方加强煤炭工业信息交流，推动两国煤炭工业的发展。

（二）煤层气勘探与开发

1. 建立煤层气信息中心

为促进中国煤层气资源开发，煤炭工业部与美国国家环保局合作，于1994年8月在北京建立煤层气信息中心。美方提供65万美元援助，中心设在煤炭工业部情报研究所，其主要任务是负责煤层气开采方法、利用技术信息和数据的收集、整理、交流并建立数据库，向有关部门和企业提供信息和服务并参与国际信息交流与合作。1995年2月，煤炭工业部部长王森浩、总工程师陈明和和美国能源部部长奥里瑞及美国环保局副局长尼采一并出席煤层气信息中心揭牌仪式。中美双方开展煤层气技术交流和信息研究，召开研讨会，推动煤层气勘探与开发。

2. 合作勘探煤层气资源

20世纪90年代初，煤炭工业部所属企业在煤层气勘探方面与美国几家大的能源企业开展了广泛的合作。尤其自1996年以来，中联煤层气公司就六个项目与四家美国石油公司进行探讨合作。这六个项目是：

（1）与美国德士古公司合作开发安徽省淮北煤层气田。合同区面积为2676平方千米，预测煤层气资源量600亿立方米，预计开发总投资5亿美元，所产气5亿立方米。

（2）与美国阿莫科公司合作开发山西沁源煤层气田，合同区面积2600平方千米，预测煤层气资源量1000亿立方米，年产气2亿立方米，开发总投资5亿美元。

（3）与美国阿科公司合作开发山西三交煤层气田，合同区为514平方千米，预测煤层气资源量635亿立方米，年产气5亿立方米，投资5亿美元。

（4）与美国阿科公司合作开发山西石楼煤层气田，合同区3602平方千米，预测煤层气资源量1800亿立方米，年产气7亿立方米，投资7亿美元。

（5）与美国阿科公司合作开发山西三交北煤层气田，合同区为1126平方千米，预测煤层气资源量550亿立方米，年产气5亿立方米，投资5亿美元。

（6）与美国菲利普斯公司合作开发山西临兴煤层气田，合同区3442平方千米，预测煤层气资源量3000亿立方米，年产气20亿立方米，投资10亿美元。

其中，与德士古公司合作开发安徽淮北煤层气项目的合作协议于1998年1月8日在北京签署，这是中国政府首次正式批准的煤层气对外合作项目。其他项目的合作已完成合同谈判。

此外，中联煤层气公司还与美国美中能源公司商谈山西晋城煤层气合作项目；与阿莫科公司商谈大宁、合阳煤层气合作项目；与Saba公司商谈太行山东麓煤层气合作项目，与先锋公司商谈云南恩洪煤层气项目；与德士古公司商谈安徽淮南煤层气合作项目。

（三）输煤管道研究与合作

为缓解山西晋中地区煤炭外运和山东胶东地区煤炭供应紧张状况，煤炭工业部计划采用中美合作的方式建设由山西省盂县经山东潍坊终点为青岛的盂—潍—青输煤管道。管道总长720千米，年输煤能力700万吨，其中560万吨供青岛和潍坊电厂，140万吨供出口。该项目具体由煤炭工业部所属中煤建设开发总公司（CCCDC）与美国的中国管道集团公司（China Pipeline Holding Limited，CPHL）合作建设，美国的中国管道集团公司是由美国安然公司（Enron Corp.）控股，占61.5%的股份，美国卡斯特姆公司（Custom Coal Co.）和澳大利亚MRI公司各占15.5%的股份，还有美国的威廉姆斯技术公司（Williams Technologies）等组成。该项目于1996年3月经国务院批准立项，由中美双方合作编制可行性研究报告，计划在1998年内动工，2000年建成。

（四）煤炭液化研究

煤炭科学研究总院与美国碳氢技术公司（HTI）于1997年10月22日签署了合作进行神华煤直接液化可行性研究协议。根据协议，中方向美方提供4.5吨煤样（神木煤），美方负责神木煤在碳氢公司的3~5吨/天中试装置试验，确定液化厂基础工艺流程，液化厂经济分析。该项目预期1998年3月结束。

（五）设备进出口情况

自1993年以来，煤炭系统累计从美国引进煤炭开采、洗选设备及零备件近3.5亿美元。其中，由中煤进出口公司签约进口的设备近2000万美元；由平朔煤炭公司直接进口的设备共3.3亿美元。平朔安太堡煤矿每年要从美国进口备件约8000万美元。安家岭矿也从美国进口近2亿美元的设备。其间，中国制造的液压支架出口美国。为煤炭安全高效生产提供保障。

（六）科技合作与交流

1. 校际合作

改革开放之初，煤炭工业部所属中国矿业大学、矿大北京研究生部、淮北煤炭师范学院、华北煤炭师范学院、淮南矿业学院、辽宁工程技术大学、华北科技学院等院校与美国西肯塔基大学、西弗吉尼亚大学、弗吉尼亚理工学院及州立大学、田纳西大学、俄克拉哈马（Oklahama）大学、新泽西理工学院、加州大学、南达蒙塔大学、卡罗来纳州立大学、西海岸大学建立了校际交流与合作关系，双方互派学者，合作研究，推动了双方的教学、科研和煤矿安全学科建设。

2. 新疆煤田火灾防灭火研究

中国新疆煤田火灾严重，火区面积135平方千米，活火区面积826万平方米，每年损失煤炭1000万吨以上。该煤田的火灾不仅损失大量的煤炭资源，而且破坏了自然环境，污染了大气环境和地下水。中国政府十分重视并投入了大量的财力和人力进行防火灭火。中方在开展与荷兰等国家合作的同时，1996年与美国能源部合作召开了“新疆煤田火灾防灭研讨会”，与美方探讨在以下方面开展合作：

（1）确定火区范围和状况。

（2）建立火区动态监测系统，利用先进的卫星遥感技术与地面技术相结合，形成全矿区火区监测系统，提供翔实的火区动态资料。之后，由于美方经费问题，未能深入开展新的合作。

3. 煤矿安全高效和管理人员培训

1993年至2000年，煤炭工业部、国家煤炭工业局分批组织已列入规划的100个高产高效矿井的矿长、总工程师和部分省局（矿务局）主管生产的局长赴美国长壁采煤研究中心进行高产高效矿井建设和煤矿安全培训。共组织了26批，其中煤矿高产高效培训20批，煤矿安全培训6批，464人次，来自全国121个煤矿企业和煤炭管理部门。美国长壁采煤研究中心，以及姜汉信教授、彭锡灯教授编写煤矿高产高效及煤矿安全培训教材，制定培训计划，安排课堂讲授并去美国高产高效煤矿考察交流。培训结束后，还为学员正式颁发结业证书。培训学员普遍反映收获很大，回国后都提交了总结报告，并根据本矿条件拟定了改革方案。他们回国后，大多数成了建设高产高效矿井的主力军，为本单位作出了很大贡献。龙口矿务局的王明南和大屯煤电公司的许培中的贡献突出，获得了国家颁发的“五一劳动奖章”，还有7名被提升到局领导岗位。赴美培训加快了中国煤矿高产高效矿井建设，提升了煤矿安全管理水平。自1993年以来，综采工作面的单产水平和生产效率逐年提高，高产高效矿井、百万吨采煤队和国有重点煤矿的全员效率呈直线上升（表6－1）。1995年至1998年先后出现了300万吨、400万吨和510万吨的高产高效采煤队，达到或接近国际先进水平（表6－2）。

表6－1　1992—1998年高产高效矿井、百万吨采煤队和国有重点煤矿情况

年度	培训人员人次/团组	百万吨采煤队个数	高产高效矿井个数	国有重点煤矿采煤单产（吨/年）	国有重点煤矿全员效率（吨/工）
1992	0	37	0	18942	1.320
1993	19/1	46	12	19514	1.398
1994	61/3	53	32	20562	1.590
1995	80/4	65	56	21004	1.780
1996	97/5	72	70	21879	1.923
1997	102/6	76	80	27900	2.079
1998	89/6	64	88	23514	2.180

表6－2　1992—1998年百万吨采煤队个数

年　份	1992	1993	1994	1995	1996	1997	1998
共　计	37	46	53	65	72	76	64
500万吨以上	0	0	0	0	0	0	1
400万～500万吨	0	0	0	0	0	1	0
300万～400万吨	0	0	0	2	1	3	3
200万～300万吨	2	3	7	7	10	8	8
100万～200万吨	35	43	46	56	61	64	52

1995 年，煤炭工业部引智办、人事司和人才交流培训中心共同组织了 30 人局矿长培训团赴美国乔治梅森大学进行高级企业管理培训，还派出企业管理人员和科研技术人员赴美国考察学习。

同时，煤炭工业部和国家煤炭工业局还邀请和接待了许多美国专家、学者、科研人员和企业管理人员来华，开展广泛的科研交流与技术合作。例如，1996 年中国矿业大学邀请美国亚利桑那大学自动化专家前往淮南矿务局进行 CIMS 应用工程与矿用机器人研究。1997 年，煤炭科学研究总院邀请美国俄克拉哈马大学专家来华进行孔及裂隙岩体弹性力学在煤矿中的应用研究，均取得了较好的效果。中美在煤矿管理、煤炭技术、煤矿安全培训等方面广泛交流与合作，积极推动中国煤炭工业安全发展。

4. 借鉴美国矿山安全监察模式，促进国家煤矿安全监察体制改革创新

美籍华人姜汉信教授于 1999 年 2 月 12 日给国务院领导写信，介绍美国煤矿安全管理体制、机构、法律及效能，建议借鉴美国的经验，尽快建立中国国家煤矿安全监察机构。他的建议引起国务院领导重视，并促进国家煤矿安全监察体制改革创新，推动国家煤矿安全监察局成立。姜汉信教授书信如下：

朱镕基总理：我叫姜汉信，原为美国西弗吉尼亚大学采矿系教授，现主持美国长壁采煤研究中心的工作。1993 年 3 月 2 日我第一次给您写信，不到三天就得到回复，您高效率的办事作风和对人民高度负责的精神，给我留下了极为深刻的印象。

近几个月来报纸和网络上经常发表国内大小煤矿发生重大灾害（主要是瓦斯和煤尘爆炸）事故的消息，1998 年煤矿事故死亡人数过万。这些煤矿灾害事故和前些时国内发生的严重水患一样，深深地牵动着我的心。五十年来，我从未脱离煤炭工业，从新中国成立到 1981 年我出国前，我亲身经历了祖国煤炭工业变革和发展的全过程。出国后我的研究项目仍然以煤矿现场为主，与此同时，我和国内煤炭工业界一直保持着密切联系。从 1997 年 1 月至今，受原煤炭工业部的委托，美国长壁采煤研究中心为国内各矿务局的局、矿长和局、矿总工程师进行高产高效和煤矿安全的培训，共 24 期计 436 人次。为此我们认真地编写了培训教材，每期培训教材都要根据最新资料予以更新。两年来我结识了更多的国内煤炭工业界同行，也在和他们的交流中获取了不小的收益，更加深了我对祖国煤炭工业的感情。出于对祖国煤矿安全的关心和支持您工作的诚意，我冒昧地向您进言。

美国的原煤年产量和我国差不多，但美国煤矿的死亡率却比我国小

得很多。近十二年来，美国煤矿每年的死亡人数没有超过60人（1989年为62人除外），近三年来没有超过40人，去年只有29人，1993年以来几乎没有人死于煤矿爆炸事故，究其原因，是由于美国鉴于过去煤矿灾害的频繁发生，在社会舆论、纳税人指责和受难家属控诉的强大压力下，政府建立了专门的独立的监察机构——联邦矿山安全与健康局，国会通过了煤矿安全的联邦法，其内容涵盖所有的采矿活动，详尽具体，厚厚的一本，并授权联邦矿山安全与健康局来强制执行。对比我国，煤矿瓦斯和煤尘爆炸事故频繁发生，每年煤矿死亡人数数以千计，原煤炭工业部的几位部长为处理事故疲于奔命，发生事故的局、矿长因此被处分或受到法律制裁。当然，他们对煤矿安全负有责任，但恕我直言，真正应该对此负责的是历届国务院。建国以来，虽然原煤炭工业部也制定了《保安规程》，但内容不详尽，薄薄的一本32开的小册子，很多具体的但重要的内容都在各矿务局、矿的自己制定的《作业规程》中。《作业规程》只具有行政效力而无法律效力，纵观历次煤矿灾害事故，大多数都是由于违反《作业规程》而造成的。执行《保安规程》的是原煤炭工业部和各矿务局，而煤炭工业部既管各矿务局的生产，又管人事和财务，各矿务局的安全监察局直接下属该矿务局，有的矿务局副局长还兼任安全监察局局长。在这种不完善的和互相纠缠的组织机构下，就很难正确地摆好安全和生产的位置，在事故发生前很难一丝不苟地执行具有法律效力的《保安规程》以预防事故，一旦发生事故又很难正确处理，以杜绝后患。

一年多来您大力改革国家机构，成绩斐然，世人瞩目。目前的国家煤炭工业局已完全和原所属企业脱钩，对全国煤炭工业只起宏观指导作用，这就为彻底改革和建立独立的国家级矿山安全监察机构创造了优越条件。

为了说明我的想法，先简单地介绍一下可供借鉴的美国煤炭工业情况，以便结合我国的实际情况，提出建议。

美国目前探明的煤炭储量约5000亿吨，其中70%以上属私人所有，政府拥有的不到30%。按1997年统计（1998年的数字尚未发表），煤炭总产量为10亿吨（商品煤），全国共有1828个煤矿，全归私人所有，其中井工煤矿874个，占总产量的38.59%，露天煤矿954个，占总产量的61.41%。66.26%的井工煤矿产量是由为数仅为12.31%的100万吨以上的大型矿井产出，81.24%的露天煤矿产量则是由为数仅为10.69%的100万吨以上的大型露天矿产出。近十五年来，由于采矿技术的发展和管理水平的提高，美国煤炭工业的趋势是矿井个数和矿工人数大幅度下降，而年产量仍然逐年上升，1997年全美的煤量是1963年的237.50%，而1997年的矿井个数和矿工人数则分别为1963年的57.56%和23.02%。美国的能源目前仍然以煤炭为主，1997年全美用于发电的煤炭消耗量为9亿多吨，占总年产量的82.61%，占发电能源的58.50%。

美国有关矿井安全与健康的联邦立法都要经国会通过，作为联邦法律来执行。1910年通过了《建立矿山局的组织条例》，规定矿山灾害需要联邦政府的承认和帮助；1941年颁布《检查煤矿的授权条例》，但这个条例没有实施权，仅对矿主和矿工提供情报信息；1947年颁布《烟煤和褐煤煤矿安全规程》，规定了煤矿实施标准；1952年颁布了《煤矿健康与安全条例》，授予矿山局在紧急危险的情况下撤退矿工的权力，这是美国煤炭工业历史上第一次授予执行机构执法权，在此之前的72年（1881—1952年）中，共有11118人在煤矿瓦斯和/或煤尘爆炸事故中牺牲，平均每年约154人，而在此之后的45年（1953—1998年），死亡人数降到552人，平均每年约12人，后者仅为前者的7.8%；1966年颁布《煤矿修订条例》，为小煤矿的扩充条例；1968年美国连续发生了六次煤矿爆炸事故，最严重的一次死亡78人，全美震惊。国会于1969年通过了新的《煤矿健康与安全条例》，建立采矿强制安全管理局（MESA），制定强制性的健康与安全标准，规定检查次数，提供矽肺病的福利，提供州政府基金，规定强制执行，后来又于1977年修订为《一九七七年联邦安全与健康条例》(联邦公共法95－164)，在原运行的法律基础上，合并了用于所有类型矿山的安全与健康条例，包括金属矿、非金属矿和煤矿。矿山安全与健康局是根据此条例而建立，把原采矿强制安全管理局更名为矿山安全与健康局（MSHA），于1978年3月生效。这是美国煤矿安全史上最重要的里程碑，是以数以千计美国矿工的生命为代价，为此后保障煤矿工人的健康和生命安全所取得的重要成果。自1969年至今，尽管煤矿瓦斯煤尘爆炸次数频繁，但死亡人数却显著降低。

美国联邦矿山安全与健康局被授权：制定并颁布强制性的安全与健康标准，并强制执行这些标准；每年对井工煤矿进行四次，对露天煤矿进行两次强制性检查；对重要的或重大的违法行为，有权关闭矿井；强制性地对新矿工，改变工种的矿工进行培训和每年对所有矿工进行再培训；征收民事违法罚款；调查和参与处理事故；协助州政府发展有效的国家矿山安全与健康计划；与州政府和采矿工业界，以及与卫生部及内政部合作改进和扩大培训计划；促进矿山安全与健康研究与开发的改进和扩大。所有这些活动都是针对着预防和减少采矿工业的矿山事故和职业病。

美国联邦矿山安全与健康局每年对井工煤矿进行四次，对露天煤矿进行两次不定期也不预先通知的强制性检查。美国的安全监察员与被检查单位无任何隶属关系，不得接受被检查单位的任何招待（自备午餐）和礼品。联邦安全检查员必须具备采煤区长或现场工程师的资格，每一个联邦安全检查员每年必须到安全培训学院（下属矿山安全与健康局）参加一周轮训。设在各地的联邦安全检查员，每两年必须轮换对调。联邦矿山安全与健康局还设有免费热线电话，任何人都可直接投诉。任何煤矿发生三人以上的死亡事故，当地的联邦及州政府安全检查员不得参与该事故的调查和处理，而由联邦立即从外地调派安全检查员到出事矿井执行工作，具有很高的权威性和强制性。各产煤州必须建立相应的执行机构来实施《一九七七年联邦安全与健康条例》，各州可根据本州情况制定州煤矿安全法，州法必须符合联邦法，但州法条例可比联邦法更加严格。

历年来矿山安全与健康局的编制在 2500 人左右，其中煤矿安全与健康管理局约占 57%，金属矿和非金属矿安全与健康管理局约占 16%。虽然 1999 年该局编制减少到 2261 人，但由于煤矿安全与健康管理局的编制 1200 人是国会制定的，所以尽管其他部门的人数减少，而今年煤矿安全与健康管理局编制却由 1988 年的 1209 人增加到 1259 人，其中 90% 以上分布在 10 个检查区，常年在现场工作，不到 10% 在国家办公室的人，也要经常出差到现场。

综上所述，我认为美国煤矿安全状况能在近三十年得到如此显著的改善，特别是能在近几年把煤矿爆炸事故的死亡率降到零的主要原因，一是制定和不断完善联邦安全条例，二是建立了独立的有权威性的安全监察机构来强制执行联邦法。对比美国只有 1828 个煤矿和 81516 名矿工，我国有数以万计的大小煤矿和数以百万计的矿工，但却没有一个全国性的独立的安全监察机构和行之有效的煤矿安全法，这显然与作为世界第一产煤大国极不相称。我和所有期望祖国繁荣昌盛的中国人一样，全力支持您对国家臃肿机构大刀阔斧的改革，但也希望您在精简机构的同时，加强和建立过去遗漏和忽视了的机构。您近来对海关机构的改革和加强，取得了世人瞩目的成效，我由衷地为此喝彩！煤矿安全监察机构和海关一样，一个是挽救国家经济损失，一个是挽救人民的生命和国家财产。为此我建议：

(1) 把现有的国家煤炭工业局改成国家煤炭工业总局（或其他名称），直属国务院，使其具有足够的权威性。为了避免机构重复，可仍保留对全国煤炭工业的宏观指导作用。但其主要的任务是：

——制定国家煤矿安全法。安全法的条例应尽可能详尽具体，以便于执行人有据可查，有法可依，无空子可钻。

——组织国家煤矿安全监察员队伍。目前原煤炭工业部和各地矿务局、矿有大批下岗或即将下岗人员，很多没有下岗的转到有关的协会或学会，他们大多是从煤矿院校毕业和长期从事煤矿工作的技术或管理人员，具有煤矿专业知识和生产实践经验，是国家培养的宝贵财富，让他们改行实在太可惜，安排他们来充实煤矿安全监察员队伍是最理想了，这一条件要比美国优越得多。

——指导和协助各产煤省建立相应的煤矿安全监察机构和省煤矿安全监察员队伍。各产煤省的煤矿安全监察机构必须服从国家安全监察机构的领导和指导。

——健全矿山安全救护队伍，一旦发生重大煤矿灾害事故，有权调动任何省、局、矿的矿山安全救护队。

——促进煤矿安全和职工健康的研究与开发。

——健全和完善培训机构，制定煤矿安全监察员和煤矿工人的培训计划。

——制定全国统一的开矿标准，颁发全国统一的开矿许可证。

——健全国家煤矿设备检测机构，所有煤矿使用的机、电、动力设备毫无例外都必须取得检测合格证才能出售和使用。

——建立全国性的煤矿事故网络，健全煤矿事故的档案，重大事故的调查报告应列入煤矿安全监察员和煤矿工人的培训教材。

(2) 要实现上述目标，经费来源是一个首当其冲的问题。要保障安全，就必须要投入。为了减轻国家的负担，我建议在每吨煤的生产成本或在销售价格中，提取人民币 1.0 元、1.5 元或 2.0 元，上交国库，专款专用。我记得多年以前，为了提高生产力，解放煤矿工人的笨重体力劳动，原煤炭工业部曾经在原统配煤矿的吨煤生产成本中，提取人民币 1.0 元用于发展采煤机械化。这一措施达到了预期效果。在短短的几年中，我国煤矿的机械化水平迅速提高，目前已达到或接近国际水平，国产的重型采煤设备（液压支架）曾出口到美国，多套成组国产采煤设备出口到印度。这一成功的经验完全可以借鉴。美国联邦矿山安全与健康局遵守一条名言："安全是生命的终身保障（Safety is a lifetime investment——安全是一项终生的投资）。"煤矿安全应得到全社会的重视和关心，这样做一定能够取得煤矿用户的理解和支持的。

以上建议仅供您参考。上列各项数字和图表中所用数据，都经过我详细核对，我对此负完全责任。

衷心祝愿您春节快乐，身体健康，工作顺利！

衷心祝愿祖国繁荣昌盛！

姜汉信

（七）中美矿山安全合作项目

1. 项目概况

在 2002 年中美矿山安全备忘录框架下，2003 年，双方正式合作开展"中美矿山安全合作项目"（2003—2007 年），美国劳工部援助 230 万美元。这是中美双方政府在安全生产领域的首个合作项目。为配合国家煤矿安全监察局安全生产重点工作，项目在完善中国煤矿安全法规标准，提高中国煤矿安全监察执法能力，提升中国煤矿企业安全管理水平，促进中国煤矿安全应急救援体系建设等方面开展广泛合作，全面学习借鉴美国经验，并以阳煤集团为项目试点企业。

原国家安全生产监督管理局成立了项目领导小组，时任国家煤矿安全监察局局长赵铁锤任组长，相关司局负责人组成小组成员，国家安全生产监督管理局国际交流合作中心负责具体实施工作。美国劳工部为保证项目顺利实施，通过招标程序确定美国国家安全委员会作为项目实施单位。

2. 主要活动

中美双方实施单位精心组织，认真实施，开展了一系列卓有成效的活动。

1）组织 4 次共 45 人次的赴美技术交流和考察活动

组织了监察执法、矿山救援、法律法规和煤矿安全技术四次赴美考察活动。

2003 年 9 月，矿山救援指挥中心主任金克宁率十人团组赴美国进行矿山救援技术交流与考察。

2004 年 10 月，组织国家煤矿安全监察局等十人代表赴美国考察煤矿安全监察执法。

2006 年 3 月 11—23 日，组织阳煤集团高级管理和技术人员 14 人赴美进行安全技术考察。

2006 年 7 月 7—18 日，国家安全生产监督管理总局政策法规司副司长石少华率九人代表团对美国进行煤矿安全法规考察。

考察团深入考察美国经验做法，回国后认真分析比较和总结经验，为中国煤矿安全监察工作提出许多好建议。

2）组织编写七套培训教材

先后组织中美双方专家和官员多次召开座谈会，就教材编写大纲和内容进行了深入交流，反复研究和讨论，共组织编写了七套培训教材：《矿工安全师资培训教材》《矿工培训教材》《煤矿管理人员培训教材》《救护队员师资培训教材》《救护队员培训教材》《监察员师资培训教材》和《监察员培训教材》。教材采用模块式结构，介绍了许多美国先进的煤矿安全管理理论和做法、相关安全知识和技能、培训方法和实践等，具有很高的理论和实践价值，受到培训学员的高度评价。

3）组织在华培训 30 期共培训 1787 人次

在华培训由美国专家直接授课，采用互动式教学和双讲式教学方法，把先进的安全生产理念和方法融入生动活泼的教学实践，深入浅出，讨论热烈，每次培训取得很好的效果。先后在华培训 30 期，共培训 1787 人次，培训班包括“矿工安全师资培训班”“煤矿安全管理人员培训班”“煤矿救护队员师资培训班”“煤矿安全监察员师资培训班”“煤矿矿工培训班”。

4）组织召开专题研讨会

2004 年 12 月，中美项目在广西桂林召开中国矿山应急救援体系建设研讨会，国家煤矿安全监察局局长赵铁锤、美国矿山安全与健康局副局长约翰·科瑞尔、美国国家安全委员会副总裁鲍比·杰克逊出席，双方就中国矿山应急救援体系建设有关问题进行了深入研讨。中美与会代表在充分肯定中国矿山应急救援工作和成果的基础上，针对当前存在的问题，就如何借鉴国际先进经验，加快完善中国矿山应急救援体制、机制建设提出了八条建议，极大地促进了中国矿山应急救援建设。

3. 主要成果

中美矿山安全合作在完善安全监管体制机制，创新安全管理理念和水平，全面提升煤矿安全生产工作发挥了巨大作用。

1）促进了中国煤矿安全监察体系建设

由于体制的相似性，在中美矿山安全项目实施期间，两国开展了大量的交流、考察、研究和培训活动，有力地促进中国煤矿安全监管体系的建设和完善。

一是促进中国煤矿安全监察体系建设。美国安全委员会主席迈克米兰深刻阐述了美国安全监察“成功三角”的内涵，对中国煤矿安全监察体系建设意义重大。

二是提高了中国煤矿安全监察执法能力和效率。项目提出完善执法程序、简化执法文书、细化煤矿监察规定、实行分类监察、规范事故调查、加强各类培训、完善技术支撑体系、提高装备水平、优化安全管理机构和加快监察网络平台建设等十大针对性建议，意义重大。

三是进一步完善了中国矿山安全立法工作。项目从安全健康标准、顶板管理、井下通风、电气、应急救援、事故上报和调查、安全健康培训等 14 个方面，共 70 余条建议，促进了中国矿山安全法规的完善。

2）创新煤矿安全管理理念和手段

煤矿属于高危行业，工艺条件复杂，长期以来，人们普遍认为煤矿发生事故是不可避免的，煤矿管理再到位也难以阻止事故发生，中美项目的实施，促进了中国煤矿安全管理理念和管理制度的创新，提升了中国煤矿安全管理整体水平。

一是“零死亡”理念。美国专家在项目期间各类活动反复强调美国“零死亡”理念，项目试点企业阳煤集团在该理念指导下率先提出“六个零”目标，即责任零空档、管理零缺陷、流程零漏洞、现场零隐患、作业零违章、安全零事故，安全管理水平有了质的提升。对推进中国煤矿安全建设起到了巨大的促进作用。

二是经济杠杆运用。试点矿阳煤集团学习借鉴美国经验，率先实行个人安全技能账户考核，将矿工安全业绩与工资收入挂钩成为全系统首创，也促进了 2006 年中国财政部、国家安全生产监督管理总局、中央银行联合发布的《企业安全生产风险抵押金管理暂行办法》的出台。

三是实施全员管理。阳煤集团形成了党员网、青监网、群监网、安监网、家属联保网、管理干部网“六网”互动隐患排查和“三违”帮教工作机制，真正实现全员管理。执行工长每日写实制度，对当日发现和解决安全隐患、纠正违章等情况进行记录。

3）培训了一批优秀师资队伍

中美矿山安全合作项目 5 年中，共培训 111 名骨干师资队伍，其中国家一、二级煤矿安全培训机构师资 48 人，国家级区域救护基地师资 27 人，监察员师资 36 人。这些师资经过美国著名的培训专家培训，学习并吸收了美国先进的培训理念和方法，对提高其培训能力和水平起到了重要作用，并对其今后的培训活动产生重要影响。

4）编制了一套实用的培训教材

中美矿山安全合作项目组织中美优秀专家针对煤矿监察员、企业管理人员、矿工、救护队、救护队师资、监察员师资，以及培训机构师资编制了七套教材。教材通俗易懂，注重实际技能培训，注重培训的个性化，采用模块式设计，每个模块自成体系，可以灵活组合和取舍，可以随时调整序次和课时。

合作项目在试点矿区（阳煤集团）取得了值得推广的具有示范意义的成果，为中国煤矿安全生产状况的改善作出了积极贡献。可以预计，随着合作成果的广泛推广，项目将在中国煤矿安全领域产生更加深远的积极影响。由第三方独立评估机构专家对中美项目进行了终期评估，评估专家对中美项目所取得的成果给予高度评价。

（八）与美国劳工部开展矿山安全与健康及工作场所安全与健康的合作

2004 年 6 月，美国劳工部部长赵小兰访华期间，国家安全生产监督管理局、国家煤矿安全监察局与美国劳工部签署《关于矿山安全与健康合作的补充谅解书》和《关于工作场所安全与健康合作的补充谅解书》，双方一致同意通过高级官员和专家互访、合作项目、座谈、交流会，以及信息交流等形式进一步加强这两个领域的技术合作。

第一个谅解书合作内容包括：矿山安全与健康法律法规的执行；普遍适用于矿山事故和偶发事件的应急程序；个人保险计划对于促进矿山安全与健康的作用；矿山安全与健康领域公众法律法规意识的提高；矿山安全与健康数据的有效收集与分析等。

第二个谅解书合作内容包括：工作场所安全与健康法律法规的执行；普遍适用于工作场所事故和偶发事件的应急程序；个人保险计划对于促进工作场所安全与健康的作用；工作场所安全与健康领域公众法律法规意识的提高；工作场所安全与健康数据的有效收集与分析；危险化学品生产、运输和销售的监管与监察等。

由于 2004 年底美国总统大选后，劳工部分别主管矿山安全与健康事务和职业安全与健康事务的助理部长人选调整等原因，上述两个补充谅解书尚未得到全面的实施。鉴此，2005 年 6 月中美双方对上述谅解书进行了延签，有效期延至 2007 年 6 月 21 日。其间，中美双方进行了一系列的交流和合作。其中，第五届国际矿山救援技术竞赛，美国劳工部特派矿山救援方面的专家来华指导工作；职业安全与健康局派代表团访问中国化学品生产企业及地方安全监管机构，就化学品安全进行交流；劳工部还多次派高层官员和专家参加中国国际安全生产论坛和国际瓦斯大会等活动，在会上作主旨发言，介绍美方在安全生产相关领域的经验与做法。2007 年 6 月中美双方第二次延签了两个谅解书，有效期至 2011 年 6 月 21 日。

（九）中美煤矿安全合作项目

1. 项目概况

2010 年，国家安全生产监督管理总局与美国劳工部签署了《作业场所安全与健康谅解备忘录延期协议》。在该协议框架下，双方于 2010 年底正式合作开展“中美矿山（煤矿）安全合作项目”。美国劳工部援助 150 万美元，为期 18 个月。

项目在煤矿通风、防尘、应急救援和紧急避险四个领域开展技术交流和研讨活动，旨在分享两国最佳经验与实践，提升两国煤矿监察执法能力，提高煤矿安全管理水平。开滦集团、铜川矿业公司和汾西矿业集团被选为项目试点企业。国家安全生产监督管理总局国际交流合作中心是项目执行单位。

该项目重点结合中国煤矿安全避险“六大系统”建设、全国矿山应急救援体系建设和煤矿通风与瓦斯治理示范矿建设等重点工作，在美国劳工部及国家煤矿安全监察局和应急救援指挥中心的大力支持下组织开展了一系列卓有成效的交流活动。

2. 主要活动

1）组织 5 次共 41 人次赴美国开展技术交流与考察活动

先后组织五批人员赴美国进行深入考察。

2011 年 3 月 12—21 日，组织国家煤矿安全监察局科技装备司司长朱凤山等九人赴美国考察煤矿安全紧急避险体系建设。

2011 年 8 月 12—21 日，国家煤矿安全监察局科技装备司副司长郑行周一行八人对美国井工煤矿通风安全技术进行了系统考察。

2011 年 11 月 19—28 日，国家安全生产应急救援指挥中心技术装备部副主任郭治武率八人考察团对美国进行了为期十天的矿山救援考察调研。

2012 年 3 月 24 日至 4 月 2 日，国家煤矿安全监察局事故调查司监察专员赵苏启率七人代表团对美国煤矿粉尘防治技术进行了考察。

2012 年 8 月 13—22 日，甘肃煤矿安全监察局张家鱼率八人代表团赴美国进行煤矿安全监察执法技术交流。

2）组织 4 次共 36 人次专家赴试点企业考察指导

中美双方组织资深专家赴项目试点企业开展现场交流、考察和调研，就试点企业安全技术问题提出解决方案和思路，同时，就一些共同问题向国家煤矿安全监察局提出针对性政策建议。

2011 年 7 月 18—23 日，组织美国矿山安全健康局技术支持司司长杰弗里·克拉维斯，美国矿山安全健康局工程师马克·舒尔茨，中方专家周心权教授和蒋仲安教授，先后参观调研了开滦救护大队、开滦集团唐山矿、汾西矿业集团曙光煤业公司和矿山救护大队、铜川矿业集团陈家山矿，试点矿通风和瓦斯治理、应急救援、粉尘防治和紧急避险设施建设等方面提出 50 余条建议。

2011 年 10 月 24—27 日，美国劳工部副部长兼矿山安全健康局局长梅恩到同煤集团考察参观，详细了解了塔山煤矿公司生产设备、生产工艺、井下工作面布置、通风情况、瓦斯监测监控系统和调度系统，同时组织中方专家对试点煤矿进行指导。

2012 年 4 月 26 日，组织中国矿业大学（北京）周心权教授，北京科技大学蒋仲安教授赴陈家山矿开展现场咨询，讨论该矿生产过程中通风、防尘方面存在的疑难问题，并就瓦斯抽采高抽巷问题、“剃头”开采问题、采空区顶板突然跨落引起落山及回风流 CH_4 瞬间超限等问题提出解决思路和办法，受到陈家山矿的高度重视。

2012 年 6 月 18—21 日，组织美国矿山安全健康局技术支持司司长杰弗里·克拉维斯，美国矿山安全健康局工程师马克·舒尔茨，中方专家中国矿业大学博士生导师周心权教授赴试点企业开展了现场交流咨询活动。中美专家共提出了几十条建议。

3）组织举办四场技术研讨会，分享经验、推广成果

组织紧急避险、瓦斯治理、粉尘防治等四场技术研讨会，重点结合项目赴美考察、调研及研究等活动，讨论学习借鉴美国经验做法，集思广益，总结经验，提出建议，推进工作。

2011 年 7 月 13 日，国家安全生产监督管理总局国际合作司在北京组织召开了美国紧急避险考察成果研讨会，国家煤矿安全监察局科技装备司和国际交流合作中心等单位负责人，山西、河南和重庆煤矿安监局有关负责人，开滦集团、汾西矿业集团等项目试点企业代表，神华、中煤等煤矿井下避险设施推广应用试点企业和美国斯特塔公司等井下救生舱设备生产企业的代表等 30 余人参加了会议。与会代表结合美国经验，就救生舱在中国推广、应用及遇到的问题展开了充分讨论，提出了很多有价值的建议，为国家安全生产监督管理总局进一步推进煤矿紧急避险体系建设工作起到了促进作用。

2012 年 4 月 26 日，在陕西铜川组织召开“建立煤矿瓦斯‘零超限’目标管

理制度暨美国通风考察成果交流现场会”。中美矿山（煤矿）安全合作项目试点企业代表，赴美国煤矿通风考察团成员，河北、山西、陕西煤矿安监局、部分煤矿企业代表和有关专家40余名代表出席会议。会上，交流了美国经验，各单位代表就瓦斯“零超限”目标管理制度和美国经验谈了自己的看法。会议一致认为应当借鉴美国经验，加强煤层瓦斯区域抽采，采用大风量通风做法，贯彻瓦斯“零目标”管理制度，会议进一步提高了人们对瓦斯防治技术的认识水平。

2012 年 5 月 30 日，在北京召开“煤矿粉尘防治新技术研讨会暨美国防尘考察成果交流现场会”。中美矿山（煤矿）安全合作项目试点企业、相关科研单位、煤机协会、赴美国煤矿粉尘考察团成员、国家煤矿安全监察局事故调查司、部分省级煤矿安监局和煤矿机械设备制造厂家等 30 余名代表出席了会议。代表们还就美国经验和做法进行了热烈的讨论。通过会议，大家一致认为美国经验说明煤矿粉尘是可防可治的，更加树立了粉尘防治信心；同时，充分认可美国源头防尘的理念，认识到采掘设备防尘设计对源头除尘工作的重要性。

2012 年 6 月 22 日上午，在北京组织召开美国专家现场咨询交流总结会，美国劳工部矿山局专家、国家安全生产监督管理总局职业安全健康司、应急救援指挥中心科技装备部和国家煤矿安全监察局事故调查司相关负责人等 20 人出席了本次会议。美国专家就现场调研发现的问题与有关司局和试点企业进行交流，并结合美国经验提出改进意见。

3. 主要成果

1）促进了中国煤矿安全“六大体系”建设

通过学习借鉴美国的一些成功经验，项目提出了一些重要观点和建议，对澄清疑虑、加快推进煤矿紧急避险体系建设起到了重要作用。

一是提出先逃生、后避险的建设思路。通过学习借鉴美国经验，中美项目专家、官员共同提出先逃生、后避险的观点，建议煤矿开辟专门逃生路线，布设指向逃生出口的生命绳，并沿逃生路线每隔一定距离设置自救器存放站。这个观点已成为国家安全生产监督管理总局建设矿井紧急避险体系的指导，进一步明确了矿井逃生系统建设的重要性。

二是提出优先建立避难硐室的建设思路。为澄清疑虑，中美项目通过专题考察、研究和讨论，提出中国煤矿应优先建立避难硐室和不鼓励井下使用可移动式软体舱的观点。中美双方专家认为可移动矿用救生舱在应对爆炸压力波和高温条件方面不如避难硐室；由于中国井下矿工人数多，全面建立救生舱，成本太高，将可能挤压其他更重要的安全投入；从美国应用经验看，矿用救生舱维护保养困难，其安全可靠性尚未得到有效验证。

三是促进了中国应急救援法制建设。针对一些煤矿因地制宜地安装矿用可移动式救生舱，国家安全生产监督管理总局急需出台有关矿用可移动式救生舱的技术标准。在中美项目实施期间，我们对美国相关标准进行了全面深入地研究，为起草《煤矿可移动式硬体救生舱通用技术条件（报批稿）》起到了重要的借鉴作用，也为加快中国矿井救生舱标准的出台起到积极的促进作用。

四是促进了中国煤矿瓦斯治理能力建设。超前区域性预抽成为美国杜绝瓦斯事故的制胜法宝，美国的做法也越来越受到中国煤矿企业的重视和实施。中美项目实施促进了中国瓦斯"零超限"目标管理制度的建立，强制要求企业建立瓦斯"零超限"目标管理制度。中美项目试点矿陈家山矿综合应用区域预抽、掘前预抽、边掘边抽、采前预抽、采后卸压抽放、落山埋管抽放等方法区域预抽措施，2011 年矿井实现了瓦斯"零超限"。

五是促进了中国矿井通风建设。受传统理念影响，中国煤矿通风量往往"可丁可卯"，重视抽采而忽视通风的倾向更加严重。美国矿方普遍采用大巷道、多巷道通风办法大幅降低风阻，工作面供风量一般为法定标准的 4 ~6 倍。借鉴美国经验，中国政府、专家及煤矿企业方面高度重视，正逐步纠正传统认识，促进中国煤矿企业接受并采纳美国"大风量、低风阻"的做法。一些矿井已经开始采用双巷掘进和通风，或采取扩巷降阻措施，有效增加了风量供给，取得很好的效果。

六是加强矿工逃生和紧急避险培训。针对一些煤矿重建设、轻演练的倾向，中美项目专家及时提出加强矿工培训的建议。通过培训，要让矿工熟练掌握自救器使用方法、熟悉避险设施存放位置，以及逃生路线，只有这样才能真正使逃生系统和紧急避险体系发挥逃生救人的作用。

2）有力地推进了中国矿山救援工作

中美矿山安全合作项目实施期间，正是中国矿山救援体系建设和发展的重要时期。两期中美合作项目都把矿山救援作为重要合作内容，有力地推动了中国煤矿安全应急救援体系建设。

一是引进美国"科学决策、安全救援"理念。美国"安全救援"理念通过中美合作项目引入中国，在中国矿山救护界引起了极大的反响，引发了一场救护理念变革的大讨论。当时，在科学发展观指导下，中国矿山救援人员已经初步树立了"科学决策、安全救援"的理念，在救援工作中充分依靠专家决策，在确保救援人员自身安全的前提下快速高效地实施矿山救护作业。

二是提升了中国矿山救援技术装备水平。通过项目考察和交流活动，美国同行介绍和展示一系列高科技先进救援设备和装备及其应用案例，在美国经验启发下，中国已把科技装备作为矿山救援体系建设不可或缺的一环，积极开展矿山救援技术攻关。在中国矿山基地建设过程中，通过招标等程序购置大量国内外技术先进的救援设备和装备。

三是促进了中国矿山救援队伍能力建设。美国每年都举行全国性矿山救护竞赛，锻炼救援队伍技能，提升协调配合和应急管理机制，美国的经验做法有力促进中国矿山救援技术竞赛制度的发展和完善。在中美项目实施期间，中国充分借鉴美国先进理念和方法，优化了矿山救援竞赛的项目设置和竞赛规则，完善了全国矿山救援竞赛制度。受美国定期举办竞赛的启发，中国自 2006 年起开始每两年定期组织举办一次全国矿山救援技术竞赛。

3）促进了中国煤矿粉尘防治能力建设

长期以来，中国煤矿工作重点是预防重大煤矿灾害和事故，粉尘防治工作相对滞后，导致煤矿粉尘规章、标准不够完善，技术和管理相对落后，煤矿企业对粉尘防治不够重视或信心不足，煤矿粉尘监管体系急需完善。通过中美合作项目实施，理念和监管都得以提升。

一是促进了粉尘防治管理理念的转变。通过学习美国经验，树立了源头除尘和粉尘可控的理念。美国煤矿通过提高工作面除尘能力，有效地将粉尘控制在产尘源头，重视强化企业粉尘防治主体责任，加大处罚力度，变企业主被动安全为主动安全。美国煤矿粉尘防治的成功经验得到监管部门和专家们的广泛认可。

二是提高粉尘防治技术水平和个人防护水平。美国采煤机内喷雾和水幕等技术是实现工作面控尘的关键，个人防护设备是保护工人健康的最后一道屏障。建议有效整合科研力量，促进煤矿企业、科研院所及采掘设备厂商间的合作，全面提升中国采掘设备除尘功能的设计技术水平，提高除尘效果，同时提升呼吸器的标准，保护工人的健康。

三是提高煤矿粉尘监测和检测水平。通过学习借鉴美国粉尘检测技术，提出了引进美国连续式个人粉尘检测器（CPDM）加强煤矿对粉尘的实时监测和建立国家煤矿粉尘检测中心的建议。美国将工人连续工作 24 小时可吸入粉尘的平均值作为粉尘检测标准，而中国长期以来将粉尘时空分布最高浓度作为检测标准，这是中国煤矿普遍难以达标的重要原因之一。

（十）把安全与健康合作纳入中美战略与经济对话框架

中美战略与经济对话框架下的经济对话，由胡锦涛主席的特别代表国务院副总理王岐山和奥巴马总统的特别代表美财长盖特纳共同主持，原则上每年举行一次，分别在两国首都轮流举行，着重讨论两国共同关心的战略性、全局性、长期性经济问题，不取代、不重复、不削弱两国现有的其他经济领域的对话与合作机制，并与其他机制形成合力，推动中美经济关系和整体双边关系健康稳定向前发展。双方的财政部负责协调经济对话的具体事务。在美国劳工部和国家安全生产监督管理总局的共同努力下，安全生产与职业健康作为议题之一纳入了第三轮“中美战略与经济对话”框架下的经济对话。根据对话安排，双方重点加强在矿山安全与健康，尤其是煤矿安全与健康方面的合作，并进一步开展安全与健康技术、化学工艺安全等方面的交流与合作。2012—2014 年，安全生产与职业健康被连续纳入第四轮、第五轮和第六轮“中美战略与经济对话”框架。为落实第三轮对话成果，国家安全生产监督管理总局与美国劳工部签署了《关于在安全生产与职业健康领域开展合作的谅解备忘录》，共同实施了中美矿山（煤矿）安全合作项目，开展井下紧急避险设施交流与研讨，促进中国煤矿紧急避险系统建设；开展煤矿通风系统建设交流与研讨，促进中国煤矿“一通三防”建设；开展矿山应急救援技术交流与研讨，促进中国矿山应急救援基地建设。为落实第四轮、第五轮、第六轮对话成果，中美双方建立安全与职业健康对话机制，每年举行一次高级别对话会议；开展化学品安全方面的交流合作。美国劳工部国际合作事务局副司长李朝和国家安全生产监督管理总局国际合作司司长柏然是中美合作协调人，为推动中美合作发挥了重要作用。

二、与澳大利亚的交流与合作

（一）中澳煤炭峰会

2005 年中国煤炭工业协会与澳大利亚联邦工业、旅游和资源部共同发起并举办“中澳煤炭峰会”，旨在讨论两国煤炭产业政策，展望煤炭投资前景，推动企业合作，促进采矿技术交流与贸易合作。第一次分会于 2005 年 6 月在澳大利亚布里斯理举行，中国煤炭工业协会副会长濮洪九率 20 人代表团出席会议，并在会上作主旨演讲，来自中国 15 家大型国有煤炭企业董事长、总经理与澳方同行深入交流研讨。中国驻澳大利亚大使傅莹出席会议并致辞，支持中澳两国扩大煤炭能源领域交流与合作。澳大利亚联邦工业、旅游和资源部部长及澳贸委主席、澳主要产煤州政府高级官员、联邦议员和澳大利亚 BHP 等采矿企业领导人出席会议。第二次分会于 2005 年 10 月在北京举行，继续有关议题的研讨交流，并就相关合作项目进行深入讨论和对接。会后，澳方代表赴煤矿企业考察交流。中澳煤炭峰会推动两国煤炭领域的全面交流与深入合作，备受两国政府和企业的充分肯定。《人民日报》连续刊登文章介绍中澳煤炭峰会的成功和经验。

（二）中澳能源工作组会议

中澳能源工作组是中澳政府间能源合作平台，中方由煤炭、电力部门组成，煤炭工业部为组长单位，副部长韩英任中方组长。澳方由矿产能源部牵头并任澳方组长。工作组每年举行一次会议，轮流在中国和澳大利亚召开。会议交流两国能源及煤炭产业政策、发展前景，扩大人员、技术和信息交流，推动产业技术和贸易合作。部长王森浩和副部长张宝明分别于1993年和1996年率团赴澳出席工作组会议。1998年之后，中澳能源工作组移交国家能源局管理。

（三）中澳煤矿安全合作备忘录

2006年4月，温家宝总理出访澳大利亚期间，国家安全生产监督管理总局与澳大利亚工业、旅游和资源部签署了关于在煤矿安全方面开展合作的谅解备忘录，由时任中国驻澳大利亚大使傅莹代表国家安全生产监督管理总局与澳方签字。2007年9月，胡锦涛主席访问澳大利亚，两国政府发表联合声明，确定中澳煤矿安全合作项目。

（四）中澳煤炭联合工作组

为落实温家宝总理访问成果，根据《备忘录》精神，中澳双方（中国国家安全生产监督管理总局和澳大利亚工业、旅游和资源部）成立了中澳煤矿安全合作指导委员会和联合工作组。指导委员会主要职责：指导中澳煤矿安全方面的交流合作，协调合作项目。联合工作组由中澳双方人员共同组成，组长由国家安全生产监督管理总局国际合作司柏然和澳大利亚工业旅游资源部煤炭司司长哈特威尔担任，成员有澳驻华使馆公使，澳工业、旅游和资源部官员，澳大利亚矿业工程学院教授等；国家安全生产监督管理总局办公厅、科技规划司、国家煤矿安全监察局行业管理司、中国煤炭工业协会、国家安全生产监督管理总局国际交流合作中心、河北冀中能源集团主要负责人。中澳煤炭联合工作组分别于2006年9月和2007年4月在北京和堪培拉举行会议，探讨在中国合作建立一个管理完善、技术先进、安全有保障的示范煤矿。联合工作组一致认为：示范煤矿应紧紧围绕矿井风险防控、隐患排查、瓦斯治理、基础管理等各项工作，通过中澳双方共同合作，以提高人的素质为基础，以加强安全基础管理为根本，以建立风险防控与隐患排查治理制度为核心，以提高瓦斯治理水平等关键技术支撑为重点，构筑事故防御体系，实现持续安全生产。中澳双方政府和示范矿企业提供必要的资金。双方就选择示范煤矿标准达成一致意见。

（五）中澳煤矿安全合作示范项目

2008年11月21日，国家安全生产监督管理总局与澳大利亚联邦工业、旅游和资源部签署《关于中澳煤矿安全合作示范项目的联合声明》，合作项目正式启动。该项目选在河北冀中能源张家口矿业集团宣东煤矿，澳方为示范项目提供500万澳元援助，中方通过财政部投入2000万元，示范企业投入6000万元，为示范矿建设提供资金保障。该项目宗旨是通过中澳双方共同合作，将澳大利亚先进的煤矿安全管理和技术经验引入到项目合作煤矿，使其成为中国类似的示范煤矿，并将其成功经验向亚太地区推广。项目经过4年实施，取得明显成效。主要有5个特点：

（1）创新安全管理模式。把澳大利亚风险管理、全员参与的理念与宣东煤矿推行的“煤矿三级事故隐患排查治理体系”相结合，创建了《宣东矿安全健康管控体系》，该体系以人为本、全员参与，将风险管控、隐患排查融入企业生产作业全过程，构建了事事、时时、处处有人管的安全管理新格局，有效解决了“严格不起来，落实不下去”的顽症。

（2）创新现场应急救援体系。对井下班组长、生产技术骨干、安全管理等人员进行了应急救援专业训练，在采掘区域建立多功能应急救援硐室，并在井下敷设逃生绳，提高了现场应急救援能力。

（3）创新培训方式。从2009年5月开始，对合作项目有关参与人员进行了18批次的培训。其中，到澳方接受培训6批，总计83人，主要学习澳大利亚煤矿安全法规、职业健康体系、技术标准与装备，以及安全管理方法和经验。澳方专家来宣东矿培训12批，培训人员404人次，主要培训安全管理体系，领导层在安全管理体系中的作用、风险评估实用方法、事故树、PDCA循环法等。研发了模拟培训系统软件，利用虚拟现实技术提高培训效果；开展全员风险意识培训，对每个员工从坐班车（或自行驾车）到换工作服，到井口乘罐笼下井，乃至出井、洗澡、回家，进行全过程风险评估和防范措施培训；先由澳大利亚专家对35名“懂理论会实践”的专业技术管理人员进行专门培训，再由他们担任教师传授培训，采取互动式方式开展培训。

（4）矿井瓦斯实现了综合抽采与利用。采用地面钻孔、井下钻孔及巷道抽采等7种方法，形成了井上、井下立体综合瓦斯抽采模式，矿井瓦斯抽采率达到50%以上，回采工作面抽采率达到70%以上，在井口附近建立了瓦斯电厂，安装机组40台，装机容量为2万千瓦。

（5）超深孔爆破卸压致裂顺层钻孔区域抽采消突技术效果良好。宣东矿与河北工程大学合作开展“超深孔爆破卸压致裂顺层钻孔区域抽采消突技术”项目研究，该项目突破了深孔爆破中钻孔、护孔、装药、起爆等技术难题，研发了超深孔爆破卸压致裂顺层钻孔区域抽采消突技术，爆破深度可达到60米以上，为无保护层可开采的低透气性松软煤层区域防突治理开辟了新途径。

总之，中澳煤矿安全合作示范项目经过近四年以来双方的共同努力，基本达到了预期目标，但今后仍需进一步加强现场管理和技术管理，持续不断地开展风险管控及隐患排查治理等工作，实现矿井持续安全生产。

三、与德国的交流与合作

（一）中德煤炭工作组会议

1979年，中德两国政府签署合作协定，成立部长级中德经济合作混合委员会。1982年在混合委员会之下，设立煤炭工作组，组长由煤炭工业部副部长或总工程师担任，具体工作由外事局承担。中德煤炭工作组会议每年召开一次，轮流在中国和德国召开。每次会议由政府部门（中国煤炭工业部和德国经济部）主导，企业和科研机构人员参加。自1982年以来，工作组会议已召开了20多次。通过煤炭工作组协调和推动，中德两国在采矿技术、合作研究、矿井建设、煤电建设、煤机制造、煤田地质勘探、矿山环保、煤炭液化、煤炭洗选加工利用、煤矿安全、煤矿管理与培训、煤层气勘探与开发利用等方面开展了广泛的交流与合作。中方历任煤炭工作组组长有陈明和、张宝明、付建华（率团参加于2002年4月9—11日在德国柏林召开的第11次中德煤炭工作组会议）、宋元明、王金华（2016年起担任中方组长）。

（二）中德合作设计煤矿、援建培训中心

1985年，中国政府与世界银行签订了7950万美元的贷款协议，建设山西潞安的常村煤矿。德国政府援助440万马克，选择德国鲁尔煤炭公司的蒙坦咨询公司与太原煤矿设计院合作开展常村煤矿的详细工程设计。同期，德国政府援助560万马克，建设潞安技术培训中心，并于1992年建成，开始试培训。

（三）中德煤田灭火技术交流与合作

中德新疆煤田灭火合作是政府间援助性技术合作，德国政府提供600万马克援助，项目分两期由国家煤矿安全监察局和德国国际合作局（GTZ）组织实施，新疆煤炭厅、新疆煤田灭火工程处及煤科院、航测遥感中心等机构和单位与德国鲁尔煤炭公司、蒙坦咨询公司等密切合作。

1. 中德新疆煤田灭火一期项目

中德两国政府于2000年6月30日在总理朱镕基访问德国期间签署合作文件（在总理朱镕基和总理施罗德见证之下，局长张宝明与德国部长和鲁尔集团董事长施大哲共同签署合作文件），完成了政府换文，援助项目正式启动。项目合作期限4年，德国政府提供500万马克的无偿援助，鲁尔集团提供100万马克前期费用和项目技术支持。项目目标是提高新疆煤田火区勘探和监测的技术及管理水平。

中方先后派遣4批工程技术人员（共计13人/月）到德国考察和培训，

德方先后9次派专家（共计26人/月）到新疆指导培训和技术交流。德方还提供用于火区勘探和监测的设备和仪器，设备金额为76万欧元。通过多次的现场和室内培训，中方工程技术人员能够较熟练地掌握德方所提供设备和仪器的野外操作、维护保养，能够正确采集数据，完成数据传输和相关数据处理工作。

一期项目主要取得以下成果：

（1）合作完成了新疆南疆拜城铁列克火区和托克逊克尔碱火区的详细勘察工作。2001年，中方在完成硫磺沟火区治理以后正在规划南疆拜城铁列克火区和托克逊克尔碱火区的详查工作。合作项目提供资金完成了拜城铁列克火区的航测，为火区详查提供了地形图；利用项目培训的机会，中德专家用先进的设备和仪器分别对这两个火区开展了测量、物探、地质和测温等工作，共同完成了拜城铁列克火区和托克逊克尔碱火区详查工作，为上述火区下一步的灭火工作打好了基础。

（2）提高了火区勘查的精度和效率，新技术得到了推广应用。该项目提供的先进物探、测量和测温设备仪器从技术上丰富了火区探测的手段，提高了火区探测的精度和效率。利用这套设备和技术，中德双方的技术人员不仅初步对硫磺沟火区和南疆拜城铁列克火区和托克逊克尔碱火区进行了勘探，而且，中方技术人员已经将这套技术和仪器成功地应用到了新疆其他几个小火区勘察治理中，工作的精度和效率得到了有效地提高。

（3）初步完成了煤田火区地理信息系统（GIS）的建立和应用。在项目提供的GIS软硬件的基础上，中方根据煤田火区管理的需要，开发出了一套相应的应用模块，满足了煤田火区地理信息系统的需要。将硫磺沟火区的普查、详查、设计、施工、监测等阶段的技术资料进行整理并导入该系统，以便查找问题，进一步完善系统。

2. 中德新疆煤田灭火二期项目

2004年6月，中德两国政府完成了政府换文。2004年8月11日，中德双方就项目实施内容签署了会谈纪要，援助项目正式启动，合作期限4年。二期项目由国家煤矿安全监察局通过国家发展改革委向商务部申请获得德国政府600万欧元的无偿援助（煤电打包项目）。该项目包括5个子项目，其中一个是完善并推广煤田灭火技术，援助金额100万欧元，由国家安全生产监督管理局国际合作司和煤矿监察一司直接负责项目综合协调和管理工作。

项目目标是完善和推广高效和精确的煤田火区勘探和灭火技术，加快灭火进度，减少煤炭、土地资源损失和大气污染，更好地保护煤炭资源和全球生态环境。

二期项目取得以下成果：

（1）提高复杂地形条件下的火区勘探精度和勘察综合解释能力。

（2）健全新疆煤田火区监测系统。

（3）向其他煤田自燃火区介绍并推广煤田灭火技术和经验，培训相关管理和技术人员。

（四）中德煤炭液化合作

中德合作开展云南煤液化可行性研究项目于 1997 年 3 月 15 日签署合作协议。根据协议，中国煤炭科学研究院与德国 DMT 和 RUR 共同进行中国云南先锋煤直接液化示范厂可行性研究，德国北威州出资 600 万马克，国家计划委员会拨款 650 万元，将先锋煤 200 万吨/年扩大到 400 万吨/年能力并进行中试放大试验，并在德国一套 0.2 吨/天煤液化中试装置中做放大试验。

1. 云南先锋煤在德国 DMT 和 PDU 试验

1997 年 4 月至 6 月，中方按德方的要求采集了 45 吨先锋煤样和 2 吨催化剂样运至德国。云南先锋褐煤在德国 DMT 的 PDU 试验分两个阶段进行。1997 年 9—12 月为第一阶段，是工艺条件试验，共做了 9 个条件。1998 年 1—3 月为第二阶段，进行最佳工艺条件的长期稳定运转和中国固定床加氢催化剂的条件试验。两个阶段中方都派专家去德国 DMT 观察试验。试验获得了满意的结果，油收率达到 53%，通过试验确定了液化厂的工艺条件，获得了液化厂的设计参数，试验还证明了中国固定床加氢催化剂适用于德国 IGOR 工艺。

2. 云南当地的现场调查

调查煤矿资源，对煤样做了可选性浮沉试验。考察了建厂条件，经过 3 个候选厂址的调查比较，确定位于先锋煤矿以东 20 千米的寻甸县金所工业区为建厂厂址，并对金所厂址进行了工程地质勘探。调查了建厂的外部条件，如气象、地震、产品油库、水源、电源、交通、大件运输的可能性等。

3. 液化厂设计规模

云南先锋煤液化厂规模为年处理（液化）煤 257 万吨，气化用煤 253 万吨，合计年用煤 510 万吨。年产汽油 35.24 万吨，柴油 53.04 万吨，液化石油气 6.75 万吨，氨 3.9 万吨，硫黄 2.53 万吨，苯 0.88 万吨。

4. 液化厂平面布置和分单元概念设计

德方给出了液化厂的平面布置图。液化厂占地 80 公顷，共分成 47 个单元，德方负责 7 个主要单元的概念设计，其余 40 个单元的概念设计由德方提出要求，中方负责完成设计文件。考虑到云南的运输条件，双方决定采用 3 个反应器串联的方案。关于制氢方案，根据先锋褐煤的煤质特点，采用德国莱茵褐煤公司的高温克勒（HTW）气化炉。液化所需氢气全部产自 HTW 气化炉，液化产生的甲烷、乙烷用作燃料气，这样全厂还有多余的燃料气产生，作为发电燃料和锅炉燃料。然后，由煤炭科学研究总院与化工部第二设计院合作完成了中方分担的单元概念设计及投资估算，由云南省煤炭厅负责完成了厂外工程的方案设计和投资估算，由德国 RUR 和 DMT 合作完成了德方分担的单元概念设计及投资估算。最后由德方对设计文件进行汇总和检查。1999 年 5 月 4 日，中方收到了德方汇总的云南煤液化厂可行性研究最终报告英文版。1999 年 8 月，由煤炭科学研究总院把此报告翻译成中文，同时对投资估算进行了核对和修改，并重新作了财务分析，在此基础上，单独编了《云南先锋煤液化厂可行性研究报告的补充说明及修改意见》。根据中方的计算，云南先锋煤液化示范厂的总投资为 103.9 亿元。全部投资内部收益率为 7.35%，项目具有一定的经济效益。

5. 云南煤液化示范厂专题研讨会

1999 年 9 月 21—22 日在北京召开了云南煤液化示范厂专题研讨会。德国北威州经济部组织了由德国银行界、企业界和州政府官员组成的 19 人代表团参加了会议。中国国家计划委员会基础产业司司长李洪勋、国家煤炭工业局规划司负责人、煤炭科学研究总院院长张玉卓、云南省计委、云南省煤炭厅、国华能源投资公司、国家开发银行、国际工程咨询公司、中国石化总公司、华泰工程公司等单位代表 50 多人参加了会议。会议一致认为煤炭液化对中国能源结构调整和可持续发展具有重要的战略意义，是针对中国富煤缺油的国情，以及燃煤引起的环境污染日趋严重而提出的洁净煤技术。但该项目属于技术密集和资金密集型示范项目，一次性投资大，且经济效益与石化行业相比还有一定的差距。希望继续对工艺设计及设备配置做进一步优化，以降低投资总额，提高经济效益。

6. 项目进展情况

1999 年下半年，世界石油价格大幅度上涨，国内汽油、柴油价格也相应上涨了 15% ~20%，按此油价计算，云南煤液化厂的全投资财务内部收益率已超过 10%。2000 年 2 月 19 日，云南省政府向国务院提出了请求将云南煤液化厂列为国家西部大开发“十五”重点建设项目的报告。云南希望德国工商企业界积极参与此项目。

（五）中德安全生产与职业健康交流合作

德国法定事故保险协会（DGUV）是负责德国工伤保险和事故预防的公共管理部门，在安全生产监管和职业病预防方面具有丰富的经验，值得学习借鉴。国家安全生产监督管理总局与该机构长期保持良好的合作关系。共同组织安全文化、落实安全主体责任、事故和职业病预防等专题研讨会。2005 年 8 月 24—25 日，国家安全生产监督管理总局与德国工伤保险联合会（简称 HVBG，后合并改名为德国法定事故保险协会）在北京西郊宾馆联合主办“中德道路交通事故预防研讨会”。研讨会围绕：

（1）德国道路安全委员会道路安全规划的政策、结构和纽带作用。

（2）德国道路安全委员会的节约驾驶计划——节约燃油、安全驾驶环境保护教育培训。

（3）欧盟道路交通安全情况演变及监管对策研究。

（4）中国道路交通安全情况及监管对策研究。

（5）道路交通保险在预防交通事故中的作用。

（6）行车记录仪应用推广研究等议题深入研讨交流。

国家安全生产监督管理总局副局长梁嘉琨和德国工伤保险联合会主席伯乐尔出席会议并分别致辞，交通部、公安部主管部门负责人，省级安全监管机构负责人，国家安全生产监督管理总局国际合作司、监管二司、国际交流合作中心主要负责人及相关单位代表和专家参加会议。会上，国家安全生产监督管理总局监管二司司长吴鑫作了题为“中国道路交通安全管理机制”的演讲；伯乐尔作了题为“德国道路与运输安全”的演讲；交通部公路科学研究所何勇作了题为“中国道路交通安全及公路安全保障工程”的演讲；德国道路安全委员会首席执行官凯诺尔作了题为“德国道路安全委员会道路安全规划的政策、架构和网络”的演讲；交通部公路交通安全工程研究中心侯德藻作了题为“中国公路交通安全政策体系框架研究”的演讲；公安部交通管理科学研究所包勇强作了题为“汽车行驶仪推广应用模式研究”的演讲；德国道路安全委员会培训班主任约翰·劳作了题为“DVR 节能驾驶计划”的演讲；交通部公路所崔海涛作了题为“汽车与高速公路护栏碰撞事故中乘员安全性的研究”的演讲。柏然、林一胜、苏洁、德国 DGUV 国际合作部主任秦马分别主持研讨会。研讨会由国家安全生产监督管理总局国际交流合作中心承办。德国法定事故保险协会长期支持国家安全监管总局举办中国国际安全生产论坛，每届论坛或国际会议上都有他们的主题报告或演讲，积极向国际社会宣传中国政府以人为本、安全发展的理念和实践。2014 年 8 月，国家安全生产监督管理总局副局长徐绍川访问德国法定事故保险协会，与协会主席约阿希姆·伯乐尔共同签署《合作谅解备忘录》，建立合作机制，加强在安全生产和职业健康领域的人员、信息和经验交流，开展对话活动。

四、与日本的交流与合作

（一）中日煤矿安全合作项目

1. 项目概况

1999年9月，日本经济产业省资源能源厅与原中国国家煤炭工业局开始商谈共同实施日本政府“煤矿安全技术海外转让培训项目计划”。该计划受到中国政府的高度重视，原中国国家经济贸易委员会将此项目列入中日（经贸委与日本通产省）合作框架协议中，并积极与日方沟通。

2002年4月8日，由中国国家煤矿安全监察局与日本新能源产业技术综合开发机构签署《煤矿安全技术培训项目谅解备忘录》，标志两国政府开始正式启动中日煤矿安全技术培训项目（简称中日煤矿项目）。

2002—2016年，中方项目管理单位为国家安全生产监督管理总局办公厅（国际合作司），中方执行单位为国家安全生产监督管理总局国际交流合作中心，2017年至今，中方项目管理和执行单位均为国家安全监管总局国际交流合作中心。2002—2011年，日方项目管理单位为日本新能源产业技术综合开发机构（NEDO），日方项目执行单位为日本煤炭能源中心（JCOAL）；2012年至今，日方项目管理和执行单位为日本石油天然气与金属矿物资源机构（JOGMEC）。

2. 主要活动

项目分为赴日本培训和在华培训两部分。赴日本培训分为五个班：安全监察班、安全管理班、通风瓦斯自然发火班、装备自动化班和钻孔技术班，培训理论与实践相结合，课堂培训占1/3，下井实习和现场参观占2/3，注重实际技能的培训。在华培训邀请日本专家赴中国煤矿开展培训，分为课堂培训和现场专题培训。

自2002年中日煤矿项目合作开展以来，覆盖全国23个产煤省，60多个煤矿企业，在中日双方的共同努力下，截至2018年10月15日，中国共向日本选派了1236名煤矿安全监察、管理与技术人员赴日本钏路煤矿培训；同时，中方邀请日方529人次的煤矿安全技术专家来华，在中国60多家煤矿安全监察机构和企业举办了100多期现场培训班，培训了23407人次，在中国煤炭行业产生了广泛影响。

3. 主要成果

中日煤矿项目对促进中国煤矿安全生产形势持续稳定好转起到了积极作用。

（1）促进中国煤矿安全形势好转。2017年，中国煤矿安全生产取得了显著成效，全年事故死亡375人，比2002年事故死亡人数6995人下降了18.6倍，少死亡 6620 人，这个成绩的取得，有中日煤矿安全技术培训项目的贡献。

（2）中日煤矿项目为中国培训了一批煤矿安全生产的骨干力量，他们在各自岗位发挥着重要作用。赴钏路的中国研修生经过培训后，煤矿安全管理水平和技能明显提升，回国后工作能力得到普遍认可，据初步统计，有近一半以上回国后职务得到提升，许多学员被提拔到中层和高层管理岗位，他们在部分煤矿企业形成了低、中、高多层次的管理格局，将许多从日本学习到的管理方法和技能积极有效地应用推广到实际工作中，对煤矿安全生产发挥着重要作用。17 年来，共计派出煤矿监察人员 480 人（其中，2011 年前 265 人，2013 年后 215 人），煤矿安全生产技术人员 756 人（其中，2011 年前 621 人，2013 年后 135 人）（2012 年由于钓鱼岛问题项目暂停执行一年）。

（3）中日煤矿项目促进了中国煤矿借鉴和应用日本煤矿安全生产的理念、管理方法和技术措施，明显增强了中国煤矿企业保障安全生产的能力。

①“安全第一、生产第二”等理念得到应用，增强了职工安全意识。日本的“零事故”“自主保安”等重要理念在许多煤矿得到应用。开滦集团、大同煤矿集团在全国率先提出“安全第一、生产第二”的理念。大同煤矿集团提出“人人都是安全员、人人都是通风员”的倡议，体现基层一线工作人员安全意识的全面增强。同时，兖矿集团、淮北矿业集团、鹤岗矿业集团、山西焦煤等煤矿企业也相继提出了“安全第一、生产第二”“安全第一、生命至上”“安全第一、生产第二、效益第三”“安全第一、预防为主”“安全发展，国泰民安”等相同或类似的安全理念，这是中国煤矿安全管理理念的重大突破，极大地促进了煤矿安全生产和健康发展。与此同时，日本的“零事故”“自主保安”等重要理念也同样得到应用。

②“手指口述”安全确认法有效地规范了煤矿职工行为，显著减少了事故隐患。兖矿集团，开滦集团、淮北矿业集团、肥城矿业集团、峰峰集团、大同煤矿集团、神华宁煤集团、陕西煤化工集团、珲春矿业集团、新汶矿业集团等几乎所有参与项目的煤炭企业都全面推广“手指口述”法，有效地规范了职工的安全行为，减少了事故隐患。山东兖矿集团东滩煤矿赴日本研修生房胜峰借鉴日本“手指口述”法并结合该矿实际情况，编制了以其名字命名的手指口述“胜峰管理法”，形成了包括井上井下所有工种、40 多万字的《东滩煤矿手指口述胜峰管理法手册》，并获得了省版权局颁发的著作权证。该方法于 2006 年中旬开始在全矿进行推广，规范所有职工行为，取得显著效果。2 年后，该矿隐患、“三违”（违章指挥、违章操作、违反劳动纪律）、轻伤事故，分别下降 59%、42% 和 60%。兖矿集团公司对手指口述“胜峰管埋法”给予充分肯定。2006 年 11 月，

全集团召开推广大会，全面推行手指口述“胜峰管理法”，事故隐患明显减少。

③ 5S 精细管理法等许多管理方法和技能，有效提高了煤矿的管理质量。陕西煤业化工集团黄陵矿学员回国后将日本的5S 管理法（即整理、整顿、清扫、清洁、素养）与中国质量标准化、安全基础管理相结合，命名为“五精管理”力求达到精、细、准、益、美，经过努力，该矿“五精管理”流程已经建立，实行 ABC 三卡（优秀、合格、不合格）动态管理，有效运转，大大提升了安全管理水平。

④ 瓦斯治理等有关技术得到有效应用，明显提高了煤矿企业的安全生产技术水平。安徽淮北矿业集团芦岭煤矿赴日本研修生许茂雄借鉴钏路煤矿瓦斯抽放的做法，在该煤矿采用高位钻孔、大孔径、长钻孔抽放瓦斯，显著提高了瓦斯抽排效果，采掘工作面瓦斯浓度下降了 0. 2%，解决了该矿采煤工作面瓦斯超限的问题。

2008 年，日本瓦斯治理专家赴神华宁煤集团乌兰矿开展现场培训，成功应用了日本的大口径超前钻孔防突掘进技术使煤巷掘进由原来的 20 米/月增加到 90 米/月，有效地降低了煤与瓦斯突出危险，提高了工作效率，为低透气软煤层的煤与瓦斯突出防治提供了有益的思路。

日式自动道岔系统，中央集中监测监控系统，通风网络解算软件，长距式注浆法、防灭火封堵技术、流送注浆技术、双重管打钻、脚趾保护盖、防扎矿靴，以及荧光反光标等技术和装置在开滦集团、兖矿集团等煤矿企业得到应用和改进，全面提高了煤矿安全技术和装备水平。

（二）铁法煤层气回收利用示范项目

该项目原为亚太经合组织援助项目，始于 1996 年，后转为日本对华绿色援助计划项目。1999 年 2 月 8 日由国家计划委员会、煤炭工业部和 NEDO 签署项目基本协议书。项目的目标是通过有效回收利用煤层气，减轻对环境的污染，同时提高煤矿生产的安全性。日方无偿提供价值（报关价）747735176 日元的设备。主要设备有：2 台井下钻机、3 台泥浆泵、3 套管路监测系统、瓦斯抽放设备、封闭设备、封闭材料的运输设备、监测设备、控制仪器、地面泵站中的部分检测设备、地面球型储气罐 1 座及脱湿设备 1 套、输配气压缩机 1 台、热调设备 1 台及自控设备、有关监测和检验设备。在铁法大兴矿井下打钻孔 33 个，工作面抽放效率创铁法最高水平。其回收技术的优点是设计合理、下套管、封闭效果好。该井下煤层气回收技术已经在铁法矿区其他矿井推广使用。煤层气地面利用部分，日方提供 1 个 1. 75 万立方米的球形储气罐、脱湿装置、热调装置和地面监测装置等设备。地面利用工程建成，向铁岭市 6 万户居民供气，供气量为 5 万立方米/天。

（三）中日煤矿安全技术合作研究

（1）中日防止煤与瓦斯突出技术合作研究项目于1992年底开始执行，于1997年3月底结束。日方执行单位为石炭技术研究所，中方由重庆分院具体执行，以重庆中梁山矿务局为试验地点。通过在现场使用日方提供的有关防止煤与瓦斯突出技术的软件和硬件，开发建立适合中国条件的防止煤与瓦斯突出技术的系统和措施。

（2）中日防止煤矿自然发火技术合作研究项目作为“防止煤与瓦斯突出”项目的延续，1997年8月20日由JCOAL与煤炭科学研究总院签署合作协议，合作期到2001年3月末。项目实施地点为抚顺矿务局老虎台煤矿。项目目的是通过在现场使用日方提供的有关防止自然发火技术的软件和硬件，开发建立适合中国条件的防止自然发火示范技术。完成了老虎台煤矿自然发火集中监测系统的安装调试，对该矿63006工作面和主要回风道有关参数实施监测；利用78001采面自然发火监测对监测系统的运行进行监测，并将系统软件汉化；建立井下移动式注浆系统；在抚顺分院安装了煤自燃升温气味检测试验装置。该项目使老虎台煤矿的煤自然发火状况得到了极大的改善。1999年该矿的安全状况达到近十年来最好水平。按计划，项目协调会于2000年7月在中国召开。

（四）中日“加强中国国家安全生产科学技术能力计划项目”

加强中国国家安全生产科学技术能力计划项目是由日本国际协力机构（JICA）、日本后生劳动省和中国国家安全生产监督管理总局共同推进的项目。项目协议由科技部、国家安全生产监督管理总局与日本国际协力机构签署。项目于2006年10月30日启动，为期四年。

1. 项目管理

国家安全生产监督管理总局国际合作司负责项目的总体协调；国家安全监管总局人事司负责配合提高培训能力的实施；政策法规司负责配合项目的法规、标准研究工作；危化司负责配合危险化学品法规、标准研究，以及宁波市示范地区的项目活动；监管二司负责配合本溪市示范地区的项目活动；规划科技司负责配合提高防护用品检测能力的实施。安全生产科学研究院负责项目的具体实施，辽宁本溪市安全监管局负责在冶金企业示范，宁波市安全监管局负责在危险化学品相关企业示范。日本厚生劳动省派出以恒川谦司为首席顾问的专家组（五人）长期在华工作，专家组与安全生产科学研究院的专家形成工作团队，联合办公。

2. 项目的总体目标

通过本项目的实施和成果推广，提高中国安全生产科技能力，进一步改善中国安全生产状况。

3. 项目主要成果

编写了《安全生产法律体系建设》《危险化学品安全管理条例修订》，完成危险化学品安全管理、机械安全、职业危害管理等重点课题研究，提升安科院研究能力和技术支撑保障能力；帮助安科院建设防尘防毒面罩监测实验室，在设备完善和人才培养方面给予支持；在示范地区宁波和本溪召开事故案例研讨会，组织企业联合检查、互查，开展"零事故"培训，组织"协作组"活动，提高了地方安全监管机构的安全监管能力，提升企业和员工的安全意识。2009 年 6 月 4 日，国家安全生产监督管理总局在宁波（新芝宾馆联谊楼）召开"安全生产中日合作项目现场交流会"，安全生产科学研究院介绍中日合作项目取得的主要研究成果，宁波市安全监管局和宁波市化工区管委会及宁波镇洋化工发展有限公司介绍中日合作项目在宁波试点情况，以及在企业开展"零事故"活动、组织"安全生产协作组"、开展安全培训的主要做法和取得的成果与经验。观摩试点区域宁波化工园区应急培训和试点企业宁波镇洋化工发展有限公司危险须知训练（KYT）班组活动。副局长孙华山出席会议并讲话，他强调：要认真总结、交流和推广中日合作项目取得的成果和经验，加快落实企业主体责任，探索安全生产源头治理的方式方法，建立安全生产长效机制。日本驻华使馆中村宇一出席会议并致辞，上海、江苏、安徽、江西、福建、山东、浙江等省（市）安全监管局分管化工安全的负责人、有化工园区的市级安全监管局负责人、化工园区安全负责人、总局机关司局负责人和有关专家 100 多人参加会议。宁波试点企业推进"零事故活动"的成效和经验："零事故活动"是日本于 1973 年借鉴当时美国安全评议会开展的"Zero in safety"活动，将其与质量控制活动（QC）、创造性问题解决方法（KJ 法）等方法相结合所形成的活动体系，并已成为对日本安全卫生工作具有深远影响力的活动。开展"零事故活动"以来，企业在班组自主管理、危险辨识等各个方面取得了显著成效：

（1）通过培养员工对危险的认识、培养动作前预知危险的行为习惯，并通过员工在日常岗位巡检，每一次作业过程中举行"手指口唱"，做到口到、眼到、心到，提高员工的专注力，提高操作的准确度，有效防止人为因素引发的事故，确保岗位作业的安全。

（2）能够强化员工的安全意识，提高安全技能，使作业行为进一步规范、统一，现场的作业安全有了明显的改观。通过填写"危险须知训练报告"，基本消除了检修、交出、维护作业中人身伤害事故。

（3）增加了作业人员的独立思考能力，激发了对现场不良状况的改革欲望和提出合理化建议的积极性，加强了作业人员的团结协作精神，使现场的协作风气明显好转。

（4）企业员工已由被动配合向主动参与转变，由要我安全向我要安全、我会安全、我能安全转变，促进了企业安全管理水平的提高。然而，“零事故活动”是一个长期的永恒的活动，危险须知训练和“手指口唱”只是推进“零事故活动”的手段，企业的安全生产、职业健康工作始于企业最高责任人（层）对零事故、零疾病的严肃的经营态度和企业经营者“以人为本”的决心。

日本专家很专业，认真负责，他们不仅参与安全健康法规、标准、技术和理论的研究，积极奉献智力和经验，他们还参加本溪、宁波企业安全健康现场调研，开展专门培训，指导“零事故活动”“协作组活动”“互检互查活动”，积极发挥专家作用，受到广泛赞扬。日本专家取违正人（来自日本中央灾害防止协会零事故推进部），被辽宁省授予外国专家2008年度友谊奖。日本专家组首席顾问恒川谦司（日本厚生劳动省劳动安全卫生部部长、总审议官）被国家外国专家局授予外国专家（2008年度）友谊奖，并在人民大会堂接受总理温家宝颁奖。日本专家组成员：首席顾问恒川谦司，劳动安全专家南保昌孝，劳动卫生专家户上善夫，行政监督专家本多信一郎，法律专家取违正人，行政事务协调江田佳代子。

（五）中日职业安全与健康合作项目

1. 项目组织与实施

该项目由日本厚生劳动省、卫生部和国家安全生产监督管理总局共同组织开展，由中国安全生产科学研究院与中国疾病预防控制中心职业卫生与中毒控制所分别负责“加强作业场所职业健康监管、技术支撑与企业管理能力建设项目”与“职业病危害预防与干预项目”的具体实施。项目于2011年3月启动至2016年3月结束，为期五年。

2. 项目主要内容

“加强作业场所职业健康监管、技术支撑与企业管理能力建设项目”（由中国安全生产科学研究院负责实施）内容包括：①中日双方开展职业健康监管法规标准领域亟待解决的共性和关键性技术课题的调查与研究，为完善中国职业健康有关法规、标准等提供技术支持；②中日双方开展作业场所职业健康监管指南与职业健康监管人员培训教材等的研究与开发，为提升中国职业健康监管能力与水平提供技术支持；③以中国安全生产科学研究院为基地，建立评价与指导企业实施作业场所通风除尘的技术方法和检测手段，并实施有关尘毒危害预防控制科学研究的技术交流、人员研修等活动；④以中国安全生产科学研究院为基地，建立评价与指导有害作业劳动防护服装研发的技术方法与实验设施；⑤探讨开发与完善企业特别是中小企业职业健康管理的有效途径与方法，提高示范地区企业职业安全健康管理的能力与水平，并为向其他地区推广与普及提供可借鉴的有效经验与做法。

3. 项目取得的主要成果

（1）促进了中国职业安全卫生法规标准体系建设。通过开展中日职业安全卫生法规标准体系比较研究，了解和掌握日本职业安全卫生法律法规和标准体系，为修改《职业病防治法》《安全生产法》及出台相关标准和部门规章提供了参考。

（2）提升了职业卫生监管能力。项目实施期间，共有242人次职业卫生监管人员赴日研修，日本专家38人次来华开展短期培训，2486人次参加了培训。通过组织安全监管人员赴日研修和在国内培训，较为系统地学习了日本的职业卫生法规标准、监管执法、职业病危害防治技术等方面的知识，开阔了眼界和思路，提升了职业卫生监管人员的能力和水平。

（3）提升了服务机构的技术支撑能力。在中国安全生产科学研究院建立了“中日合作防尘防毒通风技术实验室”，提高了职业卫生工程防护设施的设计、检测及评估能力。完成了《典型尘毒危害监控治理技术装备研究》《水泥生产与木质家具制造企业尘毒治理装备推广应用研究》等科研课题，以及《通风除尘系统运行监测与评估技术标准》《建设项目职业病防护设施设计专篇编制导则》等技术标准的研究工作。

（4）培育了一批职业卫生示范企业。苏州地区结合实际，从机械加工、电子产品制造、木质家具制造等行业中选择了50家企业作为项目示范企业，在对相关人员进行培训的基础上，组织企业主动开展职业卫生现状调查，针对自身职业病防治工作中存在的问题提出改善课题需求，通过员工培训、强化管理、机关与专业技术人员指导等具体措施，积极监督和指导企业有效落实工程技术改造方案的实施。通过职业卫生技术改善活动，示范企业的职业卫生管理制度进一步完善、管理水平显著提升、工作场所危害因素的浓度强度明显下降，并形成了一套项目培训引导、企业自主活动、专家技术指导、监管督促落实的企业职业卫生基础建设典型经验，提高了示范企业自主开展职业卫生管理活动的能力。

（5）提高了企业管理人员的职业卫生管理能力。在借鉴日本职业卫生管理人员培训经验的基础上，合作项目结合中国职业卫生相关法规要求及职业病防治工作的实际状况，编写完成了《职业卫生监管人员培训手册》和《工业企业防尘防毒通风技术》等培训教材，并在示范地区组织举办了多次专门培训，切实提高了企业职业卫生管理人员的业务管理能力。

（6）交流分享了职业卫生管理经验。示范地区苏州市组织近200家企业召开了“职业卫生改善案例报告会”，参会企业分享了示范企业在职业卫生管理上的成功经验，相互交流了改善工作场所作业条件的有效技术方法，通过参观技术展览了解了当前职业病防治的先进技术和成果。

五、与欧盟的交流与合作

（一）中欧高危行业职业安全与健康项目背景

2009年1月，总理温家宝访欧期间，把中国与欧盟安全生产与职业健康对话与合作纳入中欧领导人会晤议程。国家安全生产监督管理总局与欧盟委员会就业、社会事务与机会均等总司签署了《合作谅解备忘录》，建立了中欧全面加强在安全与健康领域的交流与合作机制。为落实备忘录精神，2010年9月，国家安全生产监督管理总局与欧盟委员会商定在中欧发展合作框架内开展“中欧高危行业职业安全与健康项目”。

2011年，商务部代表中国政府与欧盟正式签署合作文件，确定中国与欧盟合作开展“中欧高危行业职业安全与健康项目”（简称中欧项目），为期4年（2012年4月15日至2016年4月15日）。中方实施单位为国家安全生产监督管理总局，欧方由欧盟驻华代表团负责项目管理，并通过招标程序确定德国保险学研究及保险机构联合会（GVG）代表欧方负责具体实施工作。欧盟提供900万欧元援助，中方提供900万元配套资金支持。

中欧项目旨在通过研究欧盟及其主要成员国安全健康政策和法规标准，完善中国安全生产及职业健康政策和法规标准体系；利用欧盟先进的安全生产培训理念、方式和方法，培训中国安全监管监察人员和煤矿、非煤矿山、危险化学品等高危行业企业安全管理人员；学习借鉴欧盟安全与健康培训经验，完善中国培训体系，改进培训教材和培训模式，培养师资队伍，提升安全培训机构的能力和水平。

2012年5月17日，国家安全生产监督管理总局副局长孙华山主持召开国家安全生产监督管理总局局长业务办公会议，研究推进中欧高危行业职业安全与健康项目有关工作，并形成《总局局长业务办公会议纪要（2012年第6号）》。会议强调，国家安全生产监督管理总局与欧盟委员会就业、社会事务与机会均等总司开展为期四年的安全与健康领域合作，旨在通过研究欧盟及其主要成员国安全健康法规标准，完善中国安全生产及职业健康法规标准体系；借鉴欧盟先进的安全生产培训理念、方式和方法，培训中国安全监管监察人员和煤矿、非煤矿山、危险化学品等高危行业企业安全管理人员；学习借鉴欧盟安全与健康培训经验，完善中国培训体系，改进培训教材和培训模式，培养师资队伍，提升安全培训机构的能力和水平。中欧项目非常重要、来之不易，而且时间紧、任务重，各单位要以强烈的责任感、使命感做好中欧项目，务必取得成功，使其经得起历史的检验。

会议研究确定三项重点工作：

（1）落实责任、明确分工。①安全政策和法规体系建设子项目由政法司牵头，监管一司、监管二司、监管三司、监管四司、职业健康司和国家煤矿安全监察局有关司局参与。②安全监管和从业人员能力建设子项目由办公厅（国际合作司）牵头，人事司配合，项目所涉及境外培训由国际交流合作中心负责，境内培训由培训中心负责，各有侧重，分工负责。③安全培训机构培训能力建设子项目由人事司牵头，规划司配合协调。培训中心和华北科技学院等培训机构参与，建立中欧项目的培训示范基地，成为中欧项目的标志性成果。

（2）细化工作方案。围绕中欧项目的工作内容和目标，各牵头单位要在2012年5月底前制定三个子项目的完整工作方案，包含具体工作内容、目标、进度、实现途径、方式方法和保障措施等。

（3）加强领导和协调。中欧项目在组织协调方面分为指导委员会、项目领导小组、项目办公室三个层次。其中，中欧项目指导委员会由办公厅（国际合作司）按照国际合作项目惯例确定，由国家安全生产监督管理总局、欧盟驻华使团和商务部代表组成；领导小组由副局长孙华山担任组长，成员有吴鑫、柏然、李书清、邬燕云、王啟明、王海军、罗音宇、杨玉洲、徐少斗、王素锋、胡予红、相桂生、吴宗之、汪永高。领导小组办公室（项目办公室）由柏然担任主任，成员由各相关单位处长和国际合作司、国际交流合作中心项目管理人员组成。2012年10月19日，国家安全生产监督管理总局办公厅印发《关于成立中欧高危行业职业安全与健康项目领导小组的通知》(安监总厅国际〔2012〕146号)。

2012年10月17日，国家安全生产监督管理总局副局长孙华山主持召开国家安全生产监督管理总局局长业务办公会议，听取中欧高危行业职业安全与健康项目情况汇报，研究部署中欧项目有关工作，并形成《总局局长业务办公会议纪要（2012年第13号)》。会议研究确定了三项重点工作：

（1）进一步明确细化中欧项目5项主要任务：①开展中欧安全健康法律法规对比研究。选择职业健康等重点内容进行研究，学习借鉴欧盟成功经验，推动安全健康政策法规体系建设。②组织人员在华或赴欧培训，通过“请进来”和“走出去”的方式，提高人员素质和水平。重点选派一批培训师资、政府监察人员和企业管理人员骨干赴欧培训，4 年共派出 240 人。其中，培训师资主要是国家安全监管总局和一、二级培训机构的师资；政府监察人员主要是煤矿、非煤矿山和危险化学品等 3 个高危行业的安全监管监察人员。③加强安全培训机构能力建设。结合首云矿业公司和安科院现有的基地建设，按照欧盟一流培训机构的标准，打造国家安全监管总局的安全培训基地；利用国家安全监管总局培训中心现有的远程教育网络基础，建设完善国家安全监管总局的安全培训远程教育网络。④编写一套培训教材。针对煤矿、非煤矿山和危险化学品等 3 个高危行业，各编写一套优秀的培训教材，共 21 种。⑤开展试点企业建设。煤矿、非煤矿山和危险化学品等 3 个高危行业选择一个企业，开展培训等试点活动。选择大同煤矿集团或郑州煤炭工业集团作为煤炭行业的试点企业，首云矿业公司作为非煤矿山行业的试点企业，上海化工园区或南京化工园区作为危险化学品行业的试点企业。经中欧双方协商后，确定最终的中欧项目的试点企业。

（2）落实责任、明确分工：①中欧项目的组织、协调和管理工作由国家安全监管总局办公厅（国际合作司）负责。②中欧合作项目国内配套资金由办公厅（财务司）负责。③政策法规对比研究由政法司负责，监管四司、职业健康司配合，信息研究院作为支撑单位。④培训机构建设由人事司负责，规划司配合，安科院和培训中心作为支撑单位。⑤监察人员和师资在华培训由人事司负责，办公厅（国际司）配合，培训中心、国际交流合作中心承办。⑥三个高危行业试点企业的选定和培训等相关工作分别由监管一司、监管三司和煤矿安监局行管司负责，办公厅（国际合作司）配合，国际交流合作中心协助。⑦教材编写工作由全国安全生产教育培训教材编审委员会负责，培训中心组织，华北科技学院协助。⑧出国考察与交流由办公厅（国际合作司）、人事司负责，各有关司局配合国际交流合作中心承办。

（3）加强协调、加快进度：各参与单位要加强沟通和协调，密切配合，定期召开会议，通报项目进展情况，加快推进中欧合作项目的各项工作。出席会议人员：孙华山、柏然、吴鑫、李峰、徐少斗、杨玉洲、王素锋、胡予红、徐汉才、吴宗之、汪永高。

（二）主要任务

中欧项目主要任务包括三方面：

（1）开展政策和法规研究，为安全生产改革发展提供有效支撑。结合当前安全生产改革发展需要，聚焦重点课题议题，深入研究欧盟安全发展历程，全面分析其安全与健康现状特征、主要优势和经验做法，开展比较研究，发现问题，提出完善中国安全生产工作的建议和措施，促进安全生产改革和发展规划。

（2）创建安全试点单位，促进企业安全管理能力建设。每个行业（煤炭、非煤矿山和危化品）至少创建一家示范单位，示范单位通过学习、借鉴和本土化欧盟先进的安全管理理念和方法，初步建立风险管理体系，安全隐患排查能力、风险辨识、评估和管理能力明显提高，事故防范能力显著提升，形成可复制、可移植、可全面推广的安全管理经验。

（3）组织安全培训，加强安全监管、从业人员和安全机构能力建设。深入开展安全培训工作，大力开展安全师资、监管监察人员、安全管理人员能力培训，培养一批掌握欧盟先进安全知识和技能的安全骨干力量；引进和推广欧盟先进的培训模式，开发面向各行业（煤矿、非煤矿山、化工）执法人员、安全管理人员、工人安全知识读本，有效提升培训机构能力水平。

（三）主要活动

（1）组织实施安全生产政策研究。以中国安全生产改革发展需求为重点，以及安全生产难点、热点问题，先后组织实施并完成了13项研究课题，包括安全发展之路研究、国外职业安全与健康体制研究、国外职业安全健康战略规划研究、行政审批制度研究、安全中介机构监管研究、国外事故调查研究、职业安全健康教育培训研究、德国化学品安全监管研究、开发区安全监管研究等。课题研究广泛依托安科院、信息院、中国矿业大学等研究机构，每个课题成立专门专家队伍，并先后邀请35名欧盟资深专家与中方专家共同研究，共组织召开50余场专家技术交流。

（2）推进试点创建及推广活动。组织实施了化工过程安全管理试点和矿山安全绩效监控和风险评估试点创建和推广工作。2014年8月开始，在南京化学工业园区惠生清洁能源公司实施化工过程安全管理试点工作，先后组织150余专家人次，中欧专家对试点企业进行技术培训和专业指导，帮助其初步建立了过程安全管理体系。还分别在江苏、陕西、云南、广东、宁夏、辽宁等省份（自治区）开展了化工过程安全管理推广活动，800多人参与。2016年4月，在南京化学工业园区召开了化工过程安全管理试点成果全国推广活动。2014年3月起，在北京水泥厂凤山矿、首云矿业股份有限公司、开滦集团三家试点开展欧盟Emeri安全绩效监控和3T风险评估试点工作创建，组织专家100人次，开展了一系列研究研讨、培训指导、试点应用等工作，成功创建了试点，其间，还在甘肃、内蒙古、河北等地开展了Emeri安全绩效监控推广活动，1200余人参与，大力推广了项目试点经验成果。

（3）精心组织实施安全培训活动。4年来，在华培训共21期，其中包括师资培训7期、监管监察人员培训9期、企业管理人员及工人培训5期，共培训学员 1584 人次。组织 12 批次团组赴德国、法国、英国、荷兰、波兰、芬兰和捷克等欧盟发达国家研修学习，共 194 人次。组织编写了煤矿、化工、金属与非金属矿山 3 个行业的执法人员、企业安全管理人员、工人安全知识读本和企业安全生产标准化指南，共 10 本辅导用书。

（四）主要成果

（1）提出促进中国安全生产改革发展的政策建议。总结课题研究成果，从安全法规、政策、规划、监管、技术、培训、救援、文化等方面较系统地提出了中国安全生产改革发展的政策建议，并呈报中办，为安全生产改革发展提供了借鉴。尤其是安全发展之路系列课题研究，深入研究了包括英国、德国、法国、波兰 4 个欧盟典型工业国家在内的 8 个发达国家和地区的煤矿、化工、金属与非金属、道路交通、建筑和农业等 6 个行业的安全发展历程，总结各国（地区）促使事故快速下降的重要经验和做法，并从不同行业就促进中国安全发展共提出 32 项政策建议，为中国制定安全生产“十三五”规划提供借鉴和参考。

（2）提升了化工、矿山行业安全管理水平。在煤矿和非煤矿山行业创建了 3T 风险评估与 Emeri 安全绩效监控试点矿山，在化工行业创建了化工过程安全管理试点企业——惠生清洁能源公司，尤其是化工过程安全管理试点探索了加强中小化工企业安全管理的新方法，探索了完善隐患排查治理和风险管控双重预防机制的新实践，推动危险化学品安全生产工作从传统的经验式管理模式向现代的科学式管理模式转变的有效途径，探索了危险化学品领域国际合作的新模式。

（3）提高了安全从业人员和安全培训机构能力建设。培训了一批安全生产监管监察、企业安全管理、安全师资等骨干力量，在华培训 1584 人，赴欧培训 194 人，其中，开展安全监管监察人员培训 14 次（国内 9 次，国外 5 次），共培训 447 人次，企业高层安全管理人员 500 多人，为加强和改进安全工作、推动安全发展起到了可持续作用。推动了国内安全培训方式的改进提升，目前，开滦（集团）有限责任公司教育培训中心、中国建材检验认证集团股份有限公司、西南铝业集团有限责任公司培训中心、中国煤炭工业环保安全培训中心等一批参与中欧项目的培训机构已经在培训实践中应用欧盟“以学员为中心”的互动式培训方法，取得了很好的效果。

六、与俄罗斯的交流与合作

（一）中苏（俄）煤炭工作组的成立

1989 年 5 月 5—13 日，苏联煤炭工业部部长夏铎夫率团访华，向中国能源部部长黄毅诚递交《关于中国能源部与苏联煤炭工业部在煤炭领域进行科技及经济合作的议定书》。1989 年 10 月 2—9 日，中国能源部副部长胡富国率八人代表团访问苏联，与苏方共同签署了《中华人民共和国能源部与苏维埃社会主义共和国联盟煤炭工业部煤炭工业科技经济合作协议》。协议规定，中苏双方将在煤炭领域的采煤技术和工艺改进、煤炭洗选加工和合理利用、发展煤矿机械制造、新企业建设和现有企业现代化方面进行合作。协议还规定双方各自成立煤炭工业经济科技合作工作组，工作组每年至少轮流在双方其中一国召开一次会议。协议有效期为五年，如协议双方任何一方在协议期满前六个月内未向对方提出终止协议要求，此协议将自动顺延五年。

（二）中苏（俄）煤炭工作组会议情况

（1）中苏煤炭工业科技经济合作工作组第一次会议于 1990 年 11 月 13—19 日在北京召开，中方由能源部副部长胡富国率 13 人代表团出席了会议，中国统配煤矿总公司副总经理范维唐等出席了会议。苏联煤炭工业部第一副部长菲松等 8 人出席了会议。会议讨论研究了下列问题：①中苏煤炭工业科技合作协议和中国能源部代表团访苏纪要的执行情况。②在煤炭新企业建设、现有企业改造方面，双方进行技术协作的情况。③中苏两国煤炭公司、企业和其他单位之间进行直接业务联系的情况。④中国能源部与苏联煤炭工业部 1991 年度将交换的合作项目。⑤确定第二次工作组会议的时间和地点。

（2）中俄煤炭工业科技经济合作工作组第二次会议于 1992 年 10 月 8—17 日在北京举行。由于苏联解体，俄罗斯联邦燃料动力部煤炭工业委员会承接了苏联煤炭工业部对华合作工作，并于 1992 年 8 月 12 日中俄双方代表在莫斯科签署了《中国统配煤矿总公司与俄罗斯联邦燃料动力部煤炭工业委员会煤炭工业科技和经济合作协议》。俄罗斯联邦燃料动力部煤炭工业委员会第一副主席卡西欣率 10 人代表团来华出席第二次煤炭工作组会议。中国统配煤矿总公司副总经理范维唐等 12 人出席了会议。会议讨论了以下问题：①中国统配煤矿总公司与俄罗斯燃料动力部煤炭工业委员会之间煤炭工业科技与经济合作协议的实施措施。②中俄煤炭工业管理体制的改革问题。③中俄煤炭工业企业先进工艺及采矿设备的研制与应用的现状及前景。④准备出版俄文版的《中华人民共和国煤炭工业手册》和中文版的《俄罗斯煤炭工业手册》。⑤确定了中俄煤炭工业科技与经济合作工作组成员，中方主席为范维唐，俄方主席为卡西欧。⑥讨论了中俄合作主要方向：发展市场贸易、井工及露天开采工艺、煤炭洗选加工与利用、劳动保护与安全技术、新型采矿设备及自动化设备研制与配套。

（3）中俄煤炭工业科技和经济合作工作组第三次会议于 1993 年 6 月 21 日至 7 月 5 日在莫斯科举行，煤炭工业部副部长范维唐率 9 人代表团出席会议，俄罗斯联邦燃料动力部第一副部长叶夫图申科等 9 人参加会议，会议讨论了以下问题：①中俄煤炭工业经济改革和管理体制的完善。②在中俄煤炭工业合作中，由俄罗斯联邦燃料动力部接替俄方燃料动力部煤炭工业委员会；由中国煤炭工业部接替中国统配煤矿总公司。③上次工作组会议纪要的落实情况。④双方提出 137 个合作项目，其中中方提出 47 项。⑤双方达成合资生产刮板输送机、圆环链等项目的合作意向。

（4）中俄煤炭工业科技与经济合作工作组第四次会议于 1993 年 12 月 17—28 日在北京举行。俄罗斯联邦燃料动力部第一副部长叶夫图申科率 11 人代表团出席了会议，中方煤炭工业部副部长范维唐等 9 人参加了会议。会议讨论了以下事项：①中俄煤炭工业经济改革和管理体制的完善情况。②中俄煤炭工作组第三次会议决议的执行情况。③合作意向书的执行情况，并确定 24 项优先合作计划。

（5）中俄煤炭工业科技与经济合作工作组第五次会议于 1994 年 10 月 13—20 日在莫斯科举行。煤炭科学研究总院院长张声涛率团参加会议，俄罗斯联邦燃料动力部煤炭工业局局长卡西欧等 11 人参加了会议。会议重点讨论 3 个方面问题：①相互通报各自煤炭工业发展改革情况。②逐项审查上次会议确定项目的执行情况。③讨论中国综采设备出口俄罗斯的安全认证问题及解决途径和办法。

（6）中俄煤炭工业科技和经济合作工作组第六次会议于 1995 年 9 月 19—26 日在北京举行，俄罗斯联邦燃料动力部第一副部长叶夫图申科率 9 人代表出席会议，副部长范维唐率 11 人代表团出席了会议。会议讨论了中俄两国煤炭市场化有关问题，确认合作计划的执行情况，讨论了在中俄双方相互供货条件下办理采矿设备及仪器认证程序。

（7）中俄煤炭工业科技与经济合作工作组第七次会议于 1998 年 5 月 3—15 日在莫斯科举行，国家煤炭工业局副局长王显政率 10 人代表团出席会议，俄罗斯联邦燃料动力部第一副部长叶夫图申科率 11 人参加会议。会议通报两国煤炭工业改革及煤矿管理体制完善情况，讨论推进中国煤机出口俄罗斯有关程序和要求，形成进一步加强中俄煤炭技术交流、人员往来、信息交换的意向。

（三）中俄建立安全生产高层对话机制

2013 年，国家安全生产监督管理总局与俄罗斯联邦环境、技术与原子能监督总局（署）签署合作备忘录，建立安全生产高层对话机制。根据该机制安排，中俄安全生产高层对话会议由部级官员主持，每年召开一次，轮流在中国和俄罗斯举行。至 2018 年，中俄安全生产高层对话会议已举行六届，国家安全生产监督管理总局副局长孙华山、黄玉治、付建华和应急管理部书记黄明分别主持或出席高层对话会议。

七、中波交流与合作

（一）中波成立煤炭工业经济和科技合作常设工作组

1984 年 9 月 17 日，中国煤炭工业部部长高扬文与波兰采矿动力部部长彼得罗夫斯基在波兰华沙签署协议，成立中波煤炭工业经济与科技合作常设工作组（副部长级）。常设工作组的主要任务是根据互利的原则制定和执行旨在进一步开展和加强经济和科学技术合作的实施。常设工作组中波方组长分别由中国煤炭工业部副部长和波兰采矿动力部副部长担任。常设工作组波方小组由采矿动力部采矿机械设备制造联合体，选煤研究设计院，采矿研究总院，矿山研究设计总院，矿山电子、自动化科研生产中心，海外煤矿企业建设公司的代表组成。常设工作组中方小组由煤炭科学院，煤炭规划设计院，物资供应局，外事局，制造局，中国煤炭进出口总公司和中国煤炭开发总公司的代表组成。常设工作组每年轮流在两国召开一次会议，会议由东道国一方组长主持，会议商定的结果和提出的建议列入会议纪要，纪要由双方组长签字。组织常设工作组会议的有关费用由东道国一方承担。

常设工作组自 1984 年成立以来，召开了 7 次会议。第一次会议于 1984 年 12 月 6 日在北京举行，副部长叶青出席并主持会议，波兰采矿动力部副部长鲍维科夫斯基率团参加会议。第二次会议于 1985 年 9 月在波兰举行，副部长叶青率团出席会议，副部长鲍维科夫斯基主持会议，会议研究了近期合作计划和合作范围。第三次会议于 1986 年 9 月 2 日在北京举行，副部长叶青主持会议，波方组长副部长鲍维科夫斯基率团出席会议。会议评价并肯定了双方自第二次会议以来开展的工作。中方派出 9 个团组（654 人）赴波兰考察交流，波兰方面派出 7 个团组（497 人）来华访问并做技术交流。第四次会议于 1987 年 9 月 14 日在波兰举行，副部长鲍维科夫斯基主持会议，副部长陈钝率团出席会议。会议讨论进口波兰 3 台套采煤机设备合同的执行情况，讨论选煤厂设计建设合作，推进两国研究院、设计院之间的交流合作。第五次会议于 1988 年 10 月 11—18 日在北京举行，中国统配煤矿总公司副总经理陈钝和波兰烟煤总公司副总经理普什柴维奇共同主持会议。会议商定 1988 年底前，双方继续签订 2 套综采设备，7 台采煤机，19 台选煤单机，2 台绞车，以及其他设备的供应合同。波方确认中方向波方补偿煤矿机械所需设备的兴趣（如电动机、高压软管及过氧化钾等），双方确定近期进行技术商务谈判，确认 1989 年供货范围。第六次会议于 1989 年 9 月 20 日在波兰卡托维兹举行，副总经理普什柴维奇和副总经理陈钝共同主持，会议审议了科技交流项目、矿井改造合作、采煤机贸易等合作项目。第七次会议于 1991 年

11 月 25 日在北京举行，中国统配煤矿总公司外事局副局长张贵和波方科派克斯进出口公司总经理斯莫勒兹主持会议。

自 1984 年中波煤炭工业经济和科技合作常设工作组成立以来，双方开展了广泛地交流与合作。在科技方面，开展了煤的冲击倾向研究、波兰地音和微震检测在煤矿中的应用、巷道围岩分类与支架、与考玛格采矿机械化研究中心共同研制 KG3－300 型薄煤层采煤机。在煤机装备方面，中方进口波兰 46 套综采设备、220 台采煤机和掘进机、4 台可控硅提升绞车、开滦钱家营选煤厂成套设备和古交马兰选煤厂的主要选煤设备。进口贸易总额达 7 亿瑞士法郎。1990 年中波两国间贸易方式由易货贸易改为现货贸易，中波煤炭工业的贸易合作基本上处于停止状态。中波常设工作组第六次会议纪要中规定的 32 项直接免汇科技合作项目也停止执行。

（二）中波煤矿安全监察合作备忘录

2000 年 11 月，波兰国家最高矿山局副局长师柴尔宾斯基应邀率团访问国家煤矿安全监察局。在京期间，双方签订了《国家煤矿安监局与波兰最高矿山局关于煤矿安全监察领域开展交流与合作的谅解备忘录》。双方同意在以下领域开展交流与合作：①煤矿安全监察体制、法规和信息交流；②双方定期共同主办煤矿安全监察技术和法规方面的研讨会或应邀参加对方主办的活动；③双方每年互派两个代表团到对方考察交流。

八、中印（度）煤炭工作组会议

1994 年 1 月 9—14 日，印度煤炭部部长邦扎应煤炭工业部部长王森浩邀请访华。其间，副部长范维唐与副部长拉尔签署部长会议纪要，成立中印煤炭联合工作组，由双方副部长任组长，每年召开一次会议，轮流在中国和印度举行，并举行了煤炭工作组第一次会议。1994 年至 2007 年工作组共举行了 11 次会议。

1994 年 12 月 28—29 日，中印煤炭联合工作组第二次会议在印度新德里举行，副部长范维唐率团出席。

1995 年 10 月 16—18 日，中印煤炭联合工作组第三次会议在北京举行，副部长范维唐和印度煤炭部副部长莫迪共同主持会议。

1997 年 11 月 4—6 日，中印煤炭联合工作组第四次会议在印度新德里举行，副部长范维唐率团出席。

1999 年 1 月 10 日，中印煤炭联合工作组第五次会议在印度新德里召开，国家煤炭工业局规划司司长李延江、外事司司长柏然、中国煤矿工程机械装备集团公司总经理张俊才、外事司处长王义京、中国煤矿工程机械装备集团公司海外开发公司总经理叶志平等出席会议。

2000 年 2 月 13—20 日，中印煤炭联合工作组第六次会议在北京举行，副部长王显政和印度煤炭部副部长波帕雷迪共同主持会议。

2000 年 12 月 1—2 日，中印煤炭联合工作组第七次会议在印度新德里举行，国家煤炭工业局规划司司长姜庆俊率团出席。

2002 年 6 月 4—5 日，中印煤炭联合工作组第八次会议在北京举行，副局长赵铁锤和印度煤炭部秘书（副部长）辛哈共同主持会议。

2004 年 2 月 11 日，中印煤炭联合工作组第九次会议在新德里召开。中方代表团团长、国家煤矿安全监察局副局长赵铁锤和印方代表团团长、印度煤炭部秘书（副部长）米士拉博士共同主持了会议。中国煤炭工业协会常务副会长乌荣康、国家煤矿安全监察局规划科技司司长杨富和中国煤矿工程机械装备集团公司总经理王旭凡先后介绍了中国煤炭工业现状和发展趋势、中国煤矿安全监察体制与煤矿安全状况和中国煤机贸易情况。印度煤炭公司和辛格南尼煤炭公司的有关人员也先后介绍了印度煤炭工业的最新进展及其发展规划。

2005 年 11 月 10—15 日，中印煤炭工作组第十次会议在上海举行，国家煤矿安全监察局局长赵铁锤和印度煤炭部副部长共同主持会议。中方代表团由 13 人组成：赵铁锤，国家煤矿安全监察局局长；杨富，国家安全监管总局规划科技司司长；林一胜，国家安全监管总局国际合作司副司长；柏然，国家安全监管总局国际交流合作中心主任、中国煤炭工业协会国际合作部主任；林冰，国家煤矿安全监察局综合司司长；吕敬民，国家煤矿安全监察局综合司副司长；陈国新，国家煤矿安全监察局事故调查司副司长；姚友超，国家煤矿安全监察局副处长；刘占胜，中国煤矿工程机械装备集团公司总经理；冯钢，中国煤矿工程机械装备集团公司海外开发公司副总经理；申爱民，中国煤矿工程机械装备集团公司海外开发公司经理兼翻译；李春卉，中国煤矿工程机械装备集团公司海外开发公司经理兼翻译；刁建华，中国煤矿工程机械装备集团公司海外开发公司经理。印（度）方代表团名单：P·C·帕拉科，印度煤炭部秘书（副部长）；K·S·科罗法，印度煤炭部联合秘书；舒西库玛，印度煤炭公司董事长兼总裁；S·乔德里，印度中央采矿规划设计院董事长兼总裁；N·普拉萨德，印度煤炭公司投资发展部总经理；B·巴塔恰耶，印度劳动部矿山安全监督局局长；R·莫汉，印度银河公司总裁。工作组会议期间，举行中印煤炭联合工作组常设工作小组第八次会议，印方代表团考察了山西平朔安家岭井工矿放顶煤综采工作面和北京煤矿机械厂。

2007 年 4 月 2—10 日，中印煤炭联合工作组第 11 次会议在印度新德里举行，国家煤矿安全监察局局长赵铁锤率团出席会议，并考察印度煤炭工业，与印度煤炭部、印度矿山监察局及煤炭企业交流，推动中印煤炭领域进一步交流与合作。

中印煤炭工作组会议加强彼此信任，协调合作关系，解决合作中存在的问题，推动经贸合作和人员及科技交流。在中印工作组会议期间，中印签署了进口中国成套煤机设备合同7个，合同金额共计55263795美元，还签署了800万美元的备件合同。中国的煤炭综采设备实际生产能力均达到或超过合同规定的指标。特别是在印度东南煤炭公司（SECL）的PVK煤矿，中国企业提供技术服务和人员培训，中国的综采设备创造出印度煤炭长壁综采工作面的最高日产量的新纪录（超过原先用英国设备的最高产量）。按照对等和互利共赢的原则，在第二次中印煤炭联合工作组会议上，应印度方面要求，中方提出云南先锋煤矿（300万吨能力露天矿）交由印方设计及设备配套。但由于印方报价过高，而且中国在加大煤炭体制和结构改革，此项目推迟。印方在第一次、第二次、第四次、第八次工作组会议上提出辛格南里煤炭公司矿井技术改造项目，东南煤炭公司恰恰矿立井建设项目，辛格南里煤炭公司GDK矿技术改造项目，中国型煤制造技术在印度应用等13个项目与中方合作或邀请中方参与竞标。

九、中英交流与合作

国家安全生产监管管理总局与英国职业健康与安全执行局保持良好的合作关系，双方建立磋商机制，开展人员互访，经验交流。2003年9月，局长王显政率高级代表团访问英国，与英国职业健康与安全执行局举行圆桌会议，研讨交流两国安全健康监管监察体制机制和实践，考察利物浦监察办事处，签署合作备忘录。英国职业健康与安全执行局局长和高级代表团多次来华参加由国家安全监管总局主办的中国国际安全生产论坛、中国国际安全生产应急管理论坛等会议和活动，介绍英国的做法和经验。2011年，双方开展了“中英安全生产法律法规对比研究”，并召开座谈会，英方派副局长凯文·迈尔斯参加会议，双方通过法律对比研究，交流安全健康法规、行政许可、监管监察等方面的经验和做法，积极推动中国《安全生产法》的修订，推进中国安全健康体系建设。2014年8月，国家安全生产监督管理总局副局长徐绍川访问英国，出席中英安全健康机制性磋商会议，交流中英两国在重点行业安全监管、安全培训教育等方面的做法和经验，并与英方签署《关于在安全生产与职业健康领域开展合作的谅解备忘录》，进一步深化双方的合作关系。

第七章　与中国港、澳、台地区的交流与合作

第一节　“两岸四地”职业安全健康学术交流

一、背景

海峡两岸及香港、澳门地区（简称“两岸四地”）职业安全健康学术研讨会于1989年由中国台湾台北工业卫生协会理事长汤兰瑞、中国劳动保护学会秘书长程映雪、武汉安全环保研究院副院长宪淦、中国香港职业安全健康局总干事叶玉麟、中国香港职业安全卫生协会理事长罗志明发起（建立大陆、中国台湾、中国香港“两岸三地”职业安全卫生交流机制），1993年在中国香港举行首届会议，其后在大陆、中国香港、中国台湾和中国澳门轮流举行，每年一届。开始由中国劳动保护科学技术学会、冶金工业部武汉安全环保研究院、中国香港职业安全健康局、中国台湾台北工业安全卫生协会为轮流主办单位，后来调整为中国职业安全健康协会、中钢集团武汉安全环保研究院、中国香港职业安全健康局、中国香港职业安全卫生协会、中国台湾“中华”安全卫生协会和中国澳门特别行政区劳工事务局轮流主办。会议的目的是通过“两岸四地”探讨交流，分享改善职业安全健康状况的有效方法，增强风险防控和危害治理的责任和意识，弘扬安全健康文化，从而持续改进工作环境，减少职业病的发生，推进安全与健康事业发展。会议的参加者主要是来自“两岸四地”从事安全健康工作的专家学者，其中包括政府部门、专业团体、工商团体、企业的安全专业人员和管理人员等。2001年以来，国家安全生产监督管理局（总局）支持举办“两岸四地”职业安全健康学术研讨会，扩大人员、技术和信息交流。

二、历届会议情况

首届“两岸三地”职业安全健康学术研讨会于1993年6月在中国台湾台北

举行。由中国台湾台北工业安全卫生协会主办，中国台湾台北工业卫生协会理事长汤兰瑞担任会议主席，大陆参会人员由中国劳动保护科学技术学会秘书长程映雪负责协调组织。

第二届“两岸三地”职业安全健康学术研讨会于1994年在中国香港举行，主题为“建筑业安全面面观”，由中国香港职业安全健康局主办，中国香港职业安全健康局主席梁秉中担任会议主席。

第三届“两岸三地”职业安全健康学术研讨会于1995年在武汉举行，由中钢集团武汉安全环保研究院主办。

第四届“两岸三地”职业安全健康学术研讨会于1996年在中国台湾举行，由中国台湾台北工业安全卫生协会主办。

第五届“两岸三地”职业安全健康学术研讨会于1997年在中国香港举行，由中国香港职业安全健康局主办。

第六届“两岸三地”职业安全健康学术研讨会于1998年在桂林举行，由中国劳动保护科学技术学会主办。会议决定邀请中国澳门加入“两岸三地”职业安全健康学术交流机制，并确定第七届会议在中国澳门举行，会议名称正式由“两岸三地”职业安全健康学术研讨会改为“两岸四地”职业安全健康学术研讨会。

第七届“两岸四地”职业安全健康学术研讨会于1999年在中国澳门举行，由中国澳门劳工处主办。这是中国澳门回归后首次主办这样的研讨会。

第八届“两岸四地”职业安全健康学术研讨会于2000年10月23—24日在中国香港举行，由中国香港职业安全健康局主办。中国香港职业安全健康局主席伍达伦担任会议主席。

第九届“两岸四地”职业安全健康学术研讨会于2001年5月2—5日在中国台湾台北举行，由中国台湾“中华”安全卫生协会主办。中国台湾“中华”安全卫生协会理事长高金福担任会议主席。

第十届“两岸四地”职业安全健康学术研讨会于2002年10月21—22日在武汉举行，由中钢集团武汉安全环保研究院主办。

第十一届“两岸四地”职业安全健康学术研讨会于2003年10月23—25日在中国澳门举行，由中国澳门劳工事务局主办。

第十二届“两岸四地”职业安全健康学术研讨会于2004年11月22—23日在中国香港举行，由中国香港职业安全健康局主办。

第十三届“两岸四地”职业安全健康学术研讨会于2005年10月24—26日在中国台湾新竹举行，由中国台湾“中华”安全卫生协会主办，中国台湾“中华”安全卫生协会理事长戴基福担任会议主席。

第十四届“两岸四地”职业安全健康学术研讨会于2006年5月23—24日在西安举行，由中国职业安全健康协会主办。

第十五届“两岸四地”职业安全健康学术研讨会于2007年10月23—25日在中国澳门举行，由中国澳门劳工事务局主办，中国澳门劳工事务局局长孙家雄担任会议主席。

第十六届“两岸四地”职业安全健康学术研讨会于2008年12月16—17日在中国香港举行，由中国香港职业安全健康局主办。中国职业安全健康协会副理事长伊烈、武汉安全环保院院长徐国平、中国台湾“中华”安全卫生协会理事长戴基福、中国澳门劳工事务局局长孙家雄分别率团参加会议。

第十七届“两岸四地”职业安全健康学术研讨会于2009年10月15—16日在武汉举行，由中钢集团武汉安全环保研究院主办。国家安全生产监督管理总局副局长孙华山、办公厅副主任柏然等出席研讨会开幕式。孙华山在会上讲话并参加研讨交流。

第十八届“两岸四地”职业安全健康学术研讨会于2010年10月20—21日在中国台湾台北举行，由中国台湾“中华”安全卫生协会主办。中国职业安全健康协会理事长张宝明率团出席会议并交流，会后考察中国台湾职业安全健康工作。

第十九届“两岸四地”职业安全健康学术研讨会于2011年11月14—16日在中国香港举行，由中国香港职业安全健康局主办。

第二十届“两岸四地”职业安全健康学术研讨会于2012年9月12—14日在四川成都举行，由中国职业安全健康协会主办。本届研讨会与中国职业安全健康协会2012学术年会合并举行，国家安全生产监督管理总局副局长杨元元、四川省副省长刘捷出席会议开幕式并讲话。

第二十一届“两岸四地”职业安全健康学术研讨会于2013年11月12—13日在中国香港举行，由中国香港职业安全健康局主办。本届研讨会围绕职业安全健康管理、职业健康评估、安全培训、安全文化、高风险行业的职业意外预防、安全社区及安全推广、人类工效学及职业康复等议题进行研讨交流。中国安全生产协会会长赵铁锤、国家煤矿安全监察局副局长杨富、中国职业安全健康协会秘书长肖克源参加会议并演讲交流。

第二十二届“两岸四地”职业安全健康学术研讨会于2014年10月22—24日在中国澳门举行，由中国澳门劳工事务局主办。国家安全生产监督管理总局总工程师黄毅出席会议并演讲。

第二十三届“两岸四地”职业安全健康学术研讨会于2015年11月2—5日在中国台湾台北国际会议中心举行，由中国台湾“中华”工业安全卫生协会主办，中国台湾“中华”工业安全卫生协会理事长蓝福良担任会议主席。本届研讨会围绕职业安全卫生管理务实、安全卫生教育和培训、职业安全卫生管理技术、安全意识与安全文化、事故调查与管理、职业病预防、安全技术与应用、建造业安全管理等议题进行研讨交流。国家安全生产监督管理总局职业健康司司长吴宗之（以中国职业安全健康协会副理事长身份）、国家安全生产监督管理总局办公厅副主任柏然（以中国职业安全健康协会常务理事身份）、中国职业安全健康协会副理事长伊烈、中国职业安全健康协会副理事长兼秘书长马骏、国家安全生产监督管理总局职业卫生研究中心主任樊晶光、中国职业安全健康协会副秘书长李文军、安全生产协会贾世国、交流中心李运强参加本届研讨会。会后赴高雄考察了中国台湾中钢公司和工业安全体感教室、高雄第一科技大学的南区毒灾应变中心。

第二十四届“两岸四地”职业安全健康学术研讨会于2016年10月19—20日在武汉举行，由中钢集团武汉安全环保研究院主办。本届会议的主题是“和衷共济、安全发展”，来自海峡“两岸四地”的230多名专家学者相聚一堂，就安全健康领域的相关议题进行广泛深入的研讨，分享在安全健康领域的研究成果及经验，加深海峡两岸及香港、澳门地区在职业安全健康领域的沟通与合作，共同促进职业安全健康水平的持续提升。中国职业安全健康协会理事长王德学、中国台湾“中华”安全卫生协会理事长蓝福良、中国香港职业安全健康局副主席陈海寿、中国香港职业卫生协会会长梁伟光、中国澳门劳工事务局局长黄志雄分别代表合办机构致辞，湖北省安全监管局局长刘旭辉到会致辞。46位专家学者演讲交流。

第二十五届“两岸四地”职业安全健康学术研讨会于2017年9月21—22日在新疆乌鲁木齐举行，由中国职业安全健康协会主办。本届研讨会与中国职业安全健康协会学术年会暨科学技术奖颁奖大会合并举行，主题是“促进健康、全员参与”，560名代表和专业人士参加会议。

第二十六届海峡两岸及香港、澳门地区职业安全健康学术研讨会于2018年9月3—4日在中国香港举行，由中国香港职业安全卫生协会主办，由中国香港职业安全健康局、中国职业安全健康协会、中国安全生产协会、中国台湾“中华”安全卫生协会、中钢集团武汉安全环保研究院、中国澳门劳工事务局、中国澳门建筑安全协会协办。

第二十七届“两岸四地”职业安全健康学术研讨会于2019年10月14—17

日在中国澳门举行，由中国澳门劳工事务局主办。中国澳门中联办副秘书长兼社工部部长黄华盖、应急管理部巡视员韩泓、中国澳门特别行政区经济财政司司长梁维特、中国澳门劳工事务局局长黄志雄、中国职业安全健康协会副理事长马骏、中国香港职业安全卫生协会会长梁伟光、中钢集团武汉安全环保研究院副院长王啸等参加会议并致辞演讲。

第二节　粤港澳安全知识竞赛

2003 年，为加快中央关于“进一步加强内地与港、澳地区经贸合作关系”（简称 CEPA）的实施，进一步推动广东省与港、澳地区在安全生产与职业健康领域的合作交流，相互学习借鉴先进的管理经验，由广东省安全生产监督管理局提议，并经与香港职业安全健康局和澳门劳工事务局协商，决定举办“粤港澳安全知识竞赛”，从 2004 年起，每年在广东、香港、澳门三地轮流举行。2007 年之后每两年举行一次。竞赛内容涉及粤、港、澳三地安全生产与职业健康方面的法律、法规和相关专业知识，竞赛办法：由广东省安全监管局、香港职业安全健康局、澳门劳工事务局各派出一支企业队和一支工会队参加总决赛（决赛前，各地先举行选拔赛，选出企业组和工会组的冠军队，再参加决赛），经过总决赛，分别决出企业组和工会组的冠、亚、季军。举办安全生产知识竞赛活动有力地推动了粤、港、澳三地在安全生产和职业健康领域的广泛交流与合作。

国家安全生产监督管理总局支持举办粤港澳安全知识竞赛，国家安全监管总局领导和机关司局负责人应邀定期参加竞赛活动，协助竞赛成功举办。首届粤港澳安全知识竞赛于 2004 年 10 月在香港举行，国家安全生产监督管理局副局长闪淳昌应邀参加活动并为获奖者颁奖。第二届粤港澳安全知识竞赛于 2005 年 6 月 28 日在广州举行。第三届粤港澳安全知识竞赛于 2006 年 10 月 28 日在澳门举行，国家安全生产监督管理总局副局长王显政应邀担任竞赛总裁判长，参加赛事活动并颁奖。第四届粤港澳安全知识竞赛于 2007 年在香港举行，国家安全生产监督管理总局副局长王德学应邀观摩比赛，并为获奖者颁奖。第五届粤港澳安全知识竞赛于 2009 年在广东举行，国家安全生产监督管理总局副局长杨元元应邀出席开幕式并讲话。第六届粤港澳安全知识竞赛于 2011 年在澳门举行，国家安全生产监督管理总局副局长付建华应邀出席竞赛开幕式并致辞。第七届粤港澳安全知识竞赛于 2013 年 11 月 11 日在香港举行，中国安全生产协会会长赵铁锤、国家煤矿安全监察局副局长杨富应邀出席竞赛活动并为获奖者颁奖。香港特别行政区劳工及福利局局长张建宗主礼竞赛活动。第八届粤港澳安全知识竞赛于 2015 年

12 月在广东电视台演播厅举行，国家安全生产监督管理总局副局长徐绍川、广东省副省长出席活动，并为竞赛优胜队伍颁奖。第九届粤港澳安全知识竞赛于 2017 年 11 月 7 日在澳门渔人码头会展中心举行。国家安全生产监督管理总局监察专员杨占科，广东省安全监管局局长黄晗等应邀出席活动。

第三节　人　员　交　流

国家安全生产监督管理总局与香港、澳门地区安全健康管理部门广泛开展人员交流与合作。国家安全生产监督管理总局和国家煤矿安全监察局的领导多次应邀访问香港和澳门，加强工作交流和经验分享。国家安全监管总局还参与香港特别行政区政府“内地贵宾访港赞助计划”，两名部级领导作为赞助贵宾应邀访问香港一周，通过参观考察，高层会晤，加深对香港的政治、经济、社会的了解。香港劳工处历任处长张建宗、谢凌洁贞、卓永兴等定期率团访京，与国家安全生产监督管理总局主要领导举行工作会晤。澳门劳工事务局局长孙家雄、黄志雄定期专访国家安全生产监督管理总局，交流工作情况。

支持并积极参与国家安全生产监督管理总局主办的交流项目及活动。自 2002 年以来，香港劳工处、澳门劳工事务局、香港职业安全健康局、香港职业安全卫生协会分别组团参加由国家安全生产监督管理总局主办的“中国国际安全生产论坛暨展览会”“中国国际安全生产应急管理论坛暨展览会”等活动，尤其是香港职业安全健康局主席伍达伦、总干事邓华胜、主席黄天祥及香港职业安全卫生协会主席罗志明主动发表主题或专题演讲，帮助主持分会或专题讨论，引导交流和分享国内外的理念、技术和经验。香港职业安全健康局还为国家安全生产监督管理总局提供培训和专家咨询服务，分享注册安全工程师制度、职业健康管理体系、城市应急管理、安全社区建设等方面的经验，参与中国职业安全健康协会开展的“国际安全社区建设”合作。香港劳工处、澳门劳工事务局与国家安全生产监督管理总局开展建筑安全专项考察，组织研讨交流，分享建筑安全监管经验。

第八章　中外企业交流合作和境外中资企业安全监管

第一节　与美国利宝互助保险集团的交流合作

美国利宝互助保险集团（简称利宝集团）成立于1912年，总部设在美国马萨诸塞州的波士顿，由职工赔偿保险业务起家，是世界上最大的工伤保险公司，也是美国第二互助财产险和意外险公司。利宝集团是世界500强企业。利宝集团在北京、上海和重庆设有代表处，2003年11月在重庆建立了分公司，成为中国西部第一家外资保险公司。利宝集团还在上海、重庆和北京成立了职业安全研究中心。由于工伤保险和安全生产有着密不可分的关系，利宝集团自成立以来一直重视安全生产和职业健康工作，在参与安全生产立法、管理体系完善，以及工伤保险等方面投入了很大的人力和财力。该集团积极与中国安全监管机构开展安全健康领域的交流合作。

一、合作举办安全生产论坛

1999年4月，国家经济贸易委员会安全生产局与利宝集团在重庆共同创办中美安全生产论坛，2000年新成立的国家安全生产监督管理局继续合作，共同主办了七届安全生产论坛（重庆两届，即1999年、2003年；上海一届，即2001年；北京四届，即2000年、2002年、2004年、2005年）。论坛的内容涉及中小企业安全生产、高危行业安全生产、交通安全和危险化学品运输安全等方面。2002年至2010年，利宝集团作为协办单位，一直支持由国家安全生产监督管理总局与国际劳工组织主办的历届中国国际安全生产论坛，利宝集团高级副总裁李文参与论坛筹备，邀请外国知名专家参会交流，主持分论坛和专题讨论，介绍国外先进的安全理念、技术和经验。利宝集团总裁和专家在论坛上发表主题或专题演讲，分享研究成果，发出安全倡议。利宝集团还为论坛提供赞助，帮助国外演讲嘉宾来华参会。利宝集团中国公司总经理金百杨、施德望和张兆阳、于秀波、李彦萍为推动和协调合作关系发挥了重要的作用。

二、开展安全健康技术交流和人员培训

利宝集团2000年6月在上海复旦大学医学院开设利宝职业安全研究中心，2000年12月在重庆大学建筑工程学院设立重庆大学利宝职业安全研究中心，2002年10月在清华大学建立了利宝职业安全研究中心。利宝集团利用其在工伤保险领域的经验和国际声誉，通过该公司的安全研究中心，积极支持中国安全生产工作。2001年以来，利宝集团积极开展人员和信息交流，组织交通安全、应急管理等专题培训，推动国家安全监管局与美国劳工部等政府部门之间在安全生产与职业健康领域的广泛合作。国家安全监管局局长王显政率团于2004年5月22—24日访问了利宝集团波士顿总部和利宝安全研究院，与董事长柯里举行会谈。2009年4月14日，国家安全生产监督管理总局局长骆琳在总局会见利宝集团执行副总裁雷明一行，骆琳对利宝集团多年来给予中国安全生产工作的关心和支持表示感谢，对雷明本人为推动双方合作所作出的长期努力和贡献予以高度评价。国家安全生产监督管理总局副局长杨元元率团于2011年9月3日考察利宝安全研究院，与利宝集团交流研讨，利宝集团高级副总裁李文博士始终陪同。

三、开展安全与保险方面的课题研究

2004年7月12日下午，利宝集团主席、首席执行官兼总裁柯里在北京人民大会堂福建厅受到总理温家宝的接见（国家安全监管局局长王显政，外交部副部长张业遂，中国保监会主席吴定富，国家安全监管局黄毅、林一胜、柏然，外交部秦敏等陪同会见）。接见时，总理温家宝建议利宝集团发挥互助保险方面的专长，就建立完善的保险机制改善中国安全生产状况做些工作和研究。利宝集团接受总理温家宝的指示，积极承担了课题研究任务，组织了一批国外专家学者，成立课题研究组，开展对国际上有关安全生产和保险制度的分析对比，特别是对澳大利亚、德国、日本、阿根廷和美国等国家的做法和经验进行研究、分析，试图找到通过工商保险机制促进生产安全事故下降的思路和建议。其间，课题组专家多次来华，走访中央和地方的有关部门、企业，了解情况，听取意见。利宝集团总裁柯里于2005年12月6日访问国家安全生产监督管理总局，与副局长孙华山交换意见。历时两年，于2006年底形成了《发展保险制度，改善中国安全生产》课题研究报告。2007年5月31日，利宝集团执行副总裁雷明一行受集团总裁柯里的委托来华，带来了该集团完成的课题研究报告。根据温家宝总理办公室的授权，国家安全生产监督管理总局局长李毅中、副局长孙华山会见了雷明一

行，接受了题为“发展保险制度，改善中国安全生产”的课题研究报告，并感谢利宝集团在保险制度（包括社会保险和商业保险）和中国安全生产方面的研究和努力，表示将把报告转呈温家宝总理。

四、联合召开“发展保险制度，促进安全生产”研讨会

2008 年 4 月 9 日，由国家安全监管总局政法司、国际合作司、美国利宝集团共同主办的“发展保险制度，促进安全生产”研讨会在北京举行。会议旨在交流近几年对国内外发展保险制度，促进安全生产方面的研究成果和在实践中积累的经验，探讨下一步在安全生产领域引入保险机制的思路和措施。会议由柏然主持，副局长孙华山和司长黄毅、巡视员陈光、专员杨庆生及美国利宝集团副总裁李文博士、利宝集团特聘专家彼特·巴斯教授参加会议。研讨会上，利宝集团高级副总裁作了题为“保险与职业伤亡的减少”的报告；巴斯教授作了题为“大力发展保险，改善安全生产”的演讲，重点对美国、日本、德国、澳大利亚、阿根廷和中国的情况进行了系统的研究分析，从宏观上和实践上对保险制度推动安全生产进行了论证。重庆、河南、天津、山东等省（直辖市）安全监管局负责人就各地安全生产责任保险推行情况和实施效果进行了介绍；中国煤炭工业劳动保护科学技术协会负责人介绍关于安全生产责任保险的课题研究成果；中盛国际保险经纪有限公司负责人介绍了高危行业安全生产责任保险课题研究成果。副局长孙华山发表讲话时指出：在安全生产领域特别是高危行业发展保险制度，引入保险机制，对于加强安全生产工作，促进安全生产形势稳定好转，具有十分重要的意义。当前中国安全生产形势依然严峻，需要全方位采取措施进行综合治理；引入保险机制，对于加强安全生产工作具有重要的促进作用；利用保险机制加强安全生产工作是国际上较为通行的做法，实践证明行之有效，要充分认识发展安全生产责任保险的重要意义。孙华山还强调：要积极推进安全生产责任保险工作的深入开展。坚持立法强制、政策引导和市场化运作的基本原则，并在全面推行工伤社会保险的基础上，在高危行业积极推进安全生产责任保险。探索建立安全生产与保险业良性互动机制，为安全生产工作服务。在煤炭行业进一步推进安全生产责任保险，逐步推广到其他高危行业，同时，把预防作为安全生产领域引入责任保险工作的重点，进一步强化安全生产基础。加强探索安全生产风险抵押金与安全生产责任保险产品的转换，建立政府安全生产保障基金。国家安全生产监督管理总局、国家煤矿安全监察局有关司局领导、来自全国 20 多个省、直辖市、自治区安全监管局、10 多个煤矿安监局有关负责人，美国工伤保险和职业安全健康专家及部分保险公司的负责人共 100 余人参加会议。

第二节　与美国陶氏化学公司的交流合作

一、签署合作文件，开展危险化学品安全管理示范合作

为落实《危险化学品安全管理条例》等危险化学品安全管理法律法规及标准的有关规定，增强安全意识，提高中小企业的危险化学品安全管理水平，国家安全生产监督管理总局和美国陶氏化学公司（简称陶氏化学）于2005年10月13日在北京签署意向书（意向书由危化司司长王浩水和陶氏化学全球副总裁签字，国际司司长柏然全面协调），双方合作开展危险化学品安全管理示范。意向书确定以下内容：

（1）合作项目名称为“危险化学品安全管理示范项目”，合作期限自2006年1月至2008年12月，为期三年。

（2）项目管理：国家安全生产监督管理总局危化司对本项目全面负责，项目具体内容由危化司和陶氏化学共同协商确定。陶氏化学为本项目每年提供200万元人民币，总额600万元人民币的无偿赠款。中国化工安全卫生技术协会为本项目资金管理机构，在危化司和陶氏化学的指导下负责本项目的资金管理，并定期向危化司和陶氏化学提供报告。国家安全生产监督管理总局化学品登记中心为本项目的执行机构，负责项目的日常管理、组织实施。

（3）本项目将在全国范围内选择生产、储存、运输、使用危险化学品有代表性的中小企业，按照项目的目标和要求进行试点，促进企业强化安全意识、规范危险化学品安全管理，开展安全标准化审核，取得经验，以便推广。

（4）危化司和陶氏化学在三年计划的框架内，于每年11月30日前商定下一年度合作项目的具体内容。三年计划书与年度具体工作内容以备忘录的形式予以确定。

二、组织实施危险化学品安全管理示范项目

（1）确定重点地区，选择示范企业。根据中国氯碱、合成氨企业分布情况，自2006年至2008年，从17个重点地区，共选择了50家生产、储存、运输液氯、液氨的中小企业进行试点。其中，2006年在山东、江苏、河北、河南和湖北5个省选取了19家生产、储存、运输液氯、液氨的中小企业进行试点。2007年在内蒙古自治区、浙江省、江西省、河南省、四川省、重庆市6个省（区、市）选取了14家生产和运输液氯、液氨的中小企业进行试点。2008年在天津、

辽宁、黑龙江、安徽、福建、云南6个省（市）选取17家生产、运输液氯、液氨等中小型企业进行试点。

（2）开展项目培训。每年一季度，召开合作项目工作会议，试点企业的主要负责人或分管负责人、安全管理部门负责人，以及试点企业所在地的省级安全监管部门和市级安全监管的相关人员参加会议。在工作会议上，讲解危险化学品从业单位安全标准化规范，开展安全标准化工作的程序、内容和要求；氯碱、合成氨企业安全生产管理，工艺安全与事故分析等方面的培训。美国陶氏化学公司的氯碱专家和环境健康安全管理专家介绍陶氏化学环境健康安全体系及理念，系统讲解氯的生产及储存工艺安全。

（3）组织考察学习。在2006年，组织试点企业及省安全监管局等有关人员赴美国和加拿大陶氏化学所属企业进行实地考察，实际了解陶氏化学在工艺安全管理、风险评估、运输安全、应急响应等方面的经验和做法。2007年，组织试点企业及省安全监管局等有关人员赴陶氏化学（张家港）有限公司（陶氏独资企业）进行现场考察学习。

（4）组织专家对试点企业进行现场咨询指导。为使试点企业更好地了解美国陶氏化学公司的安全管理理念和管理方法，组织具有氯碱、合成氨生产安全管理经验、熟悉企业安全管理和安全标准化方面的专家，深入试点企业进行现场咨询指导，帮助试点企业对照有关安全生产法律法规、标准和安全标准化规范十大要素，认真查找存在的问题和隐患，提高安全管理水平。通过专家现场检查和指导，2006年9月，对12家试点企业共提出改进建议400项；2007年6月，对14家试点企业共提出改进建议600余项。2008年8月，化学品登记中心组织2个专家组，到辽宁、黑龙江、福建、安徽等省（市）试点企业现场咨询指导。专家在企业提供咨询服务过程中，将陶氏化学先进的安全管理理念和做法与国内企业安全生产实际情况相结合，对试点企业安全生产管理人员进行安全意识培训，效果很好，深受企业欢迎。

（5）指导试点企业开展化学事故应急演练。根据合作项目计划，2007年10月，根据国家安全生产监督管理总局发布的《生产经营单位安全生产事故应急预案编制导则》和《危险化学品事故应急救援预案编制导则（单位版）》，结合美国陶氏化学公司应急救援的好做法，指导试点企业开展化学事故应急救援演练。

（6）组织氯碱、合成氨试点企业开展安全标准化工作。通过集中培训和现场咨询，指导氯碱、合成氨试点企业掌握危险化学品从业单位安全标准化规范的内容和要求，制定本单位开展安全标准化的工作计划，组织全员参与安全标准化工作；修订完善各项管理制度、操作规程，对设备设施和作业活动进行危险辨识和风险评估，建立以风险管理为基础的安全标准化管理体系。

（7）推动危险化学品运输企业安全标准化工作。鉴于近年来国内危险化学品运输环节事故多发，加强合作项目对危险化学品运输环节安全管理的指导性，2006 年和 2007 年共选择三家危险化学品运输试点企业，编制了《道路危险货物运输企业安全检查项目内容明细表》，对运输企业安全管理及车辆状况进行检查，针对运输企业安全管理存在的问题和薄弱环节，提出改进建议。为企业管理人员、危险化学品运输车辆司机和押运员进行“危险化学品基础及化学事故应急处置”方面的培训。通过开展示范项目活动，运输试点企业加强了对运输车辆进行检查，完善安全设施、装备和安全警示标识，加强驾驶员和押运员培训和管理，消除安全行车隐患，完善安全管理制度，建立安全责任制，加强企业自身的安全管理。

（8）对试点企业进行合作项目验收和安全标准化考核。2006 年 10 月至 2007 年 1 月，组织专家对 2006 年度各试点企业进行合作项目验收，对生产、储存试点企业进行安全标准化考核。2006 年度 19 家试点企业已经全部通过项目验收，其中有 10 家试点企业经过国家安全生产监督管理总局核准为安全标准化一级企业，分别于 2006 年 11 月和 2007 年 10 月，在广州市召开的全国危险化学品和烟花爆竹安全生产监管工作座谈会和在重庆召开的危险化学品安全标准化座谈会上，由国家安全生产监督管理总局领导为这 10 家试点企业颁发了安全标准化一级企业证书。2007 年度 14 家试点企业中已经有 12 家试点企业通过了合作项目验收。

（9）翻译美国氯碱协会《氯安全管理手册》。为更好地学习借鉴和消化吸收美国氯气安全管理的成熟经验，陶氏化学利用自身是美国氯协会理事单位的优势，积极与美国氯协会协调沟通，向国家安全监管总局无偿提供了全套的英文版美国氯安全管理，约 100 万字。危化司组织专业技术人员翻译《氯安全管理手册》，分发给试点企业及试点企业所在省（区、市）安全监管部门参考使用。《氯安全管理手册》对中国加强氯碱企业安全管理具有重要的参考价值。

三、合作项目取得的初步成效

（1）通过合作项目开展的教育培训、企业试点、化学事故应急救援演练等活动，学习和借鉴国际大型企业化学品安全管理的先进理念和做法，培养一批危险化学品安全管理示范企业，促进中国企业化学品安全管理水平与化学事故应急救援能力的提高，并为实现政府与企业之间的更好沟通与合作做出有益的探索和努力。

（2）试点企业结合本企业实际学习跨国化学公司的先进经验，建立起科学的安全标准化管理体系，逐步形成自我约束、持续改进的安全生产管理长效机制。2006—2007 年，共有 33 家试点企业开展了安全标准化工作，其中有 10 家试点企业成为安全标准化一级企业。

（3）通过参与合作项目，试点企业初步掌握了风险评估等先进的安全管理方法，提高了安全隐患和潜在危害因素识别能力，对预防液氯、液氨事故发挥了积极作用。

（4）全面了解美国氯气安全管理的主要标准和安全管理方法，对完善中国氯气安全管理标准和规范，提高氯碱企业安全管理水平，遏制氯气泄漏事故将发挥积极作用。

第三节　与美国杜邦公司的交流合作

美国杜邦公司成立于 1802 年，是一家科技型企业，是世界 500 强企业之一，经营范围涉及化工、材料、能源等众多领域。杜邦公司在世界上最早制定安全章程，并最先提出“所有事故都是可以预防的”安全理念。杜邦公司遵循“安全健康、保护环境、职业道德操守、尊重他人与平等待人”的企业核心价值观，奉行可持续发展。该公司一直关注中国安全生产和职业健康工作，与国家安全生产监督管理总局有着较多的交流与合作。2004 年，杜邦公司与国家安全生产监督管理局联合举办“石油化工行业安全健康高级研讨会”，中石化、中石油、中海油等主要石油化工企业安全主管部门的总经理和技术人员就生产场所安全管理举行了研讨，并介绍和分享好的经验。2005 年 5 月，副局长王显政在北京会见了杜邦公司全球副总裁库曼。库曼表示，杜邦公司愿意在安全技术和安全培训等方面与中方进一步合作，协助中国改善安全生产状况。2005 年 6 月，国家安全生产监督管理总局国际交流合作中心与杜邦公司签署了《关于推广杜邦安全培训观察课程（STOP）合作协议》，双方合作在北京、天津、成都、包头和鞍山等地，为机关、企业组织举办了 20 次杜邦安全生产管理与安全文化主题报告会，扩大了杜邦安全管理文化的影响力。在此期间，杜邦公司与国家电网公司建立合作关系，签署合作协议，国家电网公司所属地方电力企业应用并普及包括 STOP 在内的杜邦安全管理方法，取得明显成效。2005 年 9 月，杜邦公司在第十七届世界职业安全与健康大会上率先提出《世界安全宣言》，呼吁企业“做出切实的改变，尽一切可能提高安全保障，降低伤害事故”。随后，多家国际企业响应杜邦公司的倡议，公开承诺在全球范围内改善工作场所安全状况。2006 年 9 月，国家安全生产监督管理总局与杜邦公司在北京举行《世界安全宣言》签字仪式。中国石油化工股份有限公司、中国石油天然气股份有限公司、中国黄金集团、中国有色矿业集团有限公司、中国建筑工程总公司、中国南方电网有限责任公司、神华集团有限公司、大同煤矿集团有限公司等 11 家大型企业的主要负责人出席签署仪式并签字，代表企业向全社会作出安全生产承诺。截至 2008 年 6 月，来自 14 个国家的 48 家企业参加了《世界安全宣言》安全承诺活动。2006 年 9 月，中国安全生产科学研究院与杜邦公司个人防护事业部签署合作备忘录。副局长孙华山出席签字仪式。备忘录旨在融合双方在安全技术和产品研究开发、安全标准制定、安全评价及安全培训方面丰富经验，重点在危险化学品的安全生产与处理和工业火灾的安全防护两个方面开展合作。合作的另一项重要内容是成立“工业安全咨询委员会”，由中国安全生产科学研究院和杜邦公司代表，以及相关企业和有关方面的代表组成，为双方在重大工业危害防治方面的合作提供咨询性意见和建议。双方承诺通过合作平台的建立，推进职业危害和劳动防护相关标准的研究制定和推广，建立相关检测实验室，共同开展安全咨询、培训和检测，以及产品开发等业务。自第二届中国国际安全生产论坛暨中国国际安全生产及职业健康展览会开始，杜邦公司就一直参与国家安全监管总局主办的各项重要活动，并给予很大的支持。杜邦公司借助国际论坛这一平台，广泛推介和阐释其关于安全生产的成功经验和先进理念。在第二届论坛上（2004 年 9 月），杜邦公司安全资源亚太总裁罗杰·穆尔作了题为“安全作为战略价值可改进企业的业绩表现”的演讲；第三届论坛期间（2006 年 9 月）杜邦安全与防护业务平台集团副总裁马维诺作了题为“预防、领导力、操作纪律及科学方法：安全发展的四大支柱”的演讲；在第四届论坛上（2008 年 11 月），杜邦安全管理咨询亚太区总裁贺司瑞作了题为“高效安全管理的三大要素”的演讲。杜邦公司还积极参加与论坛同期举办的展览会，大力展示其安全防护方面的先进产品和技术。2009 年 3 月 17 日，国家安全生产监督管理总局局长骆琳在北京会见杜邦公司董事长贺利得、杜邦全球副总裁及大中国区总裁苗思凯、杜邦中国区副总裁李青、杜邦安全管理咨询大中国区总经理邹飚、杜邦安全管理咨询大中国区业务经理孙江、杜邦中国区政府事务经理徐旸。骆琳赞赏杜邦公司为促进双方合作所作出的努力，希望进一步加强在安全生产领域的交流，积极拓展新的合作项目。杜邦公司为中国石油、中国石化、中国海油、淮南矿业集团、开滦集团、宝钢集团、中国铝业公司、河北电力等企业提供安全管理咨询服务。

第四节　与巴斯夫公司的交流合作

巴斯夫公司是最早与国家安全生产监督管理总局建立联系和合作关系的跨国公司之一。巴斯夫公司于2002年向国家安全监管局捐赠一套巴斯夫化学品医学救援指南。巴斯夫公司通过国际化学品制造商协会（AICM）与国家安全生产监督管理总局开展在应急救援培训和“责任关怀”推广方面的合作。2005年9月，巴斯夫公司与国家安全生产监督管理总局国际合作司签署合作备忘录，双方明确在以下方面合作：

（1）通过简报或互访的方式，交流世界及欧洲在化学品安全管理方面的信息，包括全球化学品统一分类标签制度体系即GHS和其他感兴趣的方面。

（2）向新成立的国家安全生产应急救援指挥中心提供技术和人员培训方面的协助。

（3）向国家安全生产监督管理总局举办的有关化学品安全管理方面的研讨和交流会提供支持。

（4）国家安全生产监督管理总局向巴斯夫公司通报中国化学品安全管理的新法规。

（5）支持巴斯夫公司在南京或上海建立化学品运输应急救援示范项目。

2005年9月23日，巴斯夫公司与国家安全生产监督管理总局联合在北京凯宾斯基饭店举办“化学品运输安全和应急救援研讨会”，国家安全生产监督管理总局副局长孙华山出席会议，国家安全生产监督管理总局国际合作司、监管二司、危险化学品安全监管司、应急指挥中心、安全生产科学研究院等单位主要负责人与巴斯夫公司高管及专家参加会议，交通部和公安部有关部门负责人也应邀参加会议。会议围绕“欧洲道路运输安全及内河运输安全管理法规体系及目前的做法”“欧洲道路运输事故信息及应急救援系统（即TUIS系统）介绍”“危险化学品运输安全控制措施”“巴斯夫在中国对危险化学品运输商的安全管理和审核制度”等议题进行深入研讨交流。司长林一胜和巴斯夫公司大中华地区董事总经理关志华分别主持研讨会。

2006年6月1日，巴斯夫公司与上海市安全监管局等部门合作，在上海化工园区成功举办了大规模的化学品应急救援演练。2006年11月2日，国家安全生产监督管理总局局长李毅中在总局会见巴斯夫集团执行董事薄睦乐，双方就加强进一步交流与合作交换意见［国际合作司柏然、政法司黄毅、危化司王浩水、应急指挥中心李万疆参加会见；巴斯夫公司方面有巴斯夫公司大中华区董事长关志华、巴斯夫公司中国首席代表兼中国欧盟商会副主席伍德克、巴斯夫（中国）有限公司政府及公共事务高级经理熊怒云参加会见］。

2007 年 6 月 18 日，巴斯夫公司与国家安全生产监督管理总局就在化学品运输应急救援方面开展合作进行磋商，并签署会谈纪要。

（1）交流化学品运输事故应急救援方面的做法和经验：巴斯夫公司向国家安全生产监督管理总局介绍其在国际上开展应急救援活动中所取得的成功经验，包括其在德国的运输事故信息和救援体系（TUIS）；双方以各种形式（信息交流、座谈会、考察等）共同研讨适合中国国情的化学品运输事故应急救援体系。

（2）巴斯夫公司向国家危险化学品登记中心介绍应急救援指示卡(ERICards)，巴斯夫公司对危险化学品登记中心将应急救援指示卡引入中国的应急救援数据库提供支持。

（3）巴斯夫公司邀请国家安全生产应急救援指挥中心官员和专家赴欧洲考察培训，人员来自应急救援指挥中心和国家化学品救援基地，总共 20 人，将访问欧洲化工协会、考察巴斯夫公司总部，就应急救援开展交流，观摩巴斯夫公司的 TUIS 运作并参加有关运输事故应急救援管理和技术的短期培训。考察 TUIS 的其他主要成员公司，观摩其 TUIS 运作，考察德国应急救援先进设备和技术供应商。

（4）巴斯夫公司支持国家安全生产监督管理总局主办的中国国际安全生产应急管理论坛，巴斯夫公司赞助该论坛；巴斯夫公司派遣总部专家介绍巴斯夫公司的应急救援和化学品救援；巴斯夫公司参加应急救援技术展览。

（5）巴斯夫公司支持化学品救援基地的培训：应急救援指挥中心组织化学品救援基地救援人员参加在巴斯夫化工有限公司举办的化学品救援培训或观摩(2007 年 7 月 16 日至 8 月 3 日)，巴斯夫公司提供本次培训的培训计划、培训师、培训场地和器材，巴斯夫公司和应急救援指挥中心评估此次培训的成果，制定未来培训方案。参加会谈人员：国家安全监管总局国际合作司副司长柏然、应急救援指挥中心副主任李万疆、国际合作司处长王清华、应急指挥中心指挥协调部主任王晋中、应急指挥中心技术装备部主任高广伟、指挥中心综合部办公室主任黄坤福、化学品登记中心主任助理郭秀云。巴斯夫公司参加会谈的主要人员有巴斯夫（中国）有限公司总监孙维德、责任关怀高级经理雷平妹、联络部高级经理熊怒云、应急响应经理赵蒙。

第五节　境外中资企业安全监管

一、境外中资企业安全生产监督检查

商务部、国家安全监管总局、外交部、发展改革委、住房城乡建设部、国资委于2013年1月11日联合印发《关于开展境外中资企业安全生产质量大检查专项行动的通知》(商合函〔2013〕11号)，定于2003年1月至3月组织开展境外中资企业安全生产质量大检查专项行动。

（一）总体要求

深入贯彻落实科学发展观，全面树立安全发展理念，以预防为主、加强监管、提升质量、落实责任为重点，进一步增强企业的守法意识和对境外安全生产重要性的认识，加强企业安全生产基础建设，完善境外安全生产管理措施，提高管理水平，全面排查境外生产安全隐患，减少境外生产安全事故，提升境外工程质量，促进境外安全生产形势持续稳定好转，保障“走出去”事业健康可持续发展。

（二）组织领导

成立境外中资企业安全生产质量大检查专项行动领导小组（简称领导小组），商务部部长陈德铭任组长，商务部国际贸易谈判代表（正部长级）兼副部长高虎城任常务副组长，商务部副部长陈健和国家安全监管总局副局长孙华山任执行副组长，外交部纪委书记谢杭生、发展改革委副主任张晓强、住房城乡建设部副部长郭允冲、国资委副主任黄淑和任副组长。领导小组办公室设在商务部合作司，负责专项行动的日常工作。各地商务、安全监管部门牵头成立地方专项行动领导小组。

（三）行动措施

1. 贯彻境外安全生产各项规定

组织企业学习《对外承包工程管理条例》(国务院令第527号）和国家安全监管总局、外交部、商务部、国资委《关于加强境外中资企业安全生产监督管理工作的通知》(安监总协调字〔2005〕113号）等有关文件及境外企业所在国关于安全生产的法律法规，认真对照检查，查找不足，完善境外安全生产质量管理的各项规章制度，建立健全境外安全生产预警监控体系和安全生产事故应急处理机制。

2. 加强境外安全隐患排查治理

组织本地区（或下属）企业对所有境外项目进行全面排查，查找安全生产管理漏洞和薄弱环节，及时采取措施消除事故隐患。重点做好重大境外投资合作项目，以及煤矿、非煤矿山、建筑施工、能源化工等事故易发、多发领域的事故隐患排查，保证境外工程质量。

3. 落实企业境外安全生产主体责任

强化落实企业法定代表人切实履行安全生产第一责任人的职责，确保其境外企业的各项安全生产管理措施落实到位。对故意违反安全生产管理规定，瞒报、谎报生产安全事故，以及发生较大及以上生产安全事故或造成其他严重后果的，严格按照有关法律法规及境外安全生产管理规定进行处罚，同时，按规定不予受理其对外经济技术合作专项资金的申请。

4. 强化境外安全生产培训

认真贯彻落实《国务院安委会关于进一步加强安全生产培训工作的决定》（安委〔2012〕10 号），牢固树立“安全培训不到位是重大安全隐患”的意识，督促企业建立健全对境外安全生产管理和施工人员的安全培训制度，加强安全生产教育，提高安全生产意识和技能，确保做到不培训不上岗。

（四）任务安排

1. 动员部署

2013 年 1 月，各地专项行动领导小组向本地区企业通报境外安全生产形势和生产安全事故典型案例，部署专项行动的工作任务。

2. 自查自纠

2013 年 1 月，各地专项行动领导小组组织企业开展境外安全生产质量自查自纠活动，查找安全生产管理漏洞和施工质量问题，消除事故隐患，完善境外安全生产和质量管理制度。中央企业自行组织开展自查自纠活动。

3. 督导检查

2013 年 2 月，各地专项行动领导小组对本地区企业境外安全生产情况进行检查，对违反境外安全生产规定、对外影响恶劣的企业，按照有关规定予以处罚。中央企业由领导小组办公室负责检查。

4. 总结报告

2013 年 3 月上旬，各地专项行动领导小组及中央企业将专项行动总结报告连同加强境外安全生产工作的意见建议报送领导小组办公室。

5. 情况通报

2013 年 3 月下旬，领导小组办公室向各地通报专项行动开展情况及对违规企业的查处情况。

6. 境外巡查

专项行动期间，各地专项行动领导小组可赴国外对本地区企业境外安全生产情况进行检查；各驻外使（领）馆对驻在国的中资企业开展安全巡查，指导企业加强安全生产工作，对发现的问题及意见建议及时报国内。

二、境外中资企业、合作项目安全事件应急响应和处置规定

商务部、外交部、住房和城乡建设部、国家卫生和计划生育委员会、国务院国有资产监督管理委员会、国家安全生产监督管理总局于2013年7月1日印发了《对外投资合作境外安全事件应急响应和处置规定》(商合发〔2013〕242号)。具体规定如下：

第一章　总　　则

第一条　为建立健全对外投资合作境外安全事件应急响应和处置机制，规范境外安全事件处置程序，保障境外中资企业机构和人员的生命财产安全，促进对外投资合作健康可持续发展，依据《对外承包工程管理条例》《对外劳务合作管理条例》《境外中资企业机构和人员安全管理规定》等文件，制定本规定。

第二条　本规定所称“对外投资合作企业”，是指在中华人民共和国境内依法设立的开展境外投资、对外承包工程和对外劳务合作等对外投资合作业务的企业。

第三条　本规定所称“境外中资企业机构和人员”，是指对外投资合作企业在境外设立的企业、机构和派出的人员。

第四条　本规定适用于对境外中资企业机构和人员生命财产安全构成威胁或造成损失的境外安全事件的处置工作，包括战争、政变、恐怖袭击、绑架、治安犯罪、自然灾害、生产安全事故和公共卫生事件等。

第五条　境外安全事件处置遵循“以人为本、依法办事、预防为主、安全第一”的原则。

第二章　处　置　责　任

第六条　境外安全事件由境外中资企业机构在驻外使（领）馆指导下进行处置。

第七条　对外投资合作企业负责人是境外安全管理的第一责任人，对境外中资企业机构和人员预防和处置境外安全事件承担领导责任。

第八条　驻外使（领）馆负责指导境外中资企业机构开展具体处置工作，

并妥善协调处理善后事宜。在未建交国家和地区发生的境外安全事件，由代管驻外机构负责指导和协调。

第九条　外交部会同商务部向驻外使（领）馆发布境外安全风险预警，指导驻外使（领）馆协助处置对外投资合作境外安全事件，依据职责维护境外中资企业机构和人员的安全与合法权益。

第十条　商务部负责向对外投资合作企业发布境外安全风险预警，建立健全对外投资合作境外安全事件预警、防范和应急处置机制，制定突发事件应急预案，指导企业做好安全风险防范和境外事件的处置、商务合同的善后、索赔等方面工作，以及境外中资企业机构人员回国后的权益保障等后续工作。

第十一条　住房城乡建设部负责配合商务部指导对外承包工程企业做好境外生产安全事故的应急处置工作。

第十二条　卫生计生委负责配合商务部指导对外投资合作企业做好各类突发事件卫生应急工作，必要时派专家赴境外指导做好医学救援、伤病员转运回国和疫情防控等相关工作。

第十三条　国资委负责配合商务部指导和督促中央企业做好境外安全事件的处置工作。

第十四条　安全监管总局负责配合商务部指导对外投资合作企业做好生产安全事故的处置工作，依法查处违反安全生产规定的对外投资合作企业，必要时派专家赴境外指导、协助开展事故调查。

第十五条　各地商务、外事、住房城乡建设、卫生、国资、安全监管等部门应按照职责分工对本地区对外投资合作企业境外安全事件的处置工作进行监督检查。

第三章　应　急　响　应

第十六条　境外安全事件发生后，境外中资企业机构应第一时间向驻外使（领）馆和对外投资合作企业报告情况，并在驻外使（领）馆指导下做好现场处置工作。

第十七条　驻外使（领）馆指导境外中资企业机构开展处置工作，并向对外投资合作企业注册地省级人民政府和商务部、外交部、住房城乡建设部、卫生计生委、国资委、安全监管总局等有关部门报告，提出事件处置的意见建议，包括必要时请国内派工作组赴前方指导协调。

第十八条　驻外使（领）馆经商处（室）应立即向驻在国所有中资企业机构通报境外安全事件情况，做出加强安全预防的工作部署，提出工作要求。商务部向各地商务主管部门和中央企业发出预警。

第十九条 对外投资合作企业注册地省级人民政府主管部门应按照驻外使（领）馆的意见建议和上级主管部门的要求，督促和指导对外投资合作企业妥善处置境外安全事件，视情派工作组赴境外开展工作。

第二十条 对外投资合作企业应按照地方人民政府主管部门的要求和驻外使（领）馆的意见和建议，指导境外企业机构做好处置工作，并提供人员和资金保障。

第四章 处 置 程 序

第二十一条 战争、政变等境外安全事件发生后，驻外使（领）馆应立即将情况报外交部、商务部等有关部门，启动境外安全事件应急处置预案，如情况危急，协助境外中资企业机构和人员撤至安全地区。

境外中资企业机构和人员应按照驻外使（领）馆统一指挥，采取安全防范和应对措施，并按照驻外使（领）馆的建议决定是否撤离至安全地区。

第二十二条 恐怖袭击、绑架、治安犯罪等境外安全事件发生后，驻外使（领）馆应为境外中资企业机构和人员提供必要领事保护，并要求驻在国政府有关部门保障当地中资企业机构和人员的安全。

境外中资企业机构和人员应及时向当地警方报警，并采取措施开展伤员救治、人员转移、资产保护等现场处置，做好相关人员及受害者家属的安抚工作，并及时向驻外使（领）馆报告势态发展和处置情况，服从使（领）馆的统一部署和指挥，配合做好对外协调与联络、信息发布和媒体应对等相关工作。

第二十三条 自然灾害、生产安全事故、公共卫生事件等境外安全事件发生后，驻外使（领）馆应指导境外中资企业机构妥善应对，协调驻在国主管部门在人员救治、转移、安置等方面为境外中资企业机构和人员提供协助，并视情请我援外医疗队参与驻在国中资企业机构和人员的医疗救治和疫情防控工作。

境外中资企业机构应积极采取措施组织救援，力争将人员伤亡和财产损失降到最小，妥善处理相关善后事宜，并向驻在国主管部门报告情况。

第五章 工 作 要 求

第二十四条 境外中资企业机构首次进入驻在国市场，应到驻外使（领）馆经商处（室）备案，并定期汇报业务开展情况和有关工作。

第二十五条 对外投资合作企业应建立专门的境外安全管理机构，落实境外安全事件处置责任，并要求境外中资企业机构制定境外安全事件应急处置预案，定期进行应急演练，视情做好应急物资储备。

第二十六条　境外中资企业商（协）会应为其会员企业处置境外安全事件提供帮助。

第二十七条　驻外使（领）馆经商处（室）应定期对所在国中资企业机构境外安全管理制度落实情况进行检查，并督促其加强安全防范措施。

第二十八条　各地商务、外事、住房城乡建设、卫生、国资、安全监管部门应指导对外投资合作企业将境外安全事件处置工作列入企业和负责人考核的内容。对于在境外安全事件应急处置等方面存在明显疏漏的企业，相关部门要依法给予处罚并追究有关领导和人员的责任。

三、境外中资企业安全生产日常监管

商务部、安全监管总局、外交部、发展改革委、国资委于 2014 年 5 月 12 日联合发出通知（商合函〔2014〕226 号），部署境外中资企业日常性的安全生产监督管理工作。

（一）境外中资企业安全生产的重要性

境外中资企业安全生产是中国安全生产工作的重要组成部分，是对外投资合作企业安全生产管理工作在境外的延伸，事关“走出去”战略的顺利实施，事关国家形象和双边关系。党中央、国务院高度重视境外中资企业安全生产工作，要求加强对境外中资企业安全生产工作的管理，严格依法落实境外安全生产责任。有关部门、企业、商会及驻外使（领）馆、处要充分认识企业境外安全生产的重要性，从深入贯彻落实科学发展观的高度，树立以人为本、安全发展的理念，坚持践行正确义利观，全面提高境外中资企业安全生产管理水平，保护境外中资企业合法权益和在外人员的生命财产安全。

（二）企业境外安全生产责任

国内企业通过独资或控股等方式在境外设立的企业或机构，以及对外承包工程企业派到境外的项目施工单位，其安全生产由国内投资主体或对外承包工程企业负责管理和监督。

对外承包工程企业将工程项目分包的，应当与分包单位签订专门的安全生产管理协议，并对分包单位的安全生产负总责。

对于非中方控股的境外合资企业，国内主体企业要按照项目所在国（地区）有关法律法规和与外方所签合资合作协议的约定，积极配合控股方做好安全生产管理工作。

（三）提高境外中资企业安全生产管理水平

1. 严格遵守法律法规

国内主体企业要严格贯彻执行《对外承包工程管理条例》(国务院令第527号)、《境外中资企业机构和人员安全管理规定》(商合发〔2010〕313号）和国家关于境外安全生产管理的各项规章制度，按要求做好对境外企业安全生产的指导和监督。境外企业要遵守所在国（地区）的安全生产法律法规，严格执行各类安全生产技术标准和规定，接受所在国（地区）安全生产监督管理部门的监督和管理。

2. 建立健全境外安全生产制度

国内主体企业应建立境外安全生产管理机构，配备专职安全管理人员，明确责任分工，制定境外安全生产管理、监督和考核的制度和办法，针对所在国(地区）的法律法规、技术水平、气候、地理环境和风俗民情等情况，制定有针对性的安全生产工作方案，规范各项工作程序，定期对境外企业的安全生产情况进行检查，排查和消除事故隐患。境外企业应建立以企业安全生产标准化为基础的安全生产管理体系，成立专门的安全生产管理机构，配备相应的专职安全生产管理人员，加强现场安全生产的管理和检查，实现持续改进，定期向国内主体企业报告安全生产状况。

3. 建立预警监控和应急处置机制

国内主体企业应建立安全生产预警监控体系，从前期评估、项目管理到现场实施，逐级监控可能存在的安全风险，及时发布安全预警；必要时须要求境外企业停产整顿，做到不安全不生产。境外企业应加强与中国有关驻外使(领）馆、处的沟通联系，建立健全应急协作机制，制定针对性强、切实可行的安全生产事故应急预案，并通过定期演练不断加以完善，切实提高应急处置能力。

4. 加大境外安全生产投入

国内主体企业应设立境外安全生产管理专项资金，保障境外安全生产管理及突发事件处置等各项工作的开展和实施；国内主体企业要根据国际通行做法为派出人员投保意外伤害保险，提高化解境外安全风险的能力。境外企业要成立专职或兼职应急救援队伍，配备必要的应急救援器材和设备，不断提高生产施工现场安全管理的规范化和精细化水平，切实做好安全生产工作。

5. 加强安全生产教育培训

国内主体企业应建立健全境外企业单位安全教育培训制度，加强对赴境外从业人员的安全生产教育培训，提高从业人员的安全素质和境外安全生产水平。境外企业单位负责人和安全生产管理人员必须经安全培训考核并取得相应的安全资格证或合格证后，方可任职；特种作业人员必须经专门的安全技术培训并取得特种作业操作证后，方可上岗作业；其他从业人员必须经安全生产教育培训合格后，方可上岗作业。国内主体企业及境外单位要加强各类从业人员的安全培训考核管理，确保培训到位和持证上岗。境外企业和单位要定期开展人员（含当地雇员）安全教育，及时改进安全措施；不断提高所有作业人员的安全生产意识和操作技能，增强自我防护能力和应急处置能力。

（四）妥善处理境外生产安全事故

境外生产安全事故发生后，境外企业单位应在第一时间向中国驻所在国使（领）馆和国内主体企业报告。在未建交国家和地区发生境外生产安全事故，境外企业单位应向中国代管驻外机构和国内主体报告。驻外使（领）馆、处和国内主体企业接到报告后，应按照《对外投资合作境外安全事件应急响应和处置规定》，及时将事故情况和项目情况向国内主体企业所在地省级地方人民政府报告，并抄报商务部、国家安全监管总局和外交部；经国家发展改革委核准的境外投资项目发生生产安全事故的，同时抄报国家发展改革委；国内主体企业为中央企业的，同时抄报国务院国资委。

境外生产安全事故发生后，境外企业单位应立即采取措施组织救援，力争将人员伤亡和财产损失降到最低，并迅速展开相关善后事宜的处理工作；驻外使（领）馆、处负责对境外生产安全事故的处置给予指导和协调。

对项目所在国政府有关部门开展的事故调查，境外企业单位要积极予以配合。

境外企业单位要在中国有关驻外使（领）馆、处的指导下，按照所在国（地区）的法律法规对生产安全事故开展调查和处理；如需赔付相关损失的，应认真履行赔付责任，避免损害相关各方利益，并依法维护自身权益。

（五）相关要求

各级商务、安全监管、外事、发展改革和国有资产管理部门要根据本地区对外投资合作业务发展情况，制定、完善境外安全生产监督管理的制度规定、境外安全风险预警和突发事件应急处理机制，要求国内主体企业完善境外安全生产管理措施办法，加大安全生产投入，定期对境外企业单位安全生产工作开展检查，及时妥善处置各类境外生产安全事故。

各驻外使（领）馆、处应高度重视驻在国（地区）中资企业安全生产管理和监督，指导和督促企业贯彻落实各项规定，特别是要指导、协助境外企业单位妥善应对和处置生产安全事故等突发事件，及时向国内报告情况，提出意见建议，开展对外交涉。

有关行业组织要制定行业安全生产自律规范，定期组织培训，安排会员企业相互交流境外安全生产管理经验，推动企业不断提高境外安全生产管理水平。

第九章　国际性会议

第一节　中国国际安全生产论坛暨中国国际安全生产及职业健康展览会

中国国际安全生产论坛暨中国国际安全生产及职业健康展览会于2001年由新成立的中国国家安全生产监督管理局发起，与国际劳工组织共同主办，集理论研究、学术交流、权威发布、科技展示为一体，是中国安全健康领域国际交流与合作的最大最重要平台。

一、首届中国国际安全生产论坛暨中国国际安全生产及职业健康展览会

（一）发起与创办

首届中国国际安全生产论坛暨中国国际安全生产及职业健康展览会由新成立的国家安全生产监督管理局外事司副司长林一胜和外事中心主任柏然共同发起，并组织外事司和外事中心研究设计。2001年4月25日，外事司和外事中心联合向国家安全生产监督管理局局长张宝明提出《关于筹办首届中国国际安全生产论坛、中国国际安全生产及职业健康技术及设备展览会的请示》，2001年4月28日，局长张宝明在请示报告上作出批示："拟同意，此事我局首办，一定要做好工作，可以扩大协办单位，特别是有关部委和行业协会。请外事司和外事中心拿出方案，要组织好、筹备好、落实好研讨和展览的相关事宜，要办出实效，取得推进安全监管、合作、交流的成果。"2001年5月16日，局长张宝明签发（安监管函字〔2001〕13号）文件，向国家科技部报送《关于举办首届中国国际安全生产及职业安全卫生论坛暨技术与设备展览的请示》。科技部于2001年6月8日予以批复（国科外申字〔2001〕0587号），"同意你局于2002年10月在北京举办中国国际安全生产及职业安全卫生论坛暨技术与设备展览。会期5天，外宾120人，展览面积2000平方米"。

（二）组织与筹备

新组建的国家安全生产监督管理局高度重视并举全局之力主办首届安全论坛

和展览，成立论坛和展览组委会，新任局长王显政担任组委会主席，副局长闪淳昌和国际劳工组织北京局局长庄古担任组委会副主席，外事部门林一胜、柏然担任组委会秘书长，各单位、各部门主要负责人担任组委会委员，有效推进组织筹备工作。首届论坛和展览由国家安全生产监督管理局与国际劳工组织联合主办，由国家安全生产监督管理局国际交流合作中心承办，支持单位有国家发展改革委、国家经贸委、科技部、交通部等政府部门和行业协会。论坛还得到美国利宝互助保险集团协办，展览得到贸促会冶金行业分会和德国杜塞尔多夫展览公司共同承办，会展活动得到了法国巴固工贸公司和美国柯达公司等知名企业的支持。首届安全论坛暨展览于 2002 年 10 月 10 日至 12 日在北京中国国际贸易中心举行。

（三）论坛及展览的主题及主要内容

本届论坛和展览的主题是“21 世纪的安全生产管理及职业安全卫生”。主要内容：

（1）事故隐患的预测与预报技术，企业安全风险评估与工程论证技术；事故预警系统及设备，危险物质检测系统及设备，企业安全风险评估、工程安全论证，以及安全生产事故的处理分析系统及设备。

（2）煤矿、金属及非金属矿山，以及冶金、石化、交通运输等行业的安全生产技术、设备及检测仪器。

（3）重特大事故的抢险救护技术、企业安全生产事故急救设备、设施及管理系统，劳动保护及职业病的预防与治疗技术和设备。

（4）安全生产及职业安全卫生的保险体系与服务，安全生产信息控制系统、计算机应用软件及网络技术与设备。

（5）国家安全生产及职业安全卫生立法与监督管理体系，企业安全生产教育与培训系统及设备，安全标识产品等。

（四）群英聚会，共商安全生产和职业健康大计

参加论坛的代表 600 多人，其中 120 位政府官员、专家学者、企业高管来自 20 多个国家和港澳台地区，480 多人来自各级安全监管部门、行业主管部门、企事业单位和科研机构。140 家国内外企业和机构展示安全健康技术、设备、产品，展览面积为 5500 平方米。中共中央政治局委员、国务院副总理吴邦国为论坛发来贺信，他指出：中国政府历来高度重视安全生产，确立了“安全第一、预防为主”的方针，始终把安全生产工作放在突出的位置来抓。要求警钟长鸣，常抓不懈。坚决防止和减少生产安全事故。希望通过这次论坛和展览会，学习借鉴国外先进经验，加强国际间的交流与合作，提高我国安全生产监督管理水平。

国家经贸委主任李荣融在论坛致辞中指出：我国政府始终强调，要坚持贯彻“安全第一、预防为主”的方针，并通过法律规范和政策导向，促进生产经营单位加大安全措施的投入，依靠科技进步，提高安全管理水平，建立安全生产的长效机制。同时要进一步扩大安全生产领域的对外交流与合作。此次论坛，对学习和借鉴国外安全生产技术和管理经验及开展国际合作具有重要意义。国际劳工组织总干事在视频讲话中提出：国际社会要加强合作，积极改善工作环境，确保劳动者安全与健康。论坛收录并发表了论文 167 篇，40 位国内外知名专家和政府高官在大会和分论坛上演讲、讨论和交流。论坛期间，国家安全监管局分别与美国劳工部副部长、英国职业安全健康执行局局长、波兰国家矿山局局长、国际劳工组织副总干事等举行高级别会谈，建立双边合作关系，签署合作备忘录。总之，第一届论坛和展览扩大了中外安全生产与职业健康文化与理念、技术与标准、法规与体系方面的广泛交流，促进中国与国际组织、外国政府部门、跨国企业开展实质性合作，推动中国安全健康事业持续发展。

二、第二届中国国际安全生产论坛暨中国国际安全生产及职业健康展览会

本届论坛和展览于 2004 年 9 月 1—4 日在北京举行，由国家安全生产监督管理局和国际劳工组织联合主办，国家安全生产监督管理局国际交流合作中心承办，美国利宝互助保险集团、美国安全委员会合办。组委会主席由国家安全生产监督管理局局长王显政担任，副主席由国家安全生产监督管理局副局长梁嘉琨、国际劳工组织北京局局长庄古、美国利宝互助保险集团副总裁李文、美国安全委员会总裁迈克米兰担任，国家安全生产监督管理局外事司副司长林一胜及国家安全生产监督管理局国际交流合作中心主任柏然担任秘书长。组委会由 4 位国际委员（波兰国家矿山局局长布拉德克、俄罗斯联邦矿山与工业监督局第一副局长鲍里斯、澳大利亚职业安全健康委员会首席执行官罗宾）和 17 位中国委员（国家安全生产监督管理局办公室主任田玉章、政策法规司司长吴晓煜、政策法规司副司长黄毅、信息与技术装备司司长杨富，国家煤矿安全监察局监察一司司长付建华、监察二司司长王树鹤，国家安全生产监督管理局监管一司司长刘成江、监管二司司长张广华、监管三司司长任树奎、人事培训司司长黄玉治、外事司副司长林一胜、国际交流合作中心主任柏然、宣教中心主任金磊夫、安全科学技术研究中心主任刘铁民、中国安全生产报社社长白海金、中国劳动保护科学技术学会秘书长向衍荪、中国劳动保护工业企业协会常务副会长苏毅勇）组成。

论坛以“安全、健康与发展”为主题，大会及开幕式于 9 月 2 日在北京人民大会堂小礼堂举行，国务委员兼国务院秘书长华建敏出席会议并讲话。华建敏

指出：我们要扩大安全生产领域对外开放，加强国际间的交流与合作，学习借鉴国外先进经验，促进我国安全生产状况稳定好转。局长王显政（本届论坛组委会主席）发表主旨演讲，他指出：人类的生存繁衍、社会文明进步、经济可持续发展，都离不开安全的生产和生活条件。没有安全保障，一切都无法实现。在人、机、环诸要素中，人是决定因素。目前制约我国安全生产状况根本好转的原因是多方面的，有生产力发展不均衡的矛盾，有结构上的矛盾，有区域经济差异的矛盾，另外，从业人员的素质结构发生变化也对安全生产工作提出了新的要求。他提出：我们要利用我们特有的政治优势、行政优势、基层组织优势和社会资源优势，只要善于发挥这些优势的作用，思路对头，扎实工作，一定能缩短西方国家经历的事故周期，把事故多发的势头遏制住。举办论坛和展览会，就是要借鉴国外成功经验，使我们不走或少走弯路。他强调：21 世纪前 20 年是实现现代化建设第三步战略目标、全面建设小康社会的关键时期。安全生产工作面临机遇与挑战，困难与希望同在。现阶段存在的问题，是发展中、前进中的问题。随着全面建设小康社会步伐加快和市场经济体制的不断完善，随着生产力水平提高，区域经济结构和产业结构趋于合理，法律法规体系日益健全，市场信用体系逐步建立，那些影响安全生产的问题终会得到解决。国际劳工组织东亚地区局局长克里斯廷致辞。会议由梁嘉琨主持。论坛开幕前，华建敏在北京人民大会堂陕西厅会见了中外方主要代表并合影留念。

参加会见并出席大会的国务院和有关部门领导有：国务院副秘书长尤权、劳动和社会保障部副部长华福周、交通部副部长徐祖远、卫生部副部长马晓伟、国家安全监管局局长王显政、副局长梁嘉琨、中华全国总工会书记处书记张鸣起、科技部秘书长张景安、中国煤炭工业协会会长范维唐、中国职业安全健康协会理事长张宝明，以及办公室主任田玉章、政策法规司司长黄毅、国际合作司副司长林一胜、国际交流合作中心主任柏然、同煤集团董事长彭建勋、外事司薛惠新，汪崇鲜，史艳萍，外交部翻译蔡悦。香港、澳门主要代表和嘉宾有香港特别行政区政府劳工处助理处长曹承显、澳门特别行政区劳工事务局局长孙家雄、香港职业安全健康局主席伍达伦、香港矽肺病补偿基金会主席黄天祥。国外主要代表和嘉宾有国际劳工组织东亚地区局局长克里斯廷、美国劳工部副部长兼职业安全健康局局长约翰·亨肖、俄罗斯联邦矿山与工业监督局第一副局长鲍里斯·克拉斯尼科、波兰国家矿山局局长沃伊西切·希拉德克、澳大利亚职业健康与安全委员会首席执行官罗宾·斯图尔德·克朗普顿、西澳大利亚州职业安全健康委员会主席妮娜·林、英国健康与安全局局长沃克、芬兰健康与社会事务部职业安全健康局局长米高·赫马拉伊、爱尔兰职业安全健康局局长汤姆·比根、南非矿山能源安全监察署署长赫莫诺、国际劳工组织北京局代理局长王纪元、美国安全委员会主席迈克·米兰、世界采矿大会国际组委会主席杜宾斯基、加拿大工业事故预防协会主席莫林·肖、日本中央劳动灾害防止协会会长和男见人、德国矿山工伤保险协会主席布鲁尔、美国利宝互助保险集团副总裁李文、美国杜邦安全管理咨询全球总裁符健士、新加坡人力资源部职业安全和健康司司长陈沛元、日本煤炭能源中心理事长安藤胜良、美国伊斯曼柯达公司副总裁海思·贝尔、德国鲁尔集团董事韦伯、法国巴固－德洛集团亚太地区副总裁艾逢时、波兰劳动保护研究院院长丹努塔、英国职业安全健康研究院院长约翰·莱西。论坛设5个分会在北京昆仑饭店举行，围绕“危险化学品安全管理”“注册安全工程师国际互认”“生产安全应急救援”“安全文化与社区安全”“企业安全质量标准化与风险评价”等议题和专题，70位国内外专家学者和政府机构领导人发表演讲，与参会代表们研讨，互动交流。论坛共征集论文170篇，会上发表并宣读论文70篇，680多名从事安全与健康管理和技术人员出席论坛，其中150名政府官员、专家学者和企业高管来自20个国家和地区，波兰国家矿山局长、俄罗斯矿山与工业监督总局副局长、英国安全健康局局长、澳大利亚职业安全健康委员会首席执行官、美国职业安全健康局局长、南非矿产资源部副部长等10位副部级官员参加本次论坛并致辞或演讲。

中国国际安全生产及职业健康展览会于2004年9月1—4日在中国国际贸易中心举行，国内外200家企业单位参加展会，展览面积7000平方米。集中展示特种劳动防护用品、安全标志产品、检测设备、呼吸器、高处防坠落产品、救生设备、矿山安全技术、特种设备防护技术、应急救援技术与装备、安全培训、技术与信息服务。现场举行个体防护演示，组织9场研讨会、报告会和洽谈会。参加论坛的国内外代表专场参观展览，与参展企业和单位交流。建设部、水利部、民航总局、中国石化集团、首钢集团、北京建工集团、中海油集团等组织人员参观展览。

（1）在论坛和展览同期，第二十届亚太地区职业安全与健康年会于8月31日至9月3日在北京长城饭店举行，亚太地区20多个国家和地区的职业安全与健康官员、管理者和专家学者齐聚北京，国家安全生产监督管理局局长王显政出席大会并致辞，中国职业安全健康协会组织承办本次年会。

（2）国家安全生产监督管理局于9月2日晚举行论坛暨展览会招待会，地点在北京之夜，用餐后观看《大中华》演出，欣赏灿烂的中国文化。邀请参会代表和参展商出席，国家安全生产监督管理局副局长赵铁锤在招待会上致辞，招待会赞助单位美国杜邦公司亚太区总裁也致欢迎辞。

（3）9月1日晚，中国安全健康协会举行招待会，并观看中国煤矿文工团演出的精彩节目。

（4）论坛暨展览的宣传报道。第二届中国国际安全生产论坛暨展览会，以及同期召开的亚太地区职业安全卫生组织第二十届年会是亚洲规模最大、规格最高的安全生产与职业健康的国际性盛会，是进行国际交流、宣传中国安全生产与职业健康工作的极好机会。一是以国家安全监管局的名义于2004年8月19日在局新落成的会议活动中心召开了论坛及展览的新闻发布会，新闻发言人黄毅和国际交流合作中心主任柏然介绍了论坛、展览及年会的背景、筹备情况并回答了记者提问。参加新闻发布会的媒体进行了相关报道。新华社发了通稿，人民日报发了消息，中央电视台经济频道、西部频道分别发了消息并作专题报道。二是《中国安全生产报》《中国劳动保护》杂志、《中国现代职业安全健康》杂志整版介绍论坛及各技术分会内容，展览会的技术特点，刊登对局长王显政、副局长赵铁锤、主任柏然及部分外国参会嘉宾和专家学者的专访文章。三是国家局政府网站跟踪报道9月1日上午展览会开幕式，重点报道9月2日论坛开幕及国务院领导会见外宾全程，并以视频、图片、新闻通稿、领导讲话等形式进行全方位报道。

三、第三届中国国际安全生产论坛暨中国国际安全生产及职业健康展览会

第三届中国国际安全生产论坛和展览会于2006年9月19—22日在北京举行，这是国家安全生产监督管理局调整为国家安全生产监督管理总局（正部级）后第一个国际盛会，国家安全监管总局党组书记、局长李毅中担任组委会主席，副局长梁嘉琨担任组委会副主席，柏然担任组委会秘书长，总局机关司局和相关单位主要负责人为组委会成员。论坛由国家安全生产监督管理总局与国际劳工组织共同主办，由总局国际交流合作中心承办。得到了国家发展改革委、科技部、公安部、财政部、劳动和社会保障部、建设部、交通部、卫计委、国资委、国家质检总局、民航局、全国总工会、中国企业联合会、中国煤炭工业协会等部门和单位的大力支持。还得到了国际社会保障协会、国际劳动监察协会、美国利宝互助保险集团、美国安全委员会、美国杜邦公司、卡特彼勒公司、巴斯夫公司、巴固－德洛（中国）安全防护设备有限公司、3M公司等的积极支持。2006年8月18日，国家安全生产监督管理总局办公厅副主任柏然主持召开新闻发布会，总局新闻发言人、政策法规司司长黄毅、美国利宝互助保险公司中国区董事总经理施德望、杜塞尔多夫展览（中国）有限公司首席执行官冯培喜就即将于9月19—22日召开的“第三届中国国际安全生产论坛暨中国国际安全生产及职业健

康展览会”的相关情况向新闻界作了通报，并回答了记者的提问。黄毅指出，第三届国际论坛和展览，是在我国实施第十一个五年规划的开局之年举办的；是在“安全发展”理念指导下，全社会更加关注和重视安全生产的大背景下举办的。其目标是进一步扩大安全生产领域的对外开放，促进国际间的交流与合作，学习借鉴国外先进的安全文化、理念、技术和经验，推进安全生产状况的稳定好转。

本届论坛和展览的主题是“安全发展与和谐社会”。围绕这一主题，论坛以宣传中国政府提出的安全发展、和谐发展的理念，实施“十一五”规划，落实12项治本之策为主线，以扩大对外宣传，加强国际交流，促进广泛合作为目标，重点探讨和交流以下6个方面的问题：一是工业化进程中安全生产的规律、特点，以及经验教训和安全生产之政策与法制建设；二是政府监管职责和企业主体责任；三是世界500强企业的安全理念及安全文化模式；四是安全生产与经济社会的可持续发展；五是安全生产的战略与规划；六是安全生产应急管理等。本届论坛确定的主题和6个议题，得到了所有参加国家和地区政府部门、相关组织及其企业的赞同，也得到各界同仁的认可。组委会特约国内外优质论文84篇，作者及演讲人既有政府的高管，也有教授、学者，还有世界500强企业的高层管理人员和科研工作者。他们紧紧围绕论坛的主题、议题，各抒己见，畅所欲言，从理论与实践的结合上，提出许多颇有见地的观点和看法。论坛开幕式及大会于9月19日下午在北京长城饭店举行，梁嘉琨主持，国务委员兼国务院秘书长华建敏出席并讲话，国际劳工组织副总干事迪奥普致辞并演讲，局长李毅中发表主旨演讲，500多名国内外代表参加大会。围绕“安全发展与和谐发展”主题及六个重大议题所进行的研讨、阐发和交流，对于正确认识和把握工业化进程中安全生产的规律特点，推动中国乃至世界的职业安全健康事业，有着重要的参考价值。

展览会于9月19日上午在北京全国农业展览馆新馆开幕，王显政主持，全国政协副主席王忠禹出席开幕式并宣布展览会开幕。副主席王忠禹在李毅中、王显政等有关部门负责人的陪同下参观展览。国内外200家企业、单位和厂商展示了安全健康产品、技术、理念与服务，展览面积10000平方米。组委会安排参加论坛的国内外代表专场参观展览，组织北京、河北、天津及有关省市安全卫生管理人员和从业人员参观展览，邀请韩国、越南、马来西亚等东南亚国家专业人员参观展览，与参展商交流。展览会由国际交流合作中心与杜塞尔多夫展览公司联合承办。

四、第四届中国国际安全生产论坛暨中国国际安全生产及职业健康展览会

第四届中国国际安全生产论坛暨中国国际安全生产及职业健康展览会由国家

安全生产监督管理总局和国际劳工组织共同主办，由国家安全生产监督管理总局国际交流合作中心承办，由美国利宝互助保险集团和美国安全委员会协办，由国家发展改革委、科技部、公安部、劳动和社会保障部、建设部、铁道部、交通部、卫生部、质检总局、电监会等部门和欧盟委员会、国际社会保障协会、国际劳动监察协会等国际组织支持。本届论坛和展览的主题为“安全发展关系民生”，设置八个议题：

一是政府行政首长和企业法定代表人的安全责任与互动机制；二是企业安全生产与社会责任；三是中小企业职业安全健康面临的挑战及其对策；四是风险管理与预警、预防机制；五是全球化下的劳工职业安全健康权益保障；六是“安全第一，预防为主，综合治理”与安全发展；七是安全法制与道德、诚信；八是安全发展与经济发展方式转变。

第四届中国国际安全生产论坛于2008年11月17—20日在北京长城饭店举行。来自33个国家和地区的510多名代表参加了论坛，其中境外代表150人，境内代表360人。国务院副总理张德江出席论坛开幕式并作重要讲话。他指出：“要深入贯彻落实科学发展观，牢固树立安全发展理念，把安全生产放在第一位，以对人民群众生命财产安全高度负责的态度，以更加严明的纪律、更加有力的举措，加大工作力度，抓紧抓好，常抓不懈，扎实推进安全生产，促进安全生产与经济社会的同步协调发展”。开幕式前，副总理张德江会见了境外主要代表，欢迎他们来华参会，并对论坛给予高度的评价。美国劳工部部长赵小兰、芬兰社会事务与健康部部长许塞莱，以及越南、塔吉克斯坦、挪威、俄罗斯、波兰、捷克、加拿大等国家的十余位部级领导和国际劳工组织中国蒙古局局长和东亚次局局长，以及国家劳动监察协会主席等出席论坛并致辞或发表演讲。国务院副秘书长张勇、国家质检总局局长王勇、科技部副部长刘燕华、工业和信息化部副部长苗圩、住房和城乡建设部齐骥、交通运输部副部长高宏峰、铁道部副部长胡亚东、农业部副部长高鸿宾、国家电监会副主席史玉波等十余位政府高官出席了大会。国内外有关政府部门、行业协会、大型企业对本届论坛给予大力支持和积极参与。利宝互助保险集团、杜邦公司、巴斯夫公司、3M公司、陶氏化学公司、斯博瑞安集团等企业交流并分享他们的理念、责任、技术和经验。本届论坛征集优秀论文，出版论文集，安排82位演讲，从不同的角度提出安全生产和职业健康方面的理论成果、实践经验及解决方案，对推动中国安全生产和职业健康工作具有较强的针对性和指导性。也为有关部门、企事业单位学习和借鉴国际先进的安全健康理念和方法，提供了很好的机会。论坛期间，国家安全生产监督管理总局和煤矿安监局领导分别与13个国家和地区的政府部门及国际组织负责人会见、会谈或技术交流，推动并扩大交流与合作。中央电视台、中央人民广播电台、新华网、人民日报、中国安全生产报等媒体大篇幅集中报道论坛和展览。

第四届中国国际安全生产及职业健康展览会于2008年11月17—20日在北京全国农业展览馆新馆举行，全国人大常委会副委员长陈昌智出席展览会开幕式，并宣布展览会开幕。本届展览共有来自国内外的172家厂商，展览面积13000平方米。展览会上，举行十多场技术交流会、政策宣讲会，展示国内外最新安全科技成果与装备，模拟了自然灾害和生产事故现场与应急救援装备的使用，一万多名专业观众观摩、参观和交流。观众普遍认为，本届展览会内容丰富，专业性强，具有国际水平。

五、第五届中国国际安全生产论坛暨中国国际安全生产及职业健康展览会

第五届中国国际安全生产论坛暨中国国际安全生产及职业健康展览会于2010年8月31日至9月3日在北京举行，这是国家安全生产监督管理总局和国际劳工组织共同主办的两年一届的盛大国际活动。办好这次盛会对于深化国内外安全生产科技交流，扩大中国安全生产工作对外宣传，拓展安全生产工作思路，进一步推动中国安全生产工作积极健康发展具有重要意义。

（一）论坛主题、宗旨与目标要求

本届论坛以科学发展观为指导，以“安全发展，预防为主”为主题，紧密结合国内和国际安全生产工作实际，采取主论坛、分论坛和展览相结合的形式，通过组织高层次高水平的交流研讨和现场展示，进一步深化对安全生产工作规律的认识，研究探讨进一步加强安全生产，促进安全发展的对策思路和政策措施，扩大国内外交流与合作，促进深化“三项行动”和“三项建设”，构建安全生产长效机制，为实现中国安全生产形势的持续稳定好转提供智力、科技与舆论支持。

（二）论坛安排

本届论坛由“一主九分”构成。主论坛紧紧围绕论坛主题展开，九个分论坛依专题分别进行。

1. 主论坛

主论坛包括安全生产政策、安全生产责任落实、安全重大风险源监控与隐患排查治理、安全生产保障能力建设、安全监管监察体制机制创新、安全生产全员全过程全方位管理、安全生产队伍建设等议题，邀请国内3位省部级领导、10位国外高级官员、17位国内外有影响的专家学者和企业领导人，共计30人发表专题演讲。

2. 分论坛

分论坛一：安全生产经济政策，由财务司、国际合作司和国际交流合作中心具体组织，请欧盟、国际劳动监察协会、美国利宝互助保险公司、韩国产业安全公团的官员和专家、总局财务司长、重庆等省市安全监管局长，以及国内有关企业领导人围绕安全生产经济处罚、保险、赔付等议题演讲、交流和研讨。

分论坛二：职业健康工作实践与发展，由职业安全健康监督管理司、国际合作司、国际交流合作中心和中国职业安全健康协会具体组织，安排美国国家职业安全健康研究院、波兰劳动保护研究所和越南国家劳动保护研究院等机构的知名专家和学者，美国工业卫生协会主席、俄罗斯职业安全和劳动经济研究院院长、国际劳工组织东亚次区局局长和智利安全协会主席等非政府组织官员；国家安全监管总局职业安全健康监督管理司、中国职业安全健康协会，北京、大连等安全生产监督管理局的负责人到会演讲交流。

分论坛三：矿山企业风险评估及隐患排查治理，由安全监督管理一司、国际合作司、国际交流合作中心和国际社会保障协会具体组织，邀请国际社会保障协会采矿部、德国鲁尔硬煤工业公司、德国个人防护品委员会首席专家、德尔格公司等专家学者及国家安全监管总局监管一司、安科院和中国铝业集团公司等政府官员、企业领导和专家同台交流研讨。

分论坛四：煤矿灾害防治与事故查处，由煤矿安监局事故调查司、国际合作司和国际交流合作中心具体组织，邀请印度、欧盟和中国矿业大学等政府官员和专家就相关国家的煤矿事故的调查和案例进行交流，围绕煤矿灾害防治进行研讨。

分论坛五：建筑施工坍塌施工预防，由安全监管二司、国际合作司和国际交流合作中心具体组织，邀请澳门劳工事务局局长、香港城市大学建筑系主任、中国建筑业协会建筑安全分会主任、清华大学土木水利学院清华—金门建筑安全研究中心主任，以及安徽省住建厅、北京市建工集团安全总监等官员和专家学者进行现场交流。

分论坛六：安全生产责任落实与教育培训，由人事司、国际合作司和国际交流合作中心具体组织，邀请澳大利亚煤炭服务公司高管、英国人机工程咨询公司总经理、总局人事司、冀中能源邯郸矿业集团负责人等企业领导演讲讨论。

分论坛七：危险化学品生产过程（化工过程）安全管理，由安全监管三司、国际合作司和国际交流合作中心具体组织，邀请美国国家环保署、美国化学品安全与危害调查理事会、美国过程安全中心、塞拉尼斯化工公司、ABS 咨询公司、杜邦公司、巴斯夫公司和陶氏化学等国外政府机构、协会组织和知名企业的高级官员、管理人员及专家学者到会交流研讨；安排安全监管三司、青岛化学品登记中心、中石化、中海油、中国可持续发展工商理事会、中石化青岛安全工程研究院和上海赛科石油化工有限公司等国内单位的代表发言交流。

分论坛八：中小企业安全标准化建设，由国际合作司和国际交流合作中心具体组织，安排国际劳工组织职业安全健康专家和官员、毛里求斯职业安全和健康管理研究院代表、中国香港职业安全健康局总干事邓华胜、墨西哥纤维水泥协会主席等到会演讲交流。

分论坛九：监察执法实践与经验，由国际合作司和国际交流合作中心具体组织，安排国际劳动监察协会主席、英国安全与健康执行局局长、新加坡人力资源部职业安全健康司司长和国家安全监管总局政法司等官员和专家学者到会演讲交流。

国内外105位发言人同600余名与会代表就相关议题共同分享了来自不同国家、不同部门、不同行业的文化理念、管理方法、政策措施和经验教训。

（三）重要活动安排

1. 论坛暨展览活动安排

论坛于2010年8月31日至9月3日在北京北辰洲际酒店举行，展览在北京国家会议中心举行。论坛暨展览会开幕式于2010年8月31日15时举行，主论坛于9月1日举行，分论坛于9月2、3日举行。

（1）中共中央政治局委员、国务院副总理张德江出席论坛和展览开幕式，发表重要讲话，他强调：要深入贯彻落实科学发展观，坚持以人为本，认真贯彻“安全第一，预防为主，综合治理”的方针，加快转变经济发展方式，切实把安全生产和改善劳动条件作为维护广大人民群众根本利益的具体体现，实现安全发展，切实保障广大劳动者的生命安全和身心健康。他指出：中国政府始终高度重视安全生产和职业健康工作，改革开放以来特别是近年来，安全生产工作取得长足进步，初步形成了安全生产法律体系，基本建立了统一高效的安全监管监察体系，安全生产设施和基础条件不断得到改善，安全意识进一步增强。全国安全生产状况呈现总体稳定、趋向好转的发展态势，但事故总量依然较大，重特大事故时有发生，安全生产形势依然严峻。他还强调：促进安全生产和职业健康事业发展，必须加强国际交流与合作，广泛吸收借鉴世界各国的成功经验。希望国际安全生产和职业健康领域的专家学者和实际工作者，一如既往地关心支持中国安全生产和职业健康事业的发展，继续为促进中国安全生产和职业健康事业的发展建言献策。局长骆琳作主旨演讲，国际劳工组织副总干事迪奥普、国际社会保障协会秘书长康克垅斯基、国际劳动监察协会主席皮特逊致辞。交通运输部部长李盛霖、电监会主席王旭东、国务院副秘书长肖亚庆等30余位安委会成员单位、上海市政府、北京市政府的部级领导，以及行业协会和有关央企负责人出席开幕式。梁嘉琨主持开幕式。

（2）国务院副总理张德江参观展览，参加论坛的嘉宾和代表参观展览。

（3）论坛暨展览会招待晚会于8月31日晚在北京北辰洲际酒店举行，局长骆琳及国家安全监管总局、煤矿安监局领导出席，杨元元致辞，黄毅主持招待会。杜邦公司副总裁致辞（作为支持单位代表致辞）。

（4）在论坛期间，国家安全生产监督管理总局和国际劳工组织、国际社会保障协会联合举行“支持职业安全健康《首尔宣言》承诺签字仪式”，中石化集团、中国核工业集团、中石油集团、中国中煤能源集团，以及中国职业安全健康协会等16家中央企业和协会的代表在承诺书上签字，承诺认真落实企业安全健康主体责任。副局长梁嘉琨和国际劳工组织副总干事迪奥普、国际社会保障协会秘书长康克琉斯基、韩国产业安全公团理事长卢民基出席签字仪式并讲话。

2. 展览会主要内容及特点

（1）本届展览会以“科技兴安”为主线，体现科学技术对安全生产的支撑作用，通过宣传安全生产和职业健康科学知识，展示国内外先进适用的安全生产技术装备和个体防护用品，举办技术研讨会等活动，进一步营造全社会关注安全，关爱生命的舆论氛围，促进安全生产科技进步。

（2）内容丰富，特色鲜明。一是展示内容丰富，着力体现先进适用。展览内容主要包括个体防护装备、煤矿安全技术与装备、阻隔防爆技术与装备、安全生产监控仪表及自动化控制技术与设备、应急救援技术与装备、安全文化产品等，这些技术与设备既先进又适用，反映当今国内外安全生产与职业健康科技进步水平。参展的生产企业和科研机构搭建独立展台，展示其先进科技和产品。其中大多数为行业内知名企业，如霍尼韦尔、3M、梅思安、杜邦、西门子、施耐德、黑马、斯特塔、迈安科、上海华篷等，也有许多新兴和中小型研发机构和生产企业。二是充分利用展览会的特殊载体，大力宣传和推广安全生产先进适用的技术和装备。在展览展示的同时，汇编技术及产品目录，介绍技术及产品特点，发布新技术、新产品信息动态，积极推动安全科技及装备进企业，进矿山。三是积极借重展览会的平台，通过演示、讲解、观摩，配合现场研讨交流，广泛开展安全生产及职业健康知识的科普教育。

3. 展览会形式与安排

为提高宣传推广效果，在展览形式上做以下安排：

（1）模拟工作场景，展示产品及使用方法。为使观众直接了解不同的技术与产品的应用范围，观摩不同的工作环境对防护用品的具体配置要求，主办方在现场模拟搭建存在安全隐患的工作场景和救援场景，如有限空间逃生场景、高空建筑施工环境、地震灾害救援场景等，在模拟环境中展示相关产品。这种形式不仅使展示效果更加生动，同时对于用户选择相关产品也具有一定的参照作用。

（2）室内展和室外展相结合。本届展览会首次设置室外展区，重点展示大型安全生产装备，如矿井紧急避险救生系统、各种救援车辆等。室内展以特殊搭建与标准搭建相结合。

（3）图片展示与实物展示相结合，突出实物展示。为增强直观性、现场感，扩大会展对安全生产及职业健康知识的传播功能，本届展览会提高实物展示比重，特别是高科技产品的现场展示。

（4）结合展览展示，在展会现场组织技术研讨、政策解读、标准宣贯和产品推介等现场活动，努力提高展览展示的实效性，充分利用展览会平台推进安全生产工作。一是组织煤矿井下救生舱等避险实施推广使用国际研讨会、职业健康监督监察工作研讨会、高空作业防坠落安全技术研讨会、安全生产自动化控制技术与装备产业研讨会。二是组织知识讲座，介绍矿山救援技术与装备的现状和发展前景、特种防护用品安标证书管理政策与劳保用品检测检验工作、国外相关标准认证知识等。三是组织技术与产品推介会，组织研发机构和生产厂商介绍其最新研发的先进适用的技术和产品。

4. 展览会规模

本届展览会总面积为18000平方米，已成为亚太地区安全生产及职业健康领域规模最大、水平最高、专业性最强的国际性技术交流展示活动，吸引了来自中国、美国、德国、日本、韩国、澳大利亚等四大洲15个国家的200家科研机构和企业参展，国内外15000名专业人员参观了展览。

（四）组织与执行机构

1. 论坛暨展览会组委会

主　席：骆　琳　国家安全生产监督管理总局局长

副主席：梁嘉琨　国家安全生产监督管理总局副局长

　　　　汉斯－豪斯特·康克琉斯基　国际社会保障协会秘书长

　　　　米歇尔·帕特逊　国际劳动监察协会主席

　　　　霍百安　国际劳工组织中国蒙古局局长

　　　　黄毅　国家煤矿安全监察局副局长兼政策法规司司长

秘书长：梁嘉琨（兼）

副秘书长：黄毅（兼）、李万疆（兼）、柏然（兼）

委员：国家安全生产监督管理总局、国家煤矿安全监察局机关各司局及相关直属单位主要负责人。

2. 执行机构

（1）会务组：负责领导和重要发言人的邀请和安排、论坛议程安排、发言人和主持人落实、会务安排及会场管理、代表登记注册。组长为柏然；成员有王志刚、周寅生、修春野、薛惠新、周维奇、李聪梅、王洛娜、李朝晖、刘佳。

（2）论文征集及文件起草组：负责论文的指定和征集、领导讲话的起草、论文评审编译和出版工作。组长为黄毅（兼）；副组长为朱义长、吴宗之、伊烈、贺佑国；成员有政策法规司相关处人员、国际交流合作中心刘佳、王静、王光远、黄海辉、李运强。

（3）新闻宣传组：负责新闻报道和信息发布、媒体邀请和记者采访、对外宣传报道。组长为彭玉敬；副组长为白海金；成员有赵歌今、黄海辉、米建英、刘晓兵。

（4）礼宾接待组：负责论坛开幕式和招待晚会，以及展览会开幕式安排、领导和贵宾的安排、国家安全监管总局领导的会见活动安排、外事礼宾及接待。组长为柏然；副组长为胡予红；成员有王清华、薛惠新、史艳萍、王又京、李聪梅、张天虎、陈小军、王金永。

（5）展览组：负责展馆协调设计，招展计划的起草与实施、展品的运输与通关、目标观众的邀请、展馆安全消防和保卫工作。组长为吴鑫；副组长为朱凤山、胡予红；成员有周维奇、米建英、蔡忠。

（6）保障组：负责论坛及展览期间的安全，总局人员交通安排，贵宾室准备及展览安全。组长为刘增金；副组长为杨江；成员有李聪梅、蔡忠。

六、第六届中国国际安全生产论坛暨中国国际安全生产及职业健康展览会

（一）论坛暨展览会主题、内容与目标

本届论坛暨展览以“以人为本，安全发展”为主题。围绕这个主题，深入理论探讨，加深对安全生产和职业健康工作规律的认识；强化经验交流，探讨加强安全生产，促进科学发展、安全发展的对策措施；优化安全科技成果展览，促进安全产业发展；扩大安全生产对外宣传，凝聚安全发展共识。努力把中国国际安全生产论坛暨展览会办成高层决策的咨询管道、安全科技的展示窗口、安全文化的传播载体、安全发展的促进平台。

（二）时间、地点和规模

论坛于2012年9月18—19日在北京北辰洲际酒店举行。论坛规模550人，

其中，国（境）外代表140人，来自30个国家（地区）和组织。展览会于9月18—20日在北京国家会议中心举行。展览总面积22000平方米。

（三）组织机构

（1）主办：国家安全生产监督管理总局、国际劳工组织。

（2）协办单位：国际社会保障协会、国际劳动监察协会、北京市安全生产监督管理局。

（3）承办单位：国家安全生产监督管理总局国际交流合作中心。

（4）支持单位：国家发展改革委等国务院有关部门、国务院安委会成员单位、中国电子科技集团公司等有关中央企业，以及有关行业协会共30余家单位作为论坛暨展览的支持单位。

（5）成立了论坛暨展览会组委会：国家安全监管总局局长任组委会主席，副局长孙华山和国际劳工组织中国蒙古局局长霍百安任组委会副主席，国家安全监管总局、煤矿安监局各司局，应急指挥中心及有关直属事业单位主要负责人和有关国际组织的代表担任组委会委员。组委会下设秘书处，孙华山任秘书长，黄毅、李万疆、柏然任副秘书长。秘书处在组委会的领导下，全面负责论坛暨展览会的组织筹备工作。

（四）论坛安排

本届论坛由开幕式、主论坛和六个分论坛组成。

1. 开幕式

论坛暨展览会开幕式于9月18日上午在北京北辰洲际酒店举行，国务委员兼国务院秘书长马凯出席大会并发表重要讲话。他强调：要牢固树立以人为本、安全发展的理念，坚决贯彻“安全第一，预防为主，综合治理”的方针，把保障人民群众生命财产安全放在首位，大力实施安全发展战略，认真落实各项安全生产措施，有效防范和坚决遏制各类生产安全事故，促进安全生产形势持续稳定好转。国家安全监管总局局长作主旨发言，国际劳工组织代理副总干事玛纽拉·拓梅，加拿大劳工部部长莉萨·雷特，北京市副市长苟仲文，国际社会保障协会秘书长康克琉斯基，俄罗斯联邦环境、技术与核能监督总局副局长博瑞斯·克拉斯内赫，国际劳动监察协会主席米歇尔·帕特逊致辞，孙华山主持会议。国务院副秘书长肖亚庆、铁道部部长盛光祖、人力资源和社会保障部副部长邱小平、交通运输部副部长徐祖远、国资委副主任黄淑和、质检总局副局长刘平均，国家安全监管总局和煤矿安监局领导、行业协会和大型企业领导人出席大会。

2. 主论坛

主论坛于9月18日下午举行，围绕“安全生产责任的落实”议题，组织中国工程院院士王安、沈阳市副市长吴汉圣、中国海洋石油总公司副总经理刘建等国内外16位嘉宾演讲，黄毅主持。

3. 分论坛

分论坛于9月19日全天分三个会场举行。分论坛一："国际安全健康法律法规实践"，由政策法规司主持。分论坛二："科技兴安，支撑发展"，由规划科技司主持。分论坛三："依靠科技支撑，提高危险化学品本质安全水平"，由安全监管三司主持。分论坛四："加强职业卫生监管工作，提高职业病危害防治水平"，由职业安全健康监管司主持。分论坛五："煤矿安全监管监察理念与实践"，由煤矿安监局主持。分论坛六："加强风险评估，提高保障能力"，由安全科学研究院主持。

（五）展览会安排

展览会由国家安全生产监督管理总局国际交流合作中心和杜塞尔多夫共同承办。总展览面积22000平方米，来自15个国家和地区的281家科研机构、事业单位和企业参加。展览会突出科技兴安、科技强安，强化科技对安全生产的支撑作用。展览会内容涉及安全生产科技装备的各个方面，分8个展区展示和交流。

（1）安全生产信息化展区：本展区以信息化手段，集中展示信息化服务于安全生产监管监察、落实企业主体责任及预防和治理的作用和效能。由国家安全监管总局信息化领导小组办公室和国家安全监管总局通信信息中心协办。

（2）煤矿安全装备、仪器仪表及监测监控系统展区：集中展示煤矿监测监控等六大系统，由国家安全监管总局规划科技司和煤矿安监局科技装备司协办。

（3）石油、石化产品储运安全技术装备展区：展示石油、石化、天然气行业安全技术，危险化学品储藏及运输安全技术与设备。

（4）重点领域先进科技装备展区：集中展示有限空间、高空建筑、应急救援、消防等安全技术装备，由北京市安全生产监督管理局协办。

（5）西部安全产业园展区：展示重庆市及西部安全产业园安全产业发展及技术与产品，由重庆市安全生产监督管理局协办。

（6）中央企业展区：展示中国电子科技集团、中国三峡总公司等安全技术、管理和服务。

（7）国外知名企业展区：展示霍尼韦尔公司、杜邦公司、3M公司、德尔格公司、梅思安公司、雷克兰等公司的安全健康技术和产品。

（8）个体防护技术与装备展区。展览会现场还组织技术研讨、知识讲座和新产品、新技术演示活动，发布展览展示的参展商目录和技术产品目录。组委会组织了"展览会优秀组织奖"和"优秀展位奖"评选活动，并给获奖者颁奖。

（六）重要活动

论坛期间，国家安全监管总局局长与加拿大劳动部部长举行会谈，进一步深化双边合作。副局长杨元元与中国电信集团公司董事长王晓初在展览会现场举行仪式，签署战略合作协议，黄玉治主持签字仪式。副局长孙华山会见俄罗斯联邦环境、技术与核能监督总局副局长克拉斯内赫，签署了《中俄在工业安全监管领域开展合作的谅解备忘录》。副局长孙华山出席第三届中欧盟安全生产对话会议暨中欧盟“高危行业职业安全与健康项目”发布会。副局长杨元元会见美国特雷克斯公司亚洲地区业务总裁并出席研讨会。王德学会见瑞典工作环境局局长萧伯格。孙华山与国际劳工组织副总干事拓梅、国际社会保障协会秘书长康克琉斯基、国际劳动监察协会主席帕特逊，副主席迈尔斯、何祥兴等，并举行晚宴。

（七）论坛暨展览会组织机构

（1）会务组：负责领导和重要发言人的邀请和安排、论坛议程的安排、发言人和主持人落实、会务安排和会场管理、同传翻译安排、代表注册登记。组长为李万疆；副组长为柏然、杨占科、王清华；成员有邬燕云、施卫祖、刘强、徐少斗、辛广龙、李克荣、王志刚、殷晓波、王又京，国际交流合作中心李聪梅、李朝晖、刘佳、王静、王光远、胡震、张尔康、李红、乌许心、吴鹤妍、谢思一、韩丹丹。

（2）展览组：负责展览会组织工作，包括协调设计，招展实施、展品的运输与通关、目标观众的邀请、展馆安全消防和保卫工作。组长为施卫祖；副组长为弯效杰、王清华；成员有孙健、李玉祥、何川、李以南，国际交流合作中心米建英、蔡忠、郭亮、林童。

（3）资料宣传组：负责宣传材料及领导讲话材料的起草，媒体宣传报道等。组长为支同祥；副组长为朱义长；成员有杨占科、张本清、王正民、孙健、李豪文，国际交流合作中心黄海辉、李运强。

（4）学术组：负责论文的征集、论文评审编译、《中国安全生产科学技术》增刊和《第六届中国国际安全生产论坛演讲汇编》出版工作。组长为吴宗之；成员有曹宗理、施卫祖、刘强、徐少斗、辛广龙、李克荣、魏利军、李湖生、王云海、王如君、康荣学、耿凤，国际交流合作中心刘佳、王静、王光远。

（5）礼宾接待组：负责论坛开幕式和招待晚会，以及展览会开幕式安排、领导和贵宾的安排、国家安全监管总局领导会见活动的安排、外事礼宾及接待。组长为柏然；副组长为胡予红；成员有殷晓波、史艳萍、张天虎，国际交流合作中心印明钰、李向东、刘晓兵、李云强、李伟霞、王晓光、强浩、曹欢。

（6）保障组：负责论坛及展览期间的安全，国家安全监管总局人员交通安排，贵宾室准备及展览安全。组长为杨江；副组长为周卫平；成员有王志刚、李聪梅、段振欣、柏梅。

七、第七届中国国际安全生产论坛暨中国国际安全生产及职业健康展览会

（一）第七届论坛暨展览会主题及时间和地点

主题：本届论坛和展览的主题为“强化安全基础建设，提升安全保障能力。”

举办时间与地点：论坛于2014年9月24—25日在北京北辰洲际酒店举行，其中：开幕式和主论坛大会于9月24日举行，分论坛于9月25日举行。

（二）论坛和展览会组织机构

主办单位：论坛由国家安全生产监督管理总局和国际劳工组织共同主办；展览由国家安全生产监督管理总局主办。

承办单位：论坛由国家安全生产监督管理总局国际交流合作中心承办；展览会由国家安全生产监督管理总局国际交流合作中心和杜塞尔多夫展览（上海）有限公司联合承办。

协办单位：国际社会保障协会、国际劳动监察协会、美国工业卫生协会、北京市安全生产监督管理局、天津市安全生产监督管理局。

支持单位：国务院安全生产委员会部分成员单位、国内外有关企业和行业组织作为本届论坛和展览的支持单位。

（三）论坛暨展览组委会

主　席：国家安全生产监督管理总局局长

副主席：孙华山　国家安全生产监督管理总局副局长

　　　　德美尔　国际劳工组织中国蒙古局局长

秘书长：孙华山（兼）

副秘书长：欧　广　国家安全生产监督管理总局办公厅主任

　　　　　柏　然　国家安全生产监督管理总局办公厅副主任

　　　　　陈　江　国家安全生产监督管理总局国际交流合作中心主任

秘书处工作机构：

（1）会务组：负责论坛的筹备工作，制定会议议程，组织安排重大活动，邀请国内外参会领导和嘉宾，邀请发言人，组织参会代表，落实会场安排。组长由陈江担任，副组长由胡予红担任，成员有王志刚、殷晓波、王又京、史艳萍、张天虎、李朝晖、李聪梅、李运强、王静、王光远、刘笑。

（2）展览组：负责展览会的筹备工作，组织企业参展和参观展览，策划并

组织总局展台，安排领导及嘉宾专场参观，安排展览会现场活动，策划并执行有关科技奖项的颁发等相关工作。组长由施卫祖担任，副组长由王素锋、胡予红担任。成员有杨以民、候贤军、米建英、蔡忠、郭亮、张尔康。

（3）学术组：负责论坛论文的筛选、评审、论文集和演讲汇编的审定工作，刊印学术专辑。组长由吴宗之担任，副组长由魏利军、王清华担任。成员有耿凤、王光远。

（4）新闻宣传组：负责新闻媒体记者邀请、新闻稿件的统稿和审核工作。组长由杨占科担任，副组长由王清华担任，成员有李增波、李运强、米建英、王静。

（四）论坛主要内容与安排

本届论坛有主论坛和四个分论坛组成，其间举行三场政府对话会议。

（1）开幕式及主论坛：论坛暨展览会开幕式及主论坛于2014年9月24日9时在北京北辰洲际酒店举行，国务委员王勇出席会议并发表重要讲话，国家安全生产监督管理总局局长作主旨演讲，国际劳工组织副总干事吉贝尔·福松·洪博致辞。加拿大劳动部部长凯莉·利奇，美国劳工部副部长大卫·麦克尔，国际社会保障协会秘书长康克琉斯基，俄罗斯联邦环保、技术与核能监督总局副局长特列姆毕斯基，国际劳动监察协会主席凯文·迈尔斯发表了演讲。副局长孙华山主持大会。王勇的讲话和国家安全监管总局局长的演讲系统阐述了习近平总书记提出的“发展决不能以牺牲人的生命为代价，这必须作为一条不可逾越的红线”，宣示了中国党和政府坚守“红线”、推动安全发展的战略和举措，坚定了以人为本、安全发展的信心和决心，展示了中国安全生产工作所取得的成效，表明了加强国际合作的愿望。国际劳工组织副总干事洪博在致辞中强调：安全生产是一项基本人权。“对于企业，确保安全良好的工作场所才称得上是良好的经营；对政府而言，职业安全和健康才是善政的核心。”出席论坛的国际组织和国外嘉宾及代表广泛认同中国以人为本、安全发展的理念，高度赞赏中国为实现安全发展，保护人民群众生命安全健康所作的努力和采取的措施，以及取得的举世瞩目的成效，并愿与中国加强合作，共同应对挑战，促进安全健康事业的不断发展。本届论坛共有26个国家和地区及国际组织的826名代表参加，其中，国外代表155人。

（2）分论坛的内容与安排：分论坛紧紧围绕国家安全生产监督管理总局当前工作重心，契合国际社会关注，着眼于重预防、抓治本、强基础，进行了深入研讨和广泛交流。

分论坛一：安全生产监管监察法制。由国家安全监管总局政法司和国际劳工组织、国际劳动监察协会主持，重点研讨和交流依法监管监察。

分论坛二：化学品安全管理与风险控制。由国家安全监管总局监管三司主持，围绕化工园区安全生产一体化、大型石油库安全风险控制、油气管线安全运行等议题进行研讨。

分论坛三：安全生产基础建设。由国家安全监管总局监管四司主持，重点围绕企业安全生产标准化建设、安全隐患排查治理体系建设等议题进行研讨。

分论坛四：煤矿安全保障及灾害治理。由煤矿安监局技术装备司和国际社会保障协会采矿部共同主持。重点就煤矿水害、瓦斯灾害、火灾灾害防治技术进行研讨。

50 位演讲嘉宾（其中，国外嘉宾 28 位）分别在 4 个分论坛上发表了主旨演讲，提出了许多安全生产新理论、新观点和新思想，分享了各国的经验和做法，进一步认识安全生产与职业健康工作的规律和特点，把握国外安全健康最新趋势、面临的挑战和应对措施。从征集的 102 篇国内外论文中，筛选了 62 篇收录《中国安全生产技术》专刊；编辑印发《演讲材料汇编》，收录了所有发言人的演讲材料，开展深入的学术研讨。

（3）论坛期间，分别举行了中欧盟（9 月 25 日）、中俄（9 月 25 日）、中加（9 月 26 日）三场安全生产对话会议，国家安全监管总局副局长孙华山、副局长付建华、副局长徐绍川分别主持了上述对话会议。组织安排了国家安全监管总局领导 9 场会见国外贵宾活动，签署了 2 个合作文件（9 月 22 日孙华山与美国劳工部副部长麦克尔续签 3 年合作协议；9 月 24 日国家煤矿安全监察局副局长李万疆与土耳其资源能源部副部长纳扎特·卡瓦克力签署矿山安全合作备忘录）。

（五）展览会内容形式与活动安排

（1）本届展览会展览面积 25000 平方米，其中地上展位面积 22000 平方米，地下展位面积 3000 平方米。共有来自 17 个国家和地区的 274 家展商参加了展览会。观众 20000 人。

（2）本届展览会重点展示安全生产监测监控技术与装备、职业病危害因素检测设备、煤矿地质保障及灾害治理、应急救援技术与装备、个体防护装备、安全生产监管技术。

（3）本届展览会设国家安全生产监督管理总局展台和企业展台。国家安全监管总局展台通过图片、文字介绍、音视频等形式，展示党中央、国务院对安全生产工作的重要指示和要求，国家安全监管总局在安全健康法制建设、监管监察、预防与治理、国际合作等方面的重要工作。国家安全监管总局通信信息中心、安科院、信息研究院、宣教中心等参加总局的展示。许多中央企业、国有企业积极参加展览，如航天科工、航天科技、中石油、中石化、中海油、中煤科工集团、冀中能源集团，一批新兴科研机构和企业，如中国矿业大学物联网研究院、重庆市荣冠科技有限公司、重庆梅安森科技股份有限公司、北京中税天网科技有限公司等集中展示一批适用于存在有毒有害气体的密闭空间、油气管道、城市地下管网等存在安全隐患场所的安全适用技术装备，以及矿山事故现场的应急救援技术装备。

（4）展览会现场组织了煤矿工人劳动防护用品配备演示活动、参展展品技术创新奖和实用新型产品奖评选及颁奖活动。

八、第八届中国国际安全生产论坛暨中国国际安全生产及职业健康展览会

第八届中国国际安全生产论坛暨中国国际安全生产及职业健康展览会于2016年9月27—29日在北京国家会议中心举行。

（一）组织机构

论坛由国家安全生产监督管理总局和国际劳工组织共同主办，由国家安全生产监督管理总局国际交流合作中心承办，由国际社会保障协会、国际劳动监察协会协办，得到美国安全委员会、美国注册安全工程师协会、美国工业卫生协会、德国法定意外事故保险协会的支持。展览会由国家安全生产监督管理总局国际交流合作中心主办，由国际交流合作中心与杜塞尔多夫展览（上海）有限公司联合承办。

（二）论坛主题、内容及安排

本届论坛主题为“预防为主、标本兼治”。主要研讨内容：

（1）工业化快速发展阶段化工和矿山领域重大事故的防范。围绕国家安全监管总局2016年防范重特大事故的重点工作，加强化工和矿山领域重特大事故防范和应急管理，结合欧美等发达国家的经验和教训进行交流和探讨。

（2）推进机械化、自动化，推动安全技术防范工程建设。围绕国家安全监管总局推进“机械化换人、自动化减人”科技强安专项行动，交流探讨机械化和自动化对提升安全生产工作的重要作用。结合国家安全监管总局加强安全基础设施建设，引进吸收国外先进安全技术，形成保障安全的现实生产力，提高安全生产监管监察科技水平和企业安全生产科学化水平等问题进行交流探讨。

（3）强化源头治理，提高高危行业安全准入标准。借鉴欧美等发达国家经验做法，讨论如何通过落实安全生产行政审批制度改革，依法严格高危行业安全准入，加强事前把关和事中事后监管，优化安全生产服务。

（4）风险管控、隐患排查，构建安全预防控制体系。结合国家安全监管总

局推行的风险等级管控、隐患排查治理的双重预防性工作机制，探讨如何在矿山、危险化学品、道路和水上交通、建筑施工、铁路及高铁等劳动密集型企业和人员密集场所等高风险行业领域，发挥安防工程、防控技术和管理制度的综合作用，加强预防控制体系。

（5）加强法制建设，严惩违反违规行为，提高监管监察实效性。以“黑名单”制度为切入点，就如何加强安全生产法制建设，强化监管执法措施进行交流探讨。

（三）论坛活动安排

论坛开幕式及大会于9月27日上午举行，国家安全监管总局副局长孙华山主持，国务委员王勇讲话，国家安全监管总局局长发表主旨演讲，国际劳工组织副总干事黛博拉·格林菲尔德，俄罗斯联邦环境、技术与原子能监察署署长阿列克谢·阿廖申，美国劳工部副部长大卫·麦克尔，加拿大劳工部副部长安东尼·贾尔斯，欧盟委员会就业、社会事务与机会均等总司总司长米歇尔·塞尔沃兹，瑞士联邦经济部劳动监察署总监察长博瑞斯·泽克，国际社会保障协会秘书长康克琉斯基，国际劳动监察协会主席凯文·迈尔斯分别致辞。来自22个国家和地区、3个国际组织及欧盟的900多名政府官员、知名企业代表和专家学者参加论坛，围绕“预防为主、标本兼治”这一主题开展一系列研讨交流活动。围绕5个方面的议题，安排3个分论坛和2个专题研讨会进行深入研讨交流。论坛致力于各国加强工作交流，共享安全经验，完善定期交流合作模式，充分发挥多双边安全生产对话机制作用，分享安全生产监督、重大事故救援和职业健康管理等方面的有益经验，同时在科技领域也提出全面合作，联合开展安全生产基础科学研究和应用技术攻关，共同突破一批矿山灾害治理、危化品安全保障、职业危害防治、事故应急救援等领域的关键技术，推动安全科技成果转化，推广安全生产新技术新装备，促进安全产业发展壮大，提高安全生产科技支撑保障能力。

（四）展览会内容与安排

本届展览会突出科技兴安、科技强安、强化科技对安全生产的支撑作用，提升安全生产工作的机械化、自动化、信息化水平，提高安全保障能力，推广应用先进适用的工艺技术与设备。展品范围：个体防护装备、煤矿安全生产技术与装备、职业健康保护技术与装备、应急救援技术与装备、监测监控技术与装备、非煤矿山安全生产技术与装备、危险化学品、烟花爆竹储运安全技术与装备、电力安全技术与装备、交通运输安全科技装备、消防等，展览面积25000平方米，国内外280家机构、企业和单位参展。

九、第九届中国国际安全生产论坛暨中国国际安全生产及职业健康展览会

第九届中国国际安全生产论坛由应急管理部、国际劳工组织、浙江省人民政府共同主办，于2018年10月16—17日在浙江杭州举行。国务委员王勇出席开幕式并致辞，应急管理部党组书记黄明主持开幕式。本届论坛的主题是“强化事故预防，促进安全发展”，设主论坛和矿山事故预防、防范危化品事故、企业安全管理体系、安全生产应急救援、消防安全等5个分论坛。来自40多个国家和地区、3个国际组织的900多名嘉宾和代表（其中国外代表280名）齐聚一堂，90位嘉宾和专家发表演讲，交流分享国内外安全监管和事故预防经验，探讨安全生产工作新思路、新方法、新途径，宣传和展示党的十八大以来中国安全生产事业取得的新成就。同期举行的中国国际安全生产及职业健康展览会面积3.4万平方米，参展单位400多家，参观人员5万余人。本届论坛和展览会规模均为历届最大。论坛期间，举行第六届中俄安全生产对话会议（10月16日），应急管理部书记黄明和俄罗斯联邦环境、技术与原子能监察署署长阿列克谢·阿廖申出席会议并致辞。召开第九届中欧盟安全生产对话会议。还支持召开国际劳动监察协会执行委员会会议（10月17日）、G20工作安全与健康工作组会议。

中国国际安全生产论坛暨中国国际安全生产及职业健康展览会自2002年创办以来，每两年举办一届，成功举办了九届，国际影响力越来越大，已成为亚洲地区规模最大、专业性最强、国际化程度最高的国际会议和展览会，成为世界安全生产和职业健康领域重大交流合作平台。

第二节　中国国际安全生产应急管理和应急救援论坛暨中国国际安全生产应急救援技术与装备展览会

安全生产应急管理和应急救援国际论坛及展览会由李万疆、柏然发起，经国家安全生产应急救援指挥中心和国家安全生产监督管理总局国际交流合作中心协商研究，提出建议方案，得到王德学（国家安全生产监督管理总局副局长兼国家安全生产应急救援指挥中心主任）的大力支持。2007年3月30日，应急论坛和展览组织方案经李毅中、王德学和梁嘉琨批准。根据经批准的方案，应急论坛和展览会由国家安全生产监督管理总局主办，由国家安全生产应急救援指挥中心和国家安全生产监督管理总局国际交流合作中心共同承办。举办国际应急论坛和

展览旨在广泛开展中外学术和理论探讨，技术和经验交流，设备与装备展示，学习借鉴国外先进的安全生产应急管理和应急救援理念、技术和经验，完善中国安全生产应急管理和应急救援体系建设，促进中国应急救援事业的发展。

一、第一届中国国际安全生产应急管理和应急救援论坛暨中国国际安全生产应急技术与装备展览会

（一）论坛暨展览时间、地点及规模

本届论坛暨展览于2007年9月27—29日在北京国际会议中心举行。其中，论坛于9月27—28日在北京国际会议中心2号厅举行，参会代表300名（其中国外代表60人），展览会于9月27—29日在北京国际会议中心1号展厅、2号展厅及室外场地举行，展览面积4000平方米（其中室内3000平方米，室外1000平方米）。

（二）论坛暨展览组委会

国家安全生产监督管理总局局长李毅中担任组委会主席，副局长王德学、副局长梁嘉琨担任组委会副主席，组委会成员有田玉章、柏然、黄毅、杨富、任树奎、刘成江、吴鑫、王浩水、李万疆、王志坚、贺黎光、王端武、白海金、王铃丁、杨江、胡予红，部分支持单位的代表。组委会秘书处：李万疆任秘书长，柏然、王端武任副秘书长。秘书处成员有韩小乾、黄坤福、孙娇花、王清华、薛惠新、王又京、史艳萍、黄昊、周维奇、米建英。

工作机构：

（1）新闻宣传组：负责起草领导讲话、发布新闻和信息、邀请媒体和记者宣传报道会展等工作。组长为彭玉敬；副组长为韩小乾、安元洁，成员有薛惠新、赵歌今、黄昊。

（2）会务组：负责设计布置会场、安排协调会议议程、邀请参会代表、落实发言人和主持人、准备相关材料、落实翻译和同传设备、会场管理、组织论文征集、评审、编译和出版、代表登记注册及财务工作。组长为王端武，副组长为孙娇花、黄坤福，成员有王又京、李聪梅、周维奇、刘佳、王静。

（3）展览组：负责协调设计展馆、拟订并实施招展计划、办理展览的运输与通关手续、邀请目标观众、展馆安全消防和保卫工作。组长为柏然，副组长为孔亮、孙娇花，成员有米建英、李聪梅、沈润娥、王翠华。

（4）礼宾组：负责论坛开幕式和招待晚会及展览会开幕式安排、领导和贵宾的邀请、国家安全监管总局领导的会见活动安排、重要贵宾的迎送、接待和车辆安排。组长为柏然，副组长为王清华，成员有史艳萍、陈小军。

（三）论坛主题、议题及安排

本届论坛主题为“提高防范和处置事故灾难能力，保障公众生命安全与健康，实现安全发展”。主要议题：①中国安全生产应急管理和应急救援体系建设的发展和目标。②中国安全生产应急管理和应急救援的成功经验。③发达国家安全生产应急管理和应急救援的发展和经验。④安全生产应急管理和应急救援法律、法规和标准建设、运行机制和制度保障。⑤安全生产应急管理和应急救援的新理论、新观念与新进展。⑥安全生产应急管理和应急救援技术与装备的发展前景。论坛开幕式及大会于 2007 年 9 月 27 日 9 时举行，梁嘉琨主持会议，李毅中致辞，王德学作主题演讲。国务院应急办、有关部委负责人出席大会，国际劳工组织代表、俄罗斯紧急状态部官员、美国劳工部职业安全健康局专家、捷克矿山局官员在论坛上演讲交流。范维澄院士、薛澜教授、闪淳昌参事、刘铁民院长到会演讲交流。巴斯夫、杜邦、德尔格公司高层管理人员参会交流。

（四）展览会活动

本届展览会主要展示矿山事故应急救援技术与装备、危险化学品事故救援技术与设备、火灾报警设备及消防设备、海事救援技术与设备、民航、铁路及道路事故救援技术与装备、抢险救生器材、救援人员装备个体防护及家用应急装备。

二、第二届中国国际安全生产应急管理和应急救援论坛暨应急技术与装备展览会

2009 年 7 月 1—3 日，由国家安全生产监督管理总局主办，国家安全生产应急救援指挥中心、国家安全生产监督管理总局国家交流合作中心承办的第二届中国国际安全生产应急管理和应急救援论坛暨应急技术与装备展览会在北京国际会议中心举行。国家安全生产监督管理总局局长骆琳在论坛开幕式上致辞并发表主旨演讲。国际劳工组织中国蒙古局局长康妮在开幕式上致辞，国家安全生产监督管理总局副局长、国家安全生产应急救援指挥中心主任王德学、欧盟委员会驻中国和蒙古国代表团大使赛日·安博、澳大利亚驻华大使芮捷锐在开幕式上发表了演讲。铁道部、国资委、国家地震局、国家电监会、广东省人民政府、民政部紧急救援促进中心等单位的嘉宾出席论坛开幕式并发表演讲。开幕式由国家安全生产监督管理总局副局长梁嘉琨主持。

本次论坛的主题为“加强应急管理，提高应急能力，促进安全发展”，有来自澳大利亚、乌克兰、蒙古、瑞士、南非、比利时、美国、日本、丹麦、德国、法国、西班牙、印度、挪威、捷克、中国香港、中国澳门等 17 个国家和地区及国际劳工组织、欧盟委员会，共 500 余名代表参加，其中有 47 名中外从事应急

管理的官员及专家学者围绕安全生产应急管理体制机制法制建设、应急预案管理和演练、安全生产应急科技与装备产业的发展前景、应急救援能力建设、应急管理工作经验等6个专题做演讲、举行交流。

与论坛同时举办的应急技术与装备展览会，有70多家厂商展出有关应急救援装备和技术，为期3天。展品范围涉及应急信息、调度指挥装备与技术、监测监控装备与技术、指挥通信系统、应急指挥平台、数字化预案管理系统、无人直升机、灾情探测无人机、救援机器人、矿井救生舱、气体检测仪、呼吸器、自动苏生器、便携式等离子束发生器、移动式数码变频发电机、应急照明、泵、破拆工具、个体防护装备等，展览面积4000多平方米。副总理张德江于7月2日下午专场参观展览会，并对加强安全生产应急救援工作，提升救援技术与装备水平作出重要指示。

本届论坛暨展览会组委会主席由骆琳担任，副主席由王德学、梁嘉琨担任，秘书长由李万疆担任，副秘书长由柏然、王志坚担任。

三、第五届国际矿山救援大会、第三届中国国际安全生产应急管理论坛暨安全生产应急救援技术与装备展览会

第五届国际矿山救援大会、第三届中国国际安全生产应急管理论坛暨安全生产应急救援技术与装备展览会于2011年10月24—26日在北京国家会议中心举行。大会于10月24日上午开幕，国家安全生产监督管理总局副局长孙华山主持会议，国家安全生产监督管理总局局长骆琳出席会议并致辞，国际矿山救援组织秘书长阿莱克斯·格雷斯加，国家安全生产监督管理总局副局长兼国家安全生产应急指挥中心主任王德学，美国劳工部副部长、矿山安全健康局局长约瑟夫·梅恩，交通运输部副部长徐祖远，南非矿产资源部副部长戈弗雷·奥利芬特，国资委副主任黄淑和，越南劳动、社会荣军部副部长毕宏林，国际劳工组织中国蒙古局局长霍百安，国家电力监管委员会副主席史玉波出席会议并发表演讲。来自20多个国家的500多名代表参加会议。国外代表主要是国际矿山救援组织及相关国际组织成员负责人和专业人员，有关国家政府部门高级官员，救援专家；国内代表为应急管理人员、技术人员、专业人员。国内外45名官员和专家学者围绕“以人为本、携手努力”的主题，结合安全生产应急救援体制机制和队伍建设、安全生产应急管理、矿山事故应急救援技术与装备、典型事故案例研究与分析、应急预案管理演练与培训等5个专题举行研讨交流。会上特别交流和分享了“智利圣荷西铜矿事故救援经验”“中国华晋焦煤公司王家岭矿‘3·28’特别重大透水事故抢险救援案例”“新西兰派克河谷矿火灾事故案例经验与教训”“越南

何林煤矿 2011 年 3 月火灾事故的经验与教训”。

论坛前，组织 120 名国外参会代表参观考察国家矿山救援开滦队，观摩救援队实战演练和技术装备情况，考察开滦国家矿山公园、开滦唐山煤矿，与中国矿山救援人员和煤矿管理人员及煤矿工人进行交流。

本届展览会总面积为 11000 平方米，来自美国、德国、法国、意大利、加拿大、瑞典、丹麦等国和国内的 103 家企业单位展示应急救援技术、装备和产品。突出以下内容：

（1）大功率救援钻机、水泵：主要参展单位为德国宝峨机械设备、美国雪姆钻机公司、连云港天明装备有限公司。

（2）应急信息、调度指挥装备与技术：主要参展单位为中国软件与技术服务有限公司、北京中交通信有限公司、丹麦泰纳公司、北京中泰通科技发展有限公司。

（3）救援装备及器材：主要参展单位为北京凌天世纪自动化技术有限公司、北京高安诺技术开发有限公司、江西慰诺集团、丹纳赫工具有限公司。

（4）煤矿井下安全避险六大系统：主要参展单位为国家安全生产监督管理总局通信信息中心、中煤电气有限公司、辽宁卓异装备制造有限公司、黑龙江龙煤卓异救援装备科技有限公司。

（5）救护队员个体防护装备：主要参展单位为雷克兰（北京）安全防护用品有限公司、霍尼韦尔安全产品、山西虹安科技股份有限公司、北京吉祥德尔格安全设备有限公司。

（6）应急医疗救护器材：主要参展单位为上海仕合瀚电子技术发展有限公司、河南中象医疗保健器械有限公司、法国普利沃、美国舒波曼公司。

本届论坛暨展览由国家安全生产监督管理总局主办，由国家安全生产应急救援指挥中心、国家安全生产监督管理总局矿山救援指挥中心、国家安全生产监督管理总局国际交流合作中心承办，开滦集团公司、神华集团公司协办。成立论坛暨展览组委会，骆琳担任组委会主席，王德学、王树鹤担任组委会副主席，王志坚、柏然担任秘书长。秘书处设新闻宣传组、会务组（韩小乾、王清华、李聪梅、黄坤福、周维奇、刘佳、王光远、胡震）、开滦参观组（王晋中、杨江、孟斌成、王静）、展览组（高广伟、胡予红、米建英、孔亮、蔡忠、郭亮）、礼宾组（柏然、王又京、史艳萍）。

四、第四届中国国际安全生产应急管理论坛暨应急技术与装备展览会

第四届中国国际安全生产应急管理论坛暨应急技术与装备展览会于 2013 年 6 月 25—27 日在北京举行。其中，论坛在北京长城饭店举行，展览在北京全国农业展览馆新馆举行。本届论坛于6月25日9时举行开幕式及全体大会，国家安全生产监督管理总局副局长孙华山主持会议，国家安全生产监督管理总局局长与国际劳工组织中国蒙古局局长霍百安、国际矿山救援组织秘书长阿莱克斯格雷斯加致辞，国际安全生产监督管理总局副局长、国家安全生产应急救援指挥中心主任王德学发表主旨演讲，交通运输部安全总监宋家慧、澳大利亚驻华副大使韩家思、国家能源局杨昆、南非矿产资源部副部长戈弗雷·奥列分特发表主题演讲，有来自中国、美国、俄罗斯、澳大利亚、南非等12个国家和地区及有关国际组织的500名政府官员、专业人员和专家学者参加论坛，45位国内外政府高官、国际组织代表、企业高管和知名专家围绕“以人为本、科学施救”主题，结合“应急管理体制机制法制建设”“安全生产应急救援能力建设”“应急预案培训演练与宣传教育”“典型事故救援案例分析”“应急技术与装备”“矿山安全与研究管理——中澳矿山安全与应急管理合作”等6项议题进行深入研讨和交流。展览会展览面积15000平方米，国内外125家参展商展示先进适用的应急救援技术和装备，展品涉及各类场所安全逃生、避险系统，应急指挥、通信联络、应急供电等设备和移动平台；高层与地下建筑、交通枢纽、人员密集场所、易燃易爆场所等灭火救援装备；空中、水上、陆上、地下机动应急救援装备、机动应急医学救援平台；危险品泄漏、放射品污染应急处置设备；医学救援、应急净水等仪器设备；遇险人员生命探测与搜救定位、灾害现场大型破拆、救援人员特种防护用品和器材；大型救生钻机、排水设备；仿真模拟与培训演练设备等九大类，约500个小类的救援装备，基本包括了各类安全生产事故，自然灾害及公共安全事件处置与救援所需要的科技装备。

本届论坛暨展览由国家安全生产监督管理总局主办，由国家安全生产应急救援指挥中心和国家安全生产监督管理总局国际交流合作中心共同承办。成立论坛暨展览组委会，国家安全监管总局局长任组委会主席，王德学、孙华山、付建华任组委会副主席，组委会成员有李万疆、支同祥、吴鑫、彭玉敬、王铃丁、苏洁、王浩水、欧广、高世民、徐绍川、张广华、王武琦、林苏东、柏然、李书清、宋元明、刘云涛、王志坚、贺黎光、张平远、王晋中、李万春、吕海燕、刘增金、裴文田、徐汉才、张瑞新、吴宗之、王明晓、马占平、杨江、郭治武、范晋生、雷长群、高广伟、马月云、田得雨、胡予红、王清华。秘书长王志坚，副秘书长柏然、张平远。

国家安全生产监督管理总局办公厅印发《关于举办第四届中国国际安全生产应急管理论坛暨应急技术与装备展览会的通知》(安监总厅国际〔2013〕49号)，就组织参会参展事项通知如下：

（1）参加论坛人员：各省级安全监管局及部分市（地）、县级安全监管局，各省级煤矿安监局及其所属监察分局相关负责人；国务院有关部门应急管理机构负责人；国家（区域）矿山、危化应急救援队，中央企业应急救援队负责人及相关人员；各中央企业分管应急管理工作的负责人和相关部门负责人，每家企业参会人员原则上不超过三人。

（2）参展单位：①安全生产应急救援体系建设和事故救援成果展，由国家安全生产应急救援指挥中心统一组织国家（区域）矿山、危化应急救援队和中央企业应急救援队等，集中展示应急救援队伍建设和事故救援成果。②优秀企业展览，由各省级安全监管局、煤矿安监局和中央企业根据展览会内容积极推荐有关优秀企业参加展览会。参展企业展示产品应具有自主知识产权，且在行业内具备科技领先地位。

（3）参观展览人员：①请各省级安全监管局、煤矿安监局按照附件 1 的名额和时间组织辖区内安全监管监察人员、企业安全管理人员、科研机构和高等院校相关科研人员参观展览，由各单位有关负责人带队，并指定组织联络人。②请国家（区域）矿山、危化应急救援队和中央企业应急救援队按照附件 1 的名额和时间组织救援队指战员参观展览，由各单位有关负责人带队，并指定组织联络人。③请有关中央企业按照附件 2 的名额和时间组织企业内安全管理人员、设备采购部门负责人、工会组织负责人、科研人员、工人代表参观展览会，由企业安全管理负责人带队，并指定组织联络人①。

在论坛和展览会期间，国务委员王勇参观展览；举行国家矿山应急救援队授旗仪式，国家安全监管总局局长向开滦队、大同队、平顶山队、鹤岗队、芙蓉队、淮南队、靖远队授旗，并发表讲话；美国英思科公司向国家安全生产监督管理总局赠送 30 台便携式氨气检测仪。

五、第五届中国国际安全生产应急技术与装备展览会

根据中办、国办（2014 年）关于精减、规范大型国际会议的通知要求，国家安全生产监督管理总局将主办的两个大型国际会议合并为一个，即继续主办中国国际安全生产论坛，把应急管理和应急救援的内容纳入中国国际安全生产论坛之中，不再主办中国国际安全生产应急管理论坛。自 2015 年起，第五届中国国际安全生产应急技术与装备展览会由国家安全生产监督管理总局国际交流合作中心主办。

---

① 《通知》中提及的附件略。

举办第五届中国国际安全生产应急技术与装备展览会被列入国家安全监管总局2015年重点工作计划之中。国家安全监管总局支持本届展览，副局长孙华山于2015年9月8日上午主持召开专门会议，听取筹备工作汇报，研究落实有关工作安排。国家安全监管总局办公厅、国际合作司、国家安全生产应急救援指挥中心都给予大力支持。

第五届中国国际安全生产应急技术与装备展览会于2015年10月12—14日在北京全国农业展览馆新馆举行，展览面积13000平方米。展览内容：

（1）国家安全生产应急管理主题展示：设主题展台，主要展示党中央、国务院对安全生产应急管理工作的关心和重要指示；国家安全生产监督管理总局、国家安全生产应急救援指挥中心在应急管理的各个领域所做的工作和取得的重要成效。

（2）应急装备展示：中国煤炭科工集团、中国航天科技集团物联网研究院、湖北华舟重工应急装备股份有限公司、德国德尔格公司等国内外企业展示煤矿安全应急装备、化工消防灭火装备监测监控、应急通信指挥装备、破拆支护装备、生命探测装备等。

（3）安全生产应急管理信息化集中展示：与国家安全监管总局通信信息中心合作，组织安全生产应急信息技术生产研发企业以专区形式集中展示应急信息化技术装备。展会期间，举办安全生产应急科技研讨会，围绕安全生产应急装备产业的发展前景、应急机器人及无人机的应用前景、危险化学品事故救援中的专业应急装备应用、大型工程机械在应急救援中的应用等议题研讨交流。举办互联网+应急信息技术专题研讨会，由中国安全生产协会主办。主要研讨互联网+应急管理技术关键问题，展示和交流互联网+应急管理技术成果和建设经验，探讨互联网+应急管理技术前景和发展趋势，加快推进安全生产领域互联网+应急管理技术的广泛应用。组织应急产品应用洽谈活动。

应急论坛暨展览会自2007年创办以来，每两年举办一次，成功举办了五届。通过几年的实践，应急论坛暨展览会的内涵不断丰富、规模不断扩大、影响力也不断增强，得到了国内外相关方面的广泛关注，已经成为安全生产应急管理和应急救援领域开展国际交流与合作的重要平台，是国家安全生产监督管理总局最重要、最具有品牌效应的大型外事活动之一。在第二届应急论坛和展览期间，副总理张德江专场参观了展览，对展览会给予高度评价，对进一步加强安全生产应急管理和救援工作作了重要指示。应急论坛暨展览取得的成效主要体现在以下方面：一是加强了国际间的交流与合作。通过举办应急论坛暨展览会，邀请到国内外一大批业内精英，共商加强应急管理和救援工作的经验做法，汇聚了当今国内外一大批应急救援先进技术装备并进行规模化展示，也较好地宣传了中国安全生产工作采取的新措施和取得的新成就，为建设更加高效的应急救援体系、推动应急产业科技进步发挥了重要作用。二是开阔了视野。通过应急论坛和展览使更多的业内人士，特别是来自基层一线的应急管理人员和应急救援指战员，能够有机会与众多的国内外应急管理领域的高级官员、专家学者和权威人士举行面对面交流，学习了先进经验，了解了发展动态，掌握了科技成果，有利于推动应急救援事业的进步发展。

第三节 中国国际煤炭大会

国际煤炭大会（Coaltrans）创始于1981年，首届大会在英国伦敦召开，会议起点高，内容丰富，与会代表达到700多人。之后每年轮流在欧洲各国举办，规模逐渐扩大到1000余人。除全球性的煤炭大会外，还在主要产煤国家，如澳大利亚、中国、印度、印尼、日本、俄罗斯、南非、美国和越南举办地区性的国际煤炭会议。

中国煤炭工业协会和英国国际煤炭会议公司（Coaltrans Conferences）于2002年在北京签署了合作协议（实际合作方是国家安全生产监督管理局国际交流合作中心和英国国际煤炭会议公司），确定每年在中国举办一次煤炭大会，强强联合共同打造中国国际煤炭大会。会议的主办单位为中国煤炭工业协会和英国煤炭会议公司。由于机构调整，2010年国家安全生产监督管理总局国际交流合作中心为中国国际煤炭大会的中方主办单位，负责会议的具体筹办和组织工作。

中国国际煤炭大会（Coaltrans China）自2002年以来已在中国举办十七届，得到了国内外同行和相关人士的广泛参与和积极支持。每届的参会人数都超过了500人，国内外代表比例基本保持1∶1，会议代表来自国内外煤炭、冶金、电力、航运业及铁路运输业、环保产业界的高层领导、专家学者和企业家。此外，每届都邀请到国家发展改革委、国务院发展研究中心、铁道部、交通部的领导，以及国家安全生产监督管理总局、煤矿安监局的领导到会作主旨发言。与会代表就煤炭安全与发展、钢铁与焦炭、投资机遇、港口与发电、煤炭流通，以及煤炭企业的发展等当前中国乃至世界煤炭工业发展面对的关键性问题展开交流和探讨。

中国国际煤炭大会是大型国际性煤炭专业会议，在行业内搭建了高端对话、信息交流的国际平台，并一直得到国内外主要煤炭企业、用户及煤炭衍生行业的广泛关注和积极参与。会议议题涵盖政策解读、行业研究、市场展望、商务洽谈和中外合作五个主要方面，是当前中国乃至亚洲地区煤炭领域规模最大、层次最高的国际性盛会。

2002 年 9 月 16—17 日，第一届中国国际煤炭大会在北京召开。本次会议由中国煤炭工业协会与英国国际煤炭会议公司共同主办，由国家安全监管局国际交流合作中心承办。36 个国家和地区的代表 700 多人参加会议，32 家国内外企业在展会设展。

2005 年 4 月 11—12 日，2005 中国国际煤炭大会在北京举行。来自国内外煤炭、冶金、电力航运及铁路运输业、环境产业及煤炭贸易方面的 700 多名政府部门代表、专家学者和企业家围绕中国和世界煤炭工业发展的一些重大问题进行广泛深入的研讨。

2006 年 4 月 3—4 日，2006 中国国际煤炭大会在上海香格里拉酒店举行。大会的主旨是探寻煤炭工业的发展方向，推动中外煤炭交流，促进经济发展。展示了国内外煤炭生产、贸易、流通领域 30 多家企业的新产品和新技术。国内外煤炭、电力、航运及铁路运输、环保产业及煤炭贸易等领域的 600 多位政府官员、专家学者和代表参加了大会。参会代表分别来自澳大利亚、巴西、加拿大、法国、德国、印度、印尼、意大利、日本、波兰、俄罗斯、韩国、英国等 31 个国家和地区。特邀代表 41 人，媒体 35 人，发言人 42 人。其中国内发言人 21 人，分别来自国家发展改革委、铁道部、国土资源部、山西省人民政府、中煤集团、大同煤矿集团等国家政府职能部门和国内知名煤炭企业，具有广泛的代表性和权威性；国际发言人 21 人，分别来自美国、澳大利亚、印尼、韩国、日本、南非等国家和地区的国际机构和国外著名煤炭企业。展览面积 1000 平方米，共设 37 个展位，参加展览的企业共 28 家，其中中方企业 14 家，国际公司 14 家。会议期间，中外企业家和专家学者就全球能源展望及对中国煤炭产业的影响、新增开采能力的战略思考、海外直接投资中国市场的战略分析、中国煤炭产业融资的新思考、煤炭供应与电力需求、煤炭进出口市场展望、国际钢铁市场的变化及中国煤炭工业的发展对国际焦炭市场供需的影响、中国煤炭生产及消费对国际海运市场的影响等问题进行了广泛的研讨和交流。

国家安全生产监督管理总局副局长王显政，中国煤炭工业协会第一副会长、中国贸促会煤炭行业分会会长濮洪九，国务院发展研究中心副主任刘世锦出席了大会并作主旨演讲。会上，国家安全监管总局副局长王显政的演讲《中国煤炭工业安全和可持续发展》和副主任刘世锦的演讲《中国经济增长方式转变与煤炭发展战略》，以及来自山西煤炭工业局局长王守祯的《中国煤炭产业结构调整面临的挑战》的演讲全面分析了当前中国煤炭工业的发展战略、发展模式、结构调整目标及面对的挑战。对于在经济全球化背景下，中国煤炭市场与全球市场的互动，来自中煤能源集团的总经理经天亮的《煤炭合作全球化下中煤集团的发展战略》、CERA 高级顾问吉姆斯·布洛克的《全球能源展望及对中国煤炭工业的影响》和亚美大陆煤炭公司首席执行官加里·赖德所作的《外商直接投资中国面临的机遇和挑战》等精辟演讲做了系统的介绍和展望。同时，代表们还就中国及全球的能源市场、国际合作与外商投资、煤与电力和水泥产业、中国及世界煤炭进出口市场、焦煤与钢铁工业、航运业，基础设施及物流业面临的挑战等涉及煤炭能源生产、流通及应用领域的 7 个问题进行了广泛深入的交流与探讨。专家们普遍认为：2006 年，中国的煤炭工业将继续保持较快的发展势头，煤炭需求量将进一步增加；国际煤炭市场仍然偏紧，国际煤炭贸易继续增长，技术合作也将进一步深入。同时，洁净煤技术、煤矿安全及环境与资源保护问题也将进一步凸显。

2007 年 4 月 16—17 日，2007 中国国际煤炭大会暨展览会（Coaltrans China 2007）在北京嘉里中心饭店召开，由中国煤炭工业协会联合英国国际煤炭会议公司主办。来自国内外的 500 余名政府官员、专家学者及企业高管参加了会议。国际代表分别来自澳大利亚、巴西、加拿大、法国、德国、印度、印尼、意大利、日本、俄罗斯、韩国、英国、越南、美国、阿拉伯、土耳其、新加坡、奥地利、蒙古等 31 个国家和地区。特邀代表及发言人 42 人，其中国内发言人 26 人，分别来自国家安全生产监督管理总局、国家煤矿安全监察局、国家发展改革委、国家能源领导小组办公室、铁道部、交通部、国务院发展研究中心、中国煤炭工业协会、中国电力企业联合会、中国钢铁工业协会、煤炭科学研究总院、神华集团、中煤集团、大同煤矿集团、潞安集团等国家政府职能部门和国内知名煤炭企业，具有广泛的代表性和权威性；国际发言人 16 人，分别来自美国、澳大利亚、印尼、西班牙、英国、南非等国家和地区的国际机构和国外著名煤炭企业。围绕“全球化煤炭工业和可持续发展”这个主题，就中国及全球的能源市场、中国煤矿开采运营面临的挑战、中国动力煤进出口市场、焦煤和钢铁工业、中国煤炭投资机遇、航运业及物流业的发展，以及煤炭的多元化发展等当前中国乃至世界煤炭工业发展面临的关键性问题发表了不同的观点，开展研讨交流。国家安全生产监督管理总局局长李毅中、国家安全生产监督管理总局副局长兼中国煤炭工业协会会长王显政、国家煤矿安全监察局局长赵铁锤、中国煤炭工业协会第一副会长兼中国贸促会煤炭行业分会会长濮洪九、澳大利亚驻华使馆副大使傅关、国家能源领导小组办公室副主任徐锭明出席了大会并作重要演讲。会上，局长李毅中提出煤矿安全生产和煤炭工业的可持续发展，是一个历史性、全球性问题。努力实现煤矿安全和煤炭工业的节约发展、清洁发展、安全发展，实现可持续发展，推动煤炭工业走新型工业化发展道路，把安全生产作为构建社会主义和谐社会的重要内容，通过实施“管理强矿”战略，采用合规先进的开采工艺、技术装备和管理手段，提高安全生产保障能力；大型煤炭企业实施安全质量标准化，将加快本质安全型煤矿、安全高效现代化矿井建设。在肯定成绩、增强信心的同时，也清醒地认识到存在的差距，煤矿安全生产形势依然严峻。要把安全生产作为构建社会主义和谐社会的重要内容，进一步强化煤矿安全，扩大煤炭工业领域的对外开放，继续加强国际交流合作。副局长王显政作了题为“中国煤炭工业安全、高效、可持续发展”的演讲，指出“十五”期间，中国煤炭工业在改革中发展，在发展中提高，但挑战仍然严重。节约发展、清洁发展、安全发展，实现可持续发展既指明了煤炭工业的发展方向，也给煤炭工业带来了巨大挑战。“以煤为主、多元发展”的能源方针，决定了中国煤炭工业具有广阔的发展空间。而且，中国煤炭工业的快速发展增加了对煤炭科学技术、管理人才和投资的需求，拓展了国际合作与交流的空间。因此加强与各国政府部门、国际机构、国际组织、社团和企业之间的交流与合作，不仅有利于中国煤炭工业的健康发展，对推动世界煤炭工业的健康发展也具有十分重要的意义。副主任徐锭明的演讲《中国能源发展的现状及未来》全面分析了当前中国煤炭工业的发展战略、发展模式、结构调整目标，以及面对的挑战。各大企业如中煤能源集团、神华能源股份有限公司、大同煤矿集团有限责任公司、山西潞安集团、兖矿集团、中国五矿集团、博地能源公司、美林集团、中国华能集团、力拓矿业等国内外知名公司的代表就煤炭工业的安全发展、清洁发展、节约发展等方面提出了具有重要参考价值的见解。会议期间，还展示了煤炭生产、贸易、流通方面的相关技术、服务和产品。展览面积 1000 平方米，共设 33 个展位，参加展览的企业共 23 家，其中中方企业 12 家，国际公司 11 家，实际展位面积 300 平方米。

2008 年 4 月 14—15 日由中国煤炭工业协会和英国国际煤炭会议公司共同主办的“2008 中国国际煤炭大会”在北京万达索菲特大饭店举行。大会主题是“中国煤炭市场的变革——进口增长与基础设施”。王显政、濮洪九、赵铁锤，以及英国国家煤炭会议公司总裁杰德·斯特拉罕、澳大利亚驻华大使殷格尔等出席会议。出席大会的共有 500 余名代表，国内代表约 300 名，国外代表约 200 名。其中国外代表分别来自澳大利亚、奥地利、塞浦路斯、加拿大、智利、丹麦、法国、希腊、中国香港、印度、印度尼西亚、日本、韩国、蒙古、菲律宾、巴基斯坦、新加坡、南非、瑞士、泰国、中国台湾、英国、美国、阿拉伯联合酋长国、越南等 26 个国家和地区。特邀代表及发言人 41 人，其中国内发言人 22

人，分别来自国家安全生产监督管理总局、国家煤矿安全监察局、中国煤炭工业协会、国家发展改革委综合运输研究所、国务院发展研究中心、中煤集团、神华能源股份有限公司、大同煤矿集团、潞安集团、华能集团、中国远洋集团等国家政府职能部门和国内知名煤炭企业，具有广泛的代表性和权威性；国外发言人19人，分别来自美国、澳大利亚、加拿大、印尼、英国、越南等国家和地区的国际机构和国外著名煤炭企业。演讲嘉宾就中国能源发展未来规划，中国在国际煤炭市场中的地位——出口变化及其影响因素，钢铁和焦煤的发展，电力业和动力煤的发展，中国动力煤市场的主要供应商，国内物流和基础设施挑战，国际航运业和中国煤炭市场，中国煤炭项目融资进行交流研讨。濮洪九主持了大会开幕式，对出席大会的来自全球各地煤炭、电力、钢铁、航运等行业各界的代表表示热烈的欢迎，并指出，中国政府高度关注煤炭工业的发展，确立了“煤为基础，多元发展”的能源方针，为加快中国煤炭工业的改革发展，从体制、机制、法制、投入和结构调整、科技进步、教育培训等方面相继制定实施了一系列重大扶持政策和措施，为煤炭工业的发展提供了广阔的空间和良好政策环境。

副局长王显政作了题为“中国煤炭工业发展战略”的主旨演讲，重点谈到中国煤炭工业发展状况、发展趋势和战略措施，强调中国是煤炭生产和消费大国，煤炭工业的发展，不仅关乎中国国民经济和社会发展，而且对世界能源发展都发挥着举足轻重的作用。

会议期间举行展览展示活动，展览面积1200平方米，共设31个展位，参加展览的企业共21家，其中中方企业9家，国际公司12家，实际展位面积237平方米。

2009年4月20—21日，2009中国国际煤炭大会暨展览会（Coaltrans China 2009）在北京万达索菲特大饭店举行，由中国煤炭工业协会联合英国国际煤炭会议公司（Coaltrans Conferences）共同主办。正值国际金融风暴席卷全球之际，世界各行各业均不同程度地受到影响和冲击，中国能源行业也毫无例外地面临着巨大的挑战。而本届大会吸引了共500名代表，国内代表近300名，国外代表近200名。其中国外代表分别来自澳大利亚、加拿大、法国、中国香港、印度、印度尼西亚、日本、韩国、蒙古、新加坡、瑞士、阿联酋、泰国、中国台湾、英国、美国、土耳其、瑞典、马来西亚等19个国家和地区。特邀代表及发言人42人，其中国内发言人18人，分别来自国家能源局、工业和信息化部、交通部、铁道部等相关政府部门领导与会并作重要演讲，同时邀请了中国煤炭工业协会、中国石油化工协会、神华集团、中煤能源集团、大同集团、潞安集团、兖矿集团、国家电网、中钢集团等国内知名煤炭企业及电力、钢铁、航运等煤炭衍生行业相关领导和专家到会发言，具有广泛的代表性和权威性；国外发言人 15 人，分别来自法国（国际能源署）、美国、澳大利亚、加拿大、印尼、英国、泰国、蒙古等国家和地区的国际机构和国外著名煤炭企业。

同期举行的展览会，展览面积 1000 平方米，共设 26 个展位，参加展览的企业共 20 家，其中中方企业 11 家，国际公司 9 家。

作为本届大会的活动之一，会后技术参观安排考察神东上湾煤矿矿区，为期两天，共计 15 名国外代表随会方陪同人员赴神华集团神东矿区进行技术考察，对于树立中国特大型煤炭企业形象，推进中外技术交流合作起到了积极的作用。

中国国际煤炭大会是大型国际性专业会议，也是亚洲最大的煤炭盛会。中国国际煤炭大会为促进中国煤炭工业与世界煤炭工业的交流与发展搭建的一个良好互动平台，参会代表通过这个平台广交朋友，开拓新的社交圈，发展新的客户群，开辟更广阔的市场。本次大会围绕国内外煤炭需求和价格走势预测、煤制油项目审核和洁净煤技术在中国市场的应用、国内煤炭用户前景分析、煤炭原材料供需形势的前瞻性分析、中国在国际煤炭市场中的地位——出口变化及其影响因素，钢铁和焦煤的发展，国内物流和基础设施挑战，科技创新契机等当前中国乃至世界煤炭工业发展面临的关键性问题展开交流和探讨。本次大会不仅为中国煤炭工业协会会员单位提供了一个展示自己的平台，也为中外煤炭相关企业提供了一个交流合作的机会。

大会邀请到中国煤炭工业协会会长王显政、中国煤炭工业协会副会长濮洪九、国际能源署执行干事田中伸男、国家发展改革委能源局煤炭司司长方君实、工业和信息化部产业司副司长侯世国出席大会并做重要演讲。濮洪九主持了大会开幕式，对出席大会的来自国内外煤炭、电力、钢铁、航运等行业的代表表示热烈的欢迎，并指出，中国政府为促进煤炭工业健康可持续发展，构建新型煤炭工业体系，制定了一系列宏观调控和结构调整的政策和措施。今后一个时期，中国煤炭工业将更加注重加强国际间的交流与合作，借鉴先进国家的管理经验，引进先进技术和装备，不断推进煤炭生产力整体水平的提高。

中国煤炭工业协会会长王显政在大会上作了题为“新时期中国煤炭面临的挑战和机遇”的主旨演讲，充分肯定了本届会议召开的重要性和必要性，指出煤炭工业发展战略与国际煤炭市场发展趋势，促进煤炭领域的交流与合作，特别在当前应对金融危机特殊情况下，意义更显深远。他强调，经过改革开放 30 年来的快速发展，中国煤炭工业已经具备了较坚实的发展基础。国家中长期能源发展规划中明确了“煤为基础，多元发展”的能源发展方针，将进一步促进煤炭工业节约发展、清洁发展和安全发展。他还特别强调在积极应对世界金融危机挑战中，稳步推进煤炭工业健康可持续发展，加快结构调整、深化改革，坚持科技兴煤战略不仅关乎整个煤炭工业的协调健康发展，而且对中国国民经济和社会发展，乃至对世界的能源发展都发挥着举足轻重的作用。

国家发展改革委能源局煤炭司司长方君实作了有关中国煤炭工业的地位及能源发展战略的报告。他也充分肯定了本届大会对于应对当前金融危机的重大意义，提出煤炭为中国乃至世界能源的稳定供应发挥了不可替代的作用，并根据对中国未来十年煤炭需求的分析提出国内能源发展战略的规划，即优化能源结构、保障能源安全、提高能源效率、依靠科技、实施清洁发展机制保护环境。

国际能源署田中伸男和工业和信息化部侯世国分别就中国洁净煤发展战略和煤化工发展产业政策问题发表了各自观点和意见。

中国中煤能源集团、神华能源股份有限公司、大同煤矿集团有限责任公司、潞安集团、兖矿集团、国家电网、中钢集团、美林集团、摩根士丹利等国内外知名煤炭企业及电力、钢铁、航运、投资等煤炭衍生行业相关领导和专家就中国的煤炭进口、运输、航运和物流、新资源和新效益、焦煤和动力煤市场等方面提出了对策和建议。

本次大会是在全球金融危机引发的经济危机环境下，国际煤炭贸易急剧萎缩情况下召开的，探讨中国煤炭工业发展战略与国际煤炭市场发展趋势，促进煤炭领域的交流与合作，积极应对当前金融危机，意义重大。会议的内容设计和议题安排都与当前煤炭行业及相关产业的热点话题紧密联系，息息相关，尤其是煤炭多元化发展，海外项目投资，煤转化及洁净煤方面的讨论契合实际，备受关注。

2010 年 4 月 12—13 日，2010 中国国际煤炭大会暨展览会（Coaltrans China 2010）在北京万达索菲特大饭店举行，国家安全生产监督管理总局国际交流合作中心联合英国国际煤炭会议公司（Coaltrans Conferences）共同主办。

中国的煤炭生产和消费方式发生着巨大变化，中国煤炭工业正处于重要的战略机遇期。本次大会的内容涉及中国煤炭工业的集团化、规模化、现代化发展，煤矿整合战略的现实意义，焦煤和动力煤市场，运输和物流方面的挑战，炼焦煤和钢铁生产，国内外采矿项目投资，新技术和环境影响等。大会吸引了 500 多名代表，国内代表 278 名，国外代表 246 名。其中国外代表分别来自澳大利亚、加拿大、塞浦路斯、中国香港、印度、印度尼西亚、意大利、日本、马来西亚、蒙古、荷兰、新西兰、俄罗斯、新加坡、韩国、瑞士、中国台湾、泰国、阿联酋、英国、美国、越南等 22 个国家和地区。特邀代表及发言人 43 人，其中国内发言人 21 人，分别来自国家能源局、铁道部、山西省煤炭工业厅、新疆煤炭工业局等相关政府部门领导与会并作重要演讲，同时邀请了发展改革委能源研究所、中国电力企业联合会、冶金工业规划研究院、煤炭科学研究总院、国家电网、中国远洋运输集团、大同集团、潞安集团、兖州煤业集团、山西焦煤集团、宝钢股份有限公司等国内知名煤炭企业及电力、钢铁、航运等煤炭衍生行业相关领导和专家到会发言；国外发言人22人，分别来自澳大利亚、英国、法国、荷兰、印尼、蒙古、俄罗斯、美国等国家和地区的国际机构和国外著名煤炭企业。

国家安全生产监督管理总局国际交流合作中心主任柏然主持了大会开幕式，对出席大会的来自国内外煤炭、电力、钢铁、航运等行业的代表表示热烈的欢迎。

国家发展改革委能源局煤炭司司长方君实出席大会并作重要演讲。方君实在会上表示，煤炭作为一次能源的主体，在世界各国的工业化过程中都发挥了重要作用。但随着工业化程度的提高，特别是对生态环境保护意识的增强和对更高品质生活质量的追求，煤炭在世界能源生产和消费中的比重也相应降低，中国也不会例外。方君实认为："2009年，我国的煤炭产量达到了30.5亿吨，预计今年还会进一步增长。但受生态环境、气候、市场等因素的制约，特别是为了淘汰落后产能和向国际社会兑现我国应对气候变化承诺的需要，全国的煤炭产量不可能无限制地增长下去。防止煤炭产能过剩、实行煤炭生产总量控制已经成为一个亟待研究和回答的问题"。

新疆煤炭工业局局长吴甲春到会演讲，引起热烈反响。新疆煤炭资源极为丰富。近年来，新疆启动了准东、吐哈、伊犁和库拜四大基地、13个重点矿区和11个一般矿区总体规划的编制工作。据吴甲春透露，新疆现已编制了35个矿区总体规划，规划生产能力8.34亿吨/年，其中年生产能力1000万吨以上的矿区就有13个。吴甲春介绍，新疆煤炭具有埋藏浅、采深小、煤层厚、赋存稳定、地质构造简单、低瓦斯和无突出危害等特点，非常适宜大规模机械化开采。与此同时，新疆煤炭的开发也面临着巨大的市场需求。根据吴甲春的统计，到2020年，中国能源的总消耗量可能达到近40亿吨标准煤，2050年最少至60亿~70亿吨标准煤。在一次能源供应中，煤炭份额将由当前的70%左右降至2050年的40%~50%，并将在2020—2030年间达到每年50亿吨左右的需求峰值，而中国内地煤炭产量的极限将是35亿~40亿吨，因而在供应上面临着10亿~15亿吨左右的缺口。"这个缺口可以通过三种途径填补：继续加大中部煤炭开发、从国外进口和建设新疆基地"。吴甲春认为，中部地区的煤炭开采强度已经接近极限，生态环境、运输等都已经面临很大的负荷；而通过国际市场进口15亿吨煤炭也不现实，因而最佳的方案是建设新疆煤炭基地。

山西省煤炭工业厅总工程师李成先在大会上提出，山西煤矿企业兼并重组整合是大势所趋。煤炭在山西既是产业问题、经济问题，又是社会问题和民生问题，同时还关系到全国的能源供应和能源安全。由于历史的原因，山西煤炭形成了“多、小、散、乱”的格局，这种状况一直没有得到彻底改变，已经使山西省付出了惨重的代价。在各级党委、政府的坚强领导下，山西煤矿企业兼并重组整合工作健康推进，取得了重大阶段性成果。到目前为止，全省重组整合煤矿企业正式协议签订率 99.2%；主体接管到位率 98%；采矿许可证变更率 90% 以上。主体到位后煤矿的复工复产、改造建设、矿井关闭工作将全面展开，“多、小、散、低”的产业格局将发生根本转变。

世界煤炭协会主席堂·埃尔德在演讲中指出，煤炭占世界一次能源的 25%，全球发电的 40%，以及全球钢铁业的 66%。根据联合国千年发展目标，人类对食物和能源的需求将成倍上升，而目前全球人均 GDP 只是经合发展组织人均 GDP 的 1/4。能源政策必须着眼于以下行动目标：经济的可持续发展、能源供应保障和气候变化。尤其气候变化是目前全球共同面临的严峻挑战。煤炭的竞争优势在于，煤炭资源量大于 100 年，是天然气的 2 倍，石油的 3 倍，相对充足。并且煤炭资源遍布全球，价格相对低廉和稳定，具有一定的安全可靠性，并可转化成其他增值产品。根据 IPCC 特别报告，利用 CCS 技术，CO_2 排放成本能够降低 30% 或更多；CCS 电厂能减少 80% ~90% CO_2 排放；大多数 CCS 技术抑或出于经济可操作性抑或已经放入成熟的市场运作。

各大企业如大同煤矿集团有限责任公司、潞安集团、兖州煤业集团、国家电网、美国博地能源公司、山西焦煤集团、宝钢股份有限公司、中国远洋运输集团等国内外知名煤炭企业及电力、钢铁、航运、投资等煤炭衍生行业相关领导和专家就中国的煤炭进口、运输、航运和物流、新技术和环境、焦煤和动力煤市场等方面议题进行研讨交流。

在会议结束前发放了调查问卷，许多代表都认真填写并及时反馈给组委会。绝大多数代表都对参加本次会议感觉收获颇丰，并对会议组织和安排感到满意，表示对下届会议有兴趣。代表对各个议程及发言人均作出了评价，对下届选择议题和发言人有重要参考。

2011 年 4 月 12—13 日，2011 中国国际煤炭大会暨展览会在北京万达索菲特大饭店举行。由国家安全生产监督管理总局国际交流合作中心和英国国际煤炭会议公司共同主办。来自 25 个国家的 650 多名官员、企业家和专家学者参加会议。国家煤矿安全监察局局长黄玉治出席会议并讲话。

本次会议的内容涉及中国煤炭工业走集团化、规模化、集约化发展之路，煤矿整合兼并，焦煤和动力煤市场趋势，运输和物流方面的挑战，炼焦煤和钢铁生产展望，国内外采矿项目投资，新技术和环境影响等方面。特邀发言人 43 人，其中国内发言人 21 人，分别来自国家能源局、铁道部等相关政府部门，同时邀请了发展改革委能源研究所、中国电力企业联合会、冶金工业规划研究院、煤炭科学研究总院、国家电网、中国远洋运输集团、大同集团、潞安集团、兖州煤业集团、山西焦煤集团、宝钢股份有限公司等国内知名煤炭企业及电力、钢铁、航运等煤炭衍生行业相关领导和专家到会发言；国外发言人 22 人，分别来自澳大利亚、英国、法国、荷兰、印尼、蒙古、俄罗斯、美国等国家和地区的国际机构和国外著名煤炭企业。

2012 年 4 月 17—18 日，2012 中国国际煤炭大会在北京成功举行。

本届大会是创办十年来首次由国家安全监管总局、国家煤矿安全监察局共同主办的煤炭工业领域的国际盛会。大会以世界煤炭工业的安全、健康和可持续发展为主题，以煤炭产业链的安全与延伸为切入点，全面总结中国煤炭工业“十一五”发展成就，围绕“十二五”发展思路，探讨新形势新任务。大会得到了国家能源管理部门及相关国际机构的积极参与和大力支持。来自澳大利亚、美国、加拿大、德国、印度、印尼、日本、蒙古、俄罗斯等 23 个国家和地区的政府部门、国际组织和大型企业、科研机构的 700 多位政要、企业家和专家学者参会，其中中方代表约 380 人，外方代表约 320 人。国家安全监管总局副局长、国家煤矿安全监察局局长付建华出席会议并讲话，交通运输部、铁道部、国家安全监管总局、国家能源局、国家煤矿安全监察局、中国煤炭工业协会的领导人出席大会。神华能源股份公司副总裁翟桂武、同煤集团副董事长兼总经理郭金刚、山西焦煤集团副总经理杨根贵、内蒙古伊泰集团副总经理翟德元、国网能源开发公司党组成员兼副总经理魏建国、华能集团总经济师吴大卫，以及中国冶金规划研究院院长李新创等 35 位发言人就“十二五”煤炭工业发展机遇、动力煤进出口市场分析、焦煤的供需变化、国际钢铁市场与煤炭贸易的相互影响、海外投资中国市场的战略分析和煤炭供应链等关键性问题作了专题演讲并展开广泛深入的交流和探讨。同期举办的配套展览会也是大会框架下的核心内容之一，展览总面积 646 平方米、共 31 个展位，26 家国内外煤炭生产及服务企业参展，为构建企业交流平台并向煤炭及能源市场推介新产品和服务提供最佳契机。

局长付建华在讲话中强调：我国煤炭工业“十一五”以来煤炭供应能力显著增强，煤炭产业结构逐步优化，大型煤炭基地建设稳步推进，煤炭科技水平不断提高，煤矿装备水平大幅度提升，煤炭政策法规体系逐步完善。他还强调，安全发展是煤炭工业可持续发展的基础，根据国家能源发展总体战略和各地资源条件、能源供需等，合理确定煤炭资源开发强度，支持大型煤炭企业兼并重组中小煤矿，实现合理集中生产，提高矿井的安全可靠性。国家能源局领导就煤炭工业发展“十二五”规划作了详细阐述，再一次提出在未来相当长时期内，煤炭作为主体能源的地位不会改变，煤炭工业是关系国家经济命脉和能源安全的重要基础产业。提出了2015年前的煤炭工业发展改革的重点任务：继续推进兼并重组，发展大型企业集团，建设现代化煤矿，提高安全生产水平，促进资源高效清洁利用，加强科技创新，积极开展国际合作，深入实施走出去战略。交通运输部、铁道部、国务院发展研究中心等主管领导也就中国煤炭经济运行及产业链的发展作了重要阐述。会上来自澳大利亚必和必拓公司、加拿大南戈壁公司、西伯利亚无烟煤公司、汤森路透集团、巴克莱投资公司、美国花旗银行、德意志银行、普氏集团、伍德麦肯锡公司等17位企业决策层及行业分析专家、专栏记者通过对中国煤炭发展增速和需求预期的分析，表达了对中国潜在庞大商机的信心，同时也指出中国煤炭供需缺口会长期因为基础设施，尤其是运输供应链的制约而加大。

2013年4月16—17日，2013中国国际煤炭大会在北京举行，由国际交流合作中心与英国国际煤炭会议公司主办，中国煤炭工业协会副会长、中国贸促会煤炭行业分会会长赵岸青出席并致辞。

本届大会共吸引了澳大利亚、奥地利、加拿大、德国、印度、印尼、意大利、蒙古、波兰、俄罗斯、美国、韩国、新加坡、南非、泰国、乌克兰、英国等26个国家和地区的大型企业、科研机构、社会团体近500位企业家和专家学者出席，其中境内注册代表234人，境外代表255人，其中煤炭贸易商占据绝对优势，占到代表总数的48%，其次是煤炭服务商（包括运输、设备、金融及法律服务等）及煤炭终端用户（包括电力、钢铁、水泥、化工等）分别占到总数的23%和16%，出席大会的煤炭生产企业仅占到13%。

本届大会设展示区，总面积756平方米，共设34个展位，25家企业参展，其中国内展商7家，国际展商18家。

本次大会以世界煤炭工业的安全、健康和可持续发展为主线，以煤炭运销及相关产业链的发展动态为切入点，涵盖政策解读、行业研究、市场展望、煤炭贸易和中外合作五个主要方面，就“十二五”期间煤炭行业发展机遇、煤矿安全基础管理、动力煤进出口市场分析、焦煤的供需变化、国际钢铁市场与煤炭贸易的相互影响、海外投资中国市场的战略分析和煤炭供应链等关键性问题展开广泛深入的交流和探讨，旨在推进煤矿安全基础建设，促进煤炭、电力、钢铁等行业良性发展。

本次大会围绕“新形势下煤炭行业的科学发展、安全发展”主题，共安排37位发言人，其中中方发言人19位，外方发言人18位，分别就中国与世界煤炭工业，国内电煤需求与进口趋势展望，焦煤供需变化分析，以及煤炭运输供应链 5 个议题发表演讲。

大会开幕式于 4 月 16 日上午举行，国家煤矿安全监察局副局长兼总工程师王树鹤出席开幕式并致辞。副局长王树鹤对大会给予高度评价，并强调煤炭工业是关系国家经济命脉和能源安全的重要基础产业，中国作为世界上主要的煤炭生产和消费国，在国际煤炭贸易中发挥了重要作用，中国愿意通过国际煤炭大会等平台，与各国政府、科研机构及企业一道，加强煤炭工业和煤矿安全领域的全方位合作交流。国家能源局煤炭司领导、中国贸促会煤炭行业分会领导也出席大会开幕式，分别提出未来一个时期煤炭工业面临新形势和任务，全面促进煤炭工业转方式、调结构，深化生产和利用方式变革。

本次大会讨论最多的话题就是中国未来的煤炭需求及其带给国际供应商的贸易机会。《普氏煤炭报告》主编詹姆斯·奥康奈尔提出，中国需求的迅速膨胀，对国际定价的影响力越来越大，中国煤炭进口来源更加多样化。来宝集团矿产部总经理尼尔达尔表示，国内外市场的融合，使更多采矿企业和贸易商对中国产生浓厚兴趣，以后会更加注重在中国的本地化发展。

本届大会上，无论是国内重点煤炭企业，包括神华集团、同煤集团、山西焦煤集团等，还是国际知名跨国企业，像美国博地能源集团、澳大利亚汉考克集团、非洲煤炭有限公司、美国 Xcoal 集团等比以往关注度更高，参与度更深，利用煤炭大会的平台积极开创互利互惠的双赢局面。

本届大会另一个特点就是“大会套小会”，即煤炭大会召开期间，煤炭生产企业、贸易商、服务商之间的小型洽谈会也在同时同地如火如荼地进行着。国内不少煤炭企业与国外公司就相关合作协议或意向进行谈判，加大合作力度，拓宽合作渠道。同煤集团董事长张有喜与澳大利亚汉考克集团首席执行官保罗·马尔德在现场就新的能源合作规划进行高层对话，山西焦煤集团及中建材等也分别和一系列国际企业深入联系，美国博地能源、嘉能可贸易公司、美国 Xcoal 公司、美国花旗银行、英国巴克莱投资公司及印尼 Tanito 煤炭公司分别租用主会场周边的小会议室进行商务谈判。国际煤炭大会发挥了促进国际煤炭合作交流的平台作用。

本次大会引起国际社会和能源界的广泛关注，中国煤炭报、中国能源报、中国电力报、中国冶金报、中国证券报、中证网、中国煤网、东北亚煤炭交易中心、中国钢铁产业网、中国钢铁新闻网、煤炭网、中国煤炭网等专业媒体都对本次会议进行了前期、中期及后期跟踪报道，并发表评论。

本届大会暨展览会得到了国家安全生产监督管理总局、国家煤矿安全监察局的支持。副局长孙华山、副局长付建华都专门听取了会务组关于筹备工作的汇报，并作出具体指示。

2014 年 4 月 10—11 日，第十二届中国国际煤炭大会暨展览会在上海浦东嘉里大酒店成功举行。

中国国际煤炭大会由国家安全生产监督管理总局国际交流合作中心和英国国际煤炭会议公司共同主办。中国国际煤炭大会已经成为在中国召开的煤炭领域的年度盛会。本届煤炭大会是在全球经济形势不稳定并对能源市场产生巨大影响的背景下召开的，吸引了业内人士的广泛关注和积极参与。

大会开幕式于 4 月 10 日上午举行，国家安全生产监督管理总局办公厅副主任柏然、国家煤矿安全监察局行管司司长曹安雅、国家安全生产监督管理总局国际交流合作中心主任陈江、国家能源局煤炭司处长任立新、大同煤矿集团有限公司董事长张有喜、英国国际煤炭会议公司总裁亨利·赫利·哈钦森等中外嘉宾出席了大会开幕式。

大会设 8 个议程，共邀请到国内外共 62 名演讲嘉宾，从经济形势、宏观政策、产业前景、市场环境、金融手段、技术创新等多个方面论述并深入讨论了中国乃至世界煤炭市场的现状及发展前景。

本次大会共吸引了来自澳大利亚、奥地利、加拿大、德国、印度、印度尼西亚、日本、马耳他、巴基斯坦、俄罗斯、新加坡、南非、韩国、瑞士、泰国、英国、美国等 19 个国家和地区的大型企业、科研机构、社会团体，近 600 位企业家和专家学者出席，其中境内代表约 400 人，境外代表约 200 人。其中，煤炭贸易商占绝大多数，按代表人数占据 62%，煤炭服务商（包括运输、设备、金融及法律服务等）占 20%，用户（包括电力、钢铁、水泥、化工等）占 14%，生产企业占 4%。展览总面积 300 平方米，共设 28 个展位，20 家企业参展，其中国内展商 8 家，国外展商 12 家。

本次大会围绕煤炭行业政策、行业发展、国内外未来动力煤需求和供应、海运市场、煤焦和钢铁产业链、焦煤需求趋势、金融市场，以及物流等几个方面积极展开讨论，除了沿袭以往传统的主题演讲和小组讨论，另开设了分会场专题研讨。

国家能源局煤炭司处长任立新在会上指出，受国家环保工作的推进，国家大力扶持清洁能源发展。煤炭需求增长空间有限，短期内仍将难于大幅增长，但未来总量仍会呈现增长趋势。另外，煤炭进口方面 2014 年将保持平稳态势，预计进口量将与 2013 年基本持平。首先，做好规划，科学布局煤炭总量，并做好煤炭行业发展“十二五”前期规划工作；其次，加快煤炭产业结构调整，打牢发展基础，打破煤炭行业的地域和产业界限，推动产业融合；第三，有序建设大基地，坚持高起点、高要求、高效率，重点推进神中、陕北、晋中、晋东等大型煤炭基地建设；第四，坚持清洁利用，推进生产经营方式变革。

针对客户需求，此次大会特地开设两场专题研讨，研讨内容包括供应链煤炭质量管理和煤炭贸易市场定价工具等。从现场来看，效果良好，得到了代表们的热烈响应。

充分利用会场特点，采取多种形式组织代表进行互动。除了大会演讲，小组讨论，专题研讨，会议室租用，在展示区也设置了休息洽谈区，为代表们进行贸易洽谈提供场所。

本次大会较往年邀请了更多媒体。中国煤炭报、中国能源报、新华社瞭望周刊、东北亚煤炭交易中心、中国煤网、上海证券报、网易财经等专业媒体都对大会进行了报道或以媒体交换的形式参与了活动。

2015 年 4 月 14—15 日，2015 中国国际煤炭大会在北京举行，由国家安全生产监督管理总局国际交流合作中心与英国国际煤炭会议公司共同主办。本届大会的参会人数较往届有一定程度的下降，共计 460 名代表参加了本届大会活动，其中境外代表 180 余人，境内代表 280 余人。本届大会探讨中国及全球能源市场发展趋势、分析国内外煤炭贸易走势、交流煤炭运输与金融服务的市场影响等。中国煤炭工业协会常务副会长梁嘉琨、中国能源研究会副理事长吴吟、中国炼焦行业协会会长崔丕江、印尼煤炭工业协会主席鲍勃·卡曼达努等出席大会并演讲。大会就中国煤炭行业发展新机遇、世界煤炭工业展望、煤化工技术及项目前景分析、《商品煤质量管理暂行办法》对煤炭进出口行业的影响、煤炭资源税及煤炭进口税改革新政解读、国内外电煤需求市场分析及发展趋势、国内外海运市场现状及预测、煤炭资本市场分析和煤炭上下游供应链优化管理等议题开展了交流和探讨。

2016 年 4 月 14—15 日，2016 中国国际煤炭大会在北京召开。大会主题是“世界煤炭工业可持续发展”。大会由国家安全生产监督管理总局国际交流合作中心与英国国际煤炭会议公司主办。

第四节　专业性、学术性会展

一、2003 年安全文化与小康社会国际研讨会

本次研讨会由国家安全生产监督管理局、国家煤矿安全监察局主办，由国家安全监管局宣传教育中心和国际交流合作中心承办，于 2003 年 11 月 10 日在北

京昆仑饭店举行。副局长赵铁锤出席会议并致辞，他指出：安全文化建设是安全生产工作的一个重要组成部分。人是安全生产的主题。人的思想意识和文化技术素质，直接决定着安全生产的状况。安全文化建设对安全生产工作具有能动作用，可以指导推动安全生产工作。安全文化所涵盖的内容极为丰富，它涉及人的安全思维、安全意识、安全心理、安全行为、安全法制概念、安全科技水平等，体现了广大人民群众的安全文化素质。他强调：加强安全文化建设是全面建设小康社会的重要内容。无论是“经济更加发展、民主更加健全、科教更加进步”，还是“文化更加繁荣、社会更加和谐、人民生活更加殷实”，其中每一项工作都和安全文化有密不可分的关系。搞好安全文化建设对于提高全民族安全文化素质，丰富和完善中国特色社会主义文化，促进国民经济健康发展，具有不可替代的重要作用。他提出：要把保护人民群众的安全健康作为安全文化建设的出发点和落脚点，要把创造先进文化作为安全文化建设的方向，要用先进的技术手段提升安全文化建设的层次和水平。我们要结合全面建成小康社会的伟大历史任务不断地发展和创新安全文化。国际劳工组织北京局副局长王纪元出席会议并致辞。在研讨会上，中国工程院院士、北京航空航天大学教授钟群鹏作了题为“安全小康与可持续发展战略”的演讲；美国利宝集团副总裁李文博士（Tom B. Leamom）作了题为“小康社会：改善职业安全与健康的驱动力”的演讲；《中国安全科学学报》主编徐德蜀作了题为“树立安全科技文化的新理念，全面建设小康社会”的演讲；杜邦公司安全管理资源部高级安全顾问戴维明作了题为“企业安全文化建设与员工的安全行为转变——杜邦安全文化建设的经验”的演讲；美国利宝集团中国开发部常务董事金柏杨（John Kimber）作了题为“将安全融入企业文化”的演讲；中国核工业建设集团副总经理王寿君作了题为“安全文化为企业改革发展保驾护航”的演讲；华安工业集团董事长许远明作了题为“浅论企业安全文化与小康社会”的演讲；徐矿集团党委书记黄新海作了题为“矿井本质安全型文化的核心理念”的演讲；民航总局航空安全技术中心安全政策研究室主任李都作了题为“中国民航的安全文化建设”的演讲。外事司司长林一胜，交流中心主任柏然，宣教中心主任金磊夫、副主任贺定超，政法司副司长陈光分别主持研讨会各个阶段的研讨交流。国内外安全文化方面的专家教授和专业人员及企业负责人等200余人参加了研讨会。

二、中国国际煤炭展览会

首届中国国际煤炭展览会暨第十三届国际煤炭研究大会于2004年10月26—29日，在上海光大会展中心举行。本次大会主题是“安全开采和洁净煤技术——通向21世纪的桥梁”。本届大会由国际煤炭研究委员会（ICCR）和中国煤炭工业协会联合主办。国际煤炭研究委员会主席菲利普·麦卡锡和中国煤炭工业协会副会长濮洪九、国家安全生产监督管理局副局长孙华山出席会议并致辞。会议和展览由国家安全监管总局国际交流合作中心承办。展览会展示了煤炭开采及采矿新技术、新工艺与新装备，洁净煤技术与设备，矿山安全技术与设备。该展览会每两年在北京农业展览馆举行，得到了国家能源局、国家煤矿安全监察局、中国煤炭工业协会的支持。

2006年11月1—4日，2006中国国际煤炭展览会暨中国煤炭科技创新成果展在北京全国农业展览馆举行。本届展览会的主题是“依靠科技进步发展中国煤炭工业”。来自德国、英国、澳大利亚、波兰、荷兰、俄罗斯、美国等20多个国家的100多家国际公司和来自国内近100家企业参加了展览会，集中展示了煤炭新技术、新装备、新工艺。本展会由中国煤炭工业协会、中国国际贸易促进委员会煤炭行业分会主办，国家安全监管总局国际交流合作中心承办。国家安全生产监督管理总局局长李毅中、副局长王显政，国资委副主任黄淑和，国家煤矿安全监察局局长赵铁锤，中国煤炭工业协会范维唐、濮洪九及大型煤炭企业、煤机制造企业、科研机构负责人或总经理出席开幕式并参观展览。

“2008中国国际煤炭展览会”于2008年11月4—7日在北京全国农业展览馆举行。展会的主题是“体现煤炭工业良好的形象，落实以煤炭为主体、电力为中心、油气和新能源全面发展的新能源战略”。全国政协副主席林文漪、厉无畏为展览会开幕剪彩。本届展览会由国家能源局、国家煤矿安全监察局、中国煤炭工业协会共同主办，国家安全生产监督管理总局国际交流合作中心承办。全国政协常委、中国煤炭工业协会会长王显政，国家煤矿安全监察局局长赵铁锤，国家能源局副局长吴吟出席开幕式并参观展览。

三、中国国际煤矿瓦斯防治与利用大会

2005年10月26—27日，第一届中国国际煤矿瓦斯防治与利用大会在北京召开。本届大会由国家安全生产监督管理总局、国家发展和改革委员会、科学技术部、国家煤矿安全监察局主办，国际劳工组织、中国煤炭工业协会、英国贸易投资总署、澳大利亚工业旅游资源部等协办，国家安全监管总局国际交流合作中心承办。本次大会的主题为“瓦斯防治——煤矿安全的保障”。围绕这一主题，会议分7个专题进行了研讨，即煤矿瓦斯防治与利用的相关政策与法规；煤矿瓦斯煤尘爆炸防治技术；煤与瓦斯突出防治技术；煤矿安全及高产高效；煤矿安全管理、教育与培训；煤层气开发与瓦斯利用；煤矿瓦斯抽采与瓦斯监测监控技

术。旨在研讨和交流煤矿瓦斯防治与利用政策措施、技术和方案、加强合作。来自国内外政府机构、科研院所和煤炭企业的近600名代表参加了会议。

四、第32届国际矿山安全研讨会

国际矿山安全研讨会（International Mine Safety Symposium）始于1931年，由英国矿山安全研究委员会主席爱德华·特鲁普（Edward Troup）发起，当时邀请了来自比利时、法国、德国和美国等国家的矿山安全机构负责人共24人出席会议，地点设在英国巴克斯顿（Buxton），主要内容涉及矿用炸药、电气设备的防爆性能检测和预防煤矿爆炸的岩粉应用等。会议每两年举办一次，在不同国家成功举办了31届。研讨会的重要目的是促进国际矿山安全技术的交流与合作，加强各国矿山安全领域专家之间的经验交流。最初的参与形式是由组织方邀请各国代表参加会议，1956年以后改为自由参会。1976年以后，会议由一开始的小规模集会迅速扩大到几百人的大会。英国矿山安全研究委员会最初作为会议的常任秘书处负责联系各国参会人员和一些日常工作，后来更改为由各国代表团团长在会上共同商讨决定下一届会议的举办国，并且由举办国全面负责会议相关事务。每届会议都出版论文集。中国曾于1987年在北京成功举办了第22届会议，组织者为当时的煤炭工业部。2003年10月10日，在南非举行的第30届国际矿山安全研讨会上，国家安全生产监督管理局、国家煤矿安全监察局副局长王德学率团（黄坤福、高佳坤等随团）成功申请了第32届国际矿山安全研讨会的举办权。会议定于2007年在北京举行。2005年，国家安全生产监督管理总局国际合作司林一胜等人出席了在澳大利亚布里斯班举行的第31届国际矿山安全研讨会，举行了会议的交接仪式，并参与决定了第33届国际矿山安全研讨会由波兰举办。

第32届国际矿山安全研讨会于2007年9月28—29日在北京国际会议中心举行。会议开幕式由副局长梁嘉琨主持，局长李毅中致辞并作主旨演讲，世界采矿大会国际组委会主席杜宾斯基致辞。本次会议的主题是“坚持安全第一，全面提高采矿安全与职业健康水平”，会议设置了“矿井重大瓦斯事故防治技术”“矿井通风”“矿井火灾”“矿井水灾防治技术”“采矿顶板控制机理与岩爆”“粉尘控制及职业病防治”“矿山救援”“安全监察法规及管理体系建设”等8个议程，国家煤矿安全监察局局长赵铁锤作了专题演讲，副局长付建华、王树鹤分别主持分会，国家能源局吴吟、中国工程院院士袁亮、中煤科工集团王金华、同煤集团吴永平、重庆分院胡千庭、中国矿业大学教授周心权等与来自澳大利亚、德国、英国、美国、日本、南非等矿山安全同行和专家学者进行为期两天的交流研讨，300多位国内外从事煤矿和非煤矿山安全技术和管理的高级管理人员和专家及专业人员参加了会议。国家安全生产监督管理总局成立了会议组委会：李毅中任主席，梁嘉琨、杜宾斯基任副主席；田玉章任秘书长，柏然任副秘书长。本届研讨会由国家安全生产监督管理总局主办，国家安全监管总局国际交流合作中心承办。会议期间举办矿山安全技术与设备展览展示活动，出版论文集。

五、煤矿瓦斯防治技术国际研讨会

煤矿瓦斯防治技术国际研讨会由国家安全生产监督管理总局和国家煤矿安监局主办，由联合国开发计划署、中国国际经济技术交流中心支持，由淮南矿业集团和国家安全监管总局国际交流合作中心承办，于2008年10月23—24日在安徽淮南煤矿宾馆举行。本次会议的主题为“依靠科技创新，强化瓦斯治理”，会议分7个议题进行研讨交流，即煤矿煤与瓦斯共采技术；煤与瓦斯突出防治和监测监控技术；煤矿瓦斯与粉尘爆炸和火灾防治技术；煤矿通风与低浓度瓦斯利用技术；煤矿安全风险评估；煤矿瓦斯治理与温室气体减排技术；煤矿瓦斯抽采的成功案例介绍；参观淮南矿业集团瓦斯治理示范工程。国家安全生产监督管理总局副局长梁嘉琨出席会议并作主题演讲，国家煤矿安监局副局长王树鹤主持会议，联合国驻华总代表马和励、世界采矿大会国际组委会主席杜宾斯基出席会议并致辞，国内外120名煤矿安全专家学者集中交流研讨。本次研讨会是通过与联合国开发计划署的合作平台，组织中外专家开展煤矿瓦斯防治技术、煤矿安全经济政策和法规标准的对比研究，为国家安全生产监督管理总局和煤矿安监局打好煤矿瓦斯治理攻坚战提供智力和技术支持。

六、中国国际煤炭发展高层论坛

中国国际煤炭发展高层论坛由国家能源局、国家煤矿安全监察局和中国煤炭工业协会联合主办，由国家安全生产监督管理总局国际交流合作中心承办，于2010年10月27日在北京昆仑饭店举行，同期举行的中国国际煤炭展览会在北京全国农业展览馆举行。本届论坛以科学发展观为指导，以“安全高效开采，绿色低碳利用”为主题，围绕世界煤炭工业可持续发展、煤炭工业适应低碳和循环经济发展要求、煤层气与瓦斯开发及利用、洁净煤技术与清洁利用、煤化工及煤转化技术发展前景、碳捕捉与封存技术展望等议题，进行交流与研讨。旨在推进煤炭产业结构优化升级，转变煤炭工业发展方式，加快大型煤炭基地和大型煤炭企业集团建设，发展煤炭循环经济，探讨煤炭工业“十二五”发展思路，促进中国煤炭工业走资源消耗少、环境污染小、经济效益高、安全有保障、健康可持续发展的新型工业化道路。来自10多个国家和地区的近500位政府部门、国际组织和大型企业、科研机构的代表和专家学者，围绕这一主题共同探讨和研究煤炭安全高效开采的先进理念、科学技术和管理经验，共同分享本届论坛取得的成果。本届论坛得到了中国政府的高度重视，也得到了国内外各界的高度关注。出席论坛开幕式并在主席台就座的领导有：国家发展改革委副主任、国家能源局局长张国宝，国家安全生产监督管理总局副局长、国家煤矿安全监察局局长赵铁锤，波兰经济产业部副部长尤安娜·斯特莎莱茨·沃博金斯卡，美国驻华使馆公使衔参赞威廉·蔡瑞德，内蒙古自治区副主席赵双连，河南省副省长张大卫，陕西省副省长吴登昌，国家能源局副局长吴吟，中国煤炭工业协会副会长孙志鹏。国家发展改革委、国家能源局、国家煤矿安全监察局、中国煤炭工业协会等部门的代表，各省、自治区、直辖市、新疆建设兵团、计划单列市发展改革委、能源局、煤炭行业管理部门的代表，以及来自乌克兰、俄罗斯、波兰、捷克、英国、澳大利亚、法国、沙特、巴西、印度、美国、新西兰、日本、欧盟等国的政府官员和国际能源署、世界能源理事会、中美能源合作项目组织等国际机构的专家学者，还有施耐德、力拓、美国通用、美国博地能源公司、威克、LP阿米纳、三菱重工等几十家知名公司的高级管理人员也出席了开幕式。会议还邀请了新华社、中央电视台、中国煤炭报、中国能源报等新闻媒体的记者到会采访，并且，新华网为本届论坛举行现场直播。国家能源局副局长吴吟主持会议。张国宝在致辞中强调：要科学设定“十二五”煤炭生产总目标。他指出，科学发展是煤炭工业前进的方向，我们要转变发展方式，优化产业布局，推进兼并重组，调整产业结构，提高准入门槛，实行更严格的资质管理，提升生产力水平，推进能源法出台，修订煤炭法。赵铁锤强调：坚持安全第一、预防为主、综合治理的方针，大力推进科技兴煤战略，加大先进技术装备推广使用力度。我们要用三年时间，完成中国境内的所有煤矿安全六大系统（监测监控系统、人员定位系统、塌方自救系统、供水施救系统、通信联络系统和紧急避险系统）建设，提高安全保障。波兰经济产业部副部长尤安娜提出：波兰政府鼓励采矿企业和中国在煤炭领域加强合作。内蒙古自治区副主席赵双连提出：坚持“煤从空中走”的发展战略，呼吁国家在内蒙古建设三条特高压线路。河南省副省长张大卫强调：河南以煤为主的能源结构短期内难以转变，必须加快转变煤炭的发展方式，使煤炭工业真正走上健康、可持续发展的道路。陕西省副省长吴登昌提出：加快推进二氧化碳地质封存和综合利用科技合作，降低碳排放。以安全高效开采，绿色低碳利用，促进陕西煤炭发展。吴吟强调：中国始终坚持在互惠互利共同发展的基础上，积极参与国际煤炭领域的合作。中国是世界煤炭生产的第一大国，中国煤炭企业在煤炭资源勘探开发过程中积累了丰富的经验，部分企业在井工矿和露天矿开采方面都达到了较高水平。“十二五”期间我们要加大煤炭的国际合作，如果讲“十一五”煤炭工业的变化，还有一个不可忽略的事情，就是“十一五”从过去传统的煤炭出口国变成了煤炭进口国，预计2010年进口煤炭要达到1.2亿吨，我们已经从2009年、2010年变成了煤炭进口国。多年来，我们一直坚持引进来和走出去相结合的原则，积极开展国际合作与交流，目前中国与蒙古、美国、俄罗斯、加拿大、印度尼西亚等国在煤炭的开发、设计、贸易、服务等领域开展了广泛合作，并取得了丰硕成果。我们愿意通过国际煤炭发展高层论坛等平台，与各国政府、科研机构和企业一道，积极加强合作，积极开创互利共赢的局面，中国与各国的煤炭合作必将为全球的经济发展服务，造福于各国人民。同期举行的“2010中国国际煤炭展览会”于2010年10月26日开幕。全国政协副主席厉无畏出席展览会开幕式，宣布展览会开幕并参观了展览会。

2012中国国际煤炭发展高层论坛暨展览会于2012年10月10—12日在北京举行。其中论坛于10月11日在北京昆仑饭店举行，展览会在北京全国农业展览馆举行。本届论坛和展览由国家能源局、国家煤矿安全监察局和中国煤炭工业协会联合主办，由国家安全生产监督管理总局国际交流合作中心承办。2012中国国际煤炭发展高层论坛以“布局‘十二五’，谋划煤炭工业新发展”为主题，国家能源局副局长吴吟作主旨演讲，他指出，目前的煤炭形势总体上符合国家转方式、调结构的宏观调控取向，煤炭价格适度回归，有利于缓解煤电矛盾。同时，煤炭价格过低，煤矿盈利能力不足，将影响安全投入、环境治理和改善民生，不利于煤炭工业健康可持续发展。国家将引导各产煤地区和企业合理组织生产，按照2012年全国煤炭产量36.5亿吨的预期目标，将全国煤炭产量增幅控制在4%以内，并完善相关政策措施，防止煤炭市场大落大起，保障国民经济平稳运行。煤矿安监局副局长彭建勋在演讲中提出：加强煤炭工业安全发展的政策体系研究和制度建设，大力推进煤矿兼并重组，淘汰落后产能，优化产业结构，大力增强煤矿安全科技创新能力，加强同世界各主要产煤国家的交流与合作。中国煤炭工业协会副会长梁嘉琨、内蒙古自治区副主席王波、陕西省副省长李金柱及同煤集团张有喜、山东能源集团卜昌森、淮南矿业集团王源、美国博地能源副总裁帕默、美国通用集团矿业副总裁克拉克等国内外大型煤炭能源企业的高管出席会议并演讲交流。来自16个国家政府人员、企业家、煤炭能源企业高管及专家学者460人参加会议。国家能源局煤炭司司长方君实主持开幕式及主论坛。与会代表的演讲与讨论为中国煤炭工业“十二五”健康发展谏言献策。同期举办的中国国际煤炭展览会于10月10日9时30分开幕，全国人大常委会副委员长严隽琪出席开幕式，吴吟致辞，国家能源局总工程师吴贵辉主持开幕式。本届展览会集中展示了煤炭企业依靠科技进步，推进安全高效矿井建设，紧紧围绕行业发展实施的一系列具有战略意义的科技攻关所取得的重要成果。重点展示了神华集团的煤直接液化与煤化工项目、同煤集团的“煤炭资源的高效找矿及快速精细勘探技术”和“特厚煤层大采高综放开采成套技术与装备”、淮南矿业集团煤矿瓦斯治理技术成果、淮北矿业集团采动覆岩分区隔离注浆充填不迁村采煤技术、冀中能源掘进机远程技术及监测系统、开滦集团的煤矿井下水、火、瓦斯、顶板重大危险源安全监测，以及网络与监测系统融合、瓦斯发电、瓦斯治理示范矿井等重大攻关项目。展览面积近 30000 平方米。

七、国际矿山安全技术与装备研讨会

国际矿山安全技术与装备研讨会由国家安全生产监督管理总局主办，国际交流合作中心承办，美国电缆公司协办。研讨会于 2011 年 6 月 14—15 日在北京柏悦酒店举行。会议的主题是“科技领先、安全发展”，围绕“矿山安全监督政策与措施”“矿山安全管理创新与实践”“先进的矿山安全技术与装备应用”“危险源监控与风险预警”“安全性技术创新与可持续发展”等 5 个专题进行研讨交流。国家安全生产监督管理总局副局长杨元元、科技部副部长王伟中、国际劳工组织中国蒙古局局长霍百安、美国商务部高级商务专员龚珍出席会议并作主旨演讲，国家安全生产监督管理总局总工程师黄毅主持大会。240 位中外矿山安全管理人员和专业技术人员及专家学者参加研讨交流。神华集团副总经理作了题为“安全生产只有起点、没有终点，科学创新与发展任重道远”的演讲；中煤能源总经理刘雨忠作了题为“以高质量高标准管理保障安全高效的采矿工作”的演讲；力拓矿业集团公司董事会主席盖里·戈德伯格作了题为“实现零伤害的途径”的演讲；美国博地公司高管迪·劳薄作了题为“博地开展的安全创新措施”的演讲；久益（中国）董事总经理西蒙作了题为“无伤害设备设计理念”的演讲；中铝长沙有色冶金设计研究院畅文生作了题为“中国铝业公司矿业开采与安全管理、技术、设备创新特点”的演讲。中国矿业大学教授周心权作了题为“严重矿难预防与应急管理”的演讲。美国电缆公司亚太区总监王大力作了题为“通过创新音频、数据和通讯管理等新技术建立更为安全的采矿工作环境”的演讲。国家安全生产监督管理总局司长支同祥、司长吴鑫、司长柏然参加大会并主持分会。美国电缆中国区总裁王月辉，中国概念有限公司执行主席、美国电缆中国顾问委员会主席李大壮为本次研讨会提供支持和协助。

八、中国国际化工过程安全研讨会暨化工安全技术与装备展览会

中国国际化工过程安全研讨会暨化工安全技术与装备展览会由柏然和中国化学品安全协会秘书长路念明发起、策划和推动，得到副局长孙华山和总工程师王浩水的支持。该会展由国家安全生产监督管理总局主办，中国化学品安全协会、国家安全生产监督管理总局国际交流合作中心、国家安全监管总局化学品登记中心、中国石油大学（华东）、美国化学工程师协会化工过程安全中心承办。第一届化工过程安全研讨会暨石油化工安全新技术新产品展览会于2013年9月3—5日在山东青岛凯宾斯基酒店举行。本届会展以“化工过程安全在中国”为主题，交流互鉴，共同分享国内外化工过程安全的新经验、新科技、新成果，目的在于进一步加强化工生产过程管理，提升化工行业安全发展水平。本届会展得到了国内外相关单位的积极响应和大力支持，国内外注册代表500多人，收到论文113篇。大会由王浩水主持，副局长孙华山、山东省副省长邓向阳、中国工程院院士王基铭、青岛市副市长牛俊宪、中石化股份公司副总裁王永健、中国石油大学（华东）校长山红红、国际化学品制造商协会主席张康明、美国化学工程师协会过程安全中心主任出席会议并发表致辞和演讲。国内外专家学者研讨交流并参观化工安全技术与装备展览。国家安全生产监督管理总局成立本届会展组委会：主席孙华山；副主席吴鑫、王浩水、柏然、山红红等。执行委员会主任柏然，副主任王海军、路念明、王清华。

第二届化工过程安全研讨会暨展览会于2015年9月23—24日在浙江宁波泛太平洋大酒店举行（展览在宁波国际会展中心举行）。本届会议的主题是“推进化工过程安全管理，强化企业安全基础建设”。录用论文124篇，其中，15篇论文在主会场会上发表，58篇论文在分会场作主题演讲，其余论文在会上分发。500多名国内外专家学者和专业人员出席会议，参与交流研讨，并参观展览。柏然主持会议，副局长孙华山出席会议并讲话。

第三届化工过程安全研讨会暨展览会于2017年9月21—22日在江苏南京举行。国家安全生产监督管理总局总工程师王浩水出席开幕式并讲话，他指出，化工过程安全管理体系以全面收集掌握化工过程安全涉及的安全信息为基础，紧紧抓住管控化工生产过程风险这个安全生产的核心问题，从全面分析化工生产可能遇到的风险入手，从建立和不断完善安全制度、强化员工培训、保证设备设施完好、严格管控高风险作业、强化事故应急处置和深刻吸取事故教训等方面，提出防范事故的原则要求。发达国家走过的化工行业安全生产的路程充分证明，化工过程安全管理体系是比较科学的安全管理体系，全面加强化工过程安全管理，是

防范化工事故的有效手段。本届研讨会得到社会各界的高度关注，受到了美国、德国、英国、法国、沙特、韩国、日本等国家和国内化工企业、化工安全领域的专家学者的积极响应；会议共收到论文180篇，其中76篇论文在主会场和分会场专题演讲发表；600多名国内外代表深入交流研讨。

第四届化工过程安全研讨会于2019年10月31日在江苏苏州举行。中外专家学者围绕“推进化工过程安全管理，有效防范重特大事故”这一主题，交流分享化工过程安全管理的技术和经验，深入探讨提升化工行业本质安全水平的有效措施。应急管理部副部长孙华山出席会议并发表演讲。研讨会设置过程安全管理、风险辨识分析与管控、精细化工安全管理3个分会场，参会代表近1000人。本届研讨会由中国化学品安全协会、应急管理部国际交流合作中心、应急管理部化学品登记中心、美国化学工程师协会化工过程安全中心、中国石油大学（华东）、国际化学品制造商协会等单位联合举办。

九、中美职业安全与健康研讨会

本次研讨会由国家安全生产监督管理总局和美国3M公司合作举办，于2014年4月16日在北京西郊宾馆举行。会议主要内容：加强中美职业安全与健康方面的合作交流，借鉴美国职业安全与健康局制定职业卫生标准及当前美国一般工业尘、毒、噪声控制技术和经验，对比国内外呼吸防护装备性能标准，交流中美职业安全健康工作有关情况，推动中国职业安全健康工作创新发展。副局长杨元元出席会议并讲话。国家安全生产监督管理总局办公厅、政法司、规划司、统计司、职业健康司、人事司及国家煤矿安监局事故调查司负责人，省级安全监管机构分管职业卫生监管工作负责人，国家安全监管总局直属事业单位负责人，各职业卫生技术、科研、服务及检测机构负责人和部分中央企业负责人及专家学者等共160人参加会议。美方：3M公司副总裁兼3M中国总裁金福来、美国职业安全与健康局原副局长泰森、原副局长费尔法克斯、3M公司个人安全产品部高级技术经理韦伯、高级技术专家朱莉蕾参加会议并演讲交流。会议分8个专题进行交流和研讨。费尔法克斯（美国职业安全与健康局前任副局长）介绍美国职业安全与健康局特殊物质标准。以游离二氧化硅为例，说明这些标准的区别和要素；介绍允许暴露限值；介绍对通风、工程控制、作业方式控制等监督执法的要求与实践。泰森（美国职业安全与健康局前任副局长）介绍美国职业安全与健康局的监督执法程序和个人防护装备及听力保护标准的执行；介绍了扶助中小企业计划，工会、雇主和政府如何协作。韦伯专家介绍全球呼吸防护装备标准概览。朱莉蕾介绍了美国职业安全与健康专业团体和学术界及其参与政府研究项目所起的作用。国家安全监管总局办公厅副主任柏然主持会议，职业健康司司长高世民作会议总结发言。

十、中美供应链职业安全与健康研讨会

本次研讨会由国家安全生产监督管理总局和美国劳工部共同主办，于2015年9月14日在上海淳大万丽酒店举行。会议由国家安全生产监督管理总局办公厅副主任柏然和美国劳工部国际事务局副司长李朝共同主持，国家安全生产监督管理总局副局长杨元元、美国劳工部副部长大卫·麦克尔出席会议并致辞和演讲。美国工业卫生协会主席丹尼尔·厄纳、美国驻华使馆一秘唐德威、3M公司个人安全产品全球副总裁保罗·柯西拓、苹果公司全球供应商社会责任事务高级总监杰西·海恩斯、美国通用电气公司全球供应链及亚太区可持续发展总监秦之刚、上海迪士尼政府事务总监申佳林，国家安全生产监督管理总局职业健康司司长吴宗之、国际交流合作中心主任陈江，国家卫计委疾控局副局长夏刚、中华全国总工会劳动保护部副部长刘晓延、中粮集团质量安全总监陈志刚、上海安全监管局副局长曹俊、人力和社会保障部工伤保险司处长周永波等。会议围绕供应链职业安全与健康，邀请政府、工会和企业代表共同交流和探讨。副局长杨元元在致辞中指出：中美双方聚首上海，聚焦供应链职业安全与健康，进一步扩大了交流领域。当今，生产社会化程度越来越高，任何现代企业的生产经营活动离不开其他企业，供应链管理成为当前企业生产管理的重要特点。供应链职业安全健康管理是基于企业现代化管理需要而产生的重要安全管理理念和方法。一个具有社会责任的企业不但对自身安全生产与职业健康管理有着严格的要求，也要对其供应链上下游的企业有着特定要求，并起到重要的示范作用。因此，加强供应链职业安全与健康管理对提升全行业职业安全与健康管理具有十分重要的意义。杨元元强调：供应链职业安全与健康管理在中国处于起步阶段，法规制度还不完善，部分企业在管理供应链过程中依然存在作风险转嫁的思想，对承包商或供应商选择、预认证把关不严，作业过程安全监督不力，作业安全绩效评估不足，安全责任划分不清等问题。这次会议中美以供应链安全与健康为主题，适应了现代企业安全管理的需要，双方政府和企业代表共同交流在供应链职业安全与健康管理中的作用和做法，分享经验，推动现代职业安全与健康管理理念和方法的创新发展，共同促进两国安全健康工作，意义非常重大。

十一、中韩石棉生产及其制品危害预防与控制研讨会

本次研讨会于2015年11月20日在国家安全生产监督管理总局会议室举行，

由国家安全生产监督管理总局与韩国产业安全公团联合举办，围绕石棉生产及其制品危害预防与控制进行研讨交流。研讨会由国家安全监管总局办公厅副主任柏然主持，国家安全监管总局党组成员、总工程师王浩水参加研讨并讲话，国家安全监管总局危险化学品监管司、职业健康监督管理司、安全生产科学研究院、职业卫生研究院、中国非金属矿工业协会主要负责人和专家学者参加会议。研讨会上，职业健康司司长吴宗之作了题为“中国石棉粉尘危害治理”的演讲，中国非金属矿工业协会秘书长王文利作了题为“中国石棉工业整体发展情况”的演讲，韩国产业安全公团职业健康部副主任崔兴求作了题为“韩国禁用石棉政策出台的过程、相关法律法规标准体系及确保法令落实的具体措施”的演讲，韩国职业安全健康研究院高级研究员权智云作了题为“韩国替代石棉制品的危害性评估和最新研究”及“韩国建筑业等行业拆解石棉制品作业的职业安全健康防护标准及其监管”的演讲，韩国职业安全与健康研究院高级研究员李相信作了题为“韩国石棉相关职业病预防及治疗”和“韩国石棉行业相关的职业与环境疾病赔偿”的演讲。研讨会对石棉生产及其制品危害有了新的认识，对其危害的预防和控制形成共识。

第十章 国外人才智力的引进

第一节 引智培训机构与管理

引进国外人才智力是1983年7月8日邓小平同志提出来的。这项工作的宗旨是“引进国外智力，搞好‘四化’建设”。随着改革开放不断扩大和社会主义现代化建设的深入发展，国家先后成立了中共中央引进国外智力领导小组办公室、国务院引进国外智力领导小组办公室。1988年，国务院引进国外智力领导小组与当时的国家外国专家局合并，成立新的国家外国专家局，归口管理引智工作。煤炭工业部于1993年成立了“煤炭工业部引进国外智力领导小组”，副部长韩英任组长，煤炭工业部国际合作司、人事司、科技司主要负责人任副组长，领导小组下设办公室，办公室工作由国际合作司负责。国家煤炭工业局成立引智领导小组，王显政任组长（1998年），国家煤矿安全监察局、国家安全生产监督管理局成立引智领导小组，张宝明任组长（2001年），梁嘉琨（2005年）、孙华山（2012年）分别任国家安全生产监督管理总局引进国外智力领导小组组长。柏然担任引智领导小组办公室主任。

引进国外人才智力是外事工作的一部分，也是国际交流合作的重要内容。国家安全生产监督管理总局国际合作司（外事司）负责归口管理安全生产引智培训工作，制定中长期和年度引智培训计划，组织实施引智项目，总结交流推广引智成果。对每一个引智项目，从立项、人员审查、培训机构选择、培训课程设置，到成果评价和运用实现全过程管理和监督。引智培训工作实行计划和指标管理，以工作需要和实际成果为立项和评价依据，不搞无内容或内容无关的培训，不搞内容重复的培训，不搞照顾性出国，不搞公款出国旅游。对培训机构实行资质管理，由国家安全生产监督管理总局认定，报国家外国专家局批准。国家安全生产监督管理总局国际交流合作中心和培训中心具有出国培训资质，也是国家安全生产监督管理总局和国家煤矿安全监察局及安全生产领域出国培训主渠道。出国培训项目分为审批类项目和审核类项目，凡是申请国家专项经费支持的项目（审批类项目）由国家外国专家局审批，并由国家外国专家局配套资金、指定国外培训机构、考核培训成果。国家安全生产监督管理总局对外合作培训项目和总局及所属单位派出培训项目，须经国家外国专家局审核。安全生产引智培训的重点在于提升对煤矿、危险化学品、非煤矿山、道路交通等行业领域风险识别管控、隐患排查治理、事故应急救援的能力和技术水平。通过“请进来”和“走出去”相结合的方法，充分利用国家政策支持和专项经费支持，借助国外援助和合作项目平台，积极选派科研人员，工程技术人员，高级管理人员，赴欧美等发达国家学习培训，积极学习借鉴国外先进理念，管理经验及先进技术。同时，聘请外国专家在华工作或进行专题授课培训，或进行合作研究和学术及技术交流。有3位在华工作的外国专家经国家安全监管总局推荐先后被国务院授予国际友谊奖。他们分别是英国矿山安全专家戴伍·费尔科德（推动中欧盟高风险行业职业安全与健康合作），日本煤矿安全专家安藤胜良（长期致力于中日煤矿安全和煤炭技术交流、培训与合作），日本职业健康专家恒川谦司（推动并实施中日安全生产科技能力建设项目和中日职业安全健康合作项目）。

第二节　安全监管监察人员和安全管理人才的引智培训

在国家煤矿安全监察局和国家安全生产监督管理局成立初期，围绕安全生产工作的“六大支撑体系”建设，重点组织煤矿安全监察人员、煤矿企业安全管理人员出国培训。2001年至2004年，组织了煤矿瓦斯抽放、矿井粉尘治理、通风系统优化、煤矿安全监察、企业安全评价与风险评估等27个团组563人次赴澳大利亚、德国、波兰、俄罗斯、日本等12个国家进行专业和专题培训。邀请61名日本煤矿安全专家在兖矿集团、开滦集团、吉林煤矿安监局等10个煤矿企业和煤矿安全监察机构举办了13个培训班，2000多名煤矿安全技术和管理人员参加了培训。2005年，国家安全生产监督管理总局组织煤矿、危险化学品、非煤矿山方面的人员350人赴美国、德国、日本、澳大利亚等10个国家进行短期培训。在全国19个省市举办26期专业培训，请外国专家授课和研讨，2500人参加了培训。2006年，共派出20个团组，223人次，其中3个项目57人由国家外国专家局资助，17个项目166人由国家安全生产监督管理总局或所在单位资助。2007年，组织42个团组465人次，赴美国、南非、德国、日本培训。鉴于安全生产形势严峻，中央政府更加重视安全生产工作，国家外国专家局支持安全生产能力建设，并加大力度支持安全生产引智培训工作，在项目和资金方面向安全监管监察倾斜。同时，与国家安全生产监督管理总局联合举办矿山安全研讨会，邀请外国矿山安全专家来华考察调研，与中方研讨交流。2008 年，组织 23 个培训项目，589 人赴国外培训。其中 6 个项目 144 人得到国家外国专家局资助。2009 年，共派出 22 个培训团组 646 人次，其中 7 个团组 150 人由国家外国专家局资助。2010 年，派出 22 个团组 541 人次赴国外培训，其中 7 个团组 149 人得到国家外国专家局资助。2011 年以来，国家外国专家局对出国培训项目进行逐年精简，经费也逐步压减，但安全生产引智培训得到保障。国家安全生产监督管理总局把引智培训的重点放在安全生产法规标准、职业健康监管、应急管理、高危行业安全监管、道路交通和建筑安全等方面，培训机构也集中在欧美日等发达国家。每年派出近 20 个团组，约 400 人参加培训。国家安全生产监督管理总局每年召开引智培训总结会，交流引智培训成果，汇编引智培训成果集，充分运用引智成果，不断为安全生产监管监察提供人才和智力支持。

第三节　借助于政府间合作项目和平台的引智培训

（1）在美国西弗吉尼亚大学美国长壁采煤研究中心开展煤矿高产高效和煤矿安全培训。自 1993 年到 2000 年，从全国 22 个省、市、自治区的煤管局、矿务局和煤矿企业选派 464 名局级管理人员、矿长、总工程师和工程师，参加高产高效和煤矿安全技术与管理培训，考察美国现代化高产高效煤矿，使培训学员转变了观念，提升了能力，增强了信心。中美引智培训有力推动了中国高产高效煤矿建设，促进了煤矿安全管理水平不断提高。自 1993 年以来，中国煤矿综采工作面的单产水平和生产效率逐年提高，高产高效矿井数、百万吨采煤队数量和国有重点煤矿的全员效率快速上升。

（2）中日煤矿安全技术培训。一方面，选派煤矿安全监管监察人员、煤矿安全管理人员和技术人员赴日本培训。自 2002 年以来，国家安全生产监督管理总局每年选派 100 名煤矿安全监察人员、煤矿安全管理人员、煤矿矿长、区队长和技术人员赴日本钏路煤矿进行中长期（30～90 天）培训。培训分 6 个专题，即煤矿安全监察、煤矿安全管理、煤矿瓦斯灾害防治、煤矿装备自动化、水灾害防治、自然发火防治与矿山救护。截至 2018 年，共派往日本的培训学员 1500 人。另一方面，邀请日本煤矿安全和技术专家 530 人次，在中国省级煤炭管理机构、煤矿安监局、煤矿企业集团及煤矿举办了 120 期培训班，培训人数超 2 万人，中日煤矿安全技术培训取得明显成果。开滦、大同等煤矿集团借鉴日本煤矿安全管理的先进经验，在全国率先提出了“安全第一，生产第二”的理念，充矿、淮北、鹤岗、山西焦煤等煤矿企业及河北、山东、河南、吉林等省的煤炭企业也相继提出类似的安全理念，这是中国煤矿安全管理理念的重大转变。采用日本煤矿“零事故”管理方法，即“保护好自己、保护好同伴、决定的事情要遵守、不懂的事情不去做，不懂的事情要去学和问”，“安全宣誓”活动，增强了职工的自我保护和相互保护意识。开滦、淮北、肥城、峰峰、大同、神华宁煤、枣庄等煤炭企业引用了日本提升煤矿工人安全生产意识的“手指口述”法，提高了从业人员的安全意识和安全技能。“手指口述”法通过手指和口述对自身行为进行再确认，使大脑保持清醒，减少行为错误，兖矿集团东滩煤矿培训学员房胜峰借鉴日本“手指口述”法并结合该矿实际情况，编制了以其名字命名的手指口述“胜峰管理法”，在该矿推广10个月后，“三违”（违章指挥、违章操作、违反劳动纪律）现象和隐患分别降低38%和29%。2006年12月，手指口述“胜峰管理法”作为安全基础管理创新点，在全国安全基础管理座谈会上介绍推广。一些煤矿企业借鉴日本提高煤矿安全管理水平的“五阶段问题解决法”。该方法是从分析问题现状、负面影响、原因、对策及目标设定、效果等五个方面逐步分析，解决实际工作中遇到的问题，科学实用。培训学员普遍运用于实际工作中，分析、判断和决策能力明显提升。双鸭山矿业公司运用该方法分析井下火灾成因，制定针对性的措施，消灭了困扰多年的井下火灾事故。峰峰集团公司运用该方法，机电事故降低50%以上，生产损失大幅度降低，原煤生产、掘进进尺等主要生产指标超额完成。淮北矿业集团芦岭煤矿借鉴日本钏路煤矿瓦斯抽放的做法，采用高位钻孔、大孔径、长钻孔抽放瓦斯，显著提高了瓦斯抽排效果，采掘工作面瓦斯浓度下降了0.2%，解决了该矿采煤工作面瓦斯超限问题。开滦、兖矿、大同及肥城等煤炭企业应用并改进日式自动道岔系统，中央集中监测监控系统，通风网络解算软件，长距式注浆法、脚趾保护器、防扎水靴、反光条等技术，全面提高了煤矿安全技术和装备水平。

（3）中欧煤矿安全培训。2008年2月至2010年8月，国家安全生产监督管理总局与欧盟合作开展煤矿安全培训项目（属于中欧盟高风险行业职业安全与健康项目的一部分）。选派150名煤矿安全监察员、煤矿企业安全管理人员和煤矿安全技术人员，分期赴德国、波兰、英国和捷克，进行煤矿安全监察、煤矿安全管理、煤矿安全技术与装备专题培训，借鉴欧盟国家在煤矿隐患治理，风险评估与管理，安全监察与执法，事故调查与分析等方面的做法和经验，提升学员风险辨识与控制、隐患排查与治理能力，以及灾害防治与检测监控能力。在此期间，欧盟委派专家来华互动培训，交流欧盟国家煤矿安全技术标准和监管经验。

（4）借助于中美矿山安全合作平台，积极借鉴美国安全培训理念、技术和方法，引进美国矿山安全师资培训和煤矿管理人员安全培训大纲，聘请美国专家对全国31个一级和二级煤矿安全培训中心负责人进行为期一周的培训。对阳泉煤业集团（中美矿山安全合作项目示范矿）120名矿级以上管理人员进行一周时间的离岗培训，深受企业欢迎。同时与美国劳工部矿山安全健康局及相关机构和专家开展煤矿安全监察程序与效果对比交流、煤矿安全规程与标准对比交流、煤矿通风管理与瓦斯治理对比交流、矿山救护竞赛与交流、煤矿设备安全标准互认交流，加快提升煤矿安全保障能力。

第四节　国外安全健康经验交流活动

（1）举办国外安全健康监管监察专题报告会（2003年3月），邀请美国安全委员会主席、美国职业安全健康局前任局长麦克米兰在国家安全监管总局机关作了题为“美国职业安全与健康政府监管机制与实践”的报告，帮助大家了解和借鉴美国安全健康监管的历史、法规、体制和机制及利弊，深受机关干部和在京单位领导的欢迎。

（2）邀请美国杜邦公司的高级专家在北京、南京及首钢集团、中运公司、中铝公司举行题为“企业安全管理体系”“安全管理程序”的报告会，与企业相互交流，为企业提供安全咨询服务。

（3）举办中美建筑安全交流会（2012年9月21日），邀请美国特雷克斯（TEREX）高管及专家王建民董事、中国区总裁罗斯伯格、亚太区发展总裁朗华、安全技术总监瑞克·丁与国家安全生产监督管理总局交流建筑安全标准、安全规范、高空作业安全技术。国家安全监管总局副局长杨元元和吴鑫、柏然、周彬、黄智全，以及中国建筑学会、中国建筑研究院专家参加交流。

（4）与劳氏船级社高级副总裁比约·贝肯、亚洲执行总裁陈海波定期交流，开展海洋石油井控技术培训，完善中国海洋石油生产设施发证检验制度。

第十一章　国外安全健康法规、标准和制度研究

第一节　国外安全监管经验的研究

为学习借鉴发达国家安全监管经验，促进中国安全生产监督管理改革发展，深入开展国外安全监管经验研究，涉及美国、欧盟、英国、日本、德国、法国、澳大利亚、加拿大、俄罗斯、波兰、印度、南非等主要国家和地区，深入总结国外安全生产规律特点和经验教训，分析中国与发达国家、中等发达国家的差距及所处的位置，并提出针对性的措施建议。

一、国外安全生产与职业健康经验的研究

2011 年 7 月，受国家安全生产监督管理总局党组指示，办公厅（国际合作司）组织国际交流合作中心专家开展了国外安全生产与职业健康经验研究。尽管之前组织开展了一系列的安全生产国际合作项目、引智培训、国外技术考察等活动，但主要偏重某项专题和技术领域，因而未能全面掌握国外安全生产状况。该课题第一次全面系统地研究国外安全生产发展水平、主要特点和经验做法。国家安全生产监督管理总局局长骆琳充分肯定研究成果，批示要求印发全系统学习。这对全系统了解国外安全生产状况、借鉴国际先进安全生产经验做法起到了积极作用。

报告包括三部分：国外安全生产与职业健康现状，国外安全生产与职业健康发展特点，主要经验与做法（见附录）。

第一部分重点介绍了不同发展水平国家的安全状况，煤矿和道路交通领域国外安全发展水平，以及国外职业病状况。以十万工人死亡率、亿元 GDP 死亡率、煤矿百万吨死亡率、道路交通万车死亡率四大主要指标，介绍和对比了中国与主要发达国家、不发达国家的安全生产状况，了解中国安全生产在世界所处的位置。

第二部分重点总结了国外安全生产与职业健康发展特点和基本规律，深化了

对安全生产发展规律的认识。这些规律包括，生产事故和职业病是各国经济发展中面临的共同挑战；世界各国普遍重视安全生产与职业健康工作，安全生产状况持续改善；发达国家普遍经历了从事故多发到逐步稳定、下降的发展历程；产业结构对安全生产状况有重要影响；发达国家安全生产工作重点已转向职业健康。

第三部分重点从九个方面总结了国外安全生产监管的主要措施,比较全面总结了国外的经验做法。内容包括,推进现代职业安全健康立法,推行先进的安全管理理念和模式,注重监管监察的权威、高效,重视安全文化建设和宣教培训活动,依靠科技进步促进安全与健康工作,重视加强中小企业安全监管与服务,加大对违章企业惩罚力度,利用保险机制加强事故预防,建设完善的安全生产应急救援体系。

二、国外安全生产与职业健康发展报告

该报告由国家安全监管总局国际合作司和国际交流合作中心研究撰写。2014年5月，国家安全生产监督管理总局办公厅（国际合作司）主要负责人在局长主持的总局局长扩大会议上专题汇报，后来在全系统就报告内容进行了汇报，受到了高度评价。

报告包括三部分：世界安全生产状况及中国所处的位置；国外安全生产较为成功的做法；坚定信心，努力实现中国安全生产状况根本好转（见附录）。

第一部分重点通过十万工人死亡率、亿元 GDP 死亡率、煤矿百万吨死亡率、道路交通万车死亡率四大主要指标，对后工业化、工业化高级、工业化中级和工业化初级四个发展阶段的典型国家进行分析对比，以及中国安全生产水平所处的发展阶段。

第二部分重点总结了国外安全生产较为成功的做法，包括通过调整产业结构降低事故风险、通过法制建设推进依法治理、通过监管体制创新强化监督执法、通过行政许可提高安全准入门槛、通过技术装备创新提升安全保障能力、通过加强工伤保险实现安保互动、通过彻查事故原因深刻吸取事故教训、通过强化风险管理提升事故预防水平、通过建立应急救援体系有效降低事故损失。

第三部分通过发达国家的安全发展历程分析，指出只要充分发挥中国集中力量办大事的政治优势和制度优势，调动一切积极力量和因素，坚定信心，一定能够在较短时间内实现中国安全生产状况根本好转。

三、国外职业安全与健康体制的研究

为了详细了解国内外安全生产管理体制的现状，为中国安全生产深化体制改革决策提供依据，创新安全监管体制机制，着力构建安全生产长效机制，国家安

全生产监督管理总局深化体制改革领导小组提出了详细了解国外安全生产管理体制的命题。国家安全监管总局国际合作司组织体制改制、人事、国际交流合作中心等相关部门开展该课题研究。课题完成后向中央编办课题研究小组进行了汇报，受到高度评价。

该课题研究了国外职业安全与健康监察体制发展历程和特点，尤其深入研究了美国、英国、澳大利亚、德国安全生产监察体系、职业安全健康监察体制、特定行业领域安全监察体制、政府支撑机构和社会中介组织、事故调查体制等内容，总结各国特点和经验做法，并简要介绍了芬兰、波兰、日本、韩国的安全生产体制。报告还总结了国外安全生产体制建设的基本经验，并提出相关建议(见附录)。

四、重点行业安全发展之路系列课题

发达国家安全生产普遍经历了事故上升、高发、下降、平稳的发展历程，研究发达国家安全生产发展历程对加快促进中国安全发展具有重要借鉴意义，为此2014 年开始利用一年时间开展重点行业安全发展之路系列课题，深入研究和总结安全生产的规律和特点，制定出针对性、实效性的措施，为中国制定安全生产“十三五”规划提供借鉴和参考。

课题成立了领导小组，国家安全生产监督管理总局副局长孙华山为组长，各相关司局和单位主要负责人为成员。课题选定煤矿、金属非金属矿山、化工、交通、建筑、农业六个行业，每个行业作为一个课题，共六个课题。每个课题包括四部分研究内容：一是国外安全发展历程，二是国内现状，三是对比研究，四是对策建议（见附录）。

主要内容如下：

第一部分：每个行业选取三个国家作为主要研究对象，研究该行业从事故高发、快速下降到平稳发展各阶段采取的重要措施办法及效果。一是研究行业各阶段安全状况。主要以统计数据进行描述，统计数据包括死亡人数，十万人死亡率或煤矿百万吨死亡率或万车死亡率等，反映该阶段行业安全状况。二是研究行业各阶段发展情况。包括产量产值、从业人数、劳动生产率、规模化集约化水平、机械化自动化水平、开采方式、结构调整（如整顿关闭、兼并重组）措施等，反映该阶段行业规模和发展水平，以及对安全生产的促进作用。三是研究行业各阶段的重要安全措施。包括安全法规标准、监察体制、工伤保险、教育培训、技术装备、应急救援、安全管理等，反映该阶段行业所采取的安全措施。四是重点研究发生重大事故时所采取的措施，以及安全生产状况明显好转时期所采取的措施，反映某一时间或阶段安全措施的效果。

第二部分：研究中国行业各阶段的安全生产状况、行业发展情况（包括产量产值、从业人数、劳动生产率、规模化集约化水平、机械化自动化水平等）和安全措施（法规标准、监察体制、工伤保险、教育培训、技术装备、应急救援、安全管理等）。

第三部分：开展中外行业安全发展对比研究，比较中外行业安全发展在行业发展水平和安全措施方面的异同，找准当前中国行业安全发展所处的发展阶段。

第四部分：借鉴国外安全发展经验，结合中国当前行业安全发展实际，系统地提出促进行业安全发展的政策建议。

五、世界主要产煤国家煤矿安全状况及事故案例的研究

2009 年 6 月，国家安全生产监督管理总局副局长、国家煤矿安监局局长赵铁锤在总局国际交流合作中心《安全生产国际交流与合作通讯》“美国的矿难”一文中批示：要开展对世界主要产煤国家安全生产概况和事故案例研究，特别是 30 人以上事故或有重点影响的安全事故分析，把握规律特点，借鉴国外经验，促进中国煤矿安全生产工作。国家煤矿安监局副局长王树鹤要求国际交流合作中心发挥优势，充分利用各种资源，加快课题研究。国家安全监管总局国际交流合作中心主任柏然担任课题研究小组组长，立即组织研究。本课题系统地分析研究了美国、澳大利亚、俄罗斯、南非、印度、波兰、乌克兰和土耳其等 8 个主要产煤国家煤炭工业发展情况、煤矿安全生产及煤矿安全状况、煤矿发生的重特大事故等。尤其是对美国、澳大利亚、南非等国家的煤矿发生的一些引起全社会关注的事故进行深入研究，对事故原因、采取的救援措施、事故调查及处罚进行详细分析，特别是由事故引发的一系列改进措施和法规修订等。本课题力求通过最新的安全生产数据反映当前世界主要产煤国家的安全生产状况和规律特点，以典型事故案例的系统分析，借鉴国外在事故救援、调查处理和工作改进方面的经验和做法（见附录）。

第二节　中外安全健康法规、标准、体系的对比研究

一、中英职业安全健康监管法制与体制的比较研究

英国是世界上最早的发达国家，也是西方英美法系国家中最具典型性、代表性的国家，在工业革命和经济发展过程中，积累了丰富的职业安全健康立法经

验，并形成了一套以《1974 年职业安全与健康法》为核心的职业安全健康法律法规和标准体系，为英国的职业安全健康提供了有力的保障，并直接影响到加拿大、澳大利亚等英联邦其他成员国家乃至美国等其他国家和地区的职业安全健康立法。中国安全与健康法制建设起步较晚，研究和借鉴英国相关立法的成功经验更为必要和重要。

国家安全生产监督管理总局组织开展中英安全与健康主要法律法规对比研究，借鉴英国在安全健康监管体制和法律法规体系建设方面的经验和做法，推动中国安全生产和职业健康工作的创新发展。课题组由孙华山任组长，柏然、李书清任副组长，成员有邬燕云、王海军、罗音宇、王建东、樊晶光、相桂生、胡予红、刘文革、李小波、史艳萍、陈海波（劳氏）、司坡森、刘晓兵、秦兴强、于雷、李运强、彭广胜、朱喜洋、代海军、郭政韬。2011 年 6 月至 2012 年 10 月，课题组分两个阶段开展中英安全与健康法律法规对比研究，首先搜集中英两国与安全生产和职业健康有关的法律法规、制度规定、数据和技术资料，包括职业安全和健康发展状况、职业安全与健康立法、安全与健康管理和监督、民间组织和中介机构、工业卫生和职业病防治、事故调查与处理、工伤保险、安全与健康教育培训，以及安全文化等；梳理总结中国安全生产监管法制体制和职业健康监管法制体制发展历程，对比研究二者异同。梳理总结英国职业安全健康法制体制发展历程，概括归纳其相应阶段特征，对比研究中英两国在安全生产与职业健康监管法制、监管机构、监管方式、监管制度和法律体系方面的异同，分析和把握英国职业安全健康法制体制内在特点和规律，从中找出改革和完善中国安全生产和职业健康监管法制体制，做好安全生产工作的思路、对策和办法。第二阶段继续深化对安全状态报告法规（Safety Case Regulation）等英国重要安全法律法规的研究，延伸到英国的安全生产制度层面，与英方进行更加充分和深入的交流。进行英国安全生产行政许可制度研究，对比英国安全生产行政许可制度，研究国内安全生产行政许可制度在许可对象、范围、形式、内容等方面存在的差异，结合国内各行业、企业、基层监管部门的实际情况，提出改进国内安全生产行政许可的意见、对策和措施，提高行政许可工作质量，更好地为安全生产工作服务，保障经济平稳增长，保障社会和谐、发展和稳定。进行英国职业健康监管体制研究，了解英国职业安全健康监管机构的设置、职能和做法，借鉴国外经验，积极探索安全生产与职业健康的关系，如何实施《职业病防治法》推动职业健康监管。

研究对比过程中，还开展交流和研讨，征求各级安全监管监察部门和职业病防治机构、有关专家学者和企业方面对完善中国安全生产和职业健康监管体制和法制建设的意见，在此基础上，提出优化和改进中国职业安全健康监管法制体制的对策、措施和意见，对《安全生产法》等法律法规的制修订和完善，具有很强的理论和实践意义（见附录）。

二、中外化学品安全法规标准的对比研究

为了强化企业安全生产基础建设，建立与国际接轨并且符合中国发展实际的化学品安全法律法规标准体系，国家安全生产监督管理总局组织中国石油、中国石化、中国海油及中国化学工程集团等单位自2013年6月起，全面开展国内外危险化学品安全法规标准对比研究工作。国家安全生产监督管理总局成立“中外化学品安全法规标准对比研究委员会（编委会）”，副局长孙华山担任委员会主任，王浩水担任副主任，柏然担任秘书长。这次对比的国家重点是美国和欧盟及其成员国，在化学品安全管理领域，重点是化学品安全生产（职业安全）和预防化学品灾难性事故方面的管理体制、机制，法律、法规和标准体系等进行了研究对比，并选定化学品重大危险源管理、化学品建设项目安全设计、化学品道路运输安全、化学品管道运输安全、实施GHS制度、化学品登记通报制度等6个专题领域，从法律、法规、标准所确定的管理制度，以及管理与技术措施等方面进行了深入研究对比。对比研究突出风险管理原则、强化过程管理原则、细化行业对比原则、示范企业先行原则。对比研究的第一阶段工作全面收集了中国和欧美危险化学品安全管理的法规和标准，收集整理国内外化学品安全法规文件资料共计680项，其中，国内法规342项，美国247项，欧盟91项。对国内270项，国外338项法规进行了对比分析。收集整理国内外化学品安全标准共计1930项。其中，国内标准1391项（国家标准717项、行业标准674项）；美国标准396项（国家标准37项，协会标准359项）；欧盟标准143项（欧洲标准100项，其他标准43项）。在整理分类的基础上，进行全面对比分析，重点掌握了欧美各项标准的适用范围、主要内容、制定主体、监督实施主体等基本情况，深入剖析了欧美国家危险化学品安全标准制定工作体制和好经验、好做法。同时，注重筛选国外先进管理理念、新技术、新方法、新标准，研究了国外标准在国内应用的可行性。2013年7月至2015年7月，开展对比研究的第二阶段工作。在对比研究分析的基础上，对照国际先进水准，规划好中国化学品法规标准体系建设的框架，推动危险化学品安全生产一级标准化企业、化工等化学品重点领域的中央企业、中外合资企业安全生产管理达到国际标准要求。参加本次对比研究的单位有中央企业及其下属企业、地方企业、科研院所、外资企业、行业协会等，共计45家，参与人员近200人。中国石油、中国石化、中海油、中国化学工程集团分别作为安全管理、企业安全运行、运输安全、设计建设4个专业对标

研究工作的组织单位（见附录）。

三、中国与部分国家安全生产统计体系的对比研究

为配合中国安全生产统计指标体系完善、经济政策制订、事故调查处理等重点工作，研究国际安全生产统计指标体系和安全生产经济政策，及时跟踪国外安全生产最新动态趋势及重特大安全生产事故案例，为推进安全生产改革发展提供参考和支撑，2013 年 6 月，国家安全生产监督管理总局统计司与国际交流合作中心联合开展《我国与部分国家安全生产统计体系对比研究》。课题组组长由李万春、彭玉敬、柏然担任，副组长由陈江、邹维纲、胡予红担任，课题组成员有刘晓兵、胥家庭、朱新秋、韩丹丹、于杰、刘宏波、解士英、牛元慧、陈雨、曹欢、王鹏、刘德政、贺真生、李耀杰。课题报告深入分析研究了世界主要工业化国家的安全生产统计体系，包括有关法规、统计机构、采用指标、统计口径、统计方法等；系统梳理了中国安全生产统计指标的发展历史及特点；从统计指标、统计范围、统计方法、统计分类、统计口径等方面将中国与美国、英国、澳大利亚进行了客观、系统的比较研究，并深入查找和分析了中国统计体系和所用指标存在的问题和差距。课题报告将中国目前采用的四项相对指标与国外统计指标进行了研究，首次提出了科学合理的换算方法，并选取部分统计指标就近十年的统计数据进行了对比分析，在系统研究基础上结合中国现实情况和发展需要，课题报告对中国安全生产统计工作与国际社会接轨提出可行性建议，就“十三五”期间及 2020 年后中国应采用的安全生产统计指标提出建议。课题报告为中国安全生产统计指标的发展和变革提供了强有力的参考，为衡量中国 2020 年安全生产形势发生根本性好转，达到中等发达国家水平提供了理论方法和重要依据，对中国安全生产统计指标体系的进一步完善具有深远的指导意义（见附录）。

四、国外职业安全与健康经济政策的研究

为推动中国安全生产经济政策的制定和完善，国家安全生产监督管理总局国际合作司、财务司和国际交流合作中心联合开展了国外安全生产经济政策研究工作，由柏然、李书清任课题组长，重点对美国、加拿大、英国和俄罗斯等四个国家的安全生产经济政策进行收集、归纳、整理和分析，借鉴国外经验和做法。本研究课题包括以下主要内容：第一篇介绍了美国职业安全与健康的赔偿法规、经济处罚及评定细则，矿山安全的民事罚款、援助和奖励措施，并简要介绍了部分税收优惠政策；第二篇详细介绍了英国职业安全与健康的工伤保险政策、工伤补偿及赔偿制度，经济处罚、铁路行业安全费用征收、部分税收

及投资优惠政策、指标信息建设，以及对小型企业的补贴政策等；第三篇介绍了加拿大工人赔偿保险、违法处罚规定、奖励措施及援助项目；第四篇介绍了俄罗斯工伤保险制度、职业安全与健康行政处罚等；第五篇提出了部分安全生产经济政策建议。

一些市场经济相对发达的国家如美国、英国等已经形成了比较系统的、符合市场经济规律的安全生产法律制度和经济政策，在各国安全生产监管和监察工作中发挥着重要的作用，而中国对安全生产经济手段的运用和推广还处于摸索和起步阶段，特别是中国目前正处于经济转型期，市场经济体制正处于健全和完善期，安全生产经济政策要适应中国经济体制的变化和发展，因此，安全生产经济政策要达到理想效果，还需要不断深入地研究、探索和实践。

五、澳大利亚煤矿安全法规及监管经验的研究

2010 年，国家安全生产监督管理总局国际合作司、财务司、国际交流合作中心联合开展了“澳大利亚煤矿安全法规及监管经验研究”。澳大利亚是世界煤炭开采和出口大国，年产量约为 4 亿吨，居世界第四位，出口量居世界首位。翻开矿难史，澳大利亚也曾有过事故高发期。据统计，1979 年至 1999 年的 20 年间，澳大利亚发生一次死亡 10 人以上的矿难共 6 起，死亡 69 人。澳大利亚各产煤州政府、工会、雇主乃至法院进行了长期不懈的努力和各种大胆的改革探索，最终使煤矿安全状况发生了根本性改观。2000 年以后，澳大利亚全国矿难死亡人数保持在每年 3 人以下，特别是 2003 年度、2004 年度和 2007 年度实现“零死亡”，安全业绩领先世界各主要产煤国。

澳大利亚在煤矿安全领域进行的各种探索、改革和试验很值得人们去研究和借鉴。本课题分 7 章 26 节，内容涉及澳大利亚煤矿安全立法、监管监察、体制机制、安全培训、安全管理及安全文化等方面，具有一定的参考价值。本课题深入机理，深度挖掘，重点介绍方法和理念，充分反映出澳大利亚煤矿安全管理模式和特点。例如，立法方面，课题揭示出澳大利亚经历了指令性立法向授权性立法的转变，介绍了授权性立法的重要特征；体制方面，揭示出澳大利亚从单纯依靠政府监管，转变到重视发挥工会和现场工人作用并建立多级监察体制；监管方法方面，揭示出从松散式、无序化检查，转变到强调分类监管、系统化检查；安全管理方面，揭示出除强调雇主责任外，更加注重现场工人的参与和建立安全管理体系；安全文化方面，揭示出从“问责文化”向“主人翁文化”的过渡演进；安全培训方面，澳大利亚将煤矿安全培训完全纳入国家培训框架体系，构建标准化的培训模式。这些转变和特征对人们具有重要的启示，开阔了人们的眼界和思

路。特别是当中国煤矿重特大事故仍未得到有效控制，这些经验和做法会深化对中国当前煤矿安全阶段性特征的认识和理解，为中国煤矿安全监管监察未来的规划和发展提供有益的指导。《澳大利亚煤矿安全法规及监管经验研究》由柏然、李书清、胡予红任主编，副局长梁嘉琨作序。

附　　录

附录一　与国际组织、外国政府及机构等签署的合作协议

中华人民共和国煤炭工业部和美利坚合众国能源部化石能研究与发展合作议定书

中华人民共和国煤炭工业部和美利坚合众国能源部（以下简称双方），根据一九七九年一月三十一日在华盛顿特区签署并于一九八四年一月十二日延长的中华人民共和国政府和美利坚合众国政府科学技术合作协定，为促进化石能研究与发展领域的合作，达成协议如下：

第一条

双方同意在平等、互惠和互利的基础上根据本议定书进行合作。

第二条

根据本议定书，化石能合作领域可包括：

1. 常压和加压流化床燃烧；
2. 用于锅炉、燃气轮机和发动机的水煤浆；
3. 煤炭地面气化；
4. 煤炭直接、间接液化；
5. 以燃烧、煤结构及其有关化学和热物理性质为重点的煤炭科学；
6. 与化石有关先进技术的工艺模拟；
7. 选煤与破碎；
8. 燃料燃烧产物包括净化和对环境影响的研究；
9. 油母页岩的转换与燃烧研究；
10. 提高原油采收的研究活动和现场试验；
11. 燃煤磁流体发电技术；

12. 双方以书面形式同意的其他合作活动。

第三条

根据本议定书的合作，可采取以下形式：

1. 交换并提供化石能领域的科学、学术和技术发展活动与实践的情报和资料；

2. 互派科学家、工程师和其他专家，到对方的机构参加商定的活动。这种交流应依照本议定书第十条进行；

3. 专家组或个人赴对方化石能机构的短期访问；

4. 组织化石能领域商定的专门课题的讲座、讨论会和其他会议；

5. 交换试验样品、材料、仪器和部件；

6. 共同研究发展和试验并交流研究成果与经验；

7. 经书面商定的其他科技合作形式。

第四条

在本议定书下的具体活动的条款和条件，包括费用支付的方式，应经双方逐项商定一致同意，并列入本议定书的附件。

第五条

为协调本议定书及其附件规定的活动，每方各指定一人为协调人，负责整个协调工作。两协调人将通过信件联系，相互协商并确定合作活动及其他有关事宜。必要时，经双方同意，可举行会议商讨执行本议定书的有关事宜。

经双方同意，各方可指定本国内的一个部门加入本议定书附件，进行本议定书范围内的合作活动，而且被指定的部门可作为该附件的一个签字方。

第六条

本议定书及其附件所规定的一切活动应在根据两国政府科学技术合作协定第十条所建立的中美科技合作联合委员会的指导下进行。

第七条

根据本议定书第三条，一方向另一方提供的科学技术情报，应是提供方所确信的和了解的准确情况，但提供方并不向接受方或第三方保证所提供的科学技术情报适用于任何特定的用途或应用。

第八条

双方已达成一个关于根据本议定书完成或构想的发明或发现的处理及版权保护的协议，以便进行具体的活动。

第九条

双方同意，如发生根据本议定书交换或向对方提供用于合作活动的设备情况时，将逐项达成具体谅解。

第十条

1. 凡按本议定书考虑任用人员时，挑选的人员应具有双方满意的必要的技术和能力。

2. 每次任用人员时，应由参加机构通过换函确定议定书中未规定的费用和其他有关事宜。

3. 各方应为对方任用的人员（及其家属）在行政手续、旅行安排和住宿方面提供必要的协助。

第十一条

根据本议定书进行的所有合作活动，须视所能获得的经费和人力而定，并须服从各自国家的法律和规章。

第十二条

1. 有关本议定书或根据本议定书所进行的活动中产生的一切问题，应由双方以书面协议解决。

2. 各方将根据本国法律和规章授权的范围对本议定书合作活动中发生的损害承担责任。

第十三条

1. 本议定书自签字之日起生效，有效期为五年。经双方书面同意，本议定书可予以修改或延长。

2. 任何一方都可按自己的意愿在任何时候终止本议定书，但欲终止方应在六个月以前以书面形式通知另一方。

3. 本议定书的终止并不影响按本议定书正在进行但尚未完成的具体活动的效力或期限。

本议定书于一九八五年四月十六日在华盛顿签订，一式两份，每份都用中文和英文写成，两种文本具有同等效力。

中华人民共和国
煤炭工业部

美利坚合众国
能源部

中华人民共和国能源部与苏维埃社会主义共和国联盟煤炭工业部煤炭工业科技经济合作协议

为了进一步发展和加深符合中苏人民根本利益、促进加速两国社会经济发展的中苏科技经济合作，中华人民共和国能源部与苏联煤炭工业部（以下简称缔约双方）为了创造良好的合作条件，在平等互利原则基础上商定如下：

第一条

为了提高总的生产技术经济水平，双方在煤炭工业领域以下方面进行科技和经济合作：采煤技术和工艺的改进，煤的洗选和合理利用，发展煤矿机械制造，新企业的建设和现有企业的现代化。

第二条

合作的主要方面是：

露天和井工开采技术和工艺；

煤炭工业企业的劳动保护和安全技术；

煤的洗选、加工和利用；

研制新的矿山设备和协作制造；

企业的建设、改造和现代化；

环境保护；

全部门企业管理的改进。

以上各条可经双方商定而进一步明确。

第三条

中华人民共和国能源部和苏联煤炭工业部，遵循中苏两国政府有关协议条款的规定，将在两国煤炭工业新企业的建设、现有企业的改造和扩建中，相互提供技术协助。

第四条

根据本协议，合作形式为：

交换科技代表团、科学工作者和专家考察科技成果和先进的生产经验；

在商定的条件下转让科研、设计和试验工作成果，以及生产经验，其方式如提供科学技术文件、试样与样机、仪器、材料、“窍门”情报，以及与转让有关的许可证；

共同开展科研、设计和试验工作，一方根据另一方的约定进行科研、设计和试验工作，在提高科技干部的业务水平方面予以协助；

通过派遣和接待科技工作者和专家的途径进行咨询、鉴定和其他类似活动而开展科技帮助；

为新建企业和现有企业提供设备和材料，以及服务（包括劳务）。

第五条

在一九八八年六月八日签署的《关于中国的省、自治区、市同苏联的加盟共和国、部、主管部门、联合公司、企业之间建立和发展经济贸易联系》的协定和《关于建立合营企业及其活动原则的协定》政府间协议的指导下，缔约双方将促进其下属部门在生产、科技和经贸方面建立和发展直接联系，以及促进建立合营企业。

第六条

缔约双方在实行科技合作时将遵循中苏经济、贸易与科学技术合作委员会第二次会议批准的“中苏两国科学技术合作共同条件”的有关规定。

第七条

1. 为了共同指导本协议范围内的合作，建立煤炭工业经济科技合作工作组（以下简称工作组）。

2. 工作组审批根据本协议宗旨和任务制定的各项合作计划，监督合作计划的执行，在合作单位建议的基础上修改和补充合作计划，并就两国煤炭工业主要政策问题进行磋商。

3. 自本协议生效日起的两个月，缔约双方互相通告各自委任的工作组组长和成员（不超过4~5人）。

4. 工作组每年至少轮流在双方其中一国召开一次会议，会议期间工作组与会人员的食、宿和国内交通费由接待方承担，工作组成员前往会议召开国的旅费由派出方自付。

5. 相互派遣中苏专家执行合作项目，将在派出人数和停留期限对等的基础上进行。费用支付可参照本条第4款规定的办法进行。

第八条

本协议不涉及缔约双方中任何一方与第三国签订协议中的权利和义务。

第九条

缔约双方可根据协商对本协议进行修改或补充。

第十条

本协议自签订日起生效，有效期为五年。在本协议期满前不迟于六个月的时间内，任何缔约一方若不用书面形式通知缔约另一方自愿停止协议效力，则本协议将自动每次顺延五年。

本协议于一九八九年十月九日签于莫斯科，一式两份，用中、俄文书写，两种文本具有同等效力。

中国能源部
副部长

胡富国

苏联煤炭工业部
部长

米·伊·夏铎夫

中华人民共和国国家安全生产监督管理总局与联合国开发计划署关于在安全生产与职业健康领域开展交流与合作的谅解备忘录

中华人民共和国国家安全生产监督管理总局（以下简称甲方）与联合国开发计划署（以下称为乙方。甲方和乙方合称为双方），经友好协商，就安全生产和职业健康领域开展交流与合作事宜达成谅解，双方希望通过广泛的交流与合作，加强法律法规和政府执法能力建设，进一步推动安全生产与职业健康状况的改善。

一、交流合作内容

双方同意在以下三个方面开展交流与合作：

1. 开展政策、法规和标准等方面的交流，完善安全生产与职业健康相关政策法规，提高其适用性和可操作性。

2. 交流并探索安全隐患排查治理的先进技术和有效预防与减少生产事故与职业危害的方法。

3. 促进监管监察队伍的能力建设，提高执法技能和效果。

二、交流合作方式

为实现上述交流与合作的目标，双方主要开展以下活动：

1. 组织双方官员和安全与健康管理专家、学者互访，进行信息、经验与知识交流；

2. 组织开展国际安全生产与职业健康领域的政策和相关法规、制度和机制的比较研究，借鉴经验；

3. 组织现场考察调研，举办研讨会、培训班或其他必要的活动。

三、实施和生效

1. 此谅解备忘录有效期五年，自签字之日起生效。双方信函同意可续约。

2. 经双方同意，通过附加条款可对本谅解备忘录进行修改，并应注明修改生效日期。

3. 一旦对此谅解备忘录解释及实施方式出现异议，双方应尽量通过友好协商解决分歧。

4. 双方同意，根据本谅解备忘录开展的各项合作活动均应在年度财政预算允许范围内及备忘录有效期内。如没有特别约定，双方分别负担各自活动所需的费用。

5. 双方可通过协商制定年度合作计划。

6. 双方各指定一人作为履行本备忘录各项职责的代表。

7. 包括信息交流在内的各项合作活动，必须在尊重双方现行法律法规和政策的前提下开展。

本谅解备忘录于________年________月________日于北京签订，一式两份，每份由中文和英文写成；两种文本具有同等效力。如对文本的解释发生分歧，以英文文本为准。

中国国家安全生产监督管理总局代表　　　　联合国开发计划署驻华代表

____________（签字）　　　　____________（签字）

中华人民共和国国家安全生产监督管理总局与欧盟委员会就业、社会事务与机会均等总司谅解备忘录

中华人民共和国国家安全生产监督管理总局与欧盟委员会就业、社会事务与机会均等总司（以下简称双方）本着加强和巩固双方关系的愿望，通过友好协商，决定在工作场所安全与健康领域开展政策对话与合作。

目标

1. 双方的共同目标是，通过创造安全的工作环境和提供职业健康服务，改

善工作条件，减少职业性事故和疾病的发生，同时促进人们体面的工作，以及对共同承认的国际标准的遵守。

行动

2. 对话涵盖双方在工作场所安全与健康领域共同关心的问题，特别是煤矿安全与健康问题。

3. 对话旨在通过对政策走向、立法、经验和最佳做法的信息进行定期交流及政策研讨（包括颁布、实施和评价），促进和加强双方在职业安全与健康领域的相互了解。

4. 双方可共同决定就共同关心的课题开展小规模研究，并组织会议、研讨会或培训班。

5. 双方可共同决定组织人员开展短期访问、调研和技术考察、培训、实习和交流项目，并促进交往活动。

工作方案

6. 双方将采用一套滚动式的工作方案，计划用两年的时间开展一系列设想的活动和合作项目，进行对话。双方将定期审议工作计划的执行情况，并对工作计划进行修订。

年度总结会和不定期研讨会

7. 双方同意每年召开一次由高级官员出席的总结会。

会议将在中国和欧盟轮流召开。此外，双方经协商一致，可组织本谅解备忘录所涵盖的任何方面的专题会议。

8. 双方拟在年度总结会议上就中国和欧盟在工作场所安全与健康领域的主要趋势和政策动向进行交流。

9. 双方拟在召开年度总结会的同时，组织一场研讨会，邀请中国和欧盟政府官员和专家，就双方预先确定的某一共同关心的议题交流经验和最佳做法。

10. 双方将共同协调年度会议和不定期研讨会的筹备和组织工作，并提名高级官员担任联合主席。

参与者

11. 每次会议之前，双方将相互通报各自代表团的具体人员构成。

12. 双方经协商一致，可邀请政府或民间的利益相关机构参与对话，包括工人和雇主代表、政府代表、外部专家、非政府组织和其他民间机构的代表。

报告

13. 双方将向中欧联合委员会报告本对话框架下开展的各项活动。

费用安排

14. 根据本谅解备忘录所开展的各项活动均应视正式批准的经费情况而定；除非另行商定，双方将各自承担其代表团参与对话的费用。双方对同意开展的具体合作项目，将通过协商确定其费用安排。

法律地位

15. 本谅解备忘录各项条款不创设国际法上的法律权利或义务。

本谅解备忘录于二〇〇九年一月三十日在布鲁塞尔签订，一式两份，每份均用中、英文写成，两种文本同等作准。

中华人民共和国 国家安全生产监督管理总局	欧盟委员会 就业、社会事务与机会均等总司
________________代表 中华人民共和国驻欧洲共同体 使团团长、特命全权大使 宋哲	________________代表 欧盟委员会就业、社会事务 与机会均等总司委员 弗拉吉米尔·斯皮德拉

ARRANGEMENT EXTENDING THE MEMORANDUM OF UNDERSTANDING BETWEEN THE DEPARTMENT OF LABOR OF THE UNITED STATES OF AMERICA AND THE STATE ADMINISTRATION OF WORK SAFETY OF THE PEOPLE'S REPUBLIC OF CHINA REGARDING CONTINUING COOPERATION ON WORK SAFETY AND HEALTH

In accordance with the Memorandum of Understanding regarding cooperation on work safety and health between the Department of Labor of the United States of America (USDOL) and the State Administration of Work Safety (SAWS) of the People's Republic of China, signed May 27, 2011, USDOL and SAWS wish to extend such cooperation.

Accordingly, USDOL and SAWS extend the date of expiration of the Understanding three years, from the date of signature of this arrangement, and it expires thereon, unless further extended by USDOL and SAWS.

Signed in Beijing, China on, in the English and Chinese languages, both texts being equally authentic.

FOR THE DEPARTMENT OF LABOR OF THE UNITED STATES OF AMERICA

____________（签字）

David Michaels

Assistance Secretary of Labor of the United States of America

FOR THE STATE ADMINISTRATION OF WORK SAFETY OF THE PEOPLE'S REPUBLIC OF CHINA

____________（签字）

Yang Yuanyuan

Minister of the State Administration of Work Safety of the People's Republic of China

中华人民共和国国家安全生产监督管理总局和美利坚合众国劳工部关于延长安全生产与职业健康合作备忘录的协议

按照中华人民共和国国家安全生产监督管理总局（SAWS）和美利坚合众国劳工部（USDOL）2011 年 5 月 27 日签署的《安全生产与职业健康合作备忘录》，双方希望继续延长合作。

双方一致同意将备忘录延长 3 年，即从签署之日起生效，除非继续延长，否则于生效之日起 3 年后失效。

本备忘录于二〇一四年____月____日在北京签订，一式两份，每份均用中、英文写成，两种文本同等有效。

美利坚合众国劳工部

____________（签字）

大卫·麦克尔

美利坚合众国劳工部副部长

中华人民共和国国家安全生产监督管理总局

____________（签字）

杨元元

中华人民共和国国家安全生产监督管理总局副局长

中华人民共和国国家安全生产监督管理局与俄罗斯联邦矿山与工业监督局合作备忘录

应俄罗斯联邦矿山与工业监督局邀请，以副局长赵铁锤为团长的中华人民共和国国家安全生产监督管理局代表团（以下简称中方）于2002年7月31日至8月6日对俄罗斯进行了访问。

访问期间，中方代表团与以局长库利奇耶夫为团长的俄罗斯联邦矿山与工业监督局代表团就双方在工业安全保障领域建立长期、互惠的合作关系事宜进行了会谈。双方还各自介绍了本国安全生产状况及其存在的问题。

鉴于全球经济一体化和加入世界贸易组织，双方面对共同的任务，即以标准的法律文件消除自由贸易中的人为障碍，以提高国家对工业安全的有效监督。双方表示将不断研究两国在该领域的立法经验和组织原则。双方认为，鉴于两国关系的不断发展，两国在工业保障的各个领域开展合作，减少伤亡事故进而保护人们的生命与健康，不仅是必要的，而且是可行的。

通过交换意见，双方同意在各自职责范围内开展工业安全领域的交流与合作：

1. 安全生产监督管理机构工作程序和机构设置。
2. 安全生产国家立法和标准制订。
3. 安全生产国家法规与国际标准的相互关系，包括世界贸易组织的规则，ISO 9000系列标准及其工作的现实性与适用性。
4. 人员培训、监督监察活动中的经验和信息交流。
5. 设备和材料的认证。
6. 完善市场经济条件下的监察活动。
7. 国际合作，包括参与国际多边合作活动。

双方同意开展上述领域的交流与合作，包括可能的专家互访，其费用自理。

为积极有效地解决合作过程中出现的问题，双方指定一名工作人员负责本备忘录的执行及下一步工作的联系。

中方：国家安全生产监督管理局	俄方：矿山与工业监督局
（国家煤矿安全监察局）	
外事司国际合作处处长	国际合作处处长
王清华	库兹涅佐娃

电话：0086－10－64213949　　　　电话：007－095－2619880
传真：0086－10－64235838　　　　传真：007－

中方邀请俄方派代表团参加于2002年10月在北京召开的中国国际安全生产论坛，访问中方有关单位并共商2002—2005年期间中华人民共和国国家安全生产监督管理局与俄罗斯联邦矿山与工业监督局合作事宜。

俄方愉快地接受了中方的邀请，并派以副局长克拉斯内为团长的俄罗斯联邦矿山与工业监督局代表团于2002年10月8—13日来华参加上述论坛。中华人民共和国国家安全生产监督管理局有关领导与俄方代表团举行了会谈。

中方对访俄期间受到的热情接待和周到的安排向俄方表示衷心感谢，俄方也对其访华期间受到的热情接待和周到的安排向中方表示衷心感谢。

本备忘录由中俄双方代表签署，用中文和俄文书就，一式两份，两种文本具有同等效力。

中华人民共和国
国家安全生产监督管理局
____________（签字）
副局长　赵铁锤

俄罗斯联邦
矿山与工业监督局
____________（签字）
副局长　克拉斯内

中欧高危行业职业健康与安全合作项目财政协议

特殊条款

协议一方，欧盟委员会（以下简称委员会）代表欧洲联盟（以下简称欧盟），协议另一方，中华人民共和国商务部代表中国政府（以下简称受益人），达成如下协议：

第1条　融资的性质和目的

1.1　欧盟为以下项目融资：

DCI－ASIE/2010/021－677

《中国—欧盟项目：高危行业职业健康与安全》（以下简称项目），详见“技术与管理规定”。

1.2　应根据该财政协议及其附件实施该项目。

第2条　总费用及欧盟融资

2.1　项目总费用预计达900万欧元。

2.2　欧盟最高承担900万欧元的融资。具体资金预算分项详见“技术与管理规定”中关于预算的陈述内容。

第3条 受益人融资

3.1 受益人承担零欧元的融资。具体融资预算分项，详见“技术与管理规定”中关于预算的陈述内容。

3.2 如果受益人承担非财政融资，“技术与管理规定”中将详细列明该项融资安排。

第4条 实施

4.1 因为降低了一般条款第3条规定的效力，所以应由委员会以受益人的名义实施该项目。

4.2 一般条款中的下述规定并不适用：第1、3、5、6、7、11、17、19.4、22.3、22.4、22.6和23.3条。

4.3 一般条款中的下列条款按下述规定执行：

4.3.1 对于第2.2条，如果财政协议中的总金额有可能超出限额的话，委员会可缩小项目/计划的规模，或者经受益人批准利用受益人的资源，或者利用其他非欧盟的资源。

4.3.2 对于第2.3条，如果不能缩小项目/计划的规模，或者如果不能利用其他资源包括受益人的资源来应对超额的话，委员会可给予额外的欧盟融资。如果决定给予额外的欧盟融资，在不违反欧盟相关规章制度的情况下，委员会将提供额外资金，应对超额。

4.3.3 对于第18.1条，欧盟融资的每一个项目/计划是双方所进行的相关沟通与交流的主题，该沟通与交流应经过委员会的批准。

4.3.4 对于第19.1条，受益人应采取适当的措施杜绝违规和欺诈，如果委员会要求，应提起诉讼追索已支付的资金。对于所采取的每一项措施，受益人应通知委员会。

4.3.5 对于第19.3条，如果怀疑任何违规或欺诈因素，受益人应立即通知委员会。

第5条 协议期限

5.1 该财政协议的期限，如一般条款第4条所述，自财政协议生效之日起84个月之后结束。

5.2 操作实施阶段的期限为60个月。

5.3 结束阶段的期限为24个月。

第6条 地址

委员会地址：

中国北京市三里屯东直门外大街15号欧盟驻华代表团，邮编：100600。

受益人地址：

中国北京市东长安街2号商务部国际经贸关系司，邮编：100731。

第7条　附件

7.1　下列文件应作为本协议组成部分附在本协议后面：

附件：一般条款

7.2　如果附件的条款和财政协议的特殊条款之间存在冲突，应以特殊条款为准。

第8条　财政协议的生效

该财政协议自协议双方签字之日起生效。

该协议原件共三份，委员会持两份，受益人持一份。

委员会方：

欧洲援助开发与合作总司亚洲和中亚分署主管

Dirk Meganck（签字）

欧盟委员会（盖章）

日期：2011年5月1日

受益人方：

中华人民共和国商务部国际经贸关系司副司长

朱洪（签字）

日期：2011年5月3日

附件：一般条款

第1部分　项目/计划融资

第1条　一般原则

1.1　财政协议中规定了欧盟的融资限额。

1.2　欧盟提供融资的条件是受益人履行该财政协议项下的义务。

1.3　欧盟融资不包括该财政协议生效之前收益人所产生的费用。

第2条　超额费用及处理

2.1　对于融资预算分项超额，应根据一般条款第22条规定，通过重新分配总预算的方式解决。

2.2　如果财政协议中的总金额有可能超出限额的话，受益人应立即通知委员会，并获得其事先批准，采取有效措施应对超额，可以缩小项目/计划规模或利用自身资源或其他非欧盟资源。

2.3　如果不能缩小项目/计划的规模，或者如果不能利用其他资源包括受益人的资源来应对超额的话，应受益人合理要求，委员会可给予额外的欧盟融资。如果决定给予额外的欧盟融资，在不违反欧盟相关规章制度的情况下，委员会将提供额外融资，应对超额。

第2部分　实　　施

第3条　一般原则

经委员会批准，受益人负责实施该项目/计划。

第4条　实施期限

4.1　该财政协议的实施期限包含两个阶段：

实施阶段，此阶段实施主要活动，其期限自该财政协议生效之日起至结束阶段开始。

结束阶段，此阶段进行期末审核和评估，完成因执行该财政协议所进行的合同和计划预算，其期限自实施阶段结束后最少持续24个月。

4.2　欧盟融资包含实施阶段中实施主要活动所产生的费用及结束阶段结束之前期末审核和评估，以及结束活动所产生的费用。

4.3　欧盟融资所剩余的款项在财政协议实施期限结束6个月之后自动取消。

4.4　在例外的合理情况下，可以要求延长实施阶段并相应延长协议实施期限。如果是受益人要求延长，该要求必须在实施阶段结束之前，至少提前三个月向委员会提出，委员会在实施阶段结束之前进行审批。

4.5　在例外的合理情况下，实施阶段结束之后，可以要求延长结束阶段并相应延长协议实施期限。如果是受益人要求延长，该要求必须在结束阶段结束之前，至少提前三个月向委员会提出，委员会在结束阶段结束之前进行审批。

第3部分　委员会向第三方支付款项

第5条　委员会向第三方支付款项的最后期限

5.1　对于受益人因实施该财政协议所签署的合同，委员会在支付承包商款项时，受益人应于有效支付请求登记之后15日内提供承包商的支付请求。受益人应通知委员会支付请求登记的日期。如果任何一项主要要求未能满足，将不予受理支付请求。如果金额不正确或未能提供原始证明单据，委员会可于上述期限内任何时间通知受益人推迟款项的支付期限。如果委员会根据其掌握的信息，怀疑支付请求中涉及的费用有问题，委员会可推迟款项的支付期限，进行进一步的核实，包括现场检验，进而在支付前确认该费用是否合理。委员会应尽快通知受益人。

5.2　第一段中所述的最后期限也适用于以下情况，即支付的前提条件是费用报表获得批准。在此情况下，支付请求可视为有效，但支付的期限应从受益人批准费用报表时开始计，或从明确通知承包商时开始，抑或从允许批准期满的最后期限开始，不用书面通知承包商推迟支付的最后期限。

5.3　对于因受益人原因而未及时转发的支付请求，委员会没有义务向承包商支付合同中明确规定的迟付利息，受益人应当承担该利息。

第4部分　受益人通过计划预算向第三方支付款项及委员会的款项支付

第6条　一般原则

6.1　受益人向第三方支付款项时，必须编制并执行计划预算。

6.2　计划预算是制定措施计划、人力和物力资源计划、相应的预算和详细的技术和管理安排的文件，最终实现在规定期限内通过直接工作和/或公共采购和/或拨款的方式集中执行某项目/计划。

6.3　所有与实施财政协议相关的计划预算必须遵守委员会所制定的相关规定和标准文件，这些相关规定和标准文件在采用计划预算时是有效的。

第7条　支付

7.1　委员会应于登记来自受益人的有效支付请求之后，最迟45个日历日之内支付款项。如果任何一项主要要求未能满足，将不予受理支付请求。如果金额不正确或未能提供原始证明单据，委员会可于上述期限内任何时间通知受益人推迟款项的支付期限。如果委员会根据其掌握的信息，怀疑支付请求中涉及的费用有问题，委员会可推迟款项的支付期限，进行进一步的核实，包括现场检验，以此在支付前确认该费用是否合理。委员会应尽快通知受益人。

7.2　委员会应向以欧元进行结算的银行账户支付款项，该银行应为委员会所接受的金融机构。

7.3　受益人应确保该银行账户可以识别委员会以预融资方式所支付的款项。

7.4　以欧元支付的款项，如有必要，当受益人支付款项时应换算成受益人国家的货币，利率以受益人支付当天的有效银行利率为准。

7.5　委员会向该账户支付的款项应生息或产生等价收益。受益人应至少每年一次通知委员会其支付款项所产生的利息或等价收益。

对于金额超过25万欧元的支付款项所产生的利息或等价收益，在收到委员会的付还请求之后，应于45天之内付还给委员会。

7.6 对于从签字起3年内未产生任何款项支付的计划预算，应取消相应的协议金额。

第5部分 签订合同与拨款

第8条 一般原则

所有与实施财政协议相关的外部操作合同必须遵守委员会所制定的相关规定和标准文件，这些相关规定和标准文件在采用外部操作时是有效的。

第9条 签署与财政协议相关的实施合同的最后期限

9.1 与实施财政协议相关的合同必须在该财政协议生效3年内由协议双方签署，最后期限不可以推迟。

9.2 上述条款并不适用于审核与评估合同的签署，审核与评估合同可于随后签署，也不适用于已经签署了的合同附件。

9.3 财政协议生效第三年年底，还未签署合同的任何余额将取消。

9.4 上述条款并不适用于任何准备金余额。

9.5 任何在签署后三年内没有促成支付的合同应自动终止，相关融资将自动撤销。

第10条 资格

10.1 施工、供应或服务合同投标及提案征集，对于欧盟成员国的所有自然人和法人来说，必须是公开、公平的；而且，根据合作领域基本法案的相关条款规定，施工、供应或服务合同投标及提案征集，对于第三方受益国的所有自然人和法人来说，也必须是公开、公平的。

10.2 可依据合作领域基本法案的相关条款规定，确定是否允许第一段所述人员之外的第三国人员进行合同投标。

10.3 除非基本法案中另有规定，否则在执行受益人发起的施工、供应或服务合同及采购规定时，所必需的商品和供给必须来自前两段条款所规定的有资格参与的国家。

第11条 信息发布

11.1 受益人负责每年在其网站专门方便的位置发布该财政协议支持的每一份合同的标题、受益人的姓名和国籍或中标者，以及相应的拨款金额或合同金额。

11.2　如果不能实施该网站发布，应以其他适当的方式发布信息，包括受益人的官方期刊。受益人必须于发起合同或拨款后的第二年上半年内发布信息。受益人须和委员会就信息发布的位置进行沟通，委员会须在其网站专门位置就信息发布的位置做出说明。如果信息以其他方式发布，受益人须向委员会详细说明采用的方式。

第6部分　合同执行的适用规则

第12条　设立权与居留权

12.1　根据合同的性质，参与施工、供应或服务合同投标，以及提案征集的自然人和法人，在受益人国家境内享有临时设立权与居留权，合同签订后一月内仍有效。

12.2　因合同执行而提供服务的承包商（包括受益人）和自然人及其家庭成员在项目/计划实施期间也享有该权利。

第13条　税务与海关

13.1　对于采购合同和欧盟融资拨款，受益人应向相关国家或国际机构提供最惠国税率和海关安排。

13.2　如果存在适用的框架协议，就税务和海关问题有更详细的规定，本条款所有内容仍然适用。

第14条　外汇安排

14.1　受益人负责批准进口或购买项目实施所必需的外币，还负责向承包商实施无差别的外汇交换规定，使得承包商可以根据一般条款第10条的规定参与项目。

14.2　如果存在适用的框架协议，就税务和海关问题有更详细的规定，本条款所有内容仍然适用。

第15条　运用数据表研究

如果该财政协议涉及某项研究，那么因执行该财政协议而签署的与该研究相关的合同，决定了该项研究的所有权，决定了委员会是否可以利用该研究的数据、公布该研究或向第三方披露该研究。

第16条　根据合同所追索款项的分配

对于错误支付的款项、根据合同规定或该财政协议项下拨款合同的规定而提供的财务担保及受益人向候选人、投标人或拨款受益人收取的罚金，应退还给委员会。向受益人支付的损害赔偿也应退还给委员会。

第17条　根据合同之经济索赔

受益人应与委员会进行协商，就承包商提出的受益人认为全部或部分合理的索赔做出决议。如果委员会事先已批准，欧盟可承担该经济赔偿。对于利用该财政协议项下的资金应对因合同纠纷而引起的费用，必须得到委员会的事先批准。

第7部分　总则与最后条款

第18条　透明度

18.1　欧盟融资的每一个项目/计划为双方所进行的相关沟通与交流的主题，该沟通与交流由受益人实施，但应经过委员会的批准。

18.2　这些沟通与交流必须符合委员会制定的相关规定，进而确保外部操作的透明度。

第19条　预防违规、欺诈和腐败

19.1　受益人负责定期审核欧盟融资项目的操作是否适当，须采取适当措施阻止违规和欺诈，如有必要，提起诉讼追索已支付的资金。

19.2　“违规”是指任何违反该财政协议、执行合同和计划预算的行为，或违反欧盟法律的行为或过错，已经或有可能损害欧盟或欧洲开发基金的总体预算，无论是体现在收益减少还是收益损失（以欧盟名义收集的资源所获得的收益）上，抑或体现在不正当的支出项目上。

“欺诈”是指涉及以下情况的故意行为或过错：

使用伪造、错误或不完整的报表或文件，该行为促成从欧盟或欧洲开发基金的总体预算中挪用资金或获得不正当的资金；

隐蔽违反某项义务的信息；

挪用资金用于其他目的。

19.3　受益人应立即通知委员会任何有违规或欺诈嫌疑的因素，以及所采取的任何应对措施。

19.4　受益人应立即通知委员会任何涉及判决为欺诈、腐败、犯罪组织或涉及任何其他有损欧盟经济利益的非法活动的当事者的姓名。

19.5　在合同或拨款程序或相关合同实施的任何阶段，受益人负责采取适当的措施补救任何主动或被动腐败。“被动腐败”是指某官员的故意行为，直接或间接要求或接收任何形式的好处，或接受好处承诺，履行其职责或发挥其作用的时候违反其职责，已经或可能危害欧盟的经济利益。“主动腐败”是指官员的故意行为，直接或间接承诺或给予任何形式的好处，履行其职责或发挥其作用的时候违反其职责，已经或可能危害欧盟的经济利益。

第20条　委员会、欧盟反欺诈办公室和欧洲审计法院审核与检查

20.1　受益人同意委员会、欧盟反欺诈办公室和欧洲审计法院针对该财政协议项下的欧盟融资（包括合同和拨款程序）实施文件和现场检查，实施详细审计，如有必要，在整个协议期内及最后支付之后 7 年之内对原始账目和会计文件，以及任何与项目/计划相关的其他文件实施审计。

20.2　受益人应同意欧盟反欺诈办公室根据欧盟法律的规定实施现场检查和审核，进而保护欧盟的经济利益不受欺诈和其他违规行为的侵害。

20.3　鉴于此，受益人应确保委员会、欧盟反欺诈办公室和欧洲审计法院及其授权代理能够进入该财政协议项下的操作现场，包括电脑系统；确保委员会、欧盟反欺诈办公室和欧洲审计法院及其授权代理能够获得任何与技术和财务管理相关的文件和信息化数据；确保采取所有适当措施便于委员会、欧盟反欺诈办公室和欧洲审计法院及其授权代理开展工作。对于委员会、欧盟反欺诈办公室和欧洲审计法院的授权代理，应对第三方严格保密，不能损害公共的法律义务。所有文件的存档必须便于检验，受益人必须知会委员会、欧盟反欺诈办公室和欧洲审计法院文件的确切存档位置。

20.4　上述检查与审计也应适用于收到欧盟资金的承包商和转包商。

20.5　委员会、欧盟反欺诈办公室和欧洲审计法院的授权代理应通知受益人其现场的工作内容。

第 21 条　委员会与受益人协商

21.1　如果在实施或解释该财政协议时，出现争议，受益人与委员会在提交争议之前应相互协商。

21.2　经协商，可修改、中止或终止该财政协议。

第 22 条　财政协议的修改

22.1　对该财政协议的特殊条款、附件Ⅱ和附件Ⅲ所做的修改，应为书面形式，并以附件的形式进行添加。

22.2　如果受益人请求修改该协议，受益人应至少于修改生效之前三个月向委员会提交修改请求，除非受益人能证明该修改的必要性且为委员会所接受。

22.3　对于不影响项目/计划目标和结果的技术调整，细节上不影响技术方案的更改，且不用重新分配资金，受益人应尽快书面通知委员会该修改及修改理由，并实施该修改。

22.4　必须在委员会书面同意之后才能使用准备金。

22.5　关于实施阶段或结束阶段的延迟，参考一般条款第 4.4 条和第 5 条规定。

22.6　如果受益人不再符合特殊条款中规定的标准，但对一般条款第 23 条和第24条的规定没有造成损害，委员会可重新启动委托给受益人的财政工作，受益人在书面通知委员会之后继续承担该项目/计划。

第23条 财政协议中止

23.1 如果发生以下情况，可中止该财政协议：

如果受益人违反该财政协议项下任何义务，且受益人明显不再符合特殊条款中规定的标准，委员会可中止该财政协议的实施。

如果受益人违反该财政协议项下的任何尊重人权、民主、法律义务，严重腐败，委员会可中止该财政协议的实施。

因不可抗力（如下定义），该财政协议可中止。“不可抗力”是指任何不可预见的意外情况或事件，超出了双方的控制能力，使得任何一方不能履行其任何义务，不能归咎为该方的错误或过失（或归咎于该方承包商、代理或员工的错误或过失），且被证明是不可克服的困难。设备或材料故障、设备或材料故障的推迟恢复、劳动纠纷、罢工或财政困难不能视为不可抗力。如果一方因不可抗力而不能履行其义务，且及时通知了另一方，那么该方不应视为违反其义务。遭受不可抗力的一方应尽快通知另一方不可抗力的性质、可能持续的时间，以及可预见的问题后果，并采取任何措施使损失最小化。

23.2 任何事先通知不能视为终止协议决定。

23.3 作为预防性措施，应中止一般条款第7.1条中所述的款项支付。

23.4 通知协议中止时，也应通知正在实施或将要签署的合同和计划预算的情况。

23.5 该财政协议的中止并不影响委员会支付的中止，进而确保正常的财务管理或保护欧盟的经济利益。

第24条 财政协议的终止

24.1 如果引起该财政协议中止的问题未能在4个月之内解决，任何一方可提前2个月通知对方终止该财政协议。

24.2 如果该财政协议从签字起3年内未产生任何款项支付或未签署任何实施合同，将终止该财政协议。

24.3 通知协议终止时，也应通知正在实施或将要签署的合同和计划预算的情况。

第25条 争议解决

25.1 对于任何与该财政协议相关的争议，如果双方根据一般条款第21条的规定在6个月内未能协商解决的话，应任何一方的请求，将提交仲裁解决。

25.2 在此情况下，双方应分别于提请仲裁之后30日内指定仲裁人，如果任何一方未能指定仲裁人，可向常设仲裁法院（海牙）秘书长请求指定仲裁人。两位仲裁人应于30日内轮流指定第三位仲裁人。如果任何一方未能指定第三位仲裁人，可向常设仲裁法院（海牙）秘书长请求指定该仲裁人。

25.3　如果由仲裁人仲裁，应以《常设仲裁法院关于国际组织和国家的任择性仲裁规则》的规定为准。仲裁人应于3个月内以多票通过的方式做出决议。

25.4　每一方应采取必要措施，实施仲裁决议。

中华人民共和国国家安全生产监督管理总局与澳大利亚联邦资源、能源和旅游部关于中澳煤矿安全合作示范项目的联合声明

中华人民共和国国家安全生产监督管理总局（以下简称中方）和澳大利亚联邦工业、旅游和资源部（现已更名为澳大利亚联邦资源、能源和旅游部，以下简称澳方）于2006年4月3日签署了《中华人民共和国国家安全生产监督管理总局与澳大利亚联邦工业、旅游和资源部关于煤矿安全合作的谅解备忘录》。根据此备忘录，中澳双方（以下统称双方）就中澳煤矿安全合作示范项目（以下简称项目）有关事项达成如下共识：

一、双方同意选定河北省宣东煤矿（距北京150千米）作为项目示范矿。宣东矿属高瓦斯矿井，便于开展最佳瓦斯治理措施研究工作。双方共同合作，将先进的煤矿安全管理、技术和经验引入河北宣东煤矿，提升该矿安全生产水平，使其成为中国其他类似煤矿的示范，并将其成功经验向亚太地区其他国家的煤矿推广、示范。

二、澳方将为该项目提供500万澳元，中方为项目提供同等的资金支持（相当于500万澳元的人民币），河北冀中能源集团（宣东煤矿母公司）将为该项目提供不少于4000万元人民币。政府资金投入视双方国内财政审批程序而定。

三、双方同意将《中澳煤矿安全合作示范项目实施方案》和河北冀中能源集团《关于中澳煤矿安全合作示范项目的承诺书》作为本联合声明的附件，与本联合声明具有同等效力。

四、项目于2006年5月开始筹备。双方同意项目实施期限为2008年11月至2009年11月。如有需要，经双方同意后可适当延长。

五、在项目进展过程中，双方将就如何落实实施方案各项目标进行协商，达成一致，其中包括时间安排和各方资金安排方案。

六、本联合声明中未尽事宜，由双方协商解决。

七、本联合声明不受国际法管辖，不构成或产生（也不有意产生）国际法

或国内法下的义务；本联合声明不作为法律诉讼的依据，也不被认为构成或产生任何法律约束力或强制性义务（无论是明示或暗示）。

八、本联合声明一式两份，用中文和英文书写，两种文本具有同等效力，自签字之日起开始生效。

中华人民共和国 国家安全生产监督管理总局 ＿＿＿＿＿（签字）代表 二〇〇八年＿＿月＿＿日	澳大利亚联邦资源、 能源和旅游部 ＿＿＿＿＿（签字）代表 二〇〇八年＿＿月＿＿日

中华人民共和国国家安全生产监督管理总局国际合作司与日本国石油天然气和金属矿物资源机构关于开展中日煤矿安全技术培训项目合作的谅解备忘录

日本国石油天然气和金属矿物资源机构（以下简称 JOGMEC）与中华人民共和国国家安全生产监督管理总局（以下简称 SAWS）国际合作司签署以下中日煤矿安全技术培训项目合作谅解备忘录（以下简称项目）。

第一条　项目目的

考虑到中国煤矿开采不断向纵深发展，煤矿的瓦斯、岩石压力和煤炭自燃等安全问题将日益突出。中日双方实施本项目旨在通过转让技术提高中国煤矿安全、管理技术。项目的主要内容是邀请中国国家煤矿安全监察局的监察员、煤矿的安全管理员、管理工程师、技术人员和工人赴日接受培训，以及派遣日方专家来华举办培训和讲座。该项目的更深远的意义在于：在保证安全的前提下，提高煤炭产量，使中日双方均能获益，并提高整个亚洲地区煤炭供应的可靠性和稳定性。

第二条　项目概要

1. 项目当前包含赴日培训项目与在华培训项目两部分。

2. 赴日培训项目主要为在日本现役井工煤矿培训日本采矿技术，以助益中国煤矿开采技术人员和管理人员。

3. 在华培训项目主要形式为派遣日本专家工程人员来华，作为培训师在中国煤矿企业按需要开展日本有关技术和经验的讲座。

第三条　项目执行期限

在日培训应按财政年度执行。

在华培训应按财政年度执行。

本备忘录中“财政年度”系自本年度4月1日起至下一年度3月31日止的一整年。

项目执行日程均需要在每一个项目活动开始之前，由JOGMEC和SAWS通过相互磋商决定。

项目执行期间，若项目实施计划（以下简称实施计划）细则需要修改，则需要JOGMEC和SAWS以书面协议形式规定。项目日程安排及培训地点、培训日期具体情况见项目实施计划。

第四条　培训课程，培训人数及遴选范围

1. 项目实施需要提供培训课程概述，以及培训时段具体细节，参训人数和培训主题等事宜。

2. 为完成在日培训计划，JOGMEC将向SAWS提供遴选受训学员的范围。

第五条　项目指导委员会

应指定一个项目指导委员会（下文简称委员会）来确保项目的顺利进行。委员会应由五名成员组成，两名来自JOGMEC，三名由SAWS派出。总之，委员会每年要举行一次例会，会议地点要由双方协商具体确定。经由有关各方达成共识，项目双方都可派遣观察员列席委员会例会。委员会将商定以下事宜：

1. 年度项目计划。

2. 计划开展情况。

3. 项目实施中的重大调整。

4. 本谅解备忘录的修订工作。

第六条　项目经费分配和任务分配

就经费和任务分配有关情况，JOGMEC和SAWS双方将协商达成一致，具体细节将体现在项目执行计划书中。

第七条　项目实施步骤

1. 如有必要，JOGMEC将委托另一机构具体落实日方在项目中承担的职责（JOGMEC和受委托执行项目的机构以下一并简称日方）。

2. 如有必要，SAWS将委托另一机构具体落实中方在项目中承担的职责（SAWS和受委托执行项目的机构以下一并简称中方）。

第八条　赴日项目中方学员待遇

1. 学员将获得个人杂费，以支付个人日常开支；上述杂费在该学员留日受训期间每月固定日期发放，一月发放一次。

2. 日方将在学员受训期间免费提供培训宿舍，该宿舍也将配置全套餐具以

便日常使用。

3. 日方将在学员受训期间向学员提供餐饮伙食。

第九条 任命培训期间项目执行经理及日常生活经理（规则）

1. 为确保培训项目在日开展顺利，日方和中方将任命具体经理人员负责项目执行和日常生活管理。赴日培训期间，中方日常生活经理将从学员中选出，约每20人一名经理。

2. 项目活动将在项目执行经理的统筹安排下开展，项目执行经理将受权按需开展培训活动。

3. 项目执行经理及日常生活经理将负责协调学员在日培训期间在当地发生的具体事宜。

第十条 遵守法律

项目执行应同时符合日本和中国的法律。

第十一条 条款通则

1. 中日双方基于善意及互信执行经双方同意并签署的本备忘录。若日方或中方因各自政府政策变化导致项目无法继续执行，应当书面事先通知对方。

2. JOGMEC 及 SAWS 可以通过书面协定修订本备忘录。

JOGMEC 及 SAWS 应对本备忘录条款中一条或任意一条款的适用及解释通过相互磋商决定。

该备忘录未尽事项应通过双方共同磋商决定。

该备忘录自日本政府批准并授权日方财政之日起生效，直至2017年3月31日。

本修正案使用英文拟定，一式两份。

该备忘录原件，JOGMEC 和 SAWS 各执一份，以兹证明。

日本国石油天然气和金属 矿物资源机构	中国国家安全生产 监督管理总局国际合作司
Naotaka Adachi	Bai Ran
Executive Director, Member of the Board	Deputy Director General
日期：____年____月____日	日期：____年____月____日

中国国家煤矿安全监察局（SACMS）与日本新能源产业技术综合开发机构（NEDO）煤矿安全技术培训项目谅解备忘录

中国国家煤矿安全监察局（以下简称 SACMS）与日本新能源产业技术综合开发机构（以下简称 NEDO）经过友好协商签署本煤矿安全技术培训项目（以下简称项目）谅解备忘录。

第一条　项目宗旨

考虑到中国煤矿开采不断向纵深发展，煤矿的瓦斯、岩石压力和煤炭自燃等安全问题将日益突出。为了提高中国煤矿生产和安全管理水平，本项目将组织中国煤矿工程技术人员赴日进行培训，以及日本专家来华举办培训讲座，技术交流。本项目更深远的意义在于：在保证安全生产的前提下，提高煤炭产量，使中日双方受益，以提高整个亚洲地区煤炭供应的可靠性和稳定性。

第二条　项目概要

1. 本项目包括在日培训计划和在华培训计划。

2. 在日培训计划是指利用日本的煤矿生产现场，对中国煤矿技术和管理人员进行煤矿安全技术培训。

3. 在华培训计划是指日方派遣技术人员来华对中国培训人员进行煤矿安全技术的培训。

第三条　项目实施时间

1. 在日培训计划执行日期，为 2002—2006 年日本财政年度。

2. 在华培训日期，为 2002—2006 年日本财政年度。

3. 本备忘录中所指的“财政年度”是从第一年 4 月 1 日起，至第二年的 3 月 31 日止。2002 年财政年度将从本备忘录的签署之日起，至 2003 年 3 月 31 日。

4. SACMS 与 NEDO 在每个相关的财政年度年开始时，通过双方协商确定年度的实施计划。

5. SACMS 和 NEDO 在征得对方同意后，可对项目执行时间、执行计划和相关细节（以下简称执行计划）进行修改或补充。项目总体计划、主要培训地点及培训实施日期详见执行计划。

第四条　培训课程、学员人数及学员选拔标准

1. 培训课程概要、培训时间、人数和内容等详见执行计划。

2. 根据在日本实施的培训计划，NEDO 负责制定培训人员的选拔标准，并告知 SACMS。

第五条　指导委员会

为保证项目的顺利进行，双方共同成立项目指导委员会（以下简称委员会）。委员会由六人组成，SACMS 与 NEDO 各三人。委员会原则上每年会晤一次，地点由双方协商确定。在征得双方的同意后，双方可派有关人员列席委员会会议。委员会将就以下事项进行商讨：

1. 年度项目计划；

2. 项目进展；

3. 项目协调；

4. 备忘录的修订。

第六条　费用及工作分担

SACMS 与 NEDO 将对各自所承担的责任进行商讨并取得一致意见。费用及工作分担详见项目执行计划。

第七条　项目实施程序

1. 根据需要，NEDO 可将本单位所应承担的工作委托给其他单位（NEDO 与其委托单位以下简称日方）。

2. 为了项目的顺利实施，SACMS 可将本单位所应承担的工作委托给其他单位（SACMS 与其委托单位以下简称中方）。

第八条　培训人员在日期间的待遇

1. 日方为培训学员提供生活津贴。生活津贴费于每月固定的日期，一次性直接发放给有关人员。

2. 在日培训期间，日方将为培训学员免费提供食宿。住宿地点所提供的生活用品应能够满足日常生活所需。

第九条　指定项目执行负责人与日常生活（纪律）管理员

1. 为确保在日培训计划的顺利进行，中日双方将指定项目执行负责人和日常生活（纪律）管理人员。在日培训期间负责日常生活（纪律）管理员的人数，将按在日培训人员数目确定（约每 20 名学员选定一名管理员）。

2. 项目的实施是在项目负责人与生活（纪律）管理员的全面负责下开展。项目负责人对培训项目的顺利实施负责。

3. 项目负责人和生活（纪律）管理员要与有关方面人员协调解决在培训地发生的问题。

第十条　遵守法律法规

项目的实施要遵守中日两国的有关法律与法规。

第十一条　一般性条款

1. 中日双方将在诚实互信的基础上执行本备忘录中的所有条款。

2. 对本备忘录中任何细节的修改或变更，必须经过双方正式协商和同意。

3. SACMS 与 NEDO 将通过协商，确定本备忘录中的每一条款的诠释及适用问题。任何在此备忘录中未明确提及的事项需由双方协商解决。

4. 本谅解备忘录自签字之日起生效，有效期至2007 年3 月31 日。双方对有效期内实施计划的修改必须符合第三条第四段中的规定。

本备忘录一式两份，用英文书写。签订双方各持一份。

此备忘录于2002 年4 月8 日在中国北京签署。

日本新能源产业技术综合开发机构	中国国家煤矿安全监察局
____________（签字）	____________（签字）
常务理事　谷口永恭	外事司副司长　林一胜

附件1：

2002 财政年度煤矿安全技术培训项目执行计划

地点：日本

时间：二〇〇二年

根据中日双方于2002 年____月____日在中国北京签署的谅解备忘录，中国国家煤矿安全监察局（以下简称SACMS）与日本新能源产业技术综合开发机构（以下简称NEDO）就煤矿安全技术培训项目（以下简称项目），制定了以下执行计划。执行计划中提及的2002 年财政年度始于备忘录签字之日，并终止于2003 年3 月31 日。

1. *活动描述*

（1）培训人员选拔标准的制定、召集及选拔培训人员的准备工作。

（2）培训人员的选拔。

（3）在日培训所需教材及培训设施的准备工作。

（4）向日本派遣培训人员的准备工作。

（5）培训人员赴日培训期间的有关工作。

（6）中－日文翻译的召集和选拔。

（7）在日本执行培训计划。

（8）培训人员回国前的有关工作。

2. 执行方法

（1）培训人员选拔标准的制定及选拔培训人员的准备工作，征集与征集人员的具体要求的准备。

SACMS 将根据 NEDO 提供的要求，对培训人员进行选拔。

（2）培训人员的选拔。

SACMS 将根据要求选拔培训人员（如有必要，NEDO 将参与选拔工作）。培训人员选定后，SACMS 将尽快地把培训人员的姓名、地址、出生地、年龄、教育背景、所在单位及职务等有关情况送交 NEDO。

（3）在日培训课程的准备工作。

NEDO 负责培训教材、培训设施及培训人员在日本食宿的准备工作。

（4）向日本派遣培训人员的准备工作。

SACMS 将在中国为培训人员进行日语基础培训。

（5）培训人员赴日培训期间的有关工作。

SACMS 和 NEDO 分别在各自国内为培训人员办理相关手续。

（6）翻译人员的召集和选拔。

SACMS 协助 NEDO 推荐中 - 日文翻译人选。

NEDO 负责中 - 日文翻译的招集和选拔工作。

（7）在日本培训的实施。

NEDO 将根据确定的在日培训计划，并负担培训人员在日本的日常生活费用。

（8）培训人员回国前的有关工作。

NEDO 负责安排培训人员培训结束后的回国工作。

3. 费用与工作分担

SACMS 与 NEDO 之间的费用与工作分担，详见附件 2。

4. 计划安排

2002 财政年度工作安排详见附件 3。

5. 项目负责人及生活（纪律）管理员的委派工作

SACMS 与 NEDO 将在项目执行前选拔与委派项目负责人及生活（纪律）管理员，并通知对方。

6. 紧急事件的处理

培训人员在日期间一旦发生意外事件，中日双方应通过友好协商，共同努力解决问题，相互不向对方追究责任。

7. 未尽事宜

在项目执行过程中，SACMS 与 NEDO 将通过协商解决执行计划中未提及而在项目实施中所实际遇到的问题。

8. 执行计划的修改

执行计划的修改，必须在 SACMS 与 NEDO 的共同协商并取得意见一致的前提下进行。

9. 项目执行框架

2002 财政年度项目执行框架详见附件 4。

本执行协议用英文和中文书写，一式两份，两种文本具有同等效力，签字双方持中英文本各一份。

签字双方将在诚实互信，相互合作的基础上执行该计划。

日本新能源产业技术综合开发机构 中国国家煤矿安全监察局外事司

____________（签字）　　　　____________（签字）

常务理事　谷口永恭　　　　副司长　林一胜

2002 年 4 月 8 日　　　　2002 年 4 月 8 日

附：2002 财政年度培训课程

课程种类	课程名称	培训时间（周）	培训人数	组数	培训次数	总计
高级管理	管理工程师课程	10	6	1	3	18
	安全监察课程	10	6	1	3	18
小计						36
初级管理	安全技术与管理课程	24	6	2	3	36
小计						36
总计						72

附件 2：费用与工作分担

双方的费用与工作分担如下：

1. 日方承担以下费用与工作：

1）与项目准备和协调相关的工作及其费用；

（1）所有在日本的项目准备与协调管理工作及其费用；

（2）派遣日本工作人员前往中国进行项目准备和协调的费用。

2）与培训相关的费用与工作：

（1）提供在日培训课程必需的设施与设备并支付其费用；

（2）安排在日培训课程教师、官员和翻译并支付其费用；

（3）准备在日培训所需的教材并支付其费用；

（4）负责在日培训计划的实施及相关工作。

3）与培训人员相关的工作和费用：

（1）培训人员在访日期间及回国所需办理的手续及其费用；

（2）培训人员取得在日停留许可所需的手续及其费用；

（3）为培训人员预订中日两国间的往、返国际机票，并支付机票款（经济舱）；

（4）提供培训人员在日培训所需的交通并支付其费用；

（5）培训人员在日本的住宿并支付其费用；

（6）负责在主要培训地点培训时，为培训人员免费提供用餐，在非培训时间每天为培训人员提供1500日元的餐费；

（7）在日停留期间为每位培训人员，每天提供生活津贴2000日元；

（8）在日停留期间向每位培训人员，一次性发放培训准备费20000日元；

（9）为中国培训人员在日停留期间提供意外事故、伤害及疾病综合性保险，并支付其费用，但不包括牙科疾病及学员赴日前已有的疾病；

（10）培训期间在主要培训地点为培训人员免费提供或借用培训所需的工作服与鞋帽等；

（11）承担在日培训所需的其他工作及其费用。

2. 中方承担以下费用与工作：

1）准备与协调工作：

（1）所有在中国的准备与协调管理工作及其费用；

（2）所有涉及派遣中国工作人员前往日本进行项目准备和协调的工作及其费用；

2）与培训相关的工作与费用：

（1）培训人员的召集、选拔及其费用；

（2）培训人员出国前，为参加赴日培训所需的预培训及其费用；

（3）为NEDO推荐日文翻译人选工作。

3）与培训人员相关的工作和费用：

（1）为办理培训人员赴日培训，在中国国内所需的相关手续及其费用；

（2）除国际机票外，培训人员从居住地出发至其抵达日本入境港口的所有旅费；

（3）除国际机票外，培训人员从其离开日本出境港口至其返回居住地的所有旅费。

附件3：2002财政年度项目执行日程表

时　　间	2002年											2003年		
	2月	3月	4月	5月	6月	7月	8月	9月	10月	11月	12月	1月	2月	3月
召集培训人员（财政年度2002）	——	——	——	——	——	——	——	——	→					
召集培训人员（财政年度2003）										——	——	——	——	→
选拔培训人员（财政年度2002）		——	——	——	——	——	——	——	——	→				
选拔培训人员（财政年度2003）											——	——	——	→
编写教材及培训设施的准备	——	——	——	——	——	→								
培训人员出国前培训（财政年度2002）			——	——	——	——	——	——	——	——	→			
培训人员出国前培训（财政年度2003）														→
培训人员赴日培训相关手续（财政年度2002）			——	——	——	——	——	——	——	——	→			
培训人员赴日培训相关手续（财政年度2003）											——	——	——	→
培训实施（财政年度2002）				——	——	——	——	——	——	——	——	——	——	→

附件 4：执行框架

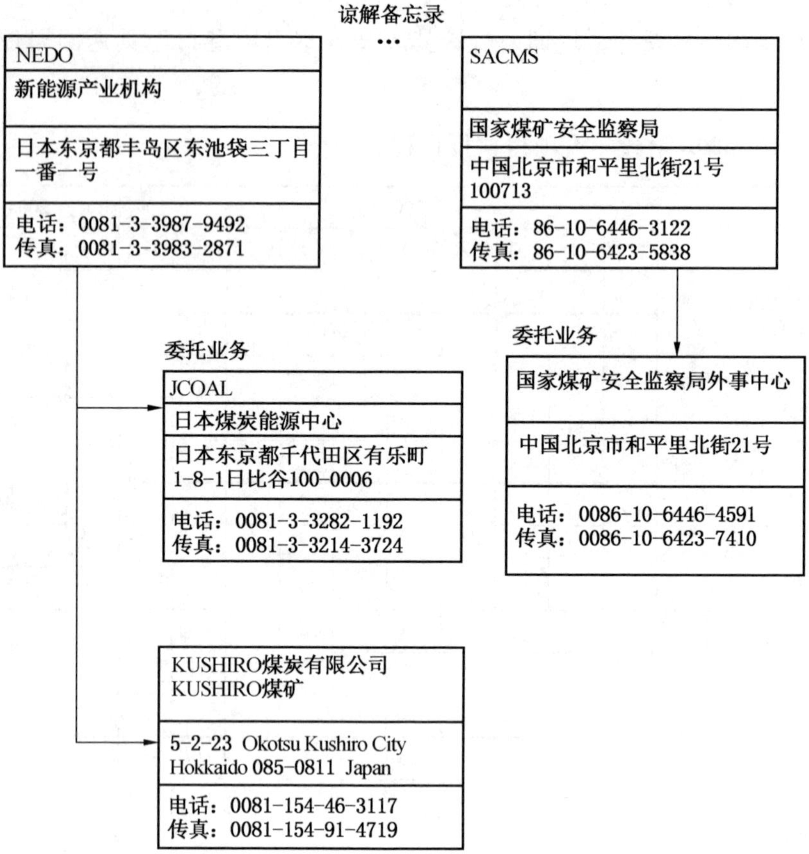

注：根据谅解备忘录第九条，双方同意以下人员，分别为中方和日方项目执行负责人。

日方：横山胜雄（NEDO 煤炭资源开发部部长）

中方：薛惠新（SACMS 外事司对外联处）

附件 5：2002 年财政年度煤矿安全技术培训项目招生简章

一、项目目的

考虑到中国煤矿开采不断向纵深发展，煤矿的瓦斯、岩石压力和煤炭自燃等安全问题将日益突出。中日双方实施本项目旨在通过转让技术提高中国煤矿安全、管理技术。项目的主要内容是邀请中国国家煤矿安全监察局的监察员、煤矿的安全管理员、管理工程师、技术人员和工人赴日接受培训，以及派遣日方专家来华举办培训和讲座。该项目的更深远的意义在于：在保证安全的前提下，提高煤炭产量，使中日双方均能获益，并提高整个亚洲地区煤炭供应的可靠性和稳定性。

二、项目执行单位

中国国家煤矿安全监察局（SACMS）与日本经济产业省指派的新能源产业技术综合开发机构（NEDO）合作，共同负责执行本项目。

三、项目具体实施单位

中国国家煤炭安全监察局委托的局外事中心（FAC）与新能源产业技术综合开发机构委托的日本煤炭能源中心（JCOAL）共同管理本项目。

四、培训课程的框架

1. 培训课程

1）初级管理（熟练技术人员课程）

该课程是为提高从事煤矿现场管理人员的现场管理和领导技能所开设的。

2）高级管理

（1）管理工程师课程。

该课程培训对象是高级管理人员，包括主要管理人员及煤矿矿长后备人员。

（2）安全监察课程。

该课程培训对象是国家煤矿安全监察局的监察员或煤矿安全管理人员。

2. 培训课程、培训时间及培训地点

该培训项目的执行时间为2002—2006年日本财政年度。

2002年财政年度培训项目的课程、时间及地点安排如下：

高级管理	管理工程师课程	10周	钏路煤矿
	安全监察课程	10周	钏路煤矿
初级管理	安全技术与管理课程	24周	钏路煤矿

3. 培训方法

培训包括：日语培训、一般技术培训（使学员获得综合采矿基础技术）和专业培训（使学员获得专项采矿技能）。日语培训与一般技术培训主要是以课堂教学及现场考察的方式进行，约占整个培训时间的 25%；专业培训主要在现场进行，培训时间约占 75%。

（1）培训采用日语讲课，配有中文翻译。

（2）培训时间为每周五天，每天工作时间不超过 8 小时，周一至周五为培训日（节假日培训现场关闭时除外）。

4. 培训课程的名称和内容

1）高级管理

（1）管理工程师课程。

该课程包括基础采矿技术、经营管理、人力资源管理、WTO 与煤炭利用等。

（2）安全监察课程。

该课程包括安全管理、安全监察、安全措施和煤炭利用等必要的技能培训。

2）初级管理（安全技术与管理课程）

该课程包括矿井通风、煤层瓦斯控制、防止粉尘爆炸、防止瓦斯突出、防止自然发火、井下火灾，矿井集中监测和矿山救护等技能培训。

五、学员人数

2002 年财政年度学员人数（参考培训计划的附件）

高级管理	管理工程师课程	18 人	6 人 ×1 组 ×3 次/年	钏路煤矿
	安全监察课程	18 人	6 人 ×1 组 ×3 次/年	钏路煤矿
初级管理	安全技术与管理课程	36 人	6 人 ×2 组 ×3 次/年	钏路煤矿

六、培训人员的选拔要求

1. 初级管理

该项课程的培训对象是在现场工作的煤矿安全、安全管理和计划管理人员。

培训人员必须具有丰富的采矿安全方面实际工作经验，并具备现场安全管理人员应有的技术与领导能力，或是有潜力成为现场安全管理人员的后备人才，且符合以下条件：

（1）敬业并渴望参加该培训。

（2）年龄：25 ~ 40 周岁之间。

（3）具有五年以上采矿、安全工作经验，具备一定的专业基础知识和学习能力。

（4）毕业于采矿技术学校或职业学校，或具有同等知识与技能水平。

（5）身体健康、智力正常，适合参加培训。

（6）保证培训完毕后回到原来的工作岗位。

2. 高级管理

1）管理工程师课程

该课程的培训对象为高级管理人员和经理。培训内容包括采矿安全、经营管理与人力资源管理等。培训人员必须具备经营管理培训所必需的基础知识和能力，并且有潜力成为高级管理人员。

2）安全监察课程

该课程的培训对象为国家煤矿安全监察局的监察员、煤矿安全管理人员。培训内容包括安全管理、安全监察和安全宣传教育。培训人员必须具有参加煤炭安全与健康培训所必需的基础知识和能力。

参加上述培训课程的学员还必须具备以下条件：

（1）敬业并渴望参加此培训。

（2）年龄：30 ~ 50 周岁之间。

（3）具有五年以上的煤矿工作经验，并适合参加培训。

（4）与采矿有关专业的大专毕业，或具有同等知识与技能水平。

（5）身体健康、智力正常，适合参加培训。

（6）保证培训完毕后回到原工作岗位。

七、培训人员的选拔和选拔程序时间表

1. 提交培训候选人申请表的截止时间

中方将符合条件的候选人申请表在培训开始前三个月提交日方。这些表格可由培训候选人本人或候选人所在单位填写。鉴于申请签证和居留权需要花费一定的时间，本时间规定应严格执行。

2. 通知培训人员名单

日方将对上述申请表进行仔细研究，审查候选人，并将确定的名单通知中方。

八、培训人员的待遇

培训人员在日本停留期间的待遇如下：

（1）培训人员在日培训期间，每人每天将得到2000日元的生活津贴以供日常生活需要。该津贴在指定日期每月发放一次。

（2）培训人员的在日食宿将由日方无偿提供。住宿地点配备必要的生活用品和装备。

（3）培训日，学员将在主要培训地点用餐。非培训日用餐由学员自理，日方向每位学员每天发放1500日元。

（4）培训学员在日停留期间，每人将一次性获得培训准备费20000日元。

（5）日方向培训人员提供北京国际机场与日本国际机场间经济舱机票，飞行路线由日方选定。

（6）日方承担培训人员在日期间所需的交通费。

（7）培训人员在主要培训地点培训所需用的工作服和鞋帽等，由日方无偿提供或租用。

（8）日方为中国培训人员在日停留期间提供意外事故、伤害及疾病综合性保险，其费用由日方承担，但不包括牙科疾病及学员赴日前已有的疾病（慢性病）。

九、培训管理体制

1. 培训教师

培训由在采矿技术方面拥有丰富知识和经验的教师承担。

2. 翻译

培训将通过翻译（日 – 中）进行。

3. 生活管理员

日方将特别指派生活管理员为培训人员在日本期间的日常生活提供咨询和帮助。

4. 培训设施

理论培训将在专门的教室里进行；实习培训将在井下或地面进行。

5. 组长，项目执行负责人和生活管理员

为保证培训的顺利进行，中日双方将在整个项目进程中指定专人负责项目的执行管理和学员生活管理。

培训的管理将以小组为单位，每组指定一个组长。

有关培训及培训人员的生活安排和通知，将通知到项目负责人、生活管理员和组长。

十、培训人员的责任

培训人员须遵守以下规定：

（1）培训人员在日期间必须遵守日本的法律及规章制度。

（2）按照培训计划、培训规则，培训人员必须遵从项目负责人和生活管理员管理，并认真参加培训。

（3）培训人员结束培训回国后，应把其在培训中学到的技能应用于工作中，以促进国家的工业和经济发展。

（4）培训人员在日期间不得邀请其家属来日居住。

（5）一般情况下，培训人员在日培训期间不能临时回国。

（6）培训人员在日培训期间，不得从事任何其他有报酬的工作、政治活动、劳工运动和传教工作。

（7）培训人员在培训结束后应立刻回国。

十一、培训的中止

（1）如果培训人员确实没有尽到自己的责任，该培训人员将被责令中止培训并立即回国。

（2）如果培训人员被发现不能或不适合参加培训，该培训人员也将被责令中止培训并立刻回国。

（3）一旦发现培训人员失踪，该培训人员将被视为终止培训和丧失其培训权利。

瑞士联邦经济事务、教育与研究部与中华人民共和国国家安全生产监督管理总局就职业安全健康合作有关事宜签署谅解备忘录

自瑞士联邦议会与中华人民共和国政府2007年签署促进对话与合作的谅解备忘录以来，瑞士联邦经济事务、教育与研究部与中华人民共和国国家安全生产监督管理总局（以下简称双方），建立了友好的合作关系和对话机制。双方通过富有成效的合作积累了大量有益经验，而瑞士联邦与中华人民共和国签署于2013年的《自由贸易协定》对于双方社会、政治与经济联系又进一步强化了双

方的纽带关系。

本着国际劳工组织（以下简称 ILO）目标与准则精神，中瑞两国 1998 年签署《工作中的基本原则与权力宣言》及其后续文本时做出的承诺内容，以及 2008 年 ILO《公平全球化的社会正义宣言》精神，结合中瑞两国的社会、文化与经济状况，为了深化这一长期以来的友好关系和对话机制，促进社会层面的可持续发展，从而促进中瑞两国的作业环境与人居水准，保障经济长期稳定繁荣，双方达成以下共识：

第一条　目标

双方同意就职业安全健康领域双方感兴趣的议题开展本地、国内及国际合作，以深化双方对彼此体制的了解，促进体面劳动建设，从而助益于长期经贸繁荣。

第二条　合作领域

（1）双方共同确定可能合作的领域。

（2）合作活动可以在以下领域开展：

与工作环境有关的法规、政策和实践，包括职业安全与健康工作。

劳动监察与劳动关系领域，包括在职业安全健康领域，根据双方本国体制开展社会对话工作。

双方共同感兴趣的国际劳工事务相关议题等。

第三条　合作内容

（1）合作可以通过以下形式开展：

正式对话，有关信息和经验做法的交流。

举办会议，组织访问活动，举行专家学者研讨会。

开展合作项目及能力建设工作。

进行专业技术交流，如合作项目框架下的技术合作等形式。

就有关职业安全健康的各类信息工具进行交流。

双方合作进行有关研究等。

（2）合作活动将按照双方本国工作重点和资源配置进行安排。既存的论坛机制能够为本谅解备忘录的落实提供协商平台。

（3）在合适的时机，双方可吸取利益相关各方建议，从而寻求潜在的合作领域，了解本谅解备忘录的落实状况，并在双方协商一致的前提下开展进一步合作活动。

第四条　合作机制

（1）双方将各自指定一个具体执行部门，以落实本谅解备忘录。

（2）双方同意每年举办会晤，或应其中一方邀约举办会晤，以商讨本谅解备忘录执行工作，并共同商定今后可能的合作形式。

第五条　最终条款

（1）本谅解备忘录一经签署，即刻生效。

（2）对于本谅解备忘录文本的解释与执行工作产生任何疑义时，需通过双方协商解决。

（3）本谅解备忘录可以通过双方协定进行修订。

（4）各方均有权终止此谅解备忘录，但须提前六个月向对方发出书面通知。终止本谅解备忘录的行为，不会对根据本谅解备忘录做出的有关工作安排产生任何影响。

本文件于______年______月______日以中英文一式两份呈递。

瑞士联邦经济事务、 教育与研究部 ____________（签字） ______年______月______日	中华人民共和国国家安全 生产监督管理总局 ____________（签字） ______年______月______日

智利安全生产协会与中国国家安全生产监督管理总局国际合作司合作谅解备忘录

智利安全生产协会是一家非营利机构，负责智利工伤及职业病社会安全法规的监督管理，与中国国家安全生产监督管理总局国际合作司就以下合作事宜达成一致：

2008 年 10 月和 2009 年 10 月 14 日双方曾在北京就双边合作意向进行了探讨，加强合作，共同进步，更好地改善安全生产条件、加强风险预防、关心劳动者的教育、身心健康、安全以及环境问题是双方的共同目标，这也符合国际劳工组织（ILO）的行动宗旨（中智双方均为 ILO 成员）。

本备忘录涵盖了两国政府间《自由贸易协定》的扩展内容，包括在培训、职业安全及社会安全等相关领域的政策交流与合作。

本备忘录重申了双方在风险预防、工业安全、在职培训与工作环境方面履行责任，信息共享。

本备忘录表达了双方基于以上领域的合作意向，对于加强两国友好关系及贸易往来也起到一定的促进作用。

条款 1

智利安全生产协会在以下方面向国家安全生产监督管理总局提供支持：

（1）改善职业风险预防、工业卫生及员工培训条件和工作环境。

（2）在职业安全健康预防与认证方面的专家培训，包括50年相关教程设计的经验。

（3）由智利安全生产协会提供符合中国国家安全生产监督管理总局工作宗旨的文件资料、研究报告、宣传品及其他相关材料，包括远程教材。

（4）结合中国境内相关企业群或地区，把职业危害和疾病预防推进项目作为示范项目在目标企业或地区展开。

（5）确定类似智利融资体系模型在中国应用的可能性。

（6）确定事故率调查模式及事故医疗平均天数，衡量执行方案的进程。

（7）双方就资金的来源达成一致意见，资金需是充足的、合理的已达到行动目标。

条款2

双方应通过以下方式达成合作：

（1）双方在相关领域交换信息和经验。

（2）本备忘录签署30日内，双方协商委员会为第一次正式会议选择地点和日程。

（3）双方共同组织有关职业风险预防及其他相关事宜的专家研讨会、座谈会等。

条款3

为了保证协议的执行，双方应在30天内各指定一名联络人，并制定相应的合作项目和协调上述范围内的活动。

双方联络人及专家组可每三个月组织一次会面，地点选在中国或智利。

在双方一致同意的前提下，国际旅费将由访问一方承担，而被访问方则本着互惠的精神承担访问一方在当地发生的费用。

条款4

备忘录中所涉及的合作项目及活动将取决于各方预算情况，并由国家法律法规约束管理。

任何在双方协议后批准的活动或项目，必要的时候，需要独立的协议加以说明。

双方都应保证合作项目的支持资金，并协调其他相关部门协助执行此协议。

条款5

本备忘录于签署之日起生效，并长期有效，直至任何一方提出终止协议，并提前六个月发出通告。

协议的终止不应妨碍现行条款的有效性。

本备忘录一式两份，于 2010 年____月____日在智利圣地亚哥或中国北京签署，用中文、西班牙文和英文三种文字书就，三种文字具有同等效力，如表述出现差异时，以英文文本为准。

智利安全生产协会主席	国家安全生产监督管理总局 国际合作司
____________（签字）	____________（签字）
______年______月______日	______年______月______日

附录二　出国考察、访问报告（总结）

国家劳动总局考察团赴罗马尼亚、南斯拉夫进行安全生产、劳动保护考察情况的总结（1979 年 1 月）

以国家劳动总局副总局长章萍为团长的我国劳动保护考察团一行 16 人，于 1979 年 1 月 13—28 日对罗马尼亚和南斯拉夫的劳动保护工作进行了考察。

劳动保护考察团在罗马尼亚访问了布加勒斯特、布拉索夫、洪尼多阿拉、佩特罗香 4 个地方，参观了工厂、矿山、机关、学校、科学研究所共 22 个单位，还访问了 2 户工人和 1 户农民家庭。在南斯拉夫访问了塞尔维亚、波希尼亚黑塞格维那和克罗地亚 3 个共和国。访问了贝尔格莱德、尼什、克拉古耶瓦茨、土兹拉、萨格勒布和里耶卡 6 个城市。参观了工厂、矿山、机关、学校和科研所等 15 个单位。还访问了 1 户农民家庭。

这次劳动保护考察的主要任务是了解、学习罗马尼亚、南斯拉夫的劳动保护工作经验，同时还附带了解了一些劳动工资的情况。

劳动保护工作考察的内容：

一、劳动保护立法

罗、南两国在《宪法》中对劳动保护都有原则规定。1972 年罗马尼亚颁布了《罗马尼亚劳动法》，1966 年罗劳动部、卫生部共同制定了《共和国劳动保护条例》。各部门、各级地方政府还制定了一些部门性和地方性的劳动保护规定，如矿山石油地质工业部制定了《矿山法》。各企业根据国家规定制定了本企业的劳动保护规章制度。

南斯拉夫联邦制定了《劳动保护法》，克罗地亚共和国根据《劳动保护法》制定了《劳动保护监察法》。南根据权力下放原则，联邦一级的法律只作原则规定，共和国和劳动保护基层单位做具体规定。

罗、南两国劳动保护立法的主要内容有：各级企业领导人和工人的职责；安全技术和工业卫生的要求、标准；新建、扩建和引进新技术的劳动保护要求；医疗制度及设施和劳动能力恢复研究机构等；关于人机工程学；个人防护用具及用品；事故急救和处理；劳动保护宣传教育；女工保护；工时与休假；国家劳动保护监察员制度；各工业部门和企业劳动保护机构设置。

二、劳动保护监察制度

罗、南都实行国家监察制度。罗马尼亚从中央到地方都建立了劳动保护监察机构，中央劳动部设国家劳动保护监察总局，下设3个劳动保护监察室，每室设1名监察长，按产业分工进行监察，并根据任务繁简每室设11～14名总监察员。罗全国有40个县（市），每个县（市）设劳动保护监察分局，少者4人，多者达31人。

南实行工人自制，劳动保护监察权下放到各共和国。联邦一级有劳动保护局，由局长1人，技术顾问1人，法律顾问1人组成。共和国和自治省都建有劳动保护监察机构，还可制定自己的法律和条例。

罗、南两国的监察人员的素质比较高。罗马尼亚80%的监察员是工程师。南斯拉夫的监察员的条件，必须是理工科大学毕业，还需有3年以上实践经验者，才能担任。

三、劳动保护科学研究

罗马尼亚有3个劳动保护科学研究机构，它们是劳动部所属的劳动保护科学研究所，石油地质部所属的矿业安全研究中心和化工部所属的劳动保护和卫生研究中心。南斯拉夫有2个劳动保护科学研究所，最大的研究机构是尼什市劳动保护情报研究所，该所内设有资料与图书中心，负责搜集国内外劳动保护情报资料，并负责国际联系。人类环境研究中心，承担有关环境保护、消防、劳动卫生、个人防护、劳动保护措施等技术服务、资料分析及试验工作。出版中心，负责编印期刊和书籍。罗、南两国都非常重视人机工程学的研究，广泛应用电子计算机进行事故分析和呼吸性粉尘检测检验技术研究等。

四、劳动保护宣传教育

罗、南两国采用各种形式进行劳动保护宣传教育。

（1）劳动保护教育室。罗马尼亚规定每个经济单位都要设立劳动保护教育室，其任务由企业劳动保护工程技术人员对新工人进行入厂教育；对特别危险作业的工种进行专门安全技术教育；对职工定期进行轮训，以不断提高职工安全技术水平和操作技能。

（2）学校劳动保护教育。南斯拉夫尼什大学设有劳动保护系，有正副教授11人，讲师11人，助教28人，其他工作人员20人。学制为4年，主要是培养劳动保护工程师。其他工业学院和技术学校都开办劳动保护课，中小学课本中也有劳动保护内容。

（3）管理人员劳动保护教育。劳动保护总监察员和地方劳动保护监察分局局长要参加中央政治学院学习3年，考试合格后，才能担任该职务。经济部门的领导人，县、企业工会主席也要到中央政治学院学习，考试合格后才能担任该职务。劳动保护监察员每隔两年进行一次政治、经济和劳动保护的训练。

（4）利用电影、电视等先进手段进行劳动保护知识宣传教育。罗马尼亚每年要摄制劳动保护电影20～40部，每月在电视节目中要有两次劳动保护节目。使社会更多的人懂得劳动保护工作的重要性。

五、工时和休假制度

工时制度，南斯拉夫实行每周42小时工作制。罗马尼亚实行48小时工作制，但每月有一周为40小时工作。煤矿工人每天为6小时工作制。有毒有害工种可以适当缩短工作时间。

休假制度。罗马尼亚规定每个工人至少有15天休假，按工龄增加天数，最多不超过1个月。南斯拉夫规定每个工人至少有18天休假，按工龄增加天数，最多为60天。

六、女工产假

罗马尼亚规定女工产假为4个月。3周岁以下的婴幼儿有病，经医生证明，母亲可请假，工资照发。3～7周岁孩子生病，母亲请假不发工资，可连续计算工龄。南斯拉夫规定女工产假为12个月。

考察团还了解了两国工资水平和物价等方面的内容。

国家经贸委安全生产局安全生产管理培训班赴法国培训报告（1999年6—7月）

1999年6月18日至7月15日，由国家经贸委安全生产局、部分省市安全生产综合管理部门及部分大中型企业有关人员组成的"安全生产管理培训班"，在团长任树奎的带领下赴法国进行了安全生产管理培训。

一、法国安全管理工作的主要特点

法国现有国土面积55万多平方公里，人口5780万人，其中就业人口3200万人、失业300多万人，约有260万个企业（绝大多数是10人以下的企业）。全国每年企业因工死亡700多人。

（一）完善的法律体系

法国的工作安全与经济发展密切相关，随着欧洲工业革命的掀起，尤其是工会的产生，政府和企业对安全越来越重视，几乎所有的工作安全方面的法律都是在这一时期产生的。其中1936年颁布了《劳动法》，规定企业主是工伤事故的直接责任人，企业发生工伤事故将被追究企业主的经济或法律责任。从19世纪中期至今，就工作安全方面的立法不断，形成了今天较为完整的法律体系。法国的安全法律以行业性和企业的为主，以综合性的为辅，许多是单项法规，非常具体，有很强的可操作性。现行《劳动法》达2234页，内容广泛而具体。如对危险化学物品的生产和管理有十分明细的法律规定；对事故的预防、责任追究、工伤保险、职业病防治、劳动防护等也都有具体规定。企业和劳动者的任何劳动行为，都能从《劳动法》中找到规定，使各方面能够依法办事。

（二）稳定的工作安全组织网络

在法国，由就业和团结部承担政府对工作安全的立法、监督职能。同时，设立了工伤事故预防最高顾问委员会（下设建筑施工、化学物品、职业病、致癌、触电、负重6个分委员会）、改善工作条件国家办公室（全国还有14个区域办公室）、国家安全研究中心、国家医疗研究中心、国家社会福利研究中心、国家安全生产专家库等机构。与此相应各区和省设立就业和团结分部，设立工作监察长，企业配备职业医生。应该说明的是法国的工作安全的组织网络，不同于我国的管理体制，部和区、省之间就工作安全方面，没有明显的行政隶属关系，工作监察长独立地行使监察职权，政府的作用只限于立法与监督。

（三）健全的工伤保险机制

法国在全社会基本实现了享受各种保险的目标，国家对不同对象的保险待遇都有明确规定。其工伤保险包括医疗保险，资金来源包括：一是工人交纳 15%；二是企业支付 25% ~30%；三是补偿金 8%（企业 6%、个人 2%，交给保险公司，属商业性保险）。这些基金依法按时足额上缴社会保险机构。事故发生后，根据就业和团结部批准，由社会保险机构按赔偿标准给予赔偿。为保证工伤认定的公正性、保险费支付的准确性，地区和地方专门设立了工伤保险法庭，法庭开庭一律免费，也没有律师，法庭依照《劳动法》的相关条款宣判。

法国的工人在上班途中、工作地点、返回途中发生的事故都可以定为工伤。每年约有 140 万起工伤事故（含职业病），死亡 700 多人。其中在工作地点发生的工伤事故占 91%，在上班途中发生的交通事故占 8%，职业病占 1%。政府的任务主要是对事故的预防和事故发生后的保险支付。保险费主要包括：医疗费、康复费、停工期间的工资、新岗位的培训费等。对留有后遗症的给予长期补助直至死亡，对因工死亡的除赔偿费外（一般赔偿每人 70 万 ~120 万法国法郎），还有遗属补偿费。企业因工死亡 1 人，需付出 200 万左右法国法郎的代价。国家保险金领取处主要负责监控全国保险费的支出与收入平衡；地区性保险金领取处主要负责做好事故预防、确定赔偿标准、支付赔偿费用；地方性保险金领取处主要负责具体的支付费用业务。法国每年支付各种保险费约 6000 亿法国法郎。1998 年支出工伤保险费 440 亿法国法郎，其中用于一般性疾病占 11%、预防和培训占 12%、工伤医疗占 77%（医疗 16%、停工费 21%、长期补偿 63%）。

（四）成熟的工作安全管理与监察体系

1. 设立工作监察处

为维护企业和工人的合法权益，法国各地都设立了工作监察处，重点对企业工作安全进行日常监察。政府工作监察处为松散型管理，监察长经严格考核产生，依法进行监察，不受政府更迭的影响，一方面作为公务员，代表政府监督企业守法；另一方面作为监察官，监督政府维护工人的利益。监察长一旦发现企业有违法行为，先警告，再向法庭起诉。全法国有 430 名监察长、813 名监察员具体监督企业执行法律。监察长到企业重点了解：一是看职工花名册。了解员工的真实性，税务登记情况，劳动合同的签订情况。二是查企业工会代表名单。了解工会代表构成和选举情况、工会组织每月例会记录、企业主对工会代表提出问题的答复情况。三是验工人身体检查表。法律规定工人进企业前必须体检，进企业后必须每年给工人进行至少 1 次体检。四是查阅企业作息时间表。作息时间表必须张贴上墙，加班时间必须详细列出。规定每周工作时间不得超过 39 小时，工人加班不得超过 48 小时，否则罚款。五是核工资单。了解企业执行最低工资、支付加班费和奖励、上缴各种税费的情况。

2. 配备职业医生

法国规定50人以上的企业须配备1名职业医生，50人以下的企业须聘请1名职业医生。职业医生的主要职责：了解和掌握企业所有工人的身体状况，建立档案；观察检验本企业的工作环境；研究职业病及预防措施；参与工伤事故的处理，并向监察长撰写报告；制定改善工作条件的方案并向企业主提建议等。每年企业主都要与职业医生进行工伤事故分析，职业医生一旦与企业主发生有关工作安全方面的争议，可由监察长仲裁。

3. 严肃责任追究制

在法国，企业主是事故的责任人，有时是唯一的责任人，要被追究经济和法律责任。他们认为企业主既是产品的生产者，也是产品造成事故的责任者，工人之所以会发生事故是因为企业主没有培训教育和管理好，所以责任与工人无关。这样迫使企业加强培训、增加安全投入、改善工作条件，以减少事故。企业主被追究的责任：一是人事责任要赔偿损失并被罚款，罚款最高限额为50万法国法郎；二是刑事责任要被拘留或坐牢，最长刑期为3个月。

（五）有力的工会监督作用

法国有各种工会组织，其中省级工会96个、地方性工会802个、行业性工会432个、企业性工会1.7万多个，工会每两年选举一次。工会地位非常重要，其作用为阻止失业、救济贫困、监督使用社会基金；口号为变革社会，让工人成为主人。在法国一个企业里有几个（种）工会组织，工人与工会组织紧密配合，督促企业严格执行国家法律，维护工人的利益。对于50人以上的企业必须成立混合委员会，由工会代表、企业负责人代表和职业医生参加。该委员会定期讨论工作安全问题，如有不同意见由工作监察处来评判。混合委员会监督企业主执行国家有关工作安全方面的法律，如发现企业违法，工人可告到工作监察处，监察处调查属实后，实施包括关闭企业在内的处罚。

（六）科学的预防与监控手段

法国将事故预防分成三个阶段：一是初级预防，主要是减少事故量；二是中级预防，重点是降低危险性；三是高级预防，关键是减少事故的再发性。完善预防方式，建立科学的预防系统是法国工作安全的又一个主要特点。其主要措施是：

1. 创立新兴学科——事故学

主要研究预防技术、监控手段、新型设备性能、环境、心理等因素与事故引发的关系等。从理论上奠定了预防事故的基础。

2. 运用技术方法和经济手段预防事故的发生

法国国家安全研究中心有700多名技术人员，以人机工程研究为基础，进行动作研究、工作空间（环境）研究、人与设备的关系研究、新型机械性能研究等，研究开发先进的劳动防护用品。劳动防护用品的生产须经就业和团结部门指定机构认证，产品必须符合欧共体或国际标准。对防电离照射、化学危险品的使用、职业病检测与防治、工作条件改善等都设立了相应的研究机构。同时，采取经济手段预防事故。首先，对发生事故的企业加收分摊费，其比例根据企业工人数量、事故情况、岗位危险程度等确定，事故多则分摊费高，事故少则分摊费低；其次，允许企业与保险机构签订合同，借钱抓事故预防，如果5年内该企业事故明显下降，则贷款可以不归还。再次，对未发生工伤事故的企业给予奖励，并酌情给予税费方面的补偿。

3. 发展预防教育

对全社会包括儿童在内进行形式多样的安全教育。据统计，20世纪50年代初，全法国开展安全教育后，当年事故比上年下降50%。1953年曾对1个企业进行安全教育试验，结果4年中事故下降了75%。著名的汽车企业雪铁龙集团现有职工14.02万人，年销售汽车61.13万辆，占全球汽车总销量的30.2%。该公司特别注重安全的宣传教育。如新工人进厂至少经过：致欢迎词→阅读工厂说明书→回答有关安全问题→看3分钟安全教育电影→填写基本情况卡→填写安全注意事项卡→看宣传画→看录像（设备性能）→车间主任谈话，交代注意事项。

4. 加强培训

法国建立了许多职业中学或职业学校、专门培训中心，加强培训教育。企业定期或不定期将工人送出去培训，接受新知识、培训新技能。企业要求工人不要怕事故，要了解事故，更要寻找预防事故的措施。强调在精神、身体、环境等方面的安全。

二、我国与法国在安全生产工作上的差异

总的来看，法国经济比较发达，安全生产工作比我国起步早、历史长，在人的安全与健康方面投入多，在工伤医疗保险费的收缴与发放方面有较雄厚基础，在科研水平和防护措施及改造等方面比我国有相当大的优势。

具体来看：一是在事故和职业危害预防方面，两国都提倡“预防为主”的方针，但在实际工作中由于各种因素而存在较大差异。我国目前的安全生产工作，仍以减少死亡事故发生率和遏制发生重大、特大事故为重点，对于预防性的监察工作，仅在重大事故隐患监控上且在具有经济能力时才进行有限的隐患整

改。而法国每年都在职业危害预防方面有较大的投入，通过多年的改善，职业安全健康工作已迈向了以提供符合人类功效学的舒适的劳动环境为主的高级阶段。二是在安全生产管理和监察方面，我国安全生产管理部门集管理和监察职能于一身，由于人员少，工作量大，又要兼顾管理和监察，有时难免顾此失彼。而法国的安全管理和监察是两条线，一条线是由就业和团结部及其各地分部的工作条件和职业保护办公室组成，负责全国的安全管理工作，主要负责制（修）订安全生产方面的法律、法规；另一条线是由全国各地区的工作监察处组成，主要负责对企业的安全进行日常监督。两条线都由就业和团结部领导。三是在事故调查处理方面，法国不同于我国由安全管理部门负责的做法，而是采取了调查与处理相分离的做法，即企业发生事故后，地方监察长负责进行事故调查，写出调查报告送交法院，最终事故的处罚由法院依据有关法律进行查处。这种调查与处理各有分工，既相互联系配合又相互制约的做法，能够减少事故调查处理过程中许多人为的干扰，有利于提高事故查处的严肃性和公正性。

三、思考与建议

法国是发达的资本主义国家，经过一个多世纪的稳定发展，已经形成了较为成熟、完善的安全立法、监察、科研体系，他们的许多做法值得我们研究借鉴。现根据我国的实际情况，建议从以下几方面加强我国安全生产工作：

（1）进一步完善安全生产的法律法规体系。必须十分重视安全生产立法，尽快出台《职业安全法》，并辅之以配套的条例、实施细则和监察制度，这样才能有效地减少事故，提高安全生产水平。安全法律法规的制定应该由分散、单一、适应面窄朝着综合、全面、适用范围宽并操作性强的方向发展。

（2）进一步健全安全生产监察体系。在继续推进安全生产责任制、严格执行事故责任追究制的基础上，要认真研究适合我国国情的安全监察体系，建立一支训练有素的国家监察员队伍。监察体系应体现全面、综合、垂直、统一的原则。目前机构改革后出现的分散、政出多门的安全体系，将阻碍甚至严重影响安全生产事业的发展。

（3）进一步强化安全生产的培训教育体系。企业法定代表人的培训、全体职工安全意识的增强、特种作业人员技术知识的提高、全社会安全知识的普及，都是搞好安全生产工作的关键。我们应逐步形成安全生产培训教育体系，从源头上抓好事故的预防工作。

（4）进一步加强安全生产科研体系。与法国相比，我国安全生产科研的技术力量、资金投入、人员素质还有较大差距，科研水平偏低。要深入进行安全生产科学技术研究，依靠科技进步，提高安全管理水平。

（5）建立安全生产与工伤保险相结合的管理体系。在法国，安全生产和工伤保险是紧密相连的。目前，我国正在建立社会保障体系，工伤保险工作也正在逐步开展，但还缺乏与安全生产工作的有机联系。我们要以法律的手段约束工伤保险金的收缴，并改变现行工伤保险金收缴与使用脱节的现状，要切实根据企业安全生产的管理水平和各类事故及职业病发病率的高低确定收费费率，把工伤保险费的收缴发放与安全生产的投入和预防措施的改进有机结合起来，逐步建立起我国安全生产与工伤保险相结合的管理体系。

国家经贸委安全生产局考察团赴美国职业安全卫生技术培训考察报告（1999 年 8—9 月）

由国家经贸委安全生产局组织、有关单位的管理和科技人员参加的赴美职业安全卫生技术培训考察团，于 1999 年 8 月 15 日至 9 月 12 日赴美学习和考察了美国职业安全卫生监督管理的先进经验和预防职业危害等的先进技术，并就安全生产监督管理和工伤事故预防等问题与美国有关专家进行了研讨。美国劳工部矿山安全卫生监察局对此次培训给予了高度重视，制订了详细和周到的培训、实习和考察计划，并指定美国利宝公司及其健康研究中心、地区分部，以及哈佛大学公共健康学院等实施具体培训计划，保证了培训效果，使培训团组达到了交流、宣传、学习和增进友谊的目的。

一、美国职业安全卫生立法及监察机构设置情况

20 世纪初至 30 年代末，由于当时的生产和预防伤亡事故及职业危害技术落后、生产规模小、劳动人员密集，美国工业出现了职业伤亡事故和职业病危害严重的局面，引起工人特别是矿业工人和社会的强烈不满。为此，美国政府加强了职业安全卫生立法工作。1969 年，美国联邦政府颁布了第一部矿山业安全卫生法律《矿山安全卫生法》，该法明确了雇主在防止人员伤亡和控制职业危害等方面的责任，以及矿工在保护个人安全与健康方面的权利与义务；为保障该法的贯彻和实施，在美国劳工部设立了矿山安全卫生监察局，并颁布了《矿山安全卫生条例》等一系列法规。1970 年，美国联邦政府又颁布了非矿山行业的《职业安全卫生法》，在劳工部设立了职业安全卫生监察局。上述两个机构在有关地区下设分支机构，代表联邦政府分别负责一个州或几个州的矿山和非矿山企业的监察工作。各州和矿山比较发达的州也设立了州的相应机构，在州政府领导下，承

担宣传贯彻国家安全卫生法律、法规，开展职业安全卫生技术培训等责任。

二、通过工伤保险实现预防伤亡事故和职业危害

美国在多年的经济发展过程中，充分认识到工伤保险与安全生产密不可分。为了遏制伤亡事故和职业病上升的势头，美国联邦政府在《职业安全卫生法》中明确规定实行强制性工伤保险制度，有些州据此制定了本州的工伤保险法案。联邦政府根据《职业安全卫生法》成立了工伤保险仲裁和咨询机构，并制定了一系列政策和技术标准，鼓励和规范保险公司开展工伤保险业务。经过市场经济的优胜劣汰，美国利宝互助集团公司成为目前美国唯一开展企业工伤保险业务的公司。

美国利宝公司成立于1912年，总部设在美国马萨诸塞州波士顿，在世界各地设有750个办事机构，在全球保险公司排名第15位。该公司拥有固定资产507亿美元，管理资产101亿美元，员工23.6万多人。为合理确定企业投保费率、降低企业工伤事故率、减少职业危害和赔付金额，利宝公司出资建立了非商业性职业安全卫生研究机构——利宝集团安全卫生研究中心。该中心开展了人机工程学、工作场所风险评估、职业卫生、心理学、机动车安全驾驶、安全标志、粉尘、有毒有害气体和化学危险品监测技术等方面的研究、咨询和技术服务。几十年来，利宝公司的工伤保险业务范围不断扩大，受益者也随之增加，保险公司、雇主和雇员均认识到工伤保险在安全生产工作中的重要作用，它不仅关系到保险公司、雇主和雇员等各方利益及社会稳定，还促进了安全生产和经济的稳定、健康发展。

三、风险评价理论的应用与实践情况

风险评估程序包括找出事故损失的因素、控制风险的技术、规避风险的措施、监督实施和调整等。工伤保险风险评估程序包括事故预防、事故报告、医疗管理、伤员返回工作、赔偿诉讼、信息分配。企业、保险公司和政府安全监督职能部门都将风险评估技术运用于各自的相关工作中。对于运用风险评估技术的目的：企业为发现并改进自身安全管理中存在的事故隐患；保险公司为评价客户的安全管理体系、企业的安全度和确定企业工伤保险费率；政府监督管理部门为监督检查企业安全状况、雇主和雇员的安全意识、存在的事故隐患，以及贯彻执行安全生产法律、法规和标准的情况。三方运用相同的安全评价技术原理，评价技术标准都是行业（专业）或国家的技术标准及国际标准。各行业协会或学会等中介组织在研究制订行业（专业）技术标准方面，发挥了十分重要的作用。实

践证明，作为综合运用工程技术、系统工程、心理学、人机工程学及现代企业管理理论等研究成果的新兴边缘学科——风险评价理论及技术，是现代企业安全监督管理工作的重要工具。研究和运用风险评价理论及技术，已成为一项基础性工作。

四、呼吸性粉尘监测和控制技术

呼吸性粉尘监测目的是为了解作业人员接尘情况，进而采取有效的防尘措施，防止呼吸性粉尘对作业人员的危害，保护工人身体健康，这是粉尘危害预防技术中的一项原则：以监测引导防尘，重点是防尘、降尘。

（1）美国采用的呼吸性粉尘采样仪器性能先进，最大优点是可根据流量阻力的变化，自动调节流量，保持流量稳定，保证采样数据的准确性。

（2）采用粉尘中二氧化硅含量分析方法。由于原材料、生产工艺和作业环境的不同，粉尘中物质成分及其含量不一致，二氧化硅分析方法主要有两种：一是红外线分析法，主要用于煤矿；二是 X 射线衍射分析法，主要用于非煤矿山、油田、化工、纺织、建筑等行业。

（3）利用粉尘监测采样。美国《矿山安全卫生法》和《职业安全卫生法》都明确规定了粉尘监测采样方法：一是由国家安全卫生监察机构采样，每年对矿山作业场所至少监测采样两次；二是雇主监测采样，如煤矿雇主要按规定每两个月采样 1 次，每次必须采样 5 个。

据了解，美国自 20 世纪 60 年代末颁布安全卫生法律后，对产业工人接尘情况的监察工作走上了法制化轨道，加大了监督管理力度。在 70 年代，美国产业工人的尘肺病例上升趋势开始得到有效抑制，至 90 年代中期，尘肺病基本得到了控制。

五、两点建议

（1）尽快组织制定《职业安全卫生法》，贯彻落实好《矿山安全法》。

通过学习和考察，我们感到美国的职业安全卫生监督管理机制值得我们学习和借鉴。美国职业安全卫生监督管理机制的特点：一是法律、法规体系比较健全和完善，具有很强的操作性和连续性；二是国家职业安全卫生监督机构稳定；三是社会中介组织为企业安全卫生管理工作提供全方位的服务。新中国成立五十年来，职业安全卫生监督管理工作也取得了长足发展，其中既有成功的经验，也有失败的教训。总结经验、吸取教训，应当尽快组织制订适合我国国情的《职业安全卫生法》，建立协调的“政府监督、法人负责、雇员参与和中介服务”的职业安全卫生监督管理工作体制。这是当前我国职业安全卫生监督管理工作的头等大事。

我国已于1992年颁布了《矿山安全法》，应当从管理体制上保证法律的贯彻落实，做到有法必依，执法必严，违法必究。

（2）建立健全安全生产与工伤保险密切结合的制度。

建立和实施工伤保险与事故预防相结合的制度，利用差别费率和浮动费率促使企业加强事故预防工作，是改变我国现阶段职业安全卫生被动形势，切实保护劳动者安全与健康的必然要求。美国的工伤保险属于商业性保险，保险公司为追求利润，对矿产资源开采如煤矿等危险性大的行业是不予保险的。而我国的工伤保险是社会保险，具有社会保障性质，是不分行业或工种的，这充分体现了社会主义制度的优越性。为此，建议在推广现代企业安全管理制度，推行风险评估等先进安全管理技术的基础上，进一步完善我国工伤保险制度，充分发挥差别费率和浮动费率对促进企业做好事故预防的作用。

国家煤炭工业局观摩考察团赴美观摩考察煤矿救护比赛报告（1999年9月）

1999年9月9—27日，应美国劳工部矿山安全卫生监察署迈克梯尔的邀请，观摩考察团参观访问了美国匹兹堡矿山安全卫生技术支援中心，观摩考察了在肯塔基州路易斯威尔举行的国际煤矿救护比赛，并就加强中美两国在矿山安全方面的合作交流进行了会谈。

一、美国匹兹堡矿山安全卫生技术支援中心情况

美国劳工部矿山安全卫生监察局匹兹堡矿山安全卫生技术支援中心（简称中心）有120人，下设6个处：粉尘监测处负责监测和分析矿山呼吸性粉尘，以及粉尘危害情况；有毒有害气体分析监测处负责监测和分析矿山有毒有害气体情况；通风处负责检测矿山通风效果情况，并提供技术服务；电气处负责检测电气设备情况，并提供技术咨询服务；顶板控制处负责检测顶板情况，并提供技术咨询服务；尾矿及地质工程处负责检测尾矿库和露天矿边坡情况，并提供技术咨询服务。

总的来看，美国非常重视矿山安全卫生工作，矿山生产技术先进、设备齐全。中心对矿山有毒有害气体的监测，除了用便携式二氧化碳、氧气、一氧化碳和甲烷气体监测仪外，还有移动式气体监测车。该车配有2台发电机，能独立到

现场对采集的气体进行分析，并通过计算机进行数据处理。对煤尘的抽样检测，是由矿山经营者和矿山监察人员分别采样，集中送到中心的实验室进行分析处理，中心实验室是由计算机控制机械手自动操作，对样品的重量、成分进行数据处理，一次可分析处理600个样品。对金属和非金属矿粉尘及柴油机尾气颗粒的分析，是通过红外线和X射线及分光光度仪进行检测。对煤矿顶板的监测，是利用计算机进行模拟计算，分析煤层压力和应力变化，同时还利用卫星遥感技术分析地表断层变化，并根据地表水对地面植物生长的不同颜色，分析监测地表断层情况。在井下救护方面，有地震监测车，利用车载传感器收集的声音震波来确定井下生还人员的位置；有移动式的钻探车辆，在钻头上可安装摄像镜头，通过车上电视屏幕来观测井下情况。另外，抢救人员还可戴上装有红外镜头的头盔，来搜寻浓烟中的遇难人员。这些抢险设备、仪器和车辆可随时用军用飞机紧急调运。检测仪器贴有美国劳工部矿山安全卫生监察局标志，须经中心的认证。中心的检测数据可作为法律凭证。

二、国际矿山救护比赛情况

这次国际矿山救护比赛由美国举办，参赛国有美国、加拿大、俄罗斯、乌克兰、波兰，参加观摩的有中国、日本、墨西哥和南非等国家。比赛是在一个很大的展览馆内举行，馆内划分5～6个赛区。每个赛区用隔离屏障设置通道，模拟井下巷道，并在通道上用标签设置井下灾变模拟区。标签分别表示："冒落区巷道阻塞"——人员不能随意通过，必须在冒落区内每5尺放一个支柱作为一个通道，支护后人员才能通过。"顶板危险"——人员绝对不能通过，需先维修好顶板后，才能进去抢救人员。"水深过膝"——人员不能通过，需做好封墙，用泵抽水后才能通过。"烟雾尽头"——人员必须用绳子和钩子连上，保持联系。"永久封闭损坏"——要拆除永久封闭进入，必须先检查煤帮、顶板，做好临时封墙后，才能拆除永久封闭进入。"风流方向"——在通风前必须进行气体检测，防止瓦斯遇到电源引起爆炸。"井下指挥所"——不能将任何有害气体带入，要保证新鲜空气通过等。比赛的胜负，一是看时间长短；二是看检测处置方案是否正确。

比赛期间，组委会召开了两次会议，一次是全体会议，另一次是领队会议。主要研究了关于建立国际矿山安全互联网，加强信息交流问题；关于成立一个委员会，继续举办国际救护比赛问题。对此，各国与会代表一致同意，认为加强国际间交流很有必要。日本提出不应仅限于矿山救护，还应将采矿安全包括进去。俄罗斯、乌克兰、波兰和加拿大提出要进一步研究大家都能接受的比赛规则。南非认为目前国际采矿会议很多，但举办采矿安全会议的不多，很多人将会对此感兴趣。墨西哥提出明年他们国内有一个比赛，将邀请大家参加。德国表示将把这次比赛情况向本国政府、欧盟和其他国家进行宣传。最后，会议商定：一是各国将自己的网址汇总到美国劳工部；二是每个国家派两个人参加“国际矿山安全救护委员会”。

三、访问美国的体会

近年来，我国煤矿事故非常严重，平均每年因事故死亡近万人，发生一次死亡 3～9 人的事故约 500 起，发生一次死亡 10 人以上的重特大事故约 90 起，每年因伤亡事故造成的经济损失近 40 亿元。我国煤矿百万吨死亡率约为美国的 200 倍、印度的 8 倍。面对如此高的死亡率，加强救护工作则显得尤为重要。根据我国矿山救护的特点，近年来国家建立了军事化矿山救护总队，各省成立了矿山救护支队。据统计，全国现有救护大队 68 个、中队 581 个、小队 1795 个。在册人数 21096 人，其中指挥员 2259 人、救护队员 14616 人、报务员 158 人、司机 1552 人、化验员 137 人、其他人员 2472 人。全省救护队员超过千人的有河南、辽宁、吉林、黑龙江、山西、江西、山东、湖南省。煤矿救护队超过 400 人的有开滦、平顶山、淮北、通化、鹤岗、双鸭山、义马和郑州矿务局。我国虽然在救护队员人数上占绝对优势，但绝大多数人员的素质不高，装备比较落后，特别是由于过去管理条块分割，布局不合理，管理不协调，正常经费得不到保证，严重影响救护队的生存。根据我国政府机构改革、企业转换经营机制，以及市场经济的逐步建立，我认为：

（1）美国对矿山安全工作非常重视，无论从事故发生率低、死亡人数少，还是在技术和装备等方面，值得中国学习借鉴，特别是美国的安全管理体制方面值得我们认真研究。

（2）中国是产煤大国，安全状况与其他国家相比差距很大，需要进一步加强与国际上的联系，通过开展一些有影响的活动来推动我国煤矿安全工作的开展，促进经济更大发展。

（3）这次美国矿山救护比赛主要侧重于理论和技术方面，而目前我国煤矿救护比赛则主要侧重于实战演习。今后可根据国际比赛规则改进我们的工作，使我国矿山救护更加科学、合理。

（4）要充分发挥我国“矿山救护专业委员会”的作用，协助政府部门制订或修订有关安全救护方面的法规和政策，协助举办全国矿山救护技术比赛，加强对矿山救护人员的培训，总结交流矿山事故抢险救灾工作的经验教训，做好矿山救护仪器、装备的验收、鉴定工作，加快科技成果的转化。

中国企业干部安全生产培训考察团赴日本的培训考察报告（1999年9—10月）

1999年9月19日至10月2日，中国企业干部安全生产培训考察团对日本劳动省、劳动省产业安全研究所、社会经济生产性本部、中央劳动灾害防止协会及所属单位、大阪南劳动基准监督署、大河宅急便运输株式会社等部门就日本安全生产管理工作进行了学习考察。在日中技能者交流中心的精心安排下，大家团结协作，刻苦努力，圆满地完成了任务。

一、日本安全管理工作的基本做法

（1）安全生产监督管理朝着集中、统一、高效的方向发展；国家安全生产监督管理有可靠的组织保证。

日本安全生产监督管理工作由劳动省负责，分为三级管理：一级为劳动省劳动基准局；二级为各都道府县劳动基准局，有47个；三级为厂（矿）区劳动基准监督署，有340多个。建立了安全生产监察官队伍管理制度，全国共有安全生产监察官3000多名，主要职责：一是对企业的安全生产实施监督检查和指导，有权调阅有关资料，发现事故隐患后有权提出整改意见，发现危险紧急情况时有权责令企业停止生产和撤离人员；二是对事故进行调查处理，对违法造成重大恶性事故的责任人有权向司法机关起诉；三是负责事故统计分析工作；四是负责工伤保险费率核定和工伤基本情况调查，收缴工伤保险费，进行工伤鉴定和补偿。据了解，为进一步加强安全生产的统一监督管理，日本将于2000年进行政府机构改革，厚生省将与劳动省合并，但不减少人员，以利于安全生产监督管理的统一、有力。

（2）完善法规，强化安全生产。

日本于1947年颁布了《劳动基准法》(相当于我国《劳动法》)，其中对就业、劳动时间、工资和劳动安全卫生作了一系列原则规定。20世纪60年代，日本事故多、伤亡大，最高一年死亡近7000人。为加强劳动保护，降低伤亡事故，日本于1972年颁布了《劳动安全卫生法》，对企业的安全卫生做了详细规定。据此，劳动省加大了执法力度，事故逐年下降。1998年死亡人数降到1844人。为使劳动者在安全舒适的劳动环境中工作，日本政府又制定了《作业环境测定法》和《尘肺法》，以及机械、化学物品安全生产等9个规则，并修改完善了《劳动安全卫生法》，基本上实现了有法可依、有章可循。

日本安全生产法律、法规除对企业安全生产提出强制性要求外，还明确了管理部门的指导与服务职责，规定监察官在现场检查发现问题时不作经济处罚，而主要是提出整改意见。监察官与企业的关系比较融洽，他们注意引导企业主主动加强安全生产，注意发挥社团技术服务作用，并从政策和财政上帮助企业加强安全生产技术进步，增强劳动者安全意识，提高企业科学管理水平。

（3）将工伤保险与安全监督管理有机结合，为预防事故提供资金保障。

日本安全监督管理机构具有工伤保险工作职能，内容主要有：制订各行业的年度费率和收缴工伤保险费，负责工伤鉴定和补偿。工伤保险适用于所有企业，包括个体私营业者和海外派遣人员等。工伤保险费主要用途：一是促进社会疗养康复事业；二是受伤害劳动者的援助事业；三是劳动灾害预防及促进安全卫生事业；四是保障安全生产，改善劳动条件。据劳动省的统计报告，1996 年全国参加工伤保险 4789.65 万人，收缴保费 15730 亿日元；支付补偿金 8395 亿日元，占收缴总额的 53.37%；补偿 508 万多人，占收缴总人数的 10.61%。而 1998 年工伤补偿人数已降到 60 万人，补偿金额也有大幅度下降。

工伤保险是一项社会公益性事业，不以营利为目的，保险费用取之于民、用之于民。因此，日本劳动省每年从工伤保险费中提取一部分用于劳动灾害预防和促进安全卫生事业。据中央劳动灾害防止协会介绍，劳动省每年用于这方面的经费至少有 500 亿日元。

（4）充分发挥安全科学技术研究单位和社团等中介机构的作用，推动安全科学技术进步和宣传培训教育及检测检验技术服务等项工作。

产业安全研究所是劳动省唯一的安全研究机构，建于 1942 年，设有建筑、化学、电气、环境安全试验室，负责大型机械化设备和机器人的安全技术，以及新材料、新技术、新工艺的安全技术工作，并协助劳动省进行事故统计分析工作。该所设备先进，经费充裕，已取得多项成果，为防止事故发挥了科技先导作用。

劳动省利用社团组织开展了宣传培训教育、特种设备检测检验和信息服务工作。如中央劳动灾害防止协会，内设 9 个安全管理部门，在 9 个地区设立了安全卫生中心、2 个地区设立了安全卫生教育中心，并由劳动省投资援建了安全卫生情报中心、劳动卫生检查中心、大阪劳动卫生综合服务中心、日本生物检测研究中心和国际安全卫生培训中心。他们根据劳动省劳动基准局安全工作计划，负责具体组织开展有关活动。如每年定期开展安全宣传周和卫生宣传周活动，宣传周前有 1 个月的准备期。由于工作富有成效，劳动基准局每年资助费达 60 多亿日元。

社会生产性本部作为社团组织，主要负责研究日本经济发展的对策，以及对安全生产在提高生产附加值方面的作用进行研究。同时，为提高人们的生活质量，追求精神富有，就企业没有安全则不能生存、不能发展和无事故、无伤害是企业的社会责任进行宣传。把预防事故作为杜绝重大伤亡事故的基础，强调企业主与劳动者之间的和谐与协商制度，极力推行企业安全管理体系。

劳动基准局对安全技术服务社团采取资格认可制度，委托获取资格的社团开展相应的技术服务工作。社团之间有分工、有协作，关系顺畅。对培训教师和检测人员实行培训师和检测师资格制度，培训考核合格后由安全监督部门发放证书，有关人员才有资格开展工作。

（5）明确企业安全生产责任，强化企业安全生产。

《劳动安全卫生法》明确规定不同规模的企业应建立相应的安全管理机构，配备专职安全卫生管理人员。企业必须为劳动者提供必要的安全卫生设施、劳动防护用品，并对新工人进行安全培训。对安全监察官在检查中提出的整改意见，企业一般能够自觉执行，对不整改或整改不力而发生伤亡事故的，将受到司法起诉，由法院作出最终判决。如大河宅急便运输株式会社把人命放在最优先的位置，他们从总部到支店都成立了安全生产委员会，配备专职安全管理员和卫生管理员，各生产环节制定了严格的安全规章制度，对长途汽车装有监视装置，规定司机驾驶4个小时需休息半个小时，并定期检查。他们把安全工作作为发展经济的需要和社会的责任，十分注重企业的对外形象。对工人的培训和设备的检验等工作，已成为企业的自觉行动。

国家安全监督管理机构在企业自主搞好安全工作的同时，注意帮助企业解决安全工作中的实际困难。据日本劳动省统计，每年中小企业的事故占总事故的80%。为解决中小企业安全生产中的困难，在企业安全培训力量不足、技术力量薄弱和安全设施投入短缺时，企业可向劳动基准局（署）提出申请，经批准可享受政府的帮助和低息贷款等。

二、建议

日本的安全生产是以“安全、健康、舒适”为目标，工作重点已朝着健康和舒适的方向转移。学习日本安全生产监督管理的经验，结合我国安全生产工作的实际，建议：一是要对安全管理体制作进一步研究，应按照国际通行做法，朝着集中、统一、高效的方向发展。二是加快安全生产法规建设，完善安全生产法规体系。三是加强安全生产监督管理和企业安全管理机构的建设，建立科学、规范的安全生产工作机制。四是加大安全生产投入，采取积极的财政、金融扶持政策，帮助企业改善劳动条件，重点解决安全生产经费不足，但工伤保险费却过剩，工伤保险与安全生产脱节的问题。五是充分发挥安全科学技术研究机构和中介组织的作用，合理规划，减少重复设置和资源浪费，提高工作效率与质量，加强技术进步，大力开展宣传培训教育、检测检验、事故统计分析和安全信息网络建设等技术服务工作。

发展经济，缩小与发达国家的差距，需要提高全民素质，依靠科技进步来提高安全生产水平，加强科学管理。安全生产是发展经济的一种保障，绝不能将安全生产与经济发展相对立，否则会付出高昂的代价。

国家经贸委安全生产局考察组赴澳大利亚考察报告（2000 年 1 月）

2000 年 1 月，国家经贸委赴澳考察小组对澳大利亚安全生产工作进行了考察。考察组先后访问了维多利亚州和西澳大利亚州负责职业安全卫生监督管理工作的政府部门、石油化工和建筑企业，以及工伤保险公司、应急救援培训学校等中介服务机构，并走访了澳大利亚国家职业安全卫生委员会，对其工作和机构设置情况进行了初步了解。

一、澳大利亚政府部门安全监督管理工作情况

（1）法制建设不断完善，法规分层次管理相互配套。

澳大利亚有关安全方面的法律、法规经历了从无到有和逐步完善的过程，现已制定了《职业安全卫生法》《矿山安全卫生法》等法律、法规。在 20 世纪 50 年代以前，澳大利亚作为农业国家，严重的工业事故很少，但近几十年工业发展后，如何防治有毒、有害物质的问题变得越来越突出。70 年代，意大利等欧洲国家连续发生数起爆炸事故，造成数十人死亡，引起了人们的高度重视，欧洲于 80 年代制定了预防重大工业事故的“指令”。维多利亚州参照欧洲的“指令”，于 1992 年开始起草重大危险设施控制办法，并在 1996 年予以颁布。由于此办法未得到认真执行，特别是 1998 年维多利亚州又发生了一起液化石油泄漏大爆炸事故后，促使政府在 1996 年的办法基础上，重新制定一个强制性的重大事故控制法规，该法规已于 1999 年向工业界和工会征求了意见，拟于 2000 年颁布实施。在一些重大事故发生后，他们认真总结经验和教训，研究制定并适时颁布相应的法规。西澳大利亚州于 1984 年制定了《职业安全卫生法》，1994 年参照该法制定了《矿山安全卫生法》，并规定每五年修订一次。同时，还制定了与《职

业安全卫生法》和《矿山安全卫生法》相配套的一系列规定，包括条规、细则、指南及有关规则等。通过法规的分层次管理，逐步强化和细化了安全生产工作。

（2）机构设置简单，职责分工明确，人员配备充足，权力和职责一致。

全澳洲负责安全生产管理的部门为澳大利亚职业安全卫生委员会，该委员会由政府官员、雇主和工会成员组成。主要承担制定规划、计划、标准及政策等责任，并与各州政府合作制定法律。委员会有135人，设置10个处；每年召开3次全会、6次分会；1999年安排经费1500万澳元，全部由中央政府承担，经费主要用于工资、会议、制定法规、出版刊物和研究等支出。每年另有400万澳元新化学品安全评价专项经费，并可以向企业收费。

西澳大利亚州负责安全生产监督管理的部门有西澳大利亚州职业安全卫生委员会和矿山能源部。全州共有90万劳动人口、监察人员250人，平均每万名劳动人口拥有2.7名监察员。企业的各项安全生产工作均由一个政府部门负责监察，这种办法很受企业欢迎。

① 西澳大利亚州职业安全卫生委员会负责除矿山以外的企业安全监督管理工作，包括对事故的防范、调查和投诉。每年按年初制定的计划派出监察官，到现场进行有针对性的检查，并做到了检查有标准，实现检查工作规范化。对发现的问题可以在现场直接发出警告单，警告单有两种，即停工警告单、改善警告单，同时将此信息通过计算机联网及时通报各方面。该委员会共有160人，设置5个处，分别为建筑工程处、非建筑工程处、事故调查处、政策处、综合处，其中建筑工程处负责建筑、电力、大型设备包括电梯和锅炉等的安全生产工作。

② 矿山能源部设安全、健康、环境、信息等部门，负责所有矿山方面的安全监督管理工作，包括为矿山服务的交通、运输、港口等，并设4个地区办事处，每个地区有1名监察官，管理200多个矿山。各矿山设安全总经理，并针对不同专业设安全经理，根据各矿山的具体情况设专职安全监察员，由矿山能源部或其指定机构对这些人员进行培训、考核和发证。

（3）重视安全宣传工作，发挥安全宣传作用，努力实现“人人皆知”安全知识。

西澳大利亚州安委会的图书馆实行对社会开放，图书馆有大量安全技术方面的图书、资料及录像带、光盘，可供大众参观、学习和借阅。同时开辟了“安全在线”网络，人们可以上网查询有关信息，其中网上有安全方面的两种名单：一种是发生事故的“黑名单”，另一种是安全获金奖、银奖的企业名单。西澳大利亚州将每年11月中的一周规定为安全宣传周，要求人们对安全方面的法律有清楚的概念，并将此作为每个人的责任。劳工部长和许多体育明星为安全宣传大做文章。

二、澳大利亚企业和中介机构的安全工作情况

考察组在澳洲先后参观、考察了8个企业和中介机构，其中化工、石油、建筑、酿酒企业4个，评估、工伤保险公司2个，学校2个。总的看，企业的安全思想体现到了各项工作上，“以人为本”是国家和企业的行为宗旨，安全文化深入人心，安全生产成为每个人的需要，而不是别人来要求你安全生产。

（1）安全是企业的宗旨，是企业生存的前提，因此，安全生产已成为企业自身发展不可或缺的需要。

澳大利亚的企业对安全生产有一套完整的规章制度和职业安全卫生管理体系。在开采石油和天然气的伍德塞能源有限公司，作为企业的工作程序，首先制定安全卫生目标，然后制定安全卫生五年计划，每年还制定具体的安全卫生指标，以此进行管理和监测，并及时反馈和解决发现的安全卫生问题。该企业还规定，对安全卫生情况要定期报告：每两个星期向高级管理层报告，每个月向总裁报告，每年向股东报告。在基层，生产小组要经常召开班前安全会。他们制定的“5×5”方法，即“‘停5秒、退5步、想一下’，意思是工作前先想一想，可能有什么隐患和危害，应当怎么办，不要匆忙行动”，已成为工人们的习惯，在实践中取得了很好效果。

在西澳建筑技术公司，人们牢固地树立了安全理念，将安全管理作为衡量企业业绩的最重要指标，目标是要在安全上达到“五星级”标准，争取最佳管理奖。为此，他们精心研究制定了安全生产的各种管理办法，并将这些办法视为企业专利和在市场竞争中的“秘密武器”，从不轻易外传。如工人在上岗前要填写一张“风险系数分析表”卡片，使工人对工作时的风险有清楚认识，并据此采取相应的预防措施，尽可能地减少了工伤事故的发生。该公司是私营企业，有固定职工2500人，由于工人的流动性很大，一般工程也有2000人，大工程多达一万人，但自1985年以来，没有发生一起工伤事故。由于安全与工伤保险挂钩，发生工伤事故将使保险费提高，增加成本，影响企业声誉，以致接不到工程，因此，企业对安全的声誉视为生命，像保护眼睛一样维护它，他们说：“工人在收工后能平安回家，是我们的最大愿望。”

（2）企业安全培训从大处着眼、小处着手，注重实际，讲究实效，细致周到。

西澳建筑技术公司的培训内容包括：法律知识、风险管理原则、有害物质危

害预防、事故调查、事故应急、医疗救护，以及密闭空间、重工机械、升降平台、人工搬运和风险分析单的填写等。培训方式主要是：按照公司培训软件包进行技术培训，或者请外面的师资来公司进行短期培训，一些特殊技术工种到训练中心参加培训等。特殊工种在上岗前，安全人员要严格检查执照。在西澳一家酿酒企业，新工人上岗前，公司要发一份关于介绍企业情况的小册子，内容有安全方面的详细要求和注意事项。新工人进厂要先进行一星期的培训，技术和安全知识培训各占一半时间，但对密闭空间工作要另外进行正规培训，特别是应急救援的训练。

（3）中介机构充分发挥服务作用，并将保证企业安全视为自己的事，中介机构与企业成为紧密的合作伙伴。

我方考察了西澳的应急救援培训学院，这是一所独资的私人学院，有6名专职教师，2名兼职教师，除教室外，学院有一个几百平方米的培训模拟现场。培训对象包括高级管理人员、工人等各方面人员，培训内容有救火、有害化学物品救援、医疗救援、绳索救援，以及在矿井下如何脱险和救援等，学习方法从基础课程学习到实际操作，使学员经培训后基本具备了应对突发事故，包括适应事故状态下的生存和救援能力。该学院教学质量已被澳洲国家标准委员会认可为高标准的，可以自编教材。此外，学院还帮助私人公司进行安全检查，防火疏散计划的执行等。他们曾为马来西亚的一个企业进行了安全培训，使该企业职工在一次大火中顺利逃生，避免了死亡，因此受到表彰。

三、关于值得我国学习借鉴的几点看法

通过对澳大利亚安全生产工作的考察，我们深受启发，感到澳洲的安全生产管理经验很值得认真研究和学习借鉴，也让我们进一步认识到我国安全生产工作亟待改进的一些方面。

（1）思想方面。在澳洲，“以人为本”的思想贯穿到每个方面，成为规范人们行为的准则，不仅是政府，还是企业和每个人，都将人的安全与健康视为至高无上。这一点是我国从上到下应认真考虑的问题，虽然我们现在也强调“以人为本”，但许多企业在与某些利益发生冲突时，人的安全与健康有时就放到了次要位置。因此，我国应当首先提高对人的安全与健康的认识，当整个社会能认识到“人命关天”并将人的生命视为无价之宝时，安全生产就能实现江泽民主席强调的“第一”位置。

（2）法规建设方面。澳洲不断完善其安全生产法规，特别是做到了法律和规章、制度的相互配套，以及按不同层次分级管理，让我们感到澳洲的“依法

治国”能够落到实处，确实将法律当作准绳，能使人们依法办事。我国至今还没有一部综合性的安全生产法律，在现有的法律、法规和规章方面还存在着不配套、不衔接，以及不适应新情况等问题，时常出现有关规定打架的事。为尽快改变这种局面，我国应当尽快出台《职业安全法》，并要做到相关法律、法规之间的协调，维护法律的严肃性，增强执法的力度。

（3）培训方面。我国的安全培训与澳洲相比差距很大，远不及澳洲的普及、深入、细致和实用。澳洲安全培训不仅是学习理论，更多的是实际操作，在模拟现场进行演练，使工人在遇到问题时，能够较好地应付和处理。今后，我们应当规定安全生产的培训，必须经过实际操作学习，要有事故现场的模拟训练，要让学员在培训后真正具备应对突发事故的防范和自救能力，达到尽可能地减少事故对工人的伤害。

（4）职能方面。澳洲的安全生产管理工作，职责明确，权责统一，有一支整齐的队伍，值得我们学习借鉴。由于我国多部门负责安全生产监督管理工作，且职能交叉，职责与权力不配套，以致工作困难，效率不高，企业无所适从。如国家质量技监局与国家经贸委在特种设备的监督管理等方面常发生扯皮问题。为提高工作质量，减轻企业负担，应当尽快理顺关系，建立统一、高效的安全生产监督管理机构。同时，应建立安全监察员制度，配备足够的安全监察力量，以确保安全生产法规的有效实施。

国家安全生产监督管理局（国家煤矿安全监察局）考察团赴澳大利亚、新西兰安全监管监察考察报告（2002年11月）

以国家安全生产监督管理局（国家煤矿安全监察局）局长王显政为团长的中国安全工作代表团一行6人，于2002年11月，应邀对澳大利亚、新西兰两国进行了考察访问。

一、考察访问的重要活动

代表团此次对澳大利亚、新西兰两国考察访问的背景是，2002年10月在北京举行中国国际安全生产论坛期间，澳、新两国职业安全与健康机构的负责人专程赴会，与我局负责人就职业安全健康方面的问题进行了广泛的探讨，并邀请国家局领导访问。所以，此次出访，也是对这两个国家的回访。旨在进一步加强相互了解，促进双方在安全生产领域的交流与合作。

在澳大利亚期间，代表团先后考察访问了西澳州首府珀斯和澳大利亚首都堪培拉。会见了西澳州政府消费者与就业保护部官员，就有关安全生产监管体制、矿山安全立法与监察执法、工伤保险、安全文化建设等方面的情况进行了交流座谈。拜会了澳大利亚国家职业安全与健康委员会主席和联邦政府就业、工作场所安全和小企业部部长，共同就安全生产的体制、工作机制和政策支持等问题进行了探讨，并与澳大利亚国家职业安全与健康委员会就安全生产领域的合作签署了备忘录。在堪培拉期间，代表团还拜见了中国驻澳大利亚使馆大使武涛，就中澳两国在安全生产领域的交流与合作事宜进行了探讨。同时，专程到阿平煤矿现场考察了瓦斯抽放和利用瓦斯发电的情况。

在新西兰期间，代表团考察访问了首都惠灵顿，拜会了新西兰劳工部职业安全与健康局局长希尔，并与该局的有关部门负责人，就职业安全监管体制、职业安全法制建设、国家对职业安全的政策支持、安全信息网格建设，以及企业职业安全健康的工作机制等问题，举行了座谈交流。

总之，通过这次访问考察，不仅加深了对澳、新两国家职业安全与健康监管工作的认识，而且也向他们宣传介绍了我国安全生产监督管理体制改革的情况，彼此双方都加深了了解，建立了业务上的联系渠道，从而为今后安全工作上的合作与交流打下了良好的基础。

二、澳大利亚、新西兰两国在职业安全与健康工作上的主要做法

澳大利亚、新西兰都是英联邦的成员国，也是较早进入市场经济的国家。这两个国家对安全工作都很重视，不仅有完备的职业安全与健康法律法规体系，而且有专门的政府机构、社会团体和充足的专业人员来从事职业安全与健康的监督管理工作，并在实践中形成了比较健全的工作运行机制。这两个国家的安全生产状况目前都很好。澳大利亚每年大约有 450 人因公死亡，每年的十万工人死亡率为 5.5。煤矿的百万吨死亡率为 0.014，煤矿因工伤而损失工作时间的频率为每百万工时 33 次。

澳大利亚、新西兰两个国家在职业安全与健康的监督管理工作上有许多值得借鉴的地方，我们感到启发较大的主要有以下几个方面：

第一，注重职业安全的法制建设，靠法律规范安全工作行为。这两个国家在职业安全上的法律法规都非常完备，数量多且操作性强。他们把职业安全与健康的有关制度法律化，成为强制执行的法律规定。澳大利亚最早的职业安全法律是维多利亚州的《1973 年工厂法》，该法明确规定了雇主及雇员在安全生产上的责任，规定了对违法事件的惩罚和州政府代表国家行使监察执法的权力。目前，全国共有 150 多部职业安全与健康方面的法律规定，其中 129 部是针对特定的工作

场所的安全与健康制定的，非常具体。新西兰 1946 年通过了《工厂法规》，以后根据情况的变化，修订过多次。20 世纪 90 年代，他们针对本国小企业较多的实际情况，专门制定了适用小企业职业安全的法规，明确规定雇主必须为雇员提供必要的劳保用品，必须建立安全管理队伍，对不执行安全法规的，要实行严厉的处罚（罚金额度由最初的 5 万澳元提高到 25 万澳元），而且任何第三者都可以起诉。

为了落实职业安全的法律法规，这两个国家都设有相对独立的具有权威性的职业安全与健康监管部门，加强行政执法工作。澳大利亚于 1984 年成立的国家职业安全与健康委员会，是由政府官员、雇主和雇员代表三方组成的法定机构，主要加强国家在职业安全方面的立法工作，负责引导和协调职业安全监察工作。矿山安全监察则由矿产资源部负责。除此之外，联邦政府还设有就业与工作场所安全部，各州设有职业安全与健康局，作为职业安全与健康执法机构。昆士兰州的职业安全健康法规定，凡雇员超过 30 人的工作场所都必须任命一名安全主管。新西兰设有国家职业安全与健康局，下设 20 个办事处，共有 295 名专业涉及面十分广泛的安全监察员，具体从事安全检查检测、事故调查、安全培训、信息反馈等方面的工作。

第二，把工伤保险与安全监管有机结合起来，建立职业安全的约束和激励机制。澳、新两国很重视雇员的工伤保险工作，依法建立了一种比较完善的、对因公受伤雇员进行赔偿和康复的体系。澳大利亚 1988 年专门颁布了《安全、康复和补偿法》，依法成立了国家安全、康复和赔偿委员会，委员会负责制定有关安全、康复和赔偿，以及职业安全方面的立法政策，确定所有参与保险业务的机构的保险费等。目前全国共有 10 个负责雇员赔偿的保险机构。新西兰的工伤赔偿法是 1972 年实施的，工伤保险机构由政府投资，以预防为主。全国的 185 家大公司和 19 万个雇主都加入了工伤保险。保险费率主要依据企业安全风险系数大小而确定。工伤保险费总额的 4. 7% 由政府职业安全与健康局负责管理使用，主要用于事故预防和职业危害的防治。企业发生伤亡事故以后，从事故调查到工伤人员的赔付、抚恤，基本是由保险机构一包到底。该国奉行一种“无过失伤害，无条件赔偿”的原则，所有雇员不论在任何场合受到伤害，都可以要求赔偿，保险机构必须受理。

第三，加强职业安全的宣传与培训，注重提高人们的安全文化素质。澳、新两国的职业安全与健康监管部门在向我们介绍情况时，都谈到安全文化建设，而且把全面提高人的安全文化素质作为职业安全工作的先决条件。他们对企业的雇主、各级管理人员和高风险工种的雇员，都定期进行强制性的安全培训，培训后经考试发给证书，方能上岗作业。他们倡导“每个人都成为安全生产的榜样”，强调“从自身做起，做体面性的工作”。每年都组织开展“健康安全宣传周”活动，而且，每年都根据职业安全状况突出一个主题，形式丰富多彩，规模声势浩大。

澳大利亚国家与各州的职业安全与健康委员会均设有安全图书馆，藏有大量有关的图书、资料及光盘等，免费供人们学习、借阅。全国担负职业安全培训任务的机构很多，按照不同层次，有国家安全协会、州政府的职业安全与健康机构、教育协会和大学、雇主机构和工业协会、工会及下属机构等，还有一些安全培训咨询公司及其私营机构。这些培训机构，都要经过国家考核认定，方可代表政府履行职业安全与健康的培训任务。西澳州学生和正在进行职业训练的人提供安全与健康方面的专门信息，并通过思考安全俱乐部、职业安全意识传播和安全在线三种在线交互式培训方式，为初级、中级和职业学生提供培训服务和网上考试。全州每年有16000名学生参加网上考试，获得合格证书的可以向雇主推荐作为就业依据之一。维多利亚州于1993年开始，每年10月举办“健康安全宣传周”活动，每年活动的主题、重点都是根据当时的职业安全情况而定。比如，1997年他们发现所有工伤人数中，有三分之一是因工作引起的背部伤害，于是将当年“健康安全宣传周”活动主题定为“保护好你的背部不受伤害”。该州活动周的规模和影响在全澳洲是最大的，经费主要从工伤保险金中提取，每年约为1000万澳元，仅电视台的广告费用就约为600万澳元。

第四，注重职业安全的研究开发，通过科技创新改善职业安全与健康状况。澳、新两国由于经济实力比较强，在职业安全科技研究上的投入也比较足，都设有专门的科研机构从事职业安全与健康的科学研究、技术开发、咨询服务和信息工作。仅澳大利亚联邦政府就业、工作场所安全和小企业部2000—2001年的预算就达3.65亿澳元。澳大利亚安全研究院成立于1949年，现有1800个研究人员，主要进行安全与健康科学理论与实践的研究，开发职业安全与健康程序和实施细则，保证人们在工作、交通、娱乐场所和家庭中的安全，提高健康水平。澳大利亚职业卫生研究院成立于1979年，是国际职业卫生协会成员，主要任务是在消除和控制工作场所的有害物质方面提供帮助。澳大利亚国家职业安全与健康委员会联合各方研究力量，研究开发了《国家职业安全与健康改进框架》，依据这个框架编制了《2000—2003年国家职业安全与健康研究战略》。

在澳大利亚访问期间，我方专程考察了阿平煤矿（BHP企业）瓦斯抽放和利用瓦斯发电的情况。该矿是高瓦斯矿井，年产量340万吨，雇员240人，其中法定的安全监管员30人。该矿每年抽放瓦斯3500万立方米，抽放率为90%，利用率为50%，主要用于发电。坑口电站现有54台机组，共投资5400万澳元，装机容量5.4万千瓦。这个矿自实行瓦斯抽放和建立瓦斯坑口电站以来，不仅消灭了瓦斯事故，而且获得较好的经济效益。另外，在考察期间，我们还发现所乘坐的大巴，都设有类似飞机黑匣子功能的装置，详细记录司机驾驶的时间、里程及休息情况，安全监察人员可随时进行抽查，对违反者予以处罚。

三、几点建议

借鉴澳大利亚、新西兰两国在职业安全监管方面的经验，从我国的现实情况出发，提出以下建议：

（1）加强安全生产的法制建设。在市场经济条件下，必须把安全生产监督管理工作纳入法制化轨道，这不仅是澳、新两国的经验，也是所有市场经济国家的共识。我国的《安全生产法》作为安全生产的主体法律，已经颁布实施，相关的法规、规章也颁布了一批。下一步要抓紧颁布《事故调查处理条例》，依法规范事故的查处工作。同时，对现有的《矿山安全法》等法律法规进行修订。对非公有制经济成分的安全监管工作，要抓紧制定必要的法律制度加以规范，特别是要加大对违反安全法律行为处罚的力度，大幅度提高罚金的额度。同时，要加大安全生产行政执法的力度，建立必要的执法队伍，理顺各有关部门在安全监管上的职能，确保各项安全法律法规的贯彻落实，使监察执法工作真正到位。

（2）改进工伤保险制度，建立工伤保险与工伤预防相结合的激励机制。澳、新两国都将工伤保险与安全预防有机结合，运用市场机制促进安全生产监督管理工作。这一做法的好处：一是通过保险费率的调整，可以促进企业不断增加安全投入，改进安全生产状况，成为一种制约机制；二是可以将工伤保险金额的一部分用于安全生产的必要投入，以解决目前安全投入严重不足的问题；三是通过专门的机构负责企业工伤保险工作，可以把工伤事故的处理和伤亡抚恤工作推向社会化，从而减轻企业的负担。对这项工作，建议国家建立必要的制度，或通过立法加以规范。

（3）改进我国的安全事故统计及评价指标。从澳、新两国的情况看，政府部门在职业安全的统计及评价指标上，采取了比较科学的方法，比如，针对煤矿死亡率很低的现状，不再以百万吨死亡率作为评价指标，而是以煤矿因工伤而损失工作时间的频率为评价指标。其他行业大多以十万工人死亡率为评价指标。另外，在事故死亡统计上，基本不把道路交通事故死亡人数统计在内。相比之下，我国目前的安全事故死亡人数统计中，都包括所有道路交通事故的死亡人数，而且比例占到80%以上。目前世界各国的道路交通事故和死亡人数都呈现上升的趋势，这与高速公路的发展和交通工具的增加有关。安全生产事故和死亡人数的统计中如果把道路交通事故加进去，基本看不出安全生产工作的变化，不利于正确分析和评价安全生产工作的效果。为此，要对安全生产事故举行科学的界定，在安全生产事故死亡人数的统计中剔除公共安全死亡的人数。

（4）煤矿的瓦斯治理应与瓦斯利用有机结合起来。借鉴澳大利亚阿平煤矿的经验，在高瓦斯矿井建设坑口电站，利用瓦斯发电，既保证安全生产，又提高经济效益。可以选择瓦斯抽放基础好的煤矿进行试点，取得经验后逐步推广。

国家安全生产监督管理局（国家煤矿安全监察局）代表团赴曼谷访问国际劳工组织亚太地区分局、赴南非和埃及考察安全生产监管工作的报告（2003 年 2—3 月）

国家安全生产监督管理局（国家煤矿安全监察局）党组成员、副局长闪淳昌率团于 2003 年 2 月 18 日至 3 月 5 日访问泰国、南非和埃及。此次访问，进一步密切了我国政府安全监管机构与国际劳动组织的联系；明确和建立了我国与南非政府部门之间在矿山安全方面的合作关系；了解和学习了南非和埃及两国安全生产工作的一些好做法、好经验。此访对于进一步加强安全生产领域的国际交流与合作，扩大对外开放，推动安全生产长效机制和安全生产工作格局的形成将起到积极的作用。

一、对国际劳工组织亚太地区分局访问情况

副局长闪淳昌一行与国际劳工组织亚太地区分局官员举行会谈，达成以下共识：第一，关于在中国举办 2008 年世界职业安全与健康大会问题，亚太分局及有关方面对中方希望借助这次会议，把中国安全生产和职业安全健康工作推向新阶段的愿望，表示充分理解；并表示将在力所能及的范围内予以支持，包括向国际劳工组织总部陈述意见，帮助进行呼吁等。第二，关于签署和实施相关国际公约问题，双方都表示，要在已经批准两个公约的基础上，认真总结经验，加强配合协作，推动 155 号国际公约（职业安全与卫生）和 174 号国际公约（预防重大伤亡事故）在中国的批准和实施，继续促进中国安全生产及其相关工作与国际社会接轨。第三，关于小企业的安全生产与劳动保护问题，双方一致认为，这个问题在发展中国家普遍存在，应当予以足够的重视。亚太分局及其有关专家愿意以加强小企业劳动保护为课题项目，与中国安全生产监管部门合作，选择适当的时机和对象（主要是采矿业和建筑业），组织开展一些较为深入的调查研究，

探讨政策措施。第四，关于采矿过程中有害气体排放和事故预防的项目研究问题，亚太分局对这一项目的研究很关注，对中美两国在此项目上的合作表示赞赏，希望能够增强研究的针对性和可行性，尽快取得成果，改善中国和亚太地区采矿业不安全的状况。第五，其他方面的合作，双方都表示，要加强联系，加深相互之间的了解，以寻求更广泛和更密切的合作。亚太分局将派员参加于6月在海南召开的以安全生产信息管理、事故上报和死亡统计为内容的研讨会；参加于2004年6月召开的第二届北京安全生产国际研讨会。

二、访问南非矿山安全与健康监察局和南非矿山安全技术咨询委员会的情况

闪淳昌及代表团与南非矿产与能源部矿山安全与健康监察局副总监察官皮特等进行会谈。双方认为：中国和南非的矿产资源都很丰富，都是国民经济的基础产业；两国的矿山安全事故都占安全生产事故的大部分，矿山安全问题直接影响社会稳定和经济发展；两国政府对矿山安全都很重视，都建立了专门的安全监察工作机构，形成了较为健全完善的行政执法系统；两国在矿山安全方面各有特点，应当相互学习借鉴，共同提高。南非的矿山安全及其监察工作已经形成了一套比较成熟的路数。南非现有煤矿100座，2002年产煤3亿吨，仅死亡20人。

双方探讨了开展合作的内容和方式，并签署会谈纪要。

（一）合作的主要内容

（1）矿山安全法规体系，包括国家矿山安全法律法规、规程、规章和矿山安全监察工作的规则、规范和规划等。

（2）矿山安全信息管理，包括矿山安全信息网络建设、矿山安全考核评价指标体系、矿山死亡事故报告和数据统计等。

（3）改善矿山安全的科学技术措施，包括煤矿瓦斯和粉尘治理、顶板塌陷事故预防、矿山提升运输设备、尘肺病预防等先进适用的技术和装备。

（4）矿山事故应急救援方面的经验。

（5）矿山安全软科学研究。主要指矿山安全文化、员工安全教育和培训、企业安全管理方法和手段等。

（6）矿山安全监察行政执法工作，主要是监察执法体系、监察机构和队伍建设等。

（7）双方有意合作的其他事项。

（二）合作的方式和途径

（1）组织开展政府机构之间的定期互访。根据需要，中国国家安全生产监督管理局（国家煤矿安全监察局）和南非矿山安全与健康监察局应定期或不定

期的派遣官员相互进行访问，沟通情况，交流经验。并为对方的访问提供必要的便利。

（2）通过互联网、传真、信函等渠道，相互交换有关矿山安全与健康方面的信息、资料等。

（3）互派人员和专家，参加在对方国家举办的矿山安全与健康类学术会议、专业会议。中方邀请南非矿山安全与健康监察局派员参加将于 2004 年 6 月召开的第二届国际安全生产研讨会。南非方接受这一邀请。

（4）就双方共同感兴趣的矿山安全与健康问题，共同开展探讨和科研攻关，成果共享。

（5）鼓励、支持本国相应的机构和单位，积极开展在矿山安全与健康方面的合作交流活动。

（6）中方欢迎南非矿山安全与健康监察局通过派专家进行工作访问、举办短期培训班等形式，参与中国矿山安全与健康执法培训等。

闪淳昌一行访问了南非矿山安全技术咨询委员会。南非矿山安全技术咨询委员会是矿山安全委员会下属机构之一，为半官方机构，主要负责矿山安全重要技术课题的确定和研究推广。这些课题包括防治冒顶塌方、岩石突出、矿井提升运输安全等方面，也有安全文化等软科学。5% 的费用由政府提供，大部分费用通过服务由会员企业提供。技术咨询委员会的专家也受政府和企业委托，参与矿山事故的调查，从技术层面上剖析事故原因并提出改进措施。

三、访问埃及国家职业安全与健康研究所情况

闪淳昌一行访问了埃及国家职业安全与健康研究所，并与所长麦可迪举行会谈，参观了空气质量、工业粉尘监测化验等研究室。埃及国家职业安全与健康研究所是埃及劳工部所属事业单位，受劳工部职业安全健康司的领导。该研究所主要职责：一是组织和开展职业安全与健康领域的科研活动。埃及的工业主要是石油化工、电力、钢铁、机械、纺织等，研究所的科研攻关课题集中在石油加工过程中的危害、电磁波和化学产品的危害、工业粉尘及噪声等的危害和防治等方面。二是负责国家职业安全与健康监察人员和职业安全健康教育师资培训工作。埃及劳工部职业安全与健康监察司共管辖 1200 名监察人员，在全国各地设立 26 个地区监察局。这些监察人员及企业的安全健康教育人员，要按照政府部门制定的计划，分期分批接受由该所组织的业务培训。同时，研究所还受政府的委托，负责对作业场所职业安全和健康状况进行评估，经评估达不到规定标准的，建议企业整改或建议政府依法予以关闭取缔。此外，还参与认可、认证方面的工作。

四、意见和建议

（1）加强与国际劳工组织的合作。国际劳工组织及其分支机构，在指导、协调、评价世界安全生产和劳工利益保护方面具有无可替代的权威性。加强与国际劳工组织的合作，得到国际劳工组织的大力支持和充分肯定，既是实现我国安全生产工作与国际社会接轨、进一步改善外部形象的需要，同时也是安全监管事业自身发展的需要。原劳动部外事司司长李东林就任亚太分局局长助理，对我们十分有利。李东林既有为中国办事的愿望，又熟悉中国情况。我们要抓住这个有利条件，建立稳定的联系渠道和定期互访制度，经常通报情况，主动接受指导，最大可能地争取项目、资金等方面的支持。

（2）加强与发展中国家在安全生产领域的官方合作和多方联系。这是我国安全生产工作扩大对外开放的重要一环。由于生产力水平大体相同，发展中国家的安全生产具有较多的共性。以南非、埃及等国家为例，矿山事故较多、小企业安全状况不好是这些国家共同的问题；而政府的安全监管也同样面临着法制不健全、执法不到位等类似难题。这些国家的经验和教训，对于我们来说有着更现实、更直接的学习借鉴作用。这些国家也希望加强与我们的交往，吸收学习中国安全生产监管经验和做法。而且，我国要申办 2008 年世界职业安全卫生大会，也需要得到更多的发展中国家的支持。以往，我们与发展中国家在安全生产方面已经有了一些交流，但多为民间或半官方的，层次较低。接触的南非矿山安全与健康监察局官员和埃及职业安全健康研究所人员，无一人到过中国，也没有和中国安全生产方面的人员有过任何联系。这种情况应该得到扭转。要在继续学习美国、日本等发达国家经验的同时，切实加强与发展中国家的联系，明确和建立官方合作关系，适当时机和适当条件下也可以把我们的专家派出去，以相互取长补短，共同提高。

（3）重视发展安全生产科学技术工作，加快建立技术支撑保障体系的步伐。通过这次出访，我们感到，南非的矿山安全状况改善较快，这与他们重视科学技术工作、科技保障作用发挥较好是分不开的。我们应该学习他们经验，重视发挥科学技术的作用，提高安全监管工作中的科技含量，矿山等事故的查处要注意从技术层面上追究原因，围绕着造成事故的重大技术难题开展科研攻关，研究和提出改进安全工作的技术措施。通过努力，把煤矿安全和全国安全状况的稳定好转，真正建立在依靠科技进步和提高劳动者素质的可靠基础上。

南非矿山安全科技工作发展较快，其中很重要的一个原因就是较好地解决了科研资金渠道问题。南非矿山安全技术咨询委员会科研经费的收取办法：一种是以矿山企业员工数为准，每位员工每年收取一定数额的安全科研费用；另一种是以矿山企业上一年度的事故情况为参照系数，把死亡折算为影响正常工作的工时，计算出下年度应收取的安全科研费用。其办法值得我们学习借鉴。

（4）要充分挖掘和利用安全生产科研机构资源。南非、埃及的安全生产科研机构工作范围相当广泛，在进行科学技术研究和科研成果推广应用的同时，还参与事故调查、负责安全监察人员和安全教育师资的培训、作业场所安全评价和认可认证等方面的工作。相对而言，我们的科研机构的业务范围就显得窄了一些。现在的问题，既表现为科研机构较少、科研力量不足；同时也表现为工作任务不饱满，没有足够的活让科研单位来干，部分资源闲置。解决问题的部分，一是要放手发展，二是要放手让其多做工作，凡科研单位能干的事情，原则上都应交给他们来干，有关司室发挥牵头组织和宏观指导作用。使科研单位在参与、服务安全监管的过程中，逐步做大做强。

（5）推动安全生产与职业健康工作的一体化。通过这次出访，我们再次感到，“职业安全健康”是国际社会通行的一个完整统一的概念。国际劳工组织及其亚太分局，把维护劳工安全和健康作为根本宗旨，强调劳动者要“体面的工作”。南非和埃及两国也都是把职业安全和健康作为同一项工作，由同一个机构来负责。一些外国专家学者对中国安全生产与职业健康相分离的做法，感到不可思议。我们既然要与国际社会接轨，就不能不考虑这个问题。建议从安全与健康的内在统一性和整体性出发，积极向上级反映我们的观点，尽最大可能推动我国职业安全健康工作的一体化。

中国劳动保护科学技术学会（中国安全健康协会）代表团赴马来西亚、泰国、越南访问报告（2003年8月）

2003年8月，中国劳动保护科学技术学会（中国安全健康协会）理事长张宝明率团赴马来西亚参加亚太地区职业安全卫生组织（APOSHO）第19届年会，并顺访泰国和越南。

一、主要活动

（一）亚太地区职业安全卫生组织第19届年会

本届年会于9月1—4日在吉隆坡举行。会议由马来西亚职业安全卫生学会主办。参加会议的有来自日本、韩国、印度、澳大利亚、美国、英国等国家和地区的25个相关成员组织的代表和有关专家近400人。马来西亚人力资源部部长冯成龙及副部长拉赫曼先后出席了开幕式及欢迎酒会，并作了发言。理事长张宝明在全体会议上作了《中国的安全生产与职业健康》的主题发言，受到了广泛的重视。会议就职业安全卫生政策及管理体系，风险、危机管理及应急反应，教育培训与安全文化，职业卫生及安全生产相关的科技及实践经验进行了广泛深入的交流。会议期间，组织成员还召开了管理发展、会议资格审查、技术、职业安全卫生管理体系和教育培训专业委员会会议和 APOSHO 组织年会。会议决定 2004—2005 年 APOSHO 秘书长由中国香港担任，2006—2007 年由印度担任。会议通过了由中国劳动保护科学技术学会担任主席的教育培训专业委员会的工作报告，以及其他专业委员会的工作报告。作为下届 APOSHO 的轮值主席，理事长张宝明在会上发言中，承诺促进亚太地区职业安全卫生事业和各组织之间关系的发展，并且为成功举办第 20 届会议而努力。代表团与各参会组织进行了广泛的交流。

（二）会议期间的双边交流

（1）应邀与英国职业安全卫生协会（IOSH）进行会谈。理事长张宝明和英国职业安全卫生协会主席劳拉就两协会合作备忘录执行情况进行讨论，双方都表示愿进一步扩大交流与合作，双方还就中国高等院校安全工程教育取得英方认证合作事宜形成共识。

（2）应约与美国国家安全委员会代表进行会谈。理事长张宝明与美国安全委员会主管政府关系的副总裁利奥·凯利和负责国际关系的副总裁托尼·史密斯进行会谈，双方就合作开展安全健康培训、企业安全卫生评价、组织优秀职业安全健康企业评选（包括在华美国企业）等进行深入探讨。

（3）理事长张宝明与日本中央劳动灾害防止协会（JISHA）副理事长进行会谈，交流安全健康监管与服务情况。

（4）理事长张宝明与韩国职业安全卫生协会代表团进行会谈，中国职业安全健康协会同意为在韩工作的 15 万中国工人提供职业安全卫生培训教材（中文），并就相关工作安排达成一致意见。

（三）访问泰国、越南安全生产和职业健康部门及协会

（1）访问泰国劳动部，与劳动保护和工人福利局局长撒帕布特举行会谈。泰国劳动部劳动保护和工人福利局负责劳动保护、职业安全卫生、劳工福利和劳工发展。该局设有四个部门，其中两个部门即职业安全卫生监察处及国家改善工作条件和环境研究院是专门负责职业安全卫生工作的机构，负责制定职业安全卫生法规标准，进行职业安全执法监察，管理劳工工作安全，对企业安全人员实施培训。

（2）访问泰国劳动安全卫生促进协会，与主席让撒瑞特进行会谈。泰国劳动安全卫生促进会是非政府组织，也是亚太地区职业安全卫生组织正式成员。该协会开展多种形式的职业安全宣传教育活动，组织每年一次的安全周宣传教育活动，承担全国工矿企业的安全培训。

（3）访问越南全国总工会，与越南总工会常务副主席阮成良举行会谈，就职业安全卫生工作进行广泛地交流。在越南政府中，劳动部、卫生部和相关的产业部门负责职业安全卫生监察，越南总工会劳动总会负责职业安全卫生科研、宣传教育等相关事务性工作。越南党和政府重视劳动保护工作，在越南劳动法第九章中专门规定了劳动保护的内容。除此之外，还使用了政府总理的行政命令，来加强劳动保护工作。越南在一些大学中开设了与劳动保护相关的院、系和专业。越南总工会大学和劳动保护研究院每年培养100多名劳动保护工程师。越南在1999年以来开展了劳动安全宣传周活动，宣传周为每年3月下旬，政府总理也参加这一活动。越南还开展“绿色，干净美观和保障安全”活动，每年都对做出突出贡献的一千多个个人和集体进行表彰，这项活动已经开展了十多年。

（4）访问越南劳动保护研究院，与院长黎云程座谈。越南国家劳动保护研究院成立于1971年，是APOSHO正式成员，现有研究人员200多人，其中教授6人，博士40人，在西贡和顺化设有分院。该院行政上由劳动总会管理，每年向越南国会报告工作两次。该院下设检测中心、劳保所、个体防护所、教育培训中心、情报资料室、展览馆、应用中心及生产工厂等。

（5）访问越南煤炭总公司，与董事长阮文龙会谈。越南煤炭近十几年来有了较快的发展，产量从20世纪80年代的几百万吨增加到现在的年产1700万吨。现有煤矿20多处，主要集中在北部的广平省。煤矿属于越南工业事故高发的行业，千人事故率为50～60，千人死亡率小于1，去年工伤死亡30人，今年迄今为止为7人。

二、收获及体会

（1）亚太地区有关组织都呼吁进一步重视安全生产和职业卫生工作。从当前来看，这些地区主要还是发展中国家，其安全生产状况与发达国家相比还有相当大的差距。例如，越南千人事故率在50～60，马来西亚为7～9，而发达国家为3～4。我国目前尚未建立相应的统计指标。总之，降低事故发生率已经成为亚太地区业内人士的共识。

（2）亚太地区职业安全健康组织的作用和影响力不断增强。这一方面是因为该组织成立20年来开展有效活动，为诸多成员组织提供了合作交流的机制和平台，另一方面是因为该组织的非政府组织性质和特点，为专业和学术交流提供了便利。

（3）我们在亚太地区职业安全健康组织中的作用受到重视，我们的工作得到了好评。加入该组织15年来，中国劳动保护科学技术学会（中国职业安全健康协会）承接了三届轮值主席及年会的主办工作。中国劳动保护科学技术学会和武汉安全环保研究院、香港职业安全健康局、香港职业安全卫生协会、澳门劳工局在APOSHO组织内相互沟通、相互支持，与台北工业安全卫生协会也保持作良好的关系。我们还与日本、韩国、澳大利亚、印度等APOSHO成员间保持作良好的双边关系。通过APOSHO，我们加强了国际交流与合作，增强了解与沟通，树立良好的国际形象。

（4）这次会议上，许多国家就职业安全卫生管理技术、危机管理与应急反应、风险管理、工艺规程一体化与风险控制等理论与实践方面提供了很多有价值的论文，值得我们学习借鉴。

三、**建议**

（1）充分发挥中国劳动保护科学技术学会作为我国职业安全卫生领域主导性社团的作用，特别是作为非政府组织在国际交流与合作方面的作用。

（2）认真做好亚太地区职业安全卫生组织轮值主席和年会的准备工作。亚太地区职业安全卫生组织第20届会议将于2004年在北京举行，中国劳动保护科学技术协会作为轮值主席，将主办这次会议。我们将借助这次国际会议，推动并扩大安全生产和职业健康方面的国际交流与合作。

（3）加快建立与国际接轨的安全生产统计体系。在此次访问中无论是马来西亚、泰国，还是越南，在事故统计中都采用了国际通用的千人事故率、千人死亡率。

国家安全生产监督管理局（国家煤矿安全监察局）考察团赴英国、巴西进行职业安全与健康体制考察报告（2003年9月）

应巴西矿业协会、英国健康与安全委员会的邀请，以国家安全生产监督管理局（国家煤矿安全监察局）局长王显政为团长的安全生产考察团，一行七人于2003年9月，对英国、巴西进行了考察访问，并出席了第10届巴西国际采矿大会暨第10届巴西采矿设备展览会。出访期间代表团与两国政府的职业安全健康管理部门就安全生产监管、监察工作情况进行了交流，就有关合作事宜进行了商谈。通过访问，进一步增进了了解，加深了友谊。访问取得圆满成功。

一、考察访问的基本情况

（1）与英国健康与安全委员会及健康与安全执行局会谈，了解英国安全监管体制、运行机制情况。

英方对会谈十分重视，英国健康与安全委员会主席比尔·卡拉汉率英国健康与安全执行局局长蒂莫西·沃克、英国健康与安全执行局利物浦区域局局长艾利斯和英国健康与安全执行局高级官员保罗·五斯特曼等与代表团进行会谈。比尔·卡拉汉首先介绍了英国安全生产监管体制、立法和健康与安全委员会的机构情况。

英国现行的健康与安全监管体制，是根据1974年颁发的《工作场所健康与安全法》建立起来的。英联邦健康与安全委员会（HSC），是相对独立的机构，主席由政府任命，九位副主席分别由企业业主、工会和有关独立中介机构各三名代表组成。该委员会的宗旨是使从事危险工作的经营者负责保护工人和公众免受相关危害。其主要职能是健康与安全方面的立法及法律的修订工作；保护工人健康、安全和保障工人福利；保护公众不受因工作导致的健康和安全方面的影响；监控易燃易爆等危险品的使用和储存安全；资助健康与安全方面的科研和培训，并提供相关服务。

健康与安全委员会下设健康与安全执行局（HSE），对危险性行业的职业健康与安全工作实行国家监察、垂直管理，是相对独立的健康与安全行政执法机构。英国联邦健康与安全执行局现有4100名监察人员，其中1200人为技术人员，在全国设区域执行局。健康与安全执行局的工作职能是：负责依法行使安全生产与职业健康的监察执法，保证人们在职业活动中面临的健康与安全风险得到恰当的控制；负责加强和普及健康与安全法律方面的工作及安全事故统计、调查等。内设机构主要有：研究和实验室服务处、核设施和危险设施服务处、强碱和洁净空气处、危害核物质处、工厂监察处、矿山和采石场监察处、机电安全处、辐射和噪声处、设计和资料处、安全政策处。监察领域包括工厂、矿山、核设施、铁路、海洋石油、化学及高危设施等。工厂监察是健康与安全执行局主要工作范畴，健康与安全执行局的工厂监察组织下设21个地区监察机构和7个现场咨询组织。现场咨询组织是专业性科学技术组织，有固定的和可移动的实验室设备，配备有机械工程、化学工程、土木工程、电器工程和职业卫生等各类技术专家，监察支撑体系完善，技术手段完备。健康与安全执行局与其他部门、专业研究机构、欧盟职业安全委员会标准机构保持密切联系。

英国地方政府也负责本地区的安全生产监管，地方政府也设有独立的健康与安全委员会和监察执行机构。全国地方政府有 2000 名专职人员，主要负责健康与安全执行局监管以外的危险性小的地方企业的监管。联邦健康与安全执行局所监察范围和地方政府监管范围有明确划定。

英国健康与安全委员会和健康与安全执行局成立 30 年发挥了重要作用，各类事故大幅度下降，1974 年英国工贸企业死亡 1000 人，受伤 50 万人，损失工作日 23 万个。去年工贸企业死亡 182 人，事故率为 10 万人 0.75。英国经济结构与健康与安全执行局刚建立时发生了很大变化。制造业人数减少 300 万人，大的厂矿、公司越来越少，小企业越来越多，全国 360 万企业中有 90% 的企业雇员少于 10 人，多数转向服务业，职业健康问题面临新的挑战。为此健康与安全执行局在 1999 年制定出新的 10 年规划，工作重点向职业健康保护扩展。

会谈期间，局长王显政全面介绍了我国政府在安全生产工作中所采取的重大措施，并就中英双方在安全与职业健康监管、监察领域开展合作提出以下建议：一是在适当时机中国加入国际劳动监察协会，加强中英双方的合作交流；二是就培训安全监察员进行研究探讨；三是开展安全与健康信息交流；四是就安全与健康方面的政策和法律、法规开展交流。

（2）访问英国利物浦健康与安全区域执行局，了解现场安全监察执法情况。

利物浦健康与安全执行局是英国健康与安全执行局的主要执行机构，人数占英国健康与安全执行局总人数的 40%，有 1800 人，其中 1000 人是安全监察员，在英格兰、苏格兰和威尔士有 28 个办公室。监察人员都是通过社会公开考试招录，进行系统或专业领域的培训后上岗，能根据法律和技术规定做出正确判断，并提供符合健康与安全执行局要求的信息。

英国法律规定，健康与安全问题主要靠企业自律，监察人员主要负责监督监察，对健康安全方面的问题行使调查权，并赋予监察员在执法方面的法定权利，对被监察单位可以而且必须在不事前通知的情况下进行，对企业在健康与安全方面存在的问题、采取的行动分为忠告、限期整改、立即整改、向法院起诉等。根据不同情况，监察人员随时可以与雇主、工会代表进行对话，了解情况。利物浦区域执行局还聘请现场专业人员配合监察员工作，监察员遇到技术问题可以找专家认定。法律规定对于监察人员下达的整改通知，企业必须马上执行。

利物浦区域执行局工作重点是抓“四个行业”“五个方面”，“四个行业”即农业、建筑施工企业、健康服务业、公共设施业；“五个方面”即高空防坠、工作场所的内部运输、工作场地的人员滑倒、职工的工作和精神压力、工作环境对人们肌肉的伤害。监察工作的常规手段主要有对场所制定操作指南、现场监察、接受投诉和调查事故。工作措施主要有强化业主的责任；规定开办企业必须符合健康和安全标准；提高工作人员的健康和安全意识，保护自身并参与管理；对违章原因进行科学的分析，采取针对性措施；及时检查工作的有效性。

对作业现场进行健康与安全风险评估是健康与安全执行局利物浦区域执行局重要检查手段之一。评估由执行局制定工作标准指南，企业自己进行评估，执行局审核。评估的基本原则是降低风险，保护人们的健康。评估的程序：①寻找危险源；②对危险源进行评估，分出等级，一级是风险不大，可以广泛接受的，不需要更多的控制措施。二级是有一定风险，但可容忍，须采取措施降低风险的。三级是风险大，必须立即采取措施的；③企业采取措施的报告；④企业定期按风险评估内容检查措施落实情况，发现问题及时改进，以实现健康与安全生产。目前确定的高危险行业为铁路、危险化学品生产储存、近海石油作业、核发电和采矿业，对此采用更严格的风险评估。

利物浦区域执行局设专门部门负责矿山安全监察。主要是煤矿、石膏矿、化肥矿、岩矿等。英国煤炭工业 1920 年后开始走下坡，1947—1994 年煤矿由 300 个减少到 30 个，目前有井工矿 12 个，从业人员 850 人，煤炭产量 1500 万吨，有 11 名专职煤矿监察员，这些监察人员都是有经验的煤矿工程师及企业高级管理人员。英国规定在煤矿担任高级职务必须获得相应的资格证书和矿山职业健康与安全方面的合格证，担任煤矿安全监察员必须获得矿长资格证书。英国矿山企业平均 2～3 周要接受一次安全监察，危险多的矿被监察的频率更高。矿山安全监察人员除到现场开展监察工作、对事故调查外，平时与矿长、工人代表和矿山企业的有关部门保持密切联系，接受健康与安全方面的抱怨并调查评判，及时提出忠告或监察意见。

利物浦区域健康与安全执行局高度重视对危险化学品生产、储运等监察。英国化学工业发达，年产值 490 亿英镑，出口达 50 亿英镑，从业人员 23.5 万人。1974 年发生一起化学品爆炸事故，死亡 29 人，受伤 160 人。利物浦执行局为有效做好危险化学品生产储运安全监察工作设有 4 个不同专业的部门负责安全监察工作，对危险化学品按专业实行分组监察，制定了作业场所的安全条例，主要包括危险源的控制标准，企业定期编制安全报告的要求和紧急情况工作预案。法规中对危险化学品企业的安全报告内容非常详细，涵盖企业生产和人员操作的全过程，报告经健康与安全执行局审核后反馈意见，并根据报告制定监察计划，监督企业是否按报告去控制危险，发现问题要求及时改正。1994 年至今英国危险化学品生产、储运业未发生特大事故，每年因公死亡控制在 10 人以内。

（3）参加第十届巴西国际采矿大会暨第十届巴西采矿设备展览会，了解巴西矿业安全监管情况和国际先进矿业安全防护设备情况。

巴西采矿业十分发达，铁矿产量和出口量居世界第二，铀矿、铝矾土和锰矿产量居世界第三，此外还有铌、铬、镍、黄金、石棉、煤、石油、天然气、油页岩等矿。巴西采矿业很重视国际间的交流与合作，多次召开采矿大会。由巴西矿业协会主办的第十届巴西国际采矿大会暨第十届巴西采矿设备展览会于 2003 年 9 月 23—26 日在巴西巴洛奥里藏特市举行，南美洲及世界其他地区的 30 多个国家及 240 多家采矿设备厂商参加大会，一些国家的先进采矿设备和矿业安全防护设备在展览会亮相。

巴西重视对矿业的安全监察，联邦劳工部安全与健康监察局把矿业监察作为重点，主要措施是建立国家安全基金，用于加强培训，提高企业管理人员的管理能力和雇员的安全技术素质，改善矿山的安全健康基础条件；明确规定企业需设立足够的安全技术管理人员；对矿山企业进行安全评价，对危险源进行有效控制。目前巴西矿业从业人员为 14 万人，每年因事故死亡 40 人左右，十万人死亡率 29 左右。

二、此次考察的主要收获

通过这次考察，我们对英国及巴西职业健康与安全监察工作有了较为深入的了解，一些经验值得学习借鉴。

（1）英国对高危险行业安全监察实行独立的、国家垂直管理的体制，权威性强，工作效果显著。1974 年英国颁布《工作场所健康与安全法》，设立了英国健康与安全委员会（HSC）和健康与安全执行局（HSE），均为相对独立机构；健康与安全委员会重点完善安全生产与职业危害的法律法规，联邦健康与安全执行局重点对现场监察执法，设区域执行机构，对高危行业健康与安全监察实行垂直管理，保证了执法工作的力度和效果。

（2）英国健康与安全法律、法规完善，安全生产法制化。英国关于健康与安全的法律、法规非常完善，经议会通过的法律有 3 部，条例 44 个，其中矿山 30 个，机械制造 3 个，其他领域 11 个。法律法规针对性强，具有可操作性，对安全生产有明确的要求和法律约束力，安全生产法治化保证了安全与健康标准在实际工作的落实。

（3）英国重视健康与安全监察员队伍建设。监察员业务素质高。监察员在社会公开择优招录，一般为专业工程师和企业高级管理人员，技术业务素质起点高。为适应安全监察工作的要求，健康与安全执行局与有关大学签订协议，对监察员先培训后上岗，并经常组织强化培训，监察人员每年都要接受在职培训，保证了执法工作的规范化。

（4）英国、巴西注重强化业主的责任，加强安全风险评估，重点抓事故预防。英国和巴西健康与安全法律、法规都强调企业业主的责任，对企业自律有明确要求，企业主开办企业必须对健康与安全风险进行评估，自主寻找危险源，采取措施进行整改，从源头抓起，自主防范，充分地发挥了企业在安全生产上的主体作用。

（5）英国安全监察技术支撑体系完善，保证了安全监察工作到位。英国健康与安全执行局有 7 个技术支撑结构，如煤矿救护由专职的救援公司统一负责，该公司是个不盈利的商业性公司，国家规定煤矿企业按每吨煤提取 0.14 英镑上缴国家，国家有计划地交给救援公司负责救护工作，救援公司与煤矿企业有救护协议，发生事故时企业要立即通知救援公司，救援公司负责现场救护工作，救护资源配置合理，救护队装备好，技术能力强。

（6）健康与安全工作纳入国民经济总体规划，并建立控制指标体系。英国联邦政府和地方政府很重视安全生产和从业人员的劳动健康，坚持制定近期及中远期健康与安全生产规划，并纳入国民经济总体规划，国家在政策和资金上给予支持保证，动员全社会力量组织实施。1999 年制定的十年规划目标是十万工人损失的工作日减少 30%，职业病下降 30%，事故率下降 10%。为此，健康与安全执行局提出了实现目标的措施，英国联邦每年仅用于健康与安全科学研究经费就达 3500 万英镑，由执行局组织实施。由于有国家政策的支持和各方面的协调配合，十年规划得到很好的实施。

三、几点建议

（1）完善和加强统一的垂直管理的安全监察体系。英国高危行业由联邦健康与安全执行局实施垂直管理的安全监管监察体制，适应市场经济发展的要求，收到了很好的效果，值得借鉴。目前我国在煤矿实施了国家垂直管理的安全监察体制，迈出了坚实的一步，也收到了明显的效果。为此建议对煤矿监察进一步充实现场人员，完善体系，把监察工作做实。同时对非煤矿山、危险化学品等高危行业的安全监察逐步实行垂直管理的体制，充实专业人员，明确职权，保障经费，树立权威，有效监控高危行业的安全生产。

（2）完善安全生产法律、法规体系。英国、巴西健康与安全取得明显成效，把安全生产纳入法制化轨道是重要保障。建议进一步加强我国安全与健康的法制建设，完善安全法律、法规体系。在出台《安全生产法》《煤矿安全监察条例》

《危险化学品安全管理条例》等法律、法规的基础上，加快配套法律、法规的制定，加快推进我国安全生产法制化进程。

（3）加强安全监察员队伍建设，强化安全监管与监察。英国、巴西注重对监察员的培训，强化素质，收到了很好的效果。建议进一步加强对各级监察人员的培训，不断提高监察人员的综合素质。建立安全监察员的考录制度、定期培训制度、业务等级制度，建设一支作风优良、业务精通、秉公执法的监察员队伍，为做好监管监察工作提供组织保证。

（4）充分发挥企业在安全生产中的主体作用，建立企业安全生产的自我约束机制。英国、巴西都规定安全生产主要是企业自主行为，用法律和评估报告等监管机制加以约束，使安全生产工作落到了实处。随着我国社会主义市场经济体制的完善，企业成为自主经营的市场主体，企业自身搞好安全生产是实现全国安全生产状况好转的基础。要强化企业是安全生产主体和法人代表是安全生产第一责任者的意识，建立和完善企业安全评价、重大危险源和安全生产隐患监控整改等约束和监管机制，建立以自主保安、业务保安为主要内容的职工安全生产岗位责任制，切实把安全生产的责任落实到企业的每个工作环节。

（5）建立安全生产的技术支撑体系。英国健康与安全专业化技术支撑体系对帮助企业落实安全措施，协助安全执法监察发挥了重要作用，是安全生产监管体制必不可少的组成部分，完善我国安全技术支撑体系势在必行。要加快建立健全安全培训体系、安全宣传教育体系、安全技术支撑体系、应急救援体系、安全信息体系等安全生产支撑体系建设，力求尽快发挥作用。

（6）抓紧制定安全生产规划，把安全生产纳入经济和社会发展战略之中。搞好安全生产是一项长期、复杂和艰巨的任务，是涉及社会各方面工作的系统工程。制定规划，有序实施，全社会形成合力是重要的条件。要开展安全生产发展战略的研究，加快制定安全生产中长期规划，明确目标、实施步骤以及各项政策措施，国家对计划实施给予法律、政策和资金方面的支持，通过全社会对规划的实施，实现我国安全状况的稳定好转。

国家安全生产监督管理总局代表团赴俄罗斯、德国考察报告（2006年5—6月）

国家安全生产监督管理总局副局长王德学率团于2006年5月30日至6月8日赴俄罗斯、德国进行安全生产应急救援体系考察访问。考察团先后访问了俄罗斯环境技术与原子能监督局、俄罗斯工业安全科技中心、俄罗斯煤矿救护公司；

德国经济与技术部、北威州经济能源部、鲁尔集团公司等单位。会见了俄罗斯联邦环保技术与原子能监管局（正部级机构）和德国联邦经济与技术部能源司等负责人就安全生产监督管理、矿山和危险化学品应急救援等进行了广泛的交流。

通过考察，与俄、德两国安全生产监督管理和应急救援机构建立了联系，加深了了解，初步掌握了俄、德两国安全生产应急救援的现状和发展前景。考察期间向俄、德两国有关方面人士发出了参加 2006 年 9 月第三届中国国际安全生产论坛和第五届国际矿山救援技术竞赛的邀请，他们愉快地接受了邀请。

一、俄罗斯安全生产及应急救援状况

俄罗斯自 18 世纪彼得大帝建立第一个国家矿山监督局起，工业安全监察已有 300 多年的历史。虽然历经多次社会变革和部门改革，俄罗斯工业安全监督监察与应急救援体系始终比较完整，对保障财产和人民生命安全起到了重要的作用。近年来，俄联邦政府进行了一系列的改革，将政府部门划分为立法执法机构、社会服务机构和国有资产管理机构。负责安全生产监督管理的部门是环境技术与原子能监督局，负责煤矿、石油等行业管理与应急救援的机构是能源部。

（1）环境技术与原子能监督局。俄联邦环境技术与原子能监督局于 2004 年 5 月 20 日依据总统令 N649 号成立，主要职能是制定法律法规，负责环境保护、工业安全、地下资源保护、核能利用安全、能源安全等领域的监督、监察。环境技术与原子能监督局设在莫斯科，局内设立了 14 个司，工作人员 405 人。该局在俄联邦境内的 86 个地区设立了地方派驻机构，共有 12714 名工作人员，现任局长巴里萨维奇。

（2）俄联邦目前有 2000 多种职业安全与健康方面的法律、法规、标准、规范等，其中多数是由苏联各个部、国家委员会和其他权威机构制定的，至今仍然有效。目前，俄罗斯正在建立和完善新体制下的安全生产法律体系，以其通过法律形式来规范国家对各种所有制企业安全生产和职业健康的监督。其中主要制定和修订的法律法规如下：①1997 年颁布的《危险生产项目工业安全法》，该法规定了危险行业生产企业的设计、建设、投产全过程的安全生产要求，包括危险生产企业要参加强制性伤害责任保险等。同时规定危险生产企业要实行单独注册、实施安全监督监察、对事故原因进行调查。②1997 年 7 月重新修订的《俄罗斯劳动保护基本法》明确规定，国家对劳动保护实施管理；对遵守劳动保护法规的情况进行监督和检查；对工人在劳动保护方面的合法权益的保护实行社会监督；对生产事故和职业病进行调查；国家对现代生产技术水平和劳动组织不能消除的重体力劳动和在有害或危险条件下作业的职工给予补偿；国家对劳动保护方面的各项措施给予拨款；为工人提供工伤事故和职业病社会保险，以保护工人、事故和职业病受害者及其家属的合法权益。③1998 年 7 月颁布的《工伤事故和职业病强制社会保险法》及《危险生产企业强制性工伤和职业病保险规定》。俄政府认为，工伤保险是在市场经济条件下有效防止事故的措施，由于生产安全关系到保险公司的切身经济利益，它将有助于企业更负责任地采取有效措施保障生产安全。

以上法律法规的颁布和实施，对促进安全生产的好转和改善劳动保护条件起到了决定性的作用。

（3）俄联邦煤矿安全与救援。近几年来，俄联邦不断完善矿山安全的法律法规，加强矿山安全生产监督监察与应急救援工作，安全生产状况持续得以改善。煤矿死亡人数从 1997 年的 242 人下降到 2005 年的 107 人，百万吨死亡率由 0.99 下降到 0.36。俄联邦政府对具有百年历史的俄罗斯矿山救护队进行了改革，成立了煤矿和冶金矿山两个救护服务公司。煤矿救护服务公司隶属俄罗斯能源部，是社会服务机构，配备了熟悉应急救援业务的专家，可完成大量矿山救护和其他地下工程救援任务，能处理复杂的事故和意外的灾难。俄联邦煤矿救护分队分布于库兹巴斯、伊尔斯克和罗斯托夫州、乌拉尔、远东、库页岛和科米共和国，包括 9 个独立大队、40 个中队和 213 个小队，队员、专家及工作人员总数为 3260 人，服务于 200 多个煤炭企业。冶金矿山救护服务公司有 2000 多人。俄联邦矿山救护的专业队伍与辅助队伍相结合，共同参与矿山事故的应急救援。辅助救援队均为经过专门培训的矿井工程技术人员和具有井下工作经验的工人。矿山救护队还配有防休克救护小组，直接到井下抢救伤员。俄联邦设立了煤矿救护快速反应大队，该大队位于莫斯科州。人员和装备从驻地运送到茹科夫航空港的时间为 6～8 小时。若将 70 名全副武装的矿山救护人员运到俄罗斯最边远的地区仅需 1 天时间。俄联邦煤矿救护队配备的装备非常齐全，有现代化的通信工具；汽车、飞机等运输工具；各种型号的高效强力粉末、泡沫和惰气灭火装置等。井下还设有足够大的设备器材库，储存氧气呼吸器、医疗救护设备、处理冒顶和片帮的工具材料、潜水设备、氮气设备、惰气设备及井下运输车辆等。救护队有培训中心，向队员讲授矿山救护知识、矿山救护设备的使用方法及伤员的院前急救方法等。

（4）俄联邦危险化学品安全与救援。俄联邦危险化学品安全的监督工作，主要由环境技术与原子能监督局危险化学品设施监督司负责，其主要职能是制定危险化学品安全法律法规、负责危险化学品安全监管工作。①危险化学品安全监管、监察工作。2004 年，俄监督部门共检查了 7826 家不同类型的化工企业。其中有2533家氨制冷企业、1717家石化储存企业及易燃易爆企业、829家化学与炼油企业、473家液氯水处理企业和1000多家有毒、易爆品企业。在2004年度，各地化学品安全监督机构实施了16261次执法检查，提出127250条隐患整改意见，3501家企业因安全条件不达标而被停产停业。有3213人受到纪律和行政处罚，有1521人受到经济处罚，罚款额为5447585卢布。②危险化学品安全许可工作。依据俄联邦政府关于危险化学品生产等相关许可规定，2004年环境技术与原子能监督部门共发放了13701个安全生产许可证，其中由环境技术与原子能监督局颁发的有2265个，由地方监督局颁发的有11436个。俄联邦安全生产许可证是分级发放、分级管理。③危险化学品安全生产状况。俄联邦政府对危险化学品的监督管理工作做得非常细，其事故统计口径分炼油生产设施事故、化学和石化事故、爆炸事故、管线运输事故等。2004年，发生生产设施事故11起，死亡15人，经济损失为3414.5万卢布；发生化学、石化事故5起，死亡10人；发生气体输送事故53起，死亡3人；发生危险品爆炸事故5起，死亡7人。据分析，发生化学危险设施事故的主要原因：一是违反操作规程，约占事故总量的28.5%；二是组织活动不合理，约占31.43%。同时，安全培训不足也是事故多发的重要原因之一。俄联邦危险化学品的生产与使用量持续呈上升趋势，而危险化学品事故发生量呈震荡态势。与2003年相比，2004年事故死亡人数有所下降，但事故起数有所增加。④危险化学品应急救援状况。俄联邦法律规定，企业负责危险化学品事故的救援工作。企业或者建立危化救援队伍，或者与有条件的应急机构签订救援合同，由专业应急救援机构负责事故应急救援工作。同时，各地消防机构也是危险化学品事故应急救援的重要力量，参与危险化学品事故的应急处置工作。对于比较重大的危险化学品事故，一般由国家紧急状态部负责处理。

二、德国矿山安全及应急救援状况

德国的矿产资源丰富，现有各类矿山200多个。主要开采煤、钾、盐及少量金属、非金属和石油等。

德国地下开采的条件并不很好，但由于政府和矿主高度重视矿山安全卫生工作，加之有健全的矿山安全法律法规，有效的监督管理体制和高素质的矿工队伍，矿山事故和职业危害发生率比较低。据介绍，2005年，没有发生一例井下死亡事故，百万工时事故率（按德国法律规定，受伤3天不能工作的就是工伤事故）由1996年的40起下降到20起，安全生产和职业危害状况持续稳定好转。

德国采矿业现行的法律法规有《联邦矿山法》(1980年8月13日颁布，1982

年1月1日生效）及根据该法制定的《硬煤开采条例》《防止井下气候影响职工健康条例》《职工健康保护条例》和《矿用电气设备许可条例》等。此外，矿业工会还制定了部分安全卫生规章和技术标准，这些规章和标准与上述法律、法规一同执行。

德国的矿山安全与职业危害的监督管理有两条线：一是联邦政府、州政府监督管理体系；二是矿业工会的监督检查体系。联邦政府主管矿山安全和职业危害的监督管理部门是经济与技术部，该部的能源司负责全国矿山安全与职业危害监督管理工作，但是该司只负责立法而不负责具体的执法。在16个联邦州中设有8个矿山局和24个矿山分局。

（一）北威州矿山安全现状

联邦德国有16个州，北威州人口最多，经济总量最大，同时也是欧洲最重要的能源生产区。烟煤、褐煤、钾盐储量丰富，还有储量可观的其他矿物，如石英砂、黏土、页岩和矿石等。北威州最高矿业管理当局是经济能源部，下设矿山局和5个矿山分局。其职能：一是负责矿山的监督监察（包括探矿、采矿和矿产品加工等）；二是负责地下储备库、供参观矿井和地下洞穴及深井钻孔的监督监察；三是负责保护地表、保护矿层、保护自然风景区、规划城市空间布局、规划建筑和交通、规划地表复垦等。由于不断改进技术标准，完善组织机构和修订法律法规，北威州矿业安全状况出现改善，矿山事故急剧下降，由1994年的7375起下降到2004年的1200起，同期百万工时事故率由67下降到20。煤矿是事故的重点区，2004年为1050起，平均每百万工时23起。

（二）鲁尔集团公司安全生产状况

目前，鲁尔集团公司拥有能源、化工、房地产和煤矿四大领域、10万职工、年营业额200亿欧元。鲁尔集团公司的安全生产工作实行集团公司、分公司和厂（矿）三级负责制，集团公司负责研究制定安全生产方针、政策和目标，并监督在集团企业中的落实，向集团公司董事会提交安全生产情况报告。分公司根据自己的实际，分解、落实集团公司的方针、政策和目标，并监督在本公司内的落实情况，向分公司董事会和集团公司提交安全生产情况报告。厂（矿）企业研究、落实安全生产法律规定和集团公司的要求，并检查贯彻落实情况，向分公司和厂（矿）董事会报告安全生产情况。集团公司设有劳动与环境保护中心，具体负责集团公司的安全生产工作。由于鲁尔集团公司建立了完善的安全生产政策、目标，建立健全了各级监督机构，为安全生产工作提供了强有力的人力、物力支持，使得安全生产状况持续稳定好转。百万工时事故率逐年降低，2001年为20.3，2005年下降到9，下降了56%。

（三）赫尔内矿山救护总站

在北威州的赫尔内，依托鲁尔集团公司，设立了一个矿山救护总站，有20名工作人员。下辖10支矿山救护队、12支瓦斯防护队，共1250名队员。该救护站服务于北威州、西萨州的矿山企业。平时参与矿山企业的预防性检查，开展矿山救护培训和训练，事故期间参加救援。这些救护队员都是兼职的，他们是具有一定井下工作经验的优秀矿工，并经过了严格的矿山救护训练和体检。这些队员平时在各自的岗位上工作，事故发生后被紧急召集并从事井下救灾作业。救护队员的工资比一般工人要高一些。该救护队的训练设施和救护设备齐全，有一座培训训练楼，德国德尔格公司为其配备了固定和车载式烟热体能训练系统，可以模拟井下巷道、工作面及井下各种设施，“灾区”温度、湿度等参数可调。该系统一方面用于队员的训练，另一方面可以用于考核救护队员的体能。井下救援装备有呼吸器、防热服、救灾通信、担架和各种仪表等。

德国对救护队员在井下灾区的作业时间做了严格规定，但确定作业时间的基础条件比较复杂，包括作业场所的温度、相对湿度、防热服的种类和是否穿戴了冰背心等。如测定的灾区温度为40摄氏度，相对湿度为80%，穿戴了标准防热服和冰背心后，可以工作35分钟。

三、启示与体会

（1）完善安全生产法规，认真落实政府的安全监管主体责任和企业的安全生产主体责任。

俄、德两国的安全生产形势非常稳定，安全生产状况不断好转，事故起数、死亡人数大幅度下降。特别是德国，安全生产形势稳定，事故率持续降低。究其原因：一是两国的安全生产法律、法规健全，各项规定都很具体，操作性很强；二是州政府主管部门的职责清楚，安全生产监督管理责任落实；三是企业严格遵守法律法规和各项规章制度，安全生产主体责任落实；四是从业人员安全生产意识到位，保险及工会和其他群团组织在安全生产工作中也发挥了重要作用。此外，德国煤炭行业管理与安全生产监管的责任全部在州政府的经济能源部，取得了良好的效果。

（2）高度重视安全生产应急救援工作。

虽然俄、德两国的安全生产状况稳定，事故率、死亡率都比较低，但两国都非常重视安全生产应急救援工作。他们建立了应急救援体系和工作机制，完善了应急救援工作的法规、标准，企业和政府建立了专、兼职的应急救援队伍，政府和企业投入大量资金用于研发和配备先进的应急救援装备，建立了培训中心，加强了应急救援人员的培训和演练等。从而拥有较高的应急救援技术、装备水平，做到常备不懈。

（3）从实际出发，实行矿山应急救援组织社会化。

俄、德两国的矿山救援管理部门经过公司化改造，已经成为服务于矿山企业的专门机构。俄罗斯的煤矿和冶金矿山救护服务公司的运行经费，约一半来源于国家的补贴，另一半靠自己在救护服务中创收。救护服务的内容包括培训、训练企业救援人员、协助企业制定矿山事故应急预案和演练、事故期间协助制定救灾方案、参与抢险救灾。随着事故总量的不断减少，矿山救护人数在逐年降低，矿山救护的工作量也不断下降，为此矿山救护队伍的工作大部分转移到为矿山企业提供培训和预防服务上来，这也是其他发达国家矿山救护队伍所走过的道路。

（4）加强队伍和装备建设，提高应急救援能力。

俄联邦建立了煤矿救护快速反应大队，配备了具有较高技术水平的工程技术人员和熟悉操作救灾装备的技术工人，规章制度规范、演习训练频繁、装备先进齐全。仅需一天时间，该大队的救援人员和装备就能运送到俄联邦境内的任何地方，对于重特大矿山事故的处理及应对其他地下工程的事故灾难都具有重要的意义。

（5）加强危险化学品事故的统计分析和应急救援工作。

危险化学品涉及种类和品种数以万计。俄联邦对危险化学品事故的统计分析是比较细致的，不但要统计哪种危险化学品的事故，而且还有统计该种危险化学品的产量，这样就能够把事故情况与整体经济运行相关联，从而把握行业发展动态，便于提出有针对性安全对策与措施。同时还统计各地监管部门对危险化学品企业与设施等监管执法情况。在危险化学品应急救援方面，俄联邦依托大企业，建立了危险化学品应急救援队伍，并与中小危险化学品企业签订救援协议，形成了危险化学品应急救援体系，整体提高了危险化学品事故灾难的处置能力。在行政许可方面，俄罗斯也是采取了分级发证、分级管理的原则，这既突出重点，又提高了行政许可效率。

四、建议

（一）依托国有大型企业，建立安全生产应急救援基地

几十年来，我国大型国有企业，特别是矿山、危化等高危行业企业大都设立了应急救援队伍，配备了救援、救生装备，培养了一批具有实践经验的高技术人才，在生产安全事故灾难的应急救援中积累了丰富的经验，发挥了重要的作用。但在发展社会主义市场经济的新形势下，随着经济规模不断增长，目前的应急救

援机制存在不适应的问题。建议借鉴俄罗斯和德国的经验，依托这些救援力量，建立健全安全生产应急救援基地，在为本企业提供救援服务的同时，辐射周边地区，形成区域应急救援网络，以整体提高我国应对生产安全重特大事故灾难的能力，减少事故损失和人员伤亡。

（二）建立健全法规标准体系，完善应急救援机制

我国已经颁布了《安全生产法》《矿山安全法》等法律法规，为保障生产经营单位的安全生产和人民群众的生命安全发挥了重要的作用。上述法律法规对安全生产应急救援工作做了规定，但仅为初步的、原则性的，需要配套和完善。为此建议加快制定《安全生产应急管理条例》等配套法规、规章。可参照俄联邦《煤矿救护规程》等制定我国救援队伍人员配置、装备配备、培训演练、行动准则等具体标准，以规范安全生产应急管理和救援工作。

（三）推进兼职救护队员制度

近年来，我国矿山救援工作取得了很大的成绩，初步建立起了矿山应急救护体系框架，矿山救护覆盖率有了很大提高。但是，大部分中小矿山企业没有建立救护队，甚至没有救护队为其服务。由于中小矿山企业大都存在无序开采，而且图纸资料不全等问题，发生事故灾难以后，小矿主和熟悉情况的人员逃逸的事件时有发生，严重影响了事故期间的快速、有效的抢险救灾；另外，也因没有建立兼职救援队伍，当事故发生后无序施救、错误施救，导致事故扩大。为此，建议大力推进兼职救护队员制度，凡是没有建立专职救援队伍的矿山企业，一律设立具有一定规模的兼职救援队伍，配备必要的救援装备和器材。兼职救护人员从井下工人中选拔，由具有培训资质的救援基地负责定期培训和训练，平时在本工作岗位上工作，事故期间参与事故的抢险救灾。

（四）发挥救援队伍的专业优势，搞好事故预防

目前，我国在企业消防、矿山救护等方面约有专业应急救援人员 12 万人。这些人员具有熟悉现场环境、了解重大危险源情况、掌握安全生产知识、具备应急救援经验等优势，可以在生产经营单位作业场所的数据采集、危险场所探察、隐患排除等工作中发挥重要的作用。为此，应借鉴俄罗斯和德国的经验，制定规章制度，赋予救援队伍预防性检查的职能，以便充分发挥其专业优势，为企业安全生产服务。

（五）进一步加强与俄、德两国的矿山救护合作

中、俄两国矿山救护体制、机制相同，有着悠久的友好合作关系。近年来，俄联邦在矿山救护方面作了一系列改革，取得了许多成功经验，值得我们学习借鉴。德国在矿山救护法制、培训、演练等方面，具有很高的水平，特别是北威州矿山救护中心的综合训练系统，在国际矿山救援组织中处于一流地位。为了加快我国矿山应急救援体系建设，完善矿山救援机制，整体提高矿山救护水平和应对矿山事故的能力，建议进一步加强与俄罗斯、德国在矿山救护法制、体制、机制和队伍建设等方面的交流与合作。这次出访中收集了两国部分矿山救护法规、标准，要组织人员尽快翻译，以便研究借鉴。

国家安全生产监督管理总局、国家煤矿安全监察局代表团考察访问捷克和波兰的报告（2006年8—9月）

应捷克国家矿业局局长马卡留斯和波兰国家最高矿山局局长布拉德茨基的邀请，国家煤矿安全监察局局长赵铁锤率团于2006年8月22日至9月1日对捷克和波兰进行了考察访问。

一、考察基本情况

（一）对捷克考察情况

访问捷克期间，局长赵铁锤与捷克国家矿业局第一副局长布拉茨科举行工作会谈，双方分别介绍两国煤矿安全状况、安全监察体制及其经验，并就两国在煤矿安全领域的合作达成一致意见。我国驻捷克大使霍玉珍参加了会谈。在捷克考察期间，代表团还考察了捷克国家矿业局克拉德诺分局、布尔诺分局，郝伊斯特集团公司采石场及其安全管理情况。

1. 捷克煤炭工业情况

捷克总人口1021万人，人均GDP约1.1万美元，2004年5月正式加入欧盟。捷克是世界主要产煤国之一，煤炭开采历史可以追溯到15世纪，奥斯特拉法—卡尔维纳矿区早在18世纪就开始实行采矿许可证制度。第二次世界大战之后，捷克煤炭工业发展迅速，1980年煤炭产量达到高峰，全国煤炭年产量为1.17亿吨。在20世纪90年代，捷克实施经济转型，钢铁等重工业发展速度减慢，煤炭需求量大幅下降。同时捷克政府对煤炭工业实行改革，重组五大煤炭公司。2005年，全国煤炭总产量为6500万吨，其中硬煤1500万吨，褐煤5000万吨，矿工总数为5.5万人。此外，2005年捷克开采矿石30万吨，高岭土350万吨，建筑砂石材料4000万吨。

2. 捷克国家矿业局及其安全监察经验

（1）捷克国家矿业局及其主要职能：捷克国家矿业局是根据1969年捷克政府部门组建法案（1969年第2号法令）组建的，总部设在布拉格，在全国设有

9 个地区分局，实行垂直管理，全部编制 212 人，其中监察人员 135 人，管理人员和办事人员共 77 人。捷克国家矿业局的主要职能包括：采矿活动安全监察；地下工程安全监察；地下建筑物火灾消防监察；炸药厂和爆破作业安全监察；开展事故调查；矿山工程竣工验收；颁发矿长资格证、爆破工长和输送机操作工长资格证、矿山救护队长资格证；征收矿区使用费和矿产资源税。捷克国家矿业局监察范围包括 5 家大煤炭公司、40 家非金属矿物公司、50 家石油和天然气钻井公司和 30 家建筑砂石开采企业，以及炸药厂、矿山救护队和地下建筑等。

（2）安全监察经验：对矿山企业实施监察是强制矿山企业遵守矿山安全法规的重要手段。捷克国家矿业局采用一般监察（安全大检查）和重点监察相结合的工作方法。2005 年共开展了 4 次矿山安全大检查。对那些经常发生伤亡事故的企业则要进行重点监察。地区监察分局在必要时还组织突击监察。实践证明突击监察是一种非常有效的方法。例如，在 2005 年，全国共组织了 7773 次监察，其中突击监察 1199 次，占 15.43%。平均每人一年参加监察次数为 88 次。根据捷克《采矿法（1998）》，捷克国家矿业局在监察时，如发现存在违法问题，有权进行处罚。对于违反《采矿法》有关规定或违反捷克国家矿业局规定的，最高可以处罚款 100 万克朗（约合 36 万元人民币）；对于未能按照要求进行整改的，最高可以处罚款 200 万克朗；对于个人违章事故或隐瞒情况可处以罚款 5 万克朗，一般违章处以罚款 2000 克朗；对于严重违章或屡次违章，可以吊销个人资格证（最长 3 年）。同时，捷克国家矿业局还与捷克工会建立了联合执法机制，联合开展安全基础和死亡事故调查。

（3）煤矿安全状况及其工作经验。2005 年，捷克煤矿事故死亡 8 人，百万吨死亡率为 0.126。2006 年 1—6 月煤矿事故死亡 1 人。捷克井工煤矿开采条件困难，存在冲击地压和严重瓦斯灾害威胁，有针对性采取了措施，极大地减低了发生事故的危险。冲击地压是捷克奥 - 卡矿区长期存在的威胁。尽管今天对于冲击地压的机理有了深入了解，但仍然不能消除冲击地压危险。根据对 2003 年和 2004 年发生的煤矿冲击地压事故进行调查和分析结果，捷克国家矿业局颁布了一项新的安全法规，要求每个有冲击地压危险的矿井必须配备一名地质动力学专家，开展冲击地压防治，同时建立一个冲击地压研究室，对冲击地压区域进行连续观测，制定未来 3 年内冲击地压防治措施。奥 - 卡矿区在 2005 年发生冲击地压的次数虽然比 2004 年还多，但由于采取了有效的防突措施，没有发生死亡事故。捷克煤矿瓦斯灾害严重，1981 年 9 月 3 日普鲁陀矿瓦斯爆炸死亡 65 人，1990 年 10 月 18 日五一煤矿瓦斯爆炸死亡 30 人。自 2002 年以来，捷克煤矿通过改进通风管理，安装瓦斯监控系统，加强瓦斯专项监察，有效地消除煤矿瓦斯灾害，已连续4年没有发生因瓦斯引起的死亡事故。

（二）对波兰考察情况

访问波兰期间，局长赵铁锤与波兰国家最高矿山局局长布拉德茨基、副局长李特法举行会谈，双方分别介绍了两国煤矿安全立法、安全监察体制及监察工作有关情况，探讨了两国在煤矿安全技术和矿山救护方面的合作前景。赵铁锤一行还考察了卡托维兹煤炭集团斯塔兹克煤矿安全生产情况，考察了中央矿山救护总站，了解矿山救护技术装备及矿山救护培训与演练情况。

1. 波兰煤炭工业情况

波兰人口3800万，人均GDP约7000美元。波兰主要矿产品有煤、铜、锌、铅、铝和银等。目前开采的煤田为上西里西亚煤田和卢布林煤田。2005年波兰煤炭总产量1.59亿吨，其中硬煤产量9710万吨，褐煤产量6160万吨。采矿业在波兰国民生产总值中占2.2%～2.5%。

2. 波兰国家最高矿山局及其主要职能

根据波兰部长会议的决定，1922年6月24日成立波兰国家最高矿山局，总部设在卡托维茨市。波兰国家最高矿山局局长由总理任命，下设9个主要职能部门，即法规司、采矿监察司、动力机械监察司、工作条件监察司、环境保护和矿产资源管理司、地质调查信息中心、综合管理司、人事培训司、财务司。波兰国家最高矿山局在全国设有14个地区监察分局，实行垂直管理。波兰国家最高矿山局有4名局领导，设局长一名，副局长2名（分管有关业务司），总监1名（分管人事培训和财务），编制总数为550人。波兰国家最高矿山局的主要职能包括：促进矿山安全，对矿山建设项目和生产安全实施监察；保护矿工健康；管理矿产资源；减少采矿引起的环境破坏；协调指挥矿山救护队；对矿山关闭、复垦和老矿区开发进行综合监管。1996年，波兰国家最高矿山局设立了第一个矿山安全委员会，至今已设立10个专门委员会，就矿山各种灾害的治理为波兰国家最高矿山局提供技术咨询。

3. 矿山安全监察及其经验

波兰国家最高矿山局监察范围包括5253个矿山和钻探作业点，从业人员总数20余万人。其中，54处井工矿，包括43个煤矿，其他为铜矿、锌矿、铅矿、盐矿、黏土矿等；104座露天矿，包括11座露天煤矿、92处采石场和一个硫铁矿等；10座采石场；59处钻井作业场所，包括石油、天然气钻井和煤田勘探钻井；304个地质勘探公司；其他矿物开采企业4132个；矿山工程承包公司1121个。

历史上，波兰矿山事故也较为严重。1946—1950年，波兰硬煤矿井百万吨死亡率平均5.95；1951年，全国硬煤矿井总产量9160万吨，事故死亡人数592人，百万吨死亡率6.46；1954年百万吨死亡率高达7.0。事故高发促使波兰变革矿山监察体制，1954年10月21日，波兰部长会议决定，将波兰国家最高矿山局由矿业部下属机构，升格为部长会议直属机构，提高了波兰国家最高矿山局的权威性。1988年4月，波兰国家最高矿山局着手起草制定《地质和采矿法》，并于1994年2月获得波兰议会批准，该法的执法主体是波兰国家最高矿山局，使矿山安全基础涵盖从矿产资源管理、矿山项目建设、生产到矿山报废关闭整个过程。从此，波兰矿山安全状况进一步迅速好转。2003年、2004年、2005年，波兰煤矿百万吨死亡率分别下降到0.17、0.06和0.09。2006年1—8月，波兰全国矿山事故仅死亡19人，其中煤矿事故死亡12人。

4. 斯塔兹克煤矿安全生产技术

斯塔兹克煤矿地处卡托维兹矿区，1964年投产。1988年最高年产量达到460万吨，职工总数8500人。1993年卡托维兹矿区煤炭管理体制进行改革，组建了卡托维兹煤炭集团公司、下属11个煤矿，年总产量2360万吨，职工总数5万人。斯塔兹克煤矿成为该集团公司下属煤矿。此后，斯塔兹克煤矿不断进行结构调整和技术改革，改进煤矿安全，提高市场效率，2005年煤炭产量为360万吨商品煤，折合原煤约500万吨，职工总数4000人。斯塔兹克煤矿开采条件比较复杂，有煤与瓦斯突出危险，煤尘有爆炸危险。目前开采水平-500米和-720米，正在开拓准备-900米。过去10年中，完成了一批技术改造项目，包括采区巷道柴油机驱动单轨吊运输系统，通风网络优化，全矿井监测监控系统。斯塔兹克煤矿煤层瓦斯含量为13立方米/吨，瓦斯绝对涌出量为55立方米/分钟，全矿采用采前抽放瓦斯，瓦斯抽放率为30%～50%。采用水力压裂和松动爆炸进行卸压，预防冲击地压和煤岩突出。该矿还建立了安全健康管理体系。每年12月4日“矿工节”办成了矿工安全文化节，让矿工井下安全工作，享受平安健康生活。

5. 波兰矿山救护体系

1907年，波兰塔诺夫斯基矿业协会建立了第一支矿山救护队，至今已有百年历史。2001年重新修订的《地质和采矿法》包括了矿山救护有关规定，规定了专业矿山救护队和矿山企业救护队的组织、任务和装备。根据法律规定，国家最高矿山局负责对矿山救护队进行监督和指导。波兰全国有4家独立的专业矿山救护队，包括：中央矿山救护总站，承担硬煤矿山救护任务；克拉科夫钻井作业救护队，承担石油、天然气钻井作业救护任务；塔诺布茨克矿山救护队，承担非金属矿山救护任务；卢宾铜矿救护队，承担铜矿和其他金属矿山救护任务。此外，有55支矿山企业救护队。全国共有矿山救护人员6072人，其中专职矿山救护队员1500人，其余为企业井下矿工担任兼职矿山救护队员。我们所访问的中央矿山救护总站，有先进的救护装备，包括救护专用车、气体检测分析专用车、钻孔和提升专用车、岩石破碎钻具等。救护队员配备符合欧盟标准的呼吸器。中央矿山救护总站有系统的矿山救护培训计划，包括27门课程，每年培训8000人次，每个矿山救护队员每年要参加6次培训，2次在中央矿山救护总站，4次在矿山企业，并组织模拟紧急救援演练。

二、主要收获

（1）捷克、波兰矿山安全监察部门有很高的权威性，监察能力强。捷克国家矿业局和波兰国家最高矿山局均属中央政府直属机构，局长由总理（或国会）任命，在全国设有地区分局、实行垂直管理。这两个国家矿山局的编制人数相对比例较高，捷克国家矿业局有编制212人，负责125个矿业企业的安全监察，平均每个矿山企业有2名监察人员。波兰国家最高矿山局编制数550人，全国矿业从业人员总数20.8万人，监察人员相对从业人员的比例为2.6/1000，监察力量较强，能够对所有矿山企业实行有效的监察。

（2）矿产资源开发管理和安全生产监察有机统一。捷克国家矿业局和波兰国家最高矿山局职能包括从矿产资源管理、矿山建设、生产直到矿山关闭全过程综合监管，使得矿产资源管理、开发建设和安全监察有机衔接，综合协调。

（3）捷克和波兰煤矿在困难开采条件下实现了安全生产。这两个国家煤矿井下灾害危险性也很大，多属高瓦斯、煤与瓦斯突出和有冲击地压危险矿井，历史上也都发生过重特大安全事故。但自从20世纪90年代中期以来，两国煤矿安全状况迅速改善，2005年捷克煤矿百万吨死亡率为0.126，波兰为0.09，均属世界先进水平。两国在煤矿安全监察、安全生产管理及安全生产技术等方面有许多经验值得我们借鉴。

（4）监察执法重点突出、方式灵活。捷克国家矿业局采用安全大检查、重点监察和突击监察相结合的工作方法，集中力量对那些经常发生事故的企业进行重点监察，尤其是突击监察经实践证明是非常有效的方式。对于存在问题而未能按要求进行整改的企业，以及屡次违章的人员加大处罚力度。

（5）矿山救护体系完善、装备先进。波兰矿山救护队有先进的技术装备，尤其是矿山救护专用车辆和矿山气体检测分析车辆，均属世界先进水平。对救护队员进行严格的培训和应急救援演练。兼职矿山救护队员平时从事采矿生产作业，在出现事故时能够直接投入救护活动，或帮助矿工逃生自救。

（6）捷克煤矿冲击地压防治技术先进。捷克奥－卡矿区煤矿冲击地压威胁严重，他们有针对性地加强了冲击地压机理研究。同时，捷克国家矿业局颁布一项新的安全法规，要求有冲击地压危险矿井必须配备一名地质动力学专家和设立冲击地压防治工作站，研究冲击地压防治措施，近两年来均未发生冲击地压造成的死亡事故。

（7）波兰煤矿安全生产管理经验有独到之处。波兰在向市场经济转型过程中，煤炭工业持续保持国有煤矿管理体制，目前34座煤矿除一座为私营外，其余33座均为国有煤矿，煤矿安全生产保障度高。斯塔兹克煤矿为高瓦斯和突出危险矿井，该矿加大安全投入进行安全技术改造，长期坚持采前瓦斯抽放，严格限制工作面人数，限制每班产量，开展安全文化活动，从而确保安全生产。

（8）捷克和波兰煤矿安全状况的改善与经济社会的发展密切相关。捷克人均GDP为1.1万美元，进入高收入国家行列，波兰人均GDP为7000美元，属于中等收入国家。目前，两国的产业结构、城市化水平、中学生入学率、千人医生数等经济社会发展指标已达到欧美发达国家水平。其从业人员十万人死亡率和煤矿百万吨死亡率均处于世界先进水平。

（9）中捷确定煤矿安全合作重点领域。局长赵铁锤和捷克国家矿业局第一副局长布拉兹科在工作会谈中就加强中捷两国煤矿安全合作达成了共识。双方将重点在以下方面开展合作：①合作研究改善煤矿安全与健康的措施并反馈其执行情况；②加强信息交流和信息共享，包括事故、工伤和职业危害的统计资料，以及据此取得的教训；③交流冲击地压预测、预防技术及其装备的使用；④推广煤矿安全与健康领域的成功经验；⑤制定与实施煤矿安全与健康法规；⑥加强煤矿安全与健康监管和矿山救护工作；⑦促进对煤矿安全与健康风险及相关预防技术的研究。

三、建议

通过这次与捷克国家矿业局、波兰国家最高矿山局等有关机构的广泛交流及对煤矿现场的考察，并结合我国实际情况，提出以下几点建议：

（1）进一步完善我国煤矿安全监察体制，加强煤矿安全监察力量。最近几年，我国加强了煤矿安全监察工作，同时通过煤矿企业及社会多方面的共同努力，煤矿安全状况趋于稳定好转。但是，我国煤矿安全状况依然严峻，煤炭产量增长迅速，目前有近2万处生产矿井，从业人员达500万～600万人，而煤矿安全监察人员不足3000人，平均每6个煤矿只有1名监察人员，监察人员与从业人员比例为0.5/1000。因此，急需增加煤矿安全监察人员，并调整增设区域煤矿安全监察机构，加强对煤矿安全国家监察。

（2）学习借鉴捷克和波兰煤矿安全管理经验。加强瓦斯和冲击地压防治工作，高瓦斯和有冲击地压危险矿井，要设立瓦斯防治和冲击地压防治工作站，加强对瓦斯和冲击地压防治措施的研究。

（3）加强与捷克和波兰两国在煤矿安全监察、矿山救护和煤矿安全技术领域的合作。积极推进河南省郑州煤炭工业集团、辽宁省抚顺矿业集团与捷克、波兰在冲击地压防治方面加强合作，开展合作研究、技术交流和培训，建立煤矿安全示范基地。

（4）定期向我驻外使馆通报安全生产形势。这次代表团在拜访我驻捷克、波兰大使馆负责人时，两馆负责人都表示驻在国政府及相关部门非常关注我国的安全生产情况，希望能及时得到国内的有关正式材料，以便加大正面宣传。建议外交部定期将我国安全生产和煤矿安全情况通报我国有关驻外使领馆，具体材料可由国家安全生产监督管理总局、国家煤矿安全监察局提供。

国家安全生产监督管理总局、国家煤矿安全监察局代表团赴南非、日本考察报告（2009 年 8—9 月）

2009 年 8 月 27 日至 9 月 5 日，国家安全生产监督管理总局副局长、国家煤矿安全监察局局长赵铁锤率团赴南非、日本进行实地考察。

新华社《参考清样》2008 年 7 月 28 日第 1534 期和 2009 年 4 月 12 日第 645 期先后刊登了南非矿山安全生产方面的先进经验，总理温家宝、副总理张德江和邹家华先后作出批示，要求学习借鉴南非经验，切实加强我国煤矿安全生产工作。为贯彻落实国务院领导指示精神，国家安全生产监督管理总局决定由赵铁锤带队赴南非进行实地考察。

在访问南非期间，代表团与南非矿产能源部举行了工作会谈，全面了解了南非煤矿安全监察体制、法律法规、培训、技术装备和应急救援情况，并深入南非萨索尔公司布拉德斯普瑞特煤矿（2008 年生产煤炭 860 万吨）、英美煤炭集团公司科瑞尔煤矿（2008 年生产煤炭 500 万吨）井下，对其安全生产设施进行了现场考察。

在日本访问期间，代表团与日本经济产业省举行了工作会谈，双方全面回顾和总结了 7 年来两国在煤矿安全技术培训方面开展的卓有成效的合作，并就继续延长中日煤矿安全技术培训达成共识；代表团还前往钏路煤矿株式会社，考察培训场地、设施和实验室，看望我在日参加培训学员。

考察期间，局长赵铁锤还率团分别与南非矿产能源部矿山健康与安全监察司和萨索尔公司煤矿负责人，日本新能源产业技术综合开发机构和日本煤炭能源中心负责人、钏路市市长、钏路煤矿株式会社负责人就煤矿安全技术装备、人员培训工作进行了座谈和交流。

局长赵铁锤还先后拜访了我驻南非大使钟建华和驻日本使馆科技参赞阮湘平。大使钟建华向代表团介绍了南非的基本情况及中南两国外交外贸关系。参赞阮湘平介绍了近年来中日两国科技合作的简要情况。

一、赴南非考察情况及主要收获和建议

（一）南非煤炭工业基本情况

1. 南非煤炭工业及煤矿安全生产概况

南非每年生产煤炭 2.5 亿吨，共有煤矿 90 处，其中井工煤矿 60 处，产量约占 49%。南非煤炭生产主要集中在大型煤炭公司，产量最大的 5 家煤炭公司分别是英美煤炭集团公司、必和必拓集团公司、萨索尔集团公司、埃克森集团公司和斯特拉塔集团公司。这 5 家公司的煤炭产量占南非煤炭总产量的 90% 左右。

南非煤炭安全生产历史上也经历了事故频发、伤亡惨重到事故得到有效控制的发展过程。1961 年以前，南非煤矿开采秩序混乱，矿主不给矿工（主要是黑人）提供任何安全保障，事故伤亡率很高。1961 年以后，矿工因煤矿发生特大瓦斯爆炸事故而拒绝进入井下作业，促使南非成立煤矿工会，加强管理，不断提高煤矿机械化程度，煤矿安全生产状况得以逐步好转。1993 年南非公布实施了《职业健康与安全法》，1996 年制定了《矿山健康与安全法》，形成了较为完善的矿山安全法规体系，煤矿安全生产水平大幅提升。1994 年以后，南非煤矿每年死亡人数基本保持在 30～50 人，2001 年以后进一步降低到 20 人左右。自 1994 年以来，南非已杜绝瓦斯煤层爆炸和透水事故，火灾事故也大大减少。目前每年发生的少量事故主要是运输和冒顶事故，煤矿安全生产达到了世界先进水平。

2. 南非煤矿开采条件的主要特点

南非煤炭资源地质条件简单。断层、褶曲、陷落柱等构造少，煤层埋藏较浅且大多呈近水平，煤层赋存稳定。煤炭储量中有 96% 埋藏深度不到 200 米，煤层厚度超过 2 米的储量约占 80%。所考察的科瑞尔煤矿开采深度 60 米左右，煤层厚度 4.5 米；布拉德斯普瑞特煤矿开采深度 150 米左右，煤层厚度 3.5 米。

南非煤矿的安全生产条件较好。瓦斯很少，井工煤矿不划分瓦斯等级；水文地质条件简单，所考察的两个煤矿均未设排水系统及相关设施；顶板稳定，一般

只需要采用锚杆支护；煤层不易自燃，只是煤层具有爆炸性危险。

3. 南非井工煤矿采煤方法和生产系统的主要特点

南非井工煤矿主要采用房柱式采煤方法和连续采煤机回采工艺，支护主要采用锚杆支护。

生产系统简单，主运输采用带式输送机，辅助运输采用无轨胶轮车。井下巷道大多布置在煤层中，井巷均采用大断面（约15米）。

煤矿安装和使用了安全监控设备，对瓦斯、设备状况等进行监控，但由于灾害威胁较小，安全监控系统比较简单。

南非煤矿机械化程度高（接近100%）、用人少。科瑞尔煤矿只有490人，布拉德斯普瑞特煤矿只有1060人。

4. 南非煤矿井下避难场所及设施

南非《矿山健康与安全规程》规定，长壁开采的工作面，距离工作面不超过750米的地点必须建立庇护所；采用房柱式开采时，每1000米应设置避难所。避难所内必须有供养、通信、报警设备及自救器、饮用水等。

南非煤矿避难所主要有三种类型：固定式、硐室+设备可移动式、可移动式。

固定式避难所（又称通风式避难所）：在井下建设硐室，容积应能够容纳该避难所服务区域内可能出现的所有人员，且每人占有容积不小于0.5立方米；硐室采用两道风门结构，以便形成风障，防止有毒有害气体侵入；从地面打直径60~200毫米的钻孔至避难所，在正常情况下通过该钻孔通风，在灾变情况下矿井失去通风能力时，在地面通过专用压风机向避难所压风；硐室内有通信、报警设施。

硐室+设备可移动式避难所（又称不通风式避难所）：它设有与地面连通的大直径钻孔，设有供氧装置、自救器、矿灯及食物、水等。这些设备和食物装设在可移动的容器内，当该硐室不再作为避难所使用时，设备可移动到新的避难所。布兰德斯普瑞特煤矿的该类硐室设置有急救包、化学生氧装置、自救器、CO_2吸收装置、卫生间等。

可移动式避难舱：为钢制结构，可移动，内有氧气供给系统、CO_2处理系统、空气调节系统等。

南非推行的矿山井下避难所，为事故发生后井下幸存的被困人员提供了较为安全的避难场所、维持生命的必要条件和与地面沟通联系的信息通道，为被困人员等待救援和救援工作的组织实施赢得了宝贵的时间。井下避难所在南非矿山救援史上曾发挥了重要作用，2003年和2004年，南非两个金矿分别发生停电和火灾事故，一个矿井280人是在井下避难所里救出的，另一个矿井有52人是在井下避难所（避难舱）中生存2天后获救的。

据南非矿山健康与安全监察局有关人员介绍，可移动式避难舱在南非煤矿的使用还比较少，科瑞尔煤矿和布兰德斯普瑞特煤矿未使用移动式避难舱。

5. 南非煤矿井下抑爆隔爆设施

南非煤矿井下基本采用采煤机内喷雾和巷道喷洒岩粉、安设岩粉袋等抑爆隔爆设施和措施。科瑞尔煤矿和布兰德斯普瑞特煤矿井下就是使用了这样的设施和措施。

（二）南非煤矿的安全监察体制情况

1. 南非煤矿安全监察机构

南非设立矿产能源部，统一管理全国矿山资源、矿山行业发展，以及职业健康与安全监察，内设矿山健康与安全监察局。矿山健康与安全监察局在全国设9个地区健康安全监察部，共有矿山安全监察员305名，负责全国包括煤矿在内的723座各类矿山的安全监察。

矿山健康与安全监察局的主要职能：制定并推广应用采矿作业安全标准；制定并推广应用采矿设备安全标准；制定并推广应用采矿作业的职业卫生标准；对采矿企业遵守采矿作业安全标准进行监察；对各地区采矿设备进行监察；对职业医疗卫生方面的工作进行监察；对发生的矿山安全事故进行调查、取证；对矿工进行职业教育和培训；组织相关技术支撑机构开展矿山健康与安全方面的技术研究。

矿山安全监察员的主要职责是：对矿山实施不定期监察，主要监察安全健康管理系统、培训系统等是否健全并有效地运转；有权随时进入矿井任何地点检查，凡发现影响雇员安全与健康的事故隐患的，可以采取罚款、停产、关闭等各种手段；当矿山发生事故时，根据指令及时进入现场调查，查明事故原因，提出事故处理意见；可以不需要任何理由或提前通知，随时向企业的任何人询问与安全有关的事项，要求其提供相关文件；可以检查任何机器、工作条件，并可扣留任何文件、机器的全部或一部分；对企业违反安全管理的行为，有权要求企业进行纠正，并可对其罚款；不定期带领医学专家到矿区对矿山气体、员工身体进行检查，防止尘肺病的发生。

矿山健康与安全监察局和监察员拥有诉讼权，对于矿山企业的违法行为，可以向法院起诉。矿山企业必须执行监察员的指示，凡对监察员的监察工作进行任何干扰和妨碍均属于违法行为，将受到罚款或最高两年的监禁。

矿山安全监察主要采取监察与服务相结合的方式进行。一是不定期抽查。安全监察人员有权随时进入矿山任何地点检查，对发现的事故隐患，可以采取罚款、停产、关闭等各种手段，罚款资金直接上缴矿山健康与安全监察局。二是事故调查。负责矿山事故调查，提出事故处理意见。在查明事故原因后，如发现矿山企业违反了相关法律规定，可向法院提起诉讼，由法院认定矿山企业的违法责任，依法作出民事或刑事处罚。三是对出现的事故隐患或发生的事故，与矿山企业共同研究讨论原有安全措施、技术装备、人员能力、管理制度等方面可能存在的不足与漏洞，帮助矿山企业提出改进措施和方案。四是进行新技术、新装备的推广。通过发布技术装备指南的方式，向矿山企业介绍、推广新技术、新装备。

为了加强政府部门、雇主、雇员之间有关职业健康与安全方面的合作与协商，南非《矿山健康与安全法》明确规定：建立三方委员会制度，由政府部门、雇主、雇员代表组成“三方机构”，即矿山健康与安全委员会、采矿资格管理局。以法律的形式保证各方面参与安全生产法规、标准、政策的制定和管理。

矿山健康与安全委员会有雇主代表5人，雇员代表5人，矿山健康与安全监察局代表5人，矿山健康与安全监察局局长担任委员会主席。其主要职责：向矿产资源部部长提出矿山健康与安全方面的建议，包括立法方面的建议；促进采矿业职业健康与安全文化建设；定期总结评价矿山健康与安全工作状况；研究制定矿山健康与安全总体规划。

采矿资格管理局成员包括雇主代表5人、雇员代表5人和政府部门代表4人，矿山健康与安全监察局局长任该机构主席。其主要职能：向矿产能源部部长提供采矿工业教育和培训标准制定、质量鉴定、资格评审方面的建议。采矿资格管理局下设采矿资格管理委员会，主要负责编制教育和培训标准。

2. 南非煤矿安全生产法规体系和主要经济政策

南非矿山安全生产方面的主要法律是《职业健康与安全法》和《矿山健康与安全法》，主要部门规章是矿产能源部制定的《矿山健康与安全规程》和《执行矿山健康与安全法指导方针》。为确保矿山健康与安全法规的有效实施，矿产能源部还相继发布了相关标准（指南），如《爆破作业指南》《工作场所健康与安全常识应知应会》等。在矿山企业层面，矿山企业必须根据法规、标准的规定，结合自身实际条件制定具体的安全操作规程和制度，报监察机构备案后执行。矿山安全生产法规修订的具体工作由矿山健康与安全委员会负责，每月至少召开一次会议，研究国内外矿山安全生产的经验和问题，及时对相关法规提出修订建议。

为促进煤矿安全生产，南非还依法建立了行之有效的配套经济政策，主要有：一是严厉的煤矿事故经济赔偿和处罚政策。南非《执行矿山健康与安全法指导方针》中规定：煤矿事故死亡 1 人，补偿标准为 30 万兰特（约合人民币 28 万元）。南非《职业伤亡与疾病赔偿法》中规定：雇员因事故死亡的，其家庭将按月得到该雇员月收入 1.5 倍的补偿，最高每年 10 万兰特，直到其配偶死亡和孩子年满 18 岁为止。凡发生死亡事故的，首先处罚企业 20 万兰特罚款，待事故调查组查明事故原因后，再对企业领导和直接责任者进行经济处罚。二是强制实施工伤保险，按发生事故风险大小实行差别费率，由矿山企业缴纳保险费。三是建立安全赔偿基金，强制性地要求各企业按照一定标准交纳，安全灾害越重和安全管理水平越低、业绩越差，其交纳的费用越高，安全赔偿基金由政府指定的机构负责日常运作和管理。四是对矿山企业职工安全培训实行税费优惠政策，规定安全培训费用支出抵扣一定比例的税费，鼓励矿山企业加大职工安全培训力度。

3. 南非煤矿职工安全培训工作

南非有关安全生产法规规定，煤矿企业必须按工资总额的 1.5% 出资，进行安全培训工作；煤矿工人必须在教育部门认可的培训机构接受培训，取得合格证后方可入井作业。

南非煤矿的安全培训，由上至下有矿山健康与安全监察局组织的培训、职业健康与安全领域的中介机构和民间组织提供的培训，以及煤矿组织的培训。从培训对象来看，分为监察人员培训和其他人员（包括雇主、雇员和其他有关人员）培训。其中，监察人员培训主要由政府部门负责，主要是矿山健康与安全监察局和国家职业健康中心；煤矿企业主、雇员及其他有关人员的安全培训多由民间组织或中介机构有偿提供和雇主安排进行。

南非煤矿专设培训机构，负责安全培训工作，主要由两大职能：一是对每名新工人进行培训，通过培训使其掌握基本的安全知识和操作技能；二是采取全脱产、半脱产和利用业余时间等方式，对工人进行文化基础知识培训。

安全培训内容与受训人员素质水平相结合，由基本知识到专业知识，进行分层培训，培训课程以仿真模拟教育和训练为主。新矿工在入矿工作之前要进行安全基础知识、顶板控制等基本知识培训和防尘、防火等专业知识培训；南非对煤矿每一个工种都制定了严格的操作规程，培训时重视对工人进行操作规程的培训，保证工人作业时严格按照操作规程进行。

南非煤矿每年必须编制企业技术发展计划，其中包括对上年度培训情况的总结、评估和下年度的培训计划安排。企业技术发展计划要报监察机构备案。

4. 南非煤矿的应急救援体系

南非煤矿应急救援体系由国家、社会、企业三个层面构成。在国家层面，政府有指导、协调的职责；在社会层面以会员制形式成立南非矿山救援服务公司；

在企业层面，所有井工矿山必须按照一定规模设立救护队。

南非矿山救护服务公司与矿山企业通过会员制方式形成有机整体。矿山企业会员分为 A、B 两类，A 类会员是指拥有自己救护队的矿山企业，B 类企业会员是指没有自己救护队的矿山企业。南非矿山救护服务公司属于私营公司，其职能是培训矿山救护人员、实施救援计划、为事故的应急救援提供有效的资源和技术支持。

事故救援程序：A 级会员发生事故时，应立即组织自己的救护队实施救援，同时通知救援公司并要求支援。B 级会员发生事故时，应立即通知救援公司，由救援公司调动相应的救援队伍和装备实施救援。矿山企业负责统一指挥和使用救援资源，救援公司派员协助，确保救援指挥符合标准程序，但不参与救援指挥决策。

南非矿山救护队员由矿工中选拔的自愿人员兼职。救护队员年龄在 21 岁到 46 岁之间，必须具备一定的专业知识、工作资历和优良的个人品质，并取得体检证书、通过相关考核。矿山救护队员每月补助救护津贴为 2000 兰特，出动救援时，除原工资以外，还能得到事发矿每小时 150 兰特的补贴。如果救护队员在救援过程中死亡，除依法给予死亡赔偿外，救援公司还将一次性给予其家属 4 倍年薪的补偿。

救援经费实行年度预算制，即年度经费主要由矿山会员单位上缴的会员费组成，如有盈余将按照交纳比例返回给成员单位。另外，发生事故的企业按出动救护队数量向救援公司交纳罚金。救援公司有权取消欠费单位的会员资格。

救援队的救援设备均由其所属企业出资配备，救援公司负责统一维护管理。为保证救援工作及时有效地开展，南非矿山救援服务公司根据区域灾害特点，在全国设置了三个救援站，配备了特有的救援仪器和装备。

矿山救援培训和训练主要包括两个方面：一是理论课程培训，主要是对矿山救援指挥员和高级矿山救援队员进行培训；二是技能演练培训，主要有各类救援培训和现场急救医疗培训。

（三）主要收获

依据南非煤炭工业和煤矿安全监察工作的实际情况，结合我国国情，对照我国煤炭工业发展的现状和煤矿安全监察工作的实际，值得我国学习借鉴的南非煤矿安全管理主要经验是：煤炭产业集中度高，全部机械化开采，安全保障能力强；煤炭资源管理和煤矿安全监察体制完善，人员充足，执法权威性高；安全生产法律体系健全，企业依法规范行为，形成了良好的安全生产法制秩序；安全生产经济政策完善，强化了安全生产工作的经济手段；实行全员安全培训，职工安全意识和素质普遍较高；强制推行井下避难所（救生舱），提高了矿井抗风险能力；应急救援体系完善，装备精良。

（四）建议

为学习借鉴南非煤矿安全生产管理经验，切实加强我国煤矿安全生产工作，应进一步坚定信心，增强危机感、责任感和使命感，深入推进安全生产“三项行动”和“三项建设”，集中力量抓好“瓦斯治理、整顿关闭、基础管理”三件大事，充分发挥“国家监察、地方监管、企业负责”的作用，落实煤矿安全生产两个主体责任，加大监管监察执法力度，强化煤矿安全生产基础，充分发挥好后发优势，依靠科技进步，优化调整煤炭产业结构，尽快提高我国煤矿安全生产技术和管理的整体水平，有效防范和坚决遏制煤矿重特大事故发生。同时要进一步加强以下工作：

（1）加快法规和标准制修订工作，不断强化安全生产法制建设。积极推进《安全生产法》《矿山安全法》《安全生产应急管理条例》《煤矿安全监察条例》等法律法规的制修订工作，将全员安全培训、安全培训经费保障和事故赔偿标准、矿山救援服务收费等制度纳入法律条文，进一步完善安全生产法律体系；同时，加快修订和完善安全生产技术标准，把安全生产法律法规内容落实到具体的标准之中，提高法律法规工作的可操作性和针对性。

（2）积极推进瓦斯抽采利用，深化煤矿瓦斯治理。理顺瓦斯抽采利用体制机制，落实和完善瓦斯抽采利用税费和财政补贴政策，支持和引导煤矿企业加大瓦斯抽采利用力度，以用促采、以采促治，从源头上消除瓦斯事故隐患。

（3）继续深化煤矿整顿关闭，推进煤矿企业兼并重组，淘汰落后产能，提高产业集中度。认真落实总理温家宝在视察大同煤矿时提出的“中国应该有世界上最先进的矿井、最先进的技术和装备、最优秀的产业工人”的重要指示精神，支持各产煤省（区、市）探索完善小煤矿正常退出机制，落实“十一五”后三年小煤矿关闭计划，淘汰落后产能；加快13个大型煤炭基地建设，鼓励组建跨行业、跨地区的亿吨级大型煤矿企业集团，调整和优化煤炭产业结构。

（4）加强保障能力建设，在非煤矿山和煤矿试点应用井下避难所（救生舱）。深入开展安全质量标准化建设，引导和督促煤矿企业加大安全投入，大力发展机械化，支持有关单位开展避难所（救生舱）的研制和对国外相关产品的引进，提高煤矿安全保障能力。鉴于避难所（救生舱）设施在南非非煤矿山多次成功救援中发挥了重要作用，拟在我国具备条件的神华、中煤、开滦、阳泉、晋城、铁法、龙煤、淮南、平顶山、兖矿等十个原国有重点煤矿企业和其他非煤矿山中进行井下避难所（救生舱）应用试点，取得成功后，制定相关标准，逐步在全国矿山推广。协调有关部门，在中央预算内设立井下避难设施建设专项资金，支持井下避难所（救生舱）的研究、技术引进和试点、推广应用工作。

（5）进一步完善煤矿安全生产经济政策。建立安全培训费用统一管理使用制度，明确培训费用提取标准；完善煤矿工伤保险制度，逐步推进安全生产责任保险，实施浮动和差别费率，发挥保险在预防事故方面的经济杠杆作用；出台矿山救护队社会化服务收费政策，建立国家、地方、企业对矿山应急救援建设的投入机制，完善救护队员优抚政策及保障措施。

（6）加强国家级救援和培训基地建设。由国家投资，加快建设国家矿山救援基地，以现有的煤矿安全警示教育基地为基础建设国家级区域大型模拟仿真培训基地。

（7）增加煤矿安全监管监察力量。针对我国煤矿数量多、分布广、灾害严重，监管监察任务繁重的实际情况，进一步完善煤矿安全监管监察体制，增加煤矿安全监管监察力量。

二、赴日本考察情况及主要收获

（1）钏路煤矿株式会社有关情况。钏路煤矿株式会社现有煤矿一处，即钏路煤矿株式会社煤矿（2002 年由太平洋煤矿更名），年产精煤 50 万吨左右，实现 1998 年至今安全生产零死亡和 2006 年以来无轻伤事故。钏路煤矿株式会社具备较为完善的安全培训场地、设施和实验室，负责完成我赴日煤矿安全培训学员的培训工作。

（2）2002 年 4 月 8 日，国家煤矿安监局与日本新能源产业技术综合开发机构签署了《煤矿安全技术培训项目谅解备忘录》。根据该备忘录，2002 年 4 月至今，日本政府无偿提供 85 亿日元，先后邀请中方 687 名煤矿安全生产、管理和煤矿安全监察人员到日本接受培训。此外，日方还先后选派 373 名教员到中国煤矿企业，对中方 12000 名煤矿安全生产、管理人员进行了培训。日方承担中方培训学员在日期间培训、生活费用及往返国际旅费，同时负责日方教员来华所需费用，中方提供相应的配套资金。

（3）主要收获。代表团与日本经济产业省有关负责人通过工作会谈，全面回顾并总结了七年来两国在煤矿安全技术培训方面开展的合作，充分肯定了合作取得的效果，并就继续延长中日煤矿安全技术培训合作达成了共识，为下一步围绕延长合作着手开展相关工作打下了良好的基础。

中国职业安全健康协会考察团赴美国考察报告（2009年11月）

按照国务院领导批示精神和国家安全生产监督管理总局领导要求，中国职业安全健康协会理事长张宝明率团于2009年11月9—18日访问美国，考察矿用救生舱及煤矿安全。在美国访问期间，张宝明一行与美国职业安全与卫生研究所、美国安全委员会、美国斯特塔公司、美国固本能源公司举行会谈，考察矿用救生舱设计、研发、制造组装及在煤矿使用情况，了解美国煤矿安全设施、设备、技术及管理情况。

一、赴美国考察情况

（一）美国煤矿生产和安全的基本情况

1. 美国煤炭工业

美国煤炭资源十分丰富，已探明储量为4435.23亿吨，居世界第一位，是世界第二大煤炭生产国和出口国，近20年煤炭年产量均保持10亿吨左右。据美国能源部最新统计，2008年美国煤炭产量为10.625亿吨，达历史最高水平。煤炭占美国能源总消费量的22.5%，主要作为工业、民用和发电燃料。

2008年，美国共有煤矿1435座（含小煤矿约500座），其中，井工煤矿583座、产量3.243亿吨，露天煤矿852座、产量7.382亿吨。井工煤矿开采工艺有两类，其中长壁开采的产量占49%（1.59亿吨），连续开采/房柱开采的占51%（1.65亿吨）。截至2008年底，年产360万吨以上的大型煤矿数量占煤矿总数的3%，而其煤炭产量占全国煤炭产量的60%。

2008年，美国煤矿矿工共有8.68万人，其中井下工人4.96万人，露天矿工3.72万人。煤矿全员生产效率5.4吨/(工·小时)。

2. 美国煤矿安全生产情况

美国作为世界主要产煤国家，安全生产也经历了从煤矿事故多发到加强立法和管理、最终进入“高产量、低死亡”的漫长过程。在19世纪后期和20世纪初期，美国每年有数千人死于煤矿事故。1969年美国国会通过了《煤矿健康与安全法》，1977年又通过《矿山安全健康法》，依据该法，1978年成立了联邦矿山安全健康局，全面加强了对矿山安全的管理。三十多年来，美国矿山安全健康状况有了显著的改善，矿山事故死亡人数大幅度下降，已经杜绝了煤矿重大伤亡事故的发生。近年来，每年煤矿死亡人数只有30人左右。

2008 年，美国煤矿事故死亡 30 人（其中井工矿死亡 15 人、露天矿死亡 15 人），受伤4230 人，同比分别下降 11.7% 和5.4%；煤矿百万吨死亡率为0.028。20 世纪以来，美国得益于法规的不断完善、开采技术和方法的进步、机械化程度的提高，以及露天开采的比重逐步增大等因素所发挥的重要作用，煤炭工业在减少工伤死亡方面取得长足的进步。1993—2000 年是美国煤矿最安全的时期，没有发生过一次死亡 5 人（含）以上的矿难。煤矿十万工人死亡率由 1900 年的 331.94（百万吨死亡率为 6.13）降至 2007 年的 22.47（百万吨死亡率为 0.029）。

3. 美国的安全监察

依据美国《1977 年联邦矿山安全与健康法》，1978 年联邦政府将原来内政部领导的矿山安全监察与安全管理局划归劳工部，改名为矿山安全健康局（MSHA），由劳工部副部长兼任局长。矿山安全健康局包括两个业务部门，即煤矿安全健康司和金属与非金属矿安全健康司。煤矿安全健康司负责对美国 27 个州的煤矿进行监察。在全国产煤地区设 11 个地区监察局及 37 个现场办事处，工作人员总数约为 1000 人。每个地区的监察局局长直接向煤矿安全健康司报告工作。

（二）美国矿用救生舱的开发和应用

1. 救生舱的作用

救生舱是专门用于矿井紧急事件的避难场所，矿工在里面避难，直到可以安全撤离或等到救援人员。在煤矿井下设置和使用应急避难救生舱，能为矿井发生事故后幸存的矿工提供一个安全的密闭空间，对外能够抵御事故发生的高温烟气，隔离有毒有害气体，对内能为被困矿工提供氧气、食物、水，去除有毒有害气体，赢得较长的生存时间。同时，被困人员还能通过舱内通信监测设备，引导外界救援，为应急救援工作赢得宝贵时间，降低矿难事故中的死亡和伤害人数。目前，使用救生舱是美国、澳大利亚、加拿大和南非等国家矿井灾后救护的一项重要措施，对保护矿工生命安全发挥了积极作用。

2. 救生舱的产生背景

美国救生舱的标准制定和使用开始于西弗吉尼亚州。整个救生舱的相关规定和产业发展历程如下：

2006 年 1 月，西弗吉尼亚州萨戈矿难中 12 名矿工遇难。

2006 年 5 月，西弗吉尼亚矿山安全工作组推荐 48 小时救生舱。

2007 年 2 月，美国矿山安全健康局提出人均 96 小时可呼吸空气的要求。

2007 年 12 月，斯特塔公司最早向美国煤矿企业提供第一批救生舱。

2008 年 12 月，美国矿山安全健康局发布救生舱条例，规定 2009 年 12 月前所有美国煤矿井下必须配备救生舱，入井人员在救生舱中都有位置。

3. 救生舱的性能和技术标准

救生舱可分为三类。

避难硐室：在井下建造的固定硐室，包括防爆的墙壁和防爆门，内部放上相应的设备。

钢制救生舱：外壳是钢制的，能承受一定强度的压力，内放置相应的部件（氧气瓶、空气瓶二氧化碳洗涤装备、气体探测装备、降温设备、食品、水、急救药品等）。可移动。

可充气式救生舱：救生舱工作时会张开一个气囊，矿工将在张开的气囊中得到庇护。未工作时，气囊和氧气瓶、空气瓶、二氧化碳洗涤装置、降温设备、食品、水、急救药品等存在一个防爆的拖橇之中。可移动。

考察中重点是两种可移动式救生舱，分别是钢制步入式和可充气式，都是相对独立和防爆的，不与外界水、电相通。规格为 8 人、16 人、26 人、36 人 4 种类型，宽 2.4 米、高 1.8 米，长度因人数而异。内部包括医用氧气、压缩空气、二氧化碳洗涤器，可供 96 小时饮用水和食物、气体探测器、外部废物处置等，结构坚固、具有隔热功能。可充气式救生舱是美国煤矿应用最多的品种，占全美 80% 以上。

4. 救生舱的应用

美国井工煤矿配备救生舱之后，没有发生大的矿难，现在每年井工煤矿死亡大约 15 人，但美国仍然坚定地强制推行救生舱，严格管理和培训。

美国目前在井下煤矿安装配备了 1193 台救生舱，其中：可充气式救生舱 1000 台，钢制救生舱 123 台，避难硐室 70 个。代表团下井实地考察的 Beiley 煤矿配置救生舱 14 台。

美国矿山安全健康局于 2008 年 12 月 31 日出台了最新的救生舱行业标准和管理规定，对救生舱和部署救生舱的煤矿企业提出了非常具体的要求：①在矿工 30 分钟或更短时间内能够到达地面的矿井不需要布置救生舱；②救生舱须足以容纳所有井下工作人员，包括经理、供应商、检测员及联邦监察员；③必须能够容纳临近区域工作的最大矿工人数，包括轮班替换班人员；放置位置距离最近工作面不超过 300 米；④在距离工作面较远区域，两个救生舱放置间距应在矿工一个小时行进距离之内，也就是矿工距离其两侧任一救生舱或安全出口的行进时间不会超过 30 分钟。在此规定中，对救生舱的总体要求、结构、可呼吸空气、气体监测、去除有毒气体、舱内部温度和湿度、培训和检查、测试、认证和批准都进行了详细的规定。

5. 救生舱的管理办法和相关法规标准

随着使用救生舱需求的增长及其重要性，一些国家制定了一系列法律法规强制救生舱的使用，而美国的制度较为完善和成熟。西弗吉尼亚州政府率先对救生舱提出了规定，并对救生舱企业的产品进行了认证。西弗吉尼亚州的标准也得到其他州和联邦政府的认可。美国 2006 年通过修改《矿工法》，强调为受困矿工提供必要的生存条件。美国矿山安全健康局于 2008 年 12 月 31 日提出了全面的管理规定，要求美国所有煤矿在 2009 年底以前必须设置救生舱，必须保证容纳井下所有人员。美国的做法和规定是，地方政府先立法和认证，救生舱先下井使用，联邦政府随后才出台规定，并给予五年过渡期来要求已下井的救生舱符合标准。

（三）救生舱的制造和生产情况

美国斯特塔公司（Strata Products Worldwild, LLC）是全球规模最大、技术最先进的救生舱供应商。总部设在美国乔治亚州亚特兰大市，生产基地位于马里兰州。斯特塔公司在美国、加拿大、英国、波兰、澳大利亚、墨西哥、南非、智利巴西、中国等有运营。斯特塔公司是第一家向美国煤矿提供救生舱的企业。在美国市场，几乎所有大型井工煤矿都安装布置了斯特塔救生舱，市场占有率达到 70%。斯特塔供应钢制救生舱、可充气式救生舱、避难硐室设备，在美国主要供应煤矿用救生舱；在澳大利亚和加拿大主要供应过渡站和金属非金属矿用救生舱；在巴西、智利、墨西哥等南美国家，以金属、非金属矿用救生舱为主。代表团选择斯特塔公司作为救生舱生产企业的典型代表来考察，全面了解救生舱产品和技术，以及在美国的使用情况。

钢制救生舱、可充气式救生舱和避难硐室三种结构的救生舱各有特点和优势。钢制救生舱要求比较大的空间来安放，制造成本最高；可充气式救生舱在气囊未张开时，体积较小，便于安放和运输，也可以容纳较多的人员；避难硐室是固定的，在避难硐室内放上相应的设备，可以容纳更多的矿工，在条件允许的情况下比较容易建造。

（四）美国的安全管理制度

美国煤矿安全生产，在历史上也经历了事故多发阶段，但经过严格的治理整顿，近几十年来煤矿安全状况发生了根本转变，煤炭已成为美国最安全的行业。

1. 开展零死亡、零伤害运动

美国煤炭工业将煤矿安全健康作为一个核心价值，煤矿企业从上到下将安全健康工作纳入企业的各项生产经营活动中。美国煤矿管理层、矿工和安全监管机构共同承诺以零死亡、零伤害为目标，严格法律和各项管理制度措施，特别是强调重视各个层面的培训并具有针对性，每个下井人员都要签字承诺等，使美国煤矿安全形势始终保持较好水平。代表团考察的 Beiley 煤矿，年产量 1020 万吨，追求的就是零死亡率，该矿从 1984 年至今 25 年来仅死亡 3 人。

2. 严格的安全培训

美国高度重视安全培训工作，把搞好安全培训作为安全生产最重要的环节之一。

美国《联邦法典》对矿山工作人员包括经营者的培训做出了详细规定，要求所有工作人员上岗前要接受培训，而且上岗后每年还要接受再培训，体现全员培训的理念。如果发现在煤矿或其他矿山工作的矿工未按要求得到安全培训，则劳工部长或授权代表必须签发命令，宣布该矿工对本人和对其他人是一种危险，并要求该矿工立即撤离，直到按法律规定进行培训为止。

按照法律规定，每个矿山经营者必须制定一个健康和安全培训计划，包括新矿工培训，重新雇佣有经验矿工的培训，矿工到新工作岗位的培训，每年的再培训，以及矿工的危险认知培训。对新矿工，法律规定井工矿工工作之前，必须接受不少于 40 小时的培训，培训内容应尽量与井下的实际情况相接近，并在现场进行 8 小时培训；露天矿或井工矿地面人员必须接受不少于 24 小时的培训。对所有参观者也毫不例外，凡入井者都接受一次安全教育，并签字保证执行。

井工矿矿工培训课程主要有：依法应享有的权利和承担的责任、自救等设备的使用、进出矿井手续、警报通信安全标志、工作环境介绍、矿井安全路径系统、矿山存在的危险认知及避免、电气危险认知及避免、急救、矿山瓦斯、安全卫生常识及强制性安全与健康标准。

3. 科学的安全管理制度和安全设施

美国煤矿拥有一套完善的安全系统与设施，如通风、传感器、空气净化系统、岩粉撒布装置、通信设备、其他检测系统等，是控制和扭转煤矿事故多发的重要措施。美国的安全管理实践证明，重视并合理地进行安全投资是提高企业安全生产水平和经济效益的重要手段。

首先，新技术新设施（包括甲烷探测装置，矿内气体监测系统、立体风桥等）的开发与应用，以及更加安全的生产机械的利用，显著改善了美国煤矿的安全水平。联邦政府重视对煤矿安全技术的支持，每年都要投入大量资金用于煤矿安全与健康技术支撑体系。在每年用于科研项目的款项中，有一半以上是支持煤矿安全和健康科研项目的。

美国矿山安全健康局和各州的政府机构共同监督管理该行业。对安全和风险识别的要求很高，使得采矿更加安全，并保持较高的产量。

在考察中发现，岩粉撒布在美国应用非常广泛。此设备和技术都很简单，但对于防止煤层爆炸有良好的效果。通过和美国同行交流了解到，岩粉撒布是其他产煤国家通用的一种做法。

严格的矿山救护措施。在美国，每个煤矿要与两个以上的救护队签订救护协议，任何矿山救护队都不得建在距矿井两个小时路程以外的地方。每个煤矿都有两支兼职的矿山救护队伍，而且要制定持续更新的书面应急反应计划书，并经过矿山安全健康局批准。矿山救护队员要接受非常严格的培训。

总之，培训、安全设备、防爆措施、气体探测、地层控制、营救方案和严格的指导方针，显著降低了不可预测事件和意外事故风险。

二、主要收获和建议

（一）主要收获

（1）在访问期间，给考察团印象最为深刻的是，美国已进入后工业化时代，煤炭工业已成为安全的行业。这样一个产煤大国，井下每年事故死亡十几人。美国的煤炭企业坚持煤矿安全健康的核心价值，政府也高度重视，开展安全生产零死亡、零伤害运动，反映煤矿工人的要求。面对我国煤矿安全生产状况，虽然事故伤亡人数逐年下降、取得更大成效，但形势依然严峻，要增强做好安全生产工作的责任感和紧迫感，更加坚定安全生产“三项建设”的信心，努力实现安全生产形势的持续好转和根本好转。

（2）加强培训、严格管理，做好基础工作。加强职工队伍的培训，无论新老职工每年都要不间断的再培训。包括危险源和新知识、新装备和新法规、标准，培训不走形式和过场，切实提高安全技能和安全意识。矿工有权拒绝在存在安全隐患的场所和违规指挥的情况下继续工作，始终保持良好的竞技状态，消除隐患，防患于未然。这是安全生产预防为主的关键。

加强煤矿救护措施。每个煤矿都必须拥有两支有经验的救护队伍，掌握救护技能，一旦发生事故第一时间开展救护。特别是应急预案要到位，要明确逃生通道，清晰指明路线（逃生楔、标志、方向），提高应急救援的能力，这是减少事故人员伤害的重要环节。

要加强煤矿的监管和技术支持，根据我国的煤矿现状，要加强和完善煤矿的监管，进一步充实监管对伍，加大执法力度，发挥监管人员的作用。煤矿要加强技术改造和安全投入，要进一步地整治和重组、关闭小煤矿。强化煤矿的科技含量，增加投入、提高机械化程度和效率，减少工作面，减少井下作业人员。减人、减少煤矿数量，提高机械化程度和安全投入，是煤矿安全生产重要措施和保障。

（3）立足安全预防，设置救生舱是煤矿减少事故伤害的重要举措。当前在美国、澳大利亚、加拿大、南非等国家的矿井中都大量使用救生舱/避难硐室，并以立法形式加以推广，其重要性越来越受到关注。

考察团参观的 Concol Energy 公司的 Beiley 煤矿，在美国属于非常先进的煤矿，但也设置了 14 台救生舱，在其采矿地图上对救生舱的位置标注得非常清楚，矿上的管理人员和矿工对救生舱的使用非常重视和欢迎。

我国是一个煤炭大国，虽然安全状况逐年好转、取得明显成效，但我们的安全生产形势依然严峻、任务十分繁重，我国煤矿百万吨死亡率是美国的 160 倍，是印度的 10 倍。增加安全投入并完善安全实施，是改善安全生产条件，降低事故发生率的一条重要措施。应采取一切措施来防止事故的发生，做好安全预防工作。救生舱作为有效的矿用安全避难措施，经过实践证明，在降低事故伤害率、维护矿工安全方面起着重要作用，应该引起足够重视。

（二）有关建议

（1）井下设立避难所、应用救生舱。可先行试点，结合国情实效，逐步实施。救生舱在中国还是一项新的技术和安全设施，对发生事故、解救逃生人员、减少伤害发挥积极的作用。建议在神华、中煤、开滦等煤矿企业的一些高瓦斯和突出矿井，先行试点，取得成功和实效后，再进一步在全国推广。

（2）鉴于美国等发达国家的救生舱技术已经很成熟，而我国还处于研发阶段，我国煤矿多、高瓦斯矿井多，应开发利用救生舱。建议与斯特塔公司合作，引进技术、联合制造救生舱，有利于救生舱的应用和推广，同时可大幅度降低成本。

（3）建议加紧出台我国矿用救生舱的技术标准和管理办法。在试点的同时，结合我国煤矿实际，出台煤矿井下避难所救生舱的技术标准和管理办法，规范救生舱的应用标准和管理。

（4）建议在中央预算内，设立煤矿井下避难所投入专项资金，支持开展可移动式救生舱的研制，技术引进、合作制造与开发，实现救生舱的应用和装备国产化。在引进和购入救生舱，可考虑补助资金和减免进口关税等政策。

（5）建议加强煤矿安全生产设施和应急救援工作。煤矿井下要有明确的逃生通道和标志（在逃生绳上要明确方向和避难所、救生舱的位置），加强井工煤矿兼职救护队员培训，每个矿井都能建立和完善两支兼职救护队伍，执行救护任务，提高应急救援的能力。

附录三　引智培训成果报告

日本、新西兰安全生产立法对我国的启示

由国家安全生产监督管理局（国家煤矿安全监察局）政策法规司组织，煤矿监察一司、中国安全生产报、当代矿工杂志社有关人员参加的考察团，于2003年11月22日至12月5日对日本、新西兰进行安全生产立法宣传专题考察。

一、日本考察情况

（一）概况

在日本期间，考察团访问了日本经济产业省、日本矿业劳动灾害防止协会（简称矿灾防）和日本煤炭能源中心，双方就两国安全生产立法、宣传等有关问题进行了广泛的探讨。日本矿灾防是根据1964年颁布的《劳动灾害防止团体法》成立的六个独立法人团体之一，其他五个法人团体分别是中央劳动灾害防止协会、建筑劳动灾害防止协会、陆上运输劳动灾害防止协会、林业劳动灾害防止协会和港口劳动灾害防止协会。矿灾防接受经济产业省和厚生劳动省的领导，主要从事有关矿业劳动灾害防止规程的起草，危险须知培训（KYT）活动，编制有关的国家考试教科书，组织有关矿业灾害防止方面的安全培训，每五年编辑发布国家有关矿业劳动灾害方面的案例报告，编辑矿灾防杂志，每年组织召开一次全国矿山劳动卫生大会。矿灾防有21名工作人员，在北海道有一个直属支部，在其他地方有9个支部，目前共有会员单位200多家。矿灾防主要经费来源于政府，占60%左右，其次是会员单位的会费，还有一部分是培训等收入。矿灾防作为联系政府与企业的纽带，一方面为企业提供安全方面的技术服务，以减少事故的发生，如给企业提供安全方面的咨询、对企业的安全状况进行审查并提出建议、对企业工人进行安全培训、每年发布企业的安全状况等，另一方面为日本经济产业省、厚生劳动省等政府部门提供技术支持，提出立法建议，起草有关法律草案等。日本煤炭能源中心（JCOAL）是日本专门从事煤炭政策研究的半官方机构，业务上受经济产业省领导。主要职能是通过技术领域的研究开发和国际合作改善亚太地区煤矿的生产和安全。通过有关项目的研究开发与国际合作，促进亚太地区煤矿相关技术的发展和普及，以减少采矿对环境的影响。对日本和海外有关人员进行技术和安全培训。开展资源评价和煤炭开发有关政策的调查研究，

从事煤炭资源相关情报的收集和分析，国内外相关组织的合作等。

（二）在安全生产方面的主要做法

1. 建立健全安全生产的法律法规

日本是一个资源贫乏的国家，战后，因国内经济发展的需要，大力开发煤炭资源以及其他矿山资源，但由于法律法规不健全，政策不完善，从而导致事故频发。据统计，1955 年矿山事故发生 75312 次，死亡 922 人，1963 年矿山事故发生 57746 次，死亡 1014 人。考察中了解到，日本政府十分重视安全生产方面的立法工作，早在 1947 年，就制定了《劳动基准法》，在劳动条件、安全生产工作时间、假期、工资等方面作出法律规定。1949 年又制定了《矿山安全法》，这是矿山安全方面的专门法律，目的是防止对矿山职工的伤害，防止矿业灾害、保障员工安全及合理开发矿产资源。1972 年又制定《职业安全健康法》，这是日本有关职业安全和健康的专门法律，相当于我国的《安全生产法》和《职业病防治法》。除此之外，日本在安全生产方面还制定了多部法律，如《工作环境测试法》《尘肺法》《劳动灾害防止团体法》《工人事故赔偿保险法》等。

根据法律规定，政府还制定了大量法令、规则、规程等，如劳动基准法实施细则，矿工劳动标准规则，妇女劳动标准规则，工业职业安全法令，防止铅中毒法令，防止特殊化学物质法令，防止放射伤害法令，锅炉压力容器法令，高压作业安全健康法令，起重机安全规程，防止尘危害法令，工作环境测试法实施细则，尘肺法实施细则等。据了解，经济产业省作为产业安全的主管部门，可以根据《矿山安全法》的规定，针对矿山安全制定详细的安全规则，另外，还可以制定告示，相当于标准，主要是有关安全生产条件方面的具体数字规定；也可以制定细则，主要是针对某一种事项作出的具体规定；特殊情况下，经济产业省还可以就矿山安全法中某一条款作出具体解释。

因此，日本在安全生产方面有一套比较完整的法律体系，无论是从国家方面，还是到具体的事项，都有相应的法律规定。

2. 加强对安全生产的监管

日本对安全生产问题，实行经济产业省和厚生劳动省根据各自的职责，分别实行监管的方式，两部门各司其职，分工协作，同时充分发挥行业协会、中介组织在安全生产中的作用，帮助企业提高安全生产水平。

在政府部门中，经济产业省从产业方面对有关安全生产工作进行监管，省内设立核安全保安院，专门负责有关核和工矿等产业的安全生产监管。核安全保安院设立首席安全总管和安全总管（8 人），分别负责核燃料循环安全、实用化核发电机组安全和产业方面的安全。在机构设置上，核安全保安院设立计划调整科、核安全管理科、核发电安全审查科、核发电检查科、新炉型规范科、核燃料循环规范科、核燃料管理科、放射性废物规范科、核能防灾科、电力安全科、瓦斯安全科、安全科、液化石油气安全科、矿山安全科、煤炭安全室、矿山安全监察部等。核安全保安院的重点是核安全和矿山安全。就矿山安全来说，矿山安全监察部在北海道、关东东北、中部附近、四国、九州等地都设有分支机构。根据法律规定，矿山安全监察员有绝对的权威，除一般的起诉权、行政处罚权外，还有逮捕权，可以对违法人员拘禁。到目前为止，尽管法律赋予矿山安全监察员的这项权力并没有在执法实践中使用，但是产生了实际的威慑作用。

厚生劳动省主要从劳动基准、职业安全健康等方面对安全生产进行监管。省内设立劳动基准局，专门负责有关劳动基准、职业安全健康等方面的监督。在地方机构中，各县政府都设立县级劳动监察办公室，在个别地方还根据实际情况，设立地方性劳动监察办公室。与此同时，加强劳动监察队伍的建设，强化劳动标准和职业安全健康的监察力度。目前，劳动基准局有 37 名监察员，县级劳动监察办公室 789 名监察员，地方性劳动监察办公室有 343 名监察员。

在安全生产监管方面，政府还注意发挥行业协会、中介组织的作用。在日本，除矿业劳动灾害防止协会、煤炭能源中心外，还有中央劳动灾害防止协会、建筑劳动灾害防止协会、陆上运输劳动灾害防止协会、林业劳动灾害防止协会、港口劳动灾害防止协会、日本新能源研究中心等。这些行业协会、中介组织通过提供安全生产方面的技术服务、安全培训等，促使企业搞好自主保安，协助企业提高安全生产水平。

3. 加强安全宣传工作

政府对安全宣传十分重视，鼓励各行各业采取各种方式宣传安全生产。在日本，到处可以见到有关安全的口号和张贴画。道路交通安全，一直是政府关注的重点，为此，一方面，道路交通标志设置得十分明显，另一方面，在个别极易发生交通事故的地段，交通管理部门在路边竖起各种各样的安全警示牌或道路交通安全之父头像，用以提醒司机注意交通安全。正在施工的企业都设有相应的“安全第一”等标语口号和张贴画，用以提醒企业职工或者路人注意安全。消防安全口号更是比比皆是。

在日本，每年组织多次全国性的安全宣传活动，主要由中央劳动灾害防止协会来组织策划，如安全生产日、安全生产周等。中央劳动灾害防止协会，作为全国性组织，还常年开设有关安全主题的宣传馆，免费供企业和路人参观，以提高安全知识水平。矿业劳动灾害防止协会等专业组织，每年也根据实际情况，组织有关研讨会和安全宣传活动。一般来说，有关安全宣传活动主要由各个产业协会来组织，政府从政策和资金上给予支持，政府不直接进行组织。安全宣传活动，可以聘请政府部门人员或有关专家来演讲，以提高安全宣传水平。政府法律规定，鼓励企业开展自主活动，企业对安全宣传和教育十分重视。实践证明，日本安全工作搞得好，跟广泛的安全宣传是分不开的。

4. 安全法律专家的作用得到充分发挥

日本政府主要是制定法律法规和进行安全监察，政府工作人员的素质也非常高。就经济产业省来讲，所有产业方面的安全都归核安全保安院管理，管理矿山安全的矿山安全科有 20 人，其中煤炭安全室只有 5 人，因此，每名工作人员对安全和法律法规都非常熟悉。为了发挥这些政府工作人员的作用，在其退休后大都到有关产业协会或者中介机构任职，发挥余热，这在日本是一条不成文的规定，如日本煤炭能源中心的理事长安藤胜良，在经济产业省工作多年，积累了丰富的经验，退休后一直在煤炭能源中心工作。由于这些安全法律专家的敬业精神，使协会与企业保持了良好的协作关系，有力推动了企业开展自主保安活动，同时也带动和培养了一批中青年安全管理人员。在日本，正是由于有一大批安全法律方面的专家在为企业服务，才使得企业的安全生产工作搞得越来越好，伤亡事故逐年减少。

5. 安全理念发生了根本变化

在日本，已经不是政府要企业安全生产，而是企业主动要安全生产。政府在法律上鼓励企业开展自主保安活动，各种协会或者中介组织也帮助企业开展自主保安活动。经过多年的努力，日本的安全状况已上升到一个新水平，除了政府加强安全监察和企业开展自主保安外，安全理念发生根本性变化也是一个重要原因。在日本，不论是企业，还是政府或者协会、中介机构都流行一句话“生命重于地球”，即把生命看得比什么都重，做一切工作，都要围绕安全。“安全第一”“生命第一”“预防第一”的安全理念已经形成大家的共识，深入人心。

二、新西兰考察情况

（一）概况

新西兰是一个以农牧业为主的国家，全国 2/3 的土地适宜农牧业生产，农牧产品占国民总收入的 3/4，占出口总值的 90% 以上，其中牧业尤为重要。主要出口羊毛、肉类、奶制品、皮革及水果、林产品、铝制品等。矿物主要有煤、金、石油、天然气、铁砂等。新西兰也是世界上水电在电力中占比重较高的国家之一。

在新西兰考察期间，拜访了 Nufarm 健康安全环境集团公司和有关旅游方面的人士，双方就新西兰的安全生产立法、执法及监管监察等问题进行了交谈，并参观了公司生产车间。另外，还就道路交通安全等问题进行了考察。Nufarm 健康安全环境公司是一家跨国集团，主要生产农药、除草剂和化肥等。

（二）国家安全生产立法、执法和道路交通安全情况

（1）国家安全生产立法情况。新西兰对安全生产立法十分重视，1992 年制定了《职业安全健康法》。该法对雇主在安全生产上的一般责任、雇主关于危险管理的责任、雇主提供有关资料的责任、有关职业安全健康的标准、事故调查处理、监察员的职责以及犯罪和惩罚等都有明确的规定。另外，针对危险物品的安全管理，政府根据联合国《危险物品运输法》的规定，制定了《危险物品规定》，专门对危险物品的生产、运输等作出法律规定。

（2）新西兰有关安全生产的执法，主要由劳工部负责。劳工部制定有关劳动、安全和健康标准，并定期检查。为了吸取事故教训，防止事故发生，保证企业达到法律规定的安全生产条件，劳工部和卫生部设立职业安全健康委员会，发生事故，由该委员会进行调查评估。一般情况下，企业发生事故，都需调查评估。法律规定，企业发生 1 人以上死亡事故，必须停工，进行事故调查，调查完成后才能开工，事故的责任由法庭判处。1995 年，Nufarm 健康安全环境集团发生一起事故，造成 2 人住院，公司停工 1 个月，花费 300 多万元对生产系统进行改造，改造完成达到标准后才允许恢复生产。由于安全生产立法和执法的严格，企业对安全生产十分重视。Nufarm 健康安全环境集团公司每月都召开一次安全会议，由雇主、部门负责人、安全员、工人代表、工会代表参加会议。在实际工作中，公司规定发生任何意外事故，无论有无人员伤亡，企业相关各部门都要填写意外事故调查表，对发生事故的地点、原因、由谁负责，需要采取什么措施等填写清楚。发生伤亡事故，则需要填写事故调查表。意外事故调查表越多，隐患得到查明，教训得到吸取，真正发生事故的概率就越少，事故调查表就会减少。通过这项工作，大大地减少了事故的发生。

（3）道路交通安全情况。新西兰道路交通非常发达，车辆多，但警察非常少，全国有 7000 多名，因此，对道路交通安全的规定非常严格。法律规定，驾驶员每周驾驶时间不得超过 55 个小时，每天驾驶时间不得超过 9 个半小时，连续驾驶 3 个半小时，必须休息一次，休息时间不得少于 30 分钟。另外，对客运和旅游车辆还规定驾驶员必须填写驾驶时间三联单，详细记录驾驶时间，分白、黄、红三种颜色，白色单子自己留存，黄色单子交公司，红色单子交警察查阅，不填写驾驶三联单，视同疲劳驾驶，警察可以给予司机 1000 元纽币以下的罚款，给予运输公司 5 万元以下的罚款，同时可以吊销驾驶执照。为了防止驾驶员疲劳驾驶，控制驾驶里程数，每辆汽车除正常驾驶室有里程表外，在汽车后轮也安装了里程表，以便于警察随时检查。还规定不得喝酒驾驶，一旦发现，吊销驾驶证半年。

三、几点体会和建议

通过考察，有以下几点体会和建议：

（1）必须加快我国安全生产立法步伐。日本和新西兰在安全生产立法方面都比较完善。日本不仅制定了《职业安全健康法》，同时也针对矿山事故多的特点，制定了《矿山安全法》，还有《劳动基准法》《尘肺病法》等，配套法规也非常完善。相比之下，我国在安全生产立法方面比较滞后，除了《安全生产法》《矿山安全法》《煤矿监察条例》等法律法规，有关的配套法规还不很完善，没有形成完整的法律体系，难以适应新形势下全面加强安全生产管理的实际需要。因此，加快安全生产立法步伐，显得十分迫切。

（2）安全生产立法既要借鉴别国的经验，又必须从中国的实际国情出发。日本和新西兰两国在安全生产立法方面都有许多好的做法值得我们借鉴，但是这两个国家的国情又和我国有较大的差别。目前，我国社会正处于转型时期，市场主体和利益格局日益多样化，经济发展和安全生产之间的关系十分复杂，个人、团体利益与社会利益、国家利益之间，眼前利益与长远利益之间，局部利益与整体利益之间的矛盾相互交织。安全生产面临着前所未有的新情况、新问题。照搬外国的经验，不可能解决中国的现实问题。因此，必须认真研究中国自己的特殊国情，并据此设计出一些符合中国实际情况、有针对性的法律制度。

（3）要进一步发挥有关产业协会、中介组织的作用。经过多年的努力，我国已经成立了一些产业协会和中介组织，但大多数还是停留在计划经济的运作模式阶段，为企业提供服务意识淡薄，职能单一，不能适应市场经济条件下为安全生产提供服务的需要。今后，需要进一步采取措施，调动他们的积极性，帮助企业解决安全生产中的问题，搞好有关安全培训和安全宣传活动，真正起到联系政府与企业的纽带作用。

（4）要加强安全文化建设。近几年，通过安全生产万里行、安全生产月等活动，广大人民群众的安全意识逐步增强。但是，与国外相比，我国的安全文化建设还比较薄弱，需要进一步加强安全文化建设，鼓励有关产业协会、安全中介组织开展安全宣传。

团长：吴晓煜

团员：邬燕云　王　涛　徐汉才　曹宗理　赵歌今　丁言伟

美国工伤保险体系建设的启示和借鉴

2003 年 11 月 28 日至 12 月 18 日，经国家外国专家局和国家安全生产监督管理局批准，国家安全生产监督管理局监管三司组织部分省、市及中央企业安全生产有关负责人赴美国参加哈佛大学举办的“职业安全与管理培训班”。现将培训的有关情况和收获总结如下。

一、培训的目的和背景

安全生产是我国的一项基本国策。近些年来我国政府针对安全生产中的问题，采取了一系列重大举措，使得我国的安全生产状况开始趋向好转。但与发达国家相比，我国在职业安全监督管理方面尚有较大差距。为了让从事安全监督管理人员了解国外先进的监督管理理念和方法，了解职业安全研究的发展趋势，尽快提高我国安全生产监督管理的素质和专业水平，国家安全生产监督管理局与美国哈佛大学公共卫生学院环境健康系建立了联系，探讨开展职业安全工作合作的途径，双方达成开展合作培训的意向。中方负责培训内容、课程的确定和参培人员组织，美方负责组织教学、现场参观学习等方面的工作。

美国哈佛大学公共卫生学院在职业安全健康的研究和教育方面开展得较早。美国职业安全健康研究所（NIOSH）、美国利宝互助集团等单位在该学院都设有联合研究中心，并举办各种职业安全健康教育培训。学院有多位著名的学者和专家教授，传授着世界发达国家在职业卫生与健康管理和监督方面的知识和经验。培训了数以千计的来自企业和政府的管理者和官员。其培训课程由工业安全与管理等课程组成，例如：建筑场所安全与紧急事故处理，危险化学品紧急事故处理预案，呼吸防护器具的正确使用，核事故的紧急处理，工作与环境中放射性物质的测量和风险评估，人机工效学与个体因素在职业安全与健康中的应用等。

二、赴美培训的基本情况

培训团以监管三司马锐处长为团长，来自上海、山西、江苏和广东等省市政府有关安全生产监管部门的监管人员及科研人员共 16 人，参加了在哈佛大学公共卫生学院环境健康系首次专门为中国举办的“职业安全与管理培训班”课程学习。哈佛大学公共卫生学院环境健康系主任 Joseph Brain 教授出席了在哈佛大学著名的教授俱乐部举办的开课仪式，致欢迎词并介绍了哈佛大学公共卫生学院的基本情况。Robert Herrick 博士全程负责培训班的课程组织、现场考察安排等工作；黄薇博士担任课堂和现场翻译工作。在培训期间，除了有哈佛大学公共卫生学院环境健康系的 Thomas. J. Smith 教授、David Christiani 博士、Robert Herrick 博士、James Stewart 博士和黄薇博士介绍了工业卫生学、职业卫生学、职业安全学、人机工程学等方面的研究进展以外，还有美国职业安全健康政府管理部门、研究机构以及企业中从事职业安全健康管理的专家介绍其安全与卫生方面的管理经验，并针对讲课内容进行了实地考察、参观和课堂讨论。其中具有代表性的有：

哈佛大学公共卫生学院工业卫生教研室的 James Stewart 博士介绍美国 1970 年以来安全与卫生管理的发展史及美国职业安全与管理体系。1911 年美国有了第一个工伤赔偿法，要求雇主对工人的工伤予以赔偿，基本界定了雇主与雇员在职业安全健康方面的责任、义务和权力。此时保险业就开始介入到职业安全健康领域。1970 年美国成立了美国国家职业安全与健康管理局（OSHA）、国家职业安全与卫生研究所（NIOSH）等职业安全健康政府管理机构和研究机构，他们承担了大量的监督管理、相关法律、法规和标准制定工作，使得国家在职业安全健康方面完全步入了依法管理的阶段。与此同时，许多企业自主加强了职业安全健康管理，有专职的职业安全健康管理人员，应用了大量先进的管理方法，提高了企业的安全生产水平，降低工伤事故发生率和死亡率，使企业从中取得较大的“安全经济效益”。

美国国家职业安全与卫生研究所常务副所长 Kathleen Rest 博士介绍了美国职业安全与健康研究所的历史、作用以及研究方向。美国职业安全与健康研究所作为国家级的研究机构，负责制定作业场所的职业暴露卫生标准、安全标准；为政府制定相关的法律法规提供技术支持；发现并研究新的职业可能产生的危险危害因素及其危害程度，并提出可行的防护措施；代表政府审批职业安全健康方面的研究课题。该研究所制定的标准在国际上具有很高的权威性。

美国职业安全与健康管理局马萨诸塞州主任 Marthe Kent 介绍了美国职业安全健康管理局的监督管理模式。该局是美国职业安全健康的监督管理机构，在全美设有 10 个区域性管理机构。经过 30 多年的努力，该机构使全体人民认识到了职业安全健康的重要性，同时使得全美工伤事故大幅度降低。目前他们的工作不仅仅侧重于立法和执法，还要求企业建立相应的安全培训、安全管理等机制。

美国贝筹（Bechtel Corporation）建筑公司安全与健康经理 Charlie Rountree 介绍该公司在承建大型建筑工程中的职业安全与管理。该公司承建的波士顿市中心的 Big Dig 项目是目前全美最大、最长和最复杂的工程，为了实现安全生产，他们组织了一支综合管理队伍，由安全、工业卫生、土建工程师、职业病专家等组成，制定了安全的目标，对40个总承包商和200多个分承包商进行安全和健康监督管理。在过去的13年中实现了无伤害和零死亡事故，也没有给周围居民的生活和环境造成不利影响。

美国宝丽莱公司（Polaroid）的工业卫生和职业健康经理Mike Walters博士介绍了该公司在健康安全与环保方面的经验。该公司制定了自己的HSE手册，明确了每个人在HSE方面的任务，建立了企业职业安全健康年报制度，并请第三方对企业的职业安全健康状况进行评估。

美国利宝互助集团副总裁Tom B. Leawon博士介绍了他们的发展历史、研究方向、成果。该中心是唯一由保险公司出资从事职业安全健康的研究中心，每年的研究经费为850万美元，其研究重点是职业伤害，以及工伤后的康复问题。此外，我们还参观了该中心的实验室，与其研究人员进行了座谈。

通过培训学习，使我们受益匪浅。按要求每人提交了一份培训学习体会，总结了各自培训学习的收获、体会和建议。培训结束时，哈佛大学公共卫生学院向每位学员颁发了培训证书。

三、培训的几点收获

通过培训，我们有以下几点收获和体会：

（1）美国在职业安全健康方面法律法规健全，操作规范。美国1970年就制定了《工伤赔偿法》，而我国2002年11月1日才正式施行第一部《安全生产法》，与其配套的法规、标准等尚有待进一步完善，以增加《安全生产法》的可操作性。

（2）美国全社会的职业安全健康意识强烈。正是由于较早就有了相关法律法规，以及保险业的介入，使全社会的职业安全健康意识非常强烈。“以人为本”的意识促进了全美职业安全健康工作水平的不断提升，进入了一个层次较高、良性发展的阶段。我国在“安全第一、预防为主”的思想指导下，大力提倡“以人为本”的思想，虽然近几年在职业安全方面取得了长足进步，但因经济和文化等方面的原因，我国大部分企业、职工在安全健康和自我保护意识方面与美国相比尚存在较大的差距。

（3）保险业的介入，利用经济手段对全美职业安全健康意识与管理水平的提高，规范各责任主体的行为起到了极大的推动作用。树立了全社会通过搞好安全生产工作减少伤亡事故，减少保险赔付，降低下一年度的保险费用，生产经营单位减少保险费用产生了实实在在的利润和经济效益，还达到了多赢和良性循环的功效。我国的《工伤保险条例》将在2004年正式实施，应很好地借鉴这一经验，改变安全投入不能产生经济效益的理念。

（4）充分发挥科研、高校、中介机构的作用，做好安全健康评价，采取适度有效的防护措施。许多美国企业借助于社会中介机构针对企业存在或潜在的职业安全健康隐患、危险、有害因素进行评价，提出适度有效的防护措施，这样既降低事故发生的可能性，又节约了成本。与此同时，无论是政府、企业还是中介机构，都把不断研究发现新的职业安全健康问题并提出相应的技术经济措施视为己任，不懈努力。与国外中介机构所起的作用相比，我国的中介机构刚刚起步介入职业安全健康管理，服务水平、人员素质和研究水平都有待大幅度提高。

（5）加强全员的职业安全健康培训，美国等西方国家重视全员的入厂培训、换岗培训等培训工作，他们的培训工作做得扎扎实实、一丝不苟，这样就使得全员职业安全健康意识、自我保护意识得到了极大的加强，最大限度地减少人为事故发生的可能性。只有不断强化我国生产经营单位安全生产工作的主体责任，形成自我约束的机制，才能真正实现我国安全生产状况的根本好转。

通过此次培训，使我们了解到美国在职业安全健康方面，有许多经验和先进的管理方法值得我们学习和借鉴，会对我们今后的工作起到促进作用。

团长：马　锐

团员：王国祥　梁爱玉　王宗怀　章云龙　周雅峰　边智慧　王英斌　胡德照　景玉堂　万　旭　崔焕章　赵超英　李和平　程国强　汪　彤

法国矿山安全管理及工伤保险值得我们学习借鉴

2003 年 1 月 7—27 日，由国家安全生产监督管理局监管一司组织，全国部分省市安全生产监督管理局以及中国石油、中国石化、中国海油、煤炭信息研究院等部门负责人及部分专家共 13 人组成的培训团，赴法国参加矿山安全监督管理培训。培训工作由法国巴黎亚洲国际发展研究中心组织安排，先后学习了法国国家劳工部机构安全运行管理、法国矿山安全管理、煤矿安全生产监督管理及安全救援系统培训、矿业有关法规以及工伤保险规定，并现场参观和考察了法国洛陵地区煤矿安全培训中心，法国的安全仪器生产企业 OLDHAM 公司，以及 TOTAL 石油天然气公司和加油站等企业。

通过在法国期间的培训学习和参观考察，使学员们对法国及欧洲国家的先进安全管理有了初步的了解，特别是从理念上初步了解了欧洲发达国家安全健康的管理模式。对法国以及欧洲国家的安全管理机构设置、安全协会和中介服务、矿山安全管理及监察机构以及工伤保险和企业安全管理也做了了解和学习。现将情况总结如下：

一、法国的国家劳工部组织机构和管理职能

法国安全管理的最高机构为政府的劳动与社会保障部（简称劳工部）。劳工部下设安全预防局和安全预防与处理局。

（一）安全预防局

安全预防局下设四个部门：公共关系预防部、工业环境改善部、建筑与公共设施安全预防部、地区社会就业和职业培训部。

（1）公共关系预防部。主要负责起草与预防有关的各项安全法令，协调法国与欧盟之间在安全与职业健康方面的有关法律和法规，使法国与欧盟保持一致。

（2）工业环境及改善部。主管安全研究、企业的预测、信息与信息传输。

（3）建筑与公共设施安全预防部。主要负责建筑行业的安全生产监管，在全国 24 个地区设有机构。

（4）地区社会就业和职业培训部。负责地区社会就业和职业培训。在全法国 23 个行政大区，设 102 个省级安全监察机构，有 441 个地方安全监察机构，1290 名国家级安全监察员。监察员可以不事先通知企业，随时抽查企业安全生产状况、工作环境、卫生状况、工作时间及劳动强度、安全设施、警示标志，抽查企业员工的合同执行情况。全法国有 100 万家企业，几乎每月要被抽查一次，监察员对抽查的企业要写出安全状况的书面报告，企业有安全隐患，以通知书形式进行指令整改，严重的可向法院提出起诉。

（二）安全预防与处理局

安全预防与处理局下设社会安全部、全国员工医疗保险基金会、国家个人安全研究中心、职业风险部等机构。

（1）社会安全部：负责制定政策，制定工伤事故发生后，如何进行赔偿的法律性文件。

（2）全国员工医疗保险基金会：包括工伤保险和职业病医疗。

（3）国家个人安全研究中心：研究人的不安全行为及预防措施。

（4）职业风险部：下设统计中心、实验室、预防培训中心。

由于法国是一个核能大国，核工业在法国占据很重要的地位，对核辐射和核能安全有专门的机构负责，这个机构称为核辐射及核能安全机构，该机构与劳工部是业务隶属和指导关系。

全国卫生检验检疫局设在卫生部，与劳工部有业务关系。

职业病预防管理学会：法国全国有 1327 个医疗机构，主要从事职业病预防服务。法国 27 家大型企业拥有自己的职业病防治所，另有 400 个防治所隶属于行业协会联合起来的，有 6492 名职业病大夫。根据法律规定，在职员工每年要进行一次职业病体检。事故发生后，职业病大夫还可以赶赴现场进行医疗救护。

二、矿山安全管理

法国的矿产品种包括煤炭、非煤产品以及石油、天然气等。在法国采矿曾经是非常发达的产业，但目前法国的矿业发展呈现萎缩之势。如煤矿，从煤矿生产方面看，整个欧洲煤炭占世界产量的 11.5%，法国煤矿 1947 年的年产量曾达到 4700 万吨，但到 2000 年产量只有 300 万吨，而且现存的煤矿到 2004 年 6 月也将全部关闭。下面分别介绍法国矿山的安全管理和矿山法。

（一）法国的煤矿管理和矿山法

（1）法国矿山法：法国是欧洲较早制定矿山法的国家，由于矿山行业的特殊性，特别是煤矿，法国早在 1810 年颁布了《矿山法》，到目前已有近 200 年的历史，并随着社会发展不断进行补充完善，特别是将欧盟的相关法令也加了进去。

煤矿的开采：法国的《矿山法》中明确规定，煤炭资源属于国有。在《矿山法》中第二条明确规定了哪些资源属于国家，哪些属于私人，如石油、天然气、沥青、金属矿物、钻石、盐矿、铁矿、铀矿及其他各种稀有金属等资源及开发属于国家。矿石开采，如建筑材料、水泥等不属于《矿山法》第二条中规定的矿物，其开采属于土地所有人。

矿产资源开发：大多数由私营集团研究开发，探矿有四种方式：一是土地所有者有权寻找资源。二是开采公司联合土地所有人，并与土地所有人签订协议。三是获得所在省最高行政长官的批准（如某个公司要求行政部门出面，要求土地所有人出让开采权）。四是由国家颁发探矿的证书。煤矿的开采转让时间是 50 年，可延长一次 25 年，总共 75 年的煤矿开采权，75 年后开采权交回国家。

（2）煤矿安全管理：我们对法国洛陵地区煤矿进行实地考察，并听取该地区煤矿安全监察部门的介绍，同时参观了煤矿应急救援中心和救护模拟室。法国所有煤矿都属于高瓦斯矿井，一般采深在 1200 米左右，采用立井开拓，分层开采。目前洛陵地区尚有 4000 名煤矿工人。该矿区在 20 世纪 70 年代到 80 年代初期，由于海湾石油危机，煤炭大量开采，煤矿事故急剧上升，当时雇佣新矿工多，也没有接受很好的培训，事故频发。80 年代开始，在安全方面采取很多措施，近10年来几乎没有发生事故。这些安全措施包括：一是改善运输系统，确保矿工下井和出井安全。二是保证井下通风。加强通风能力，保证通风量，增加瓦斯抽放，持续瓦斯检测，瓦斯超限自动切断井下电源，井下设置事故应急避难所。三是安装高扬程水泵，每秒钟至少抽查30立方米的水。四是提升井下照明。更换矿灯，配备无线电话，地面配备救护车等应急设备。五是增设瓦斯报警系统。六是采取井下火灾预防措施。运输机使用阻燃皮带，工人穿防静电工作服，井下保持清洁，保证有毒有害及可燃性气体不集聚，巷道里放置灭火器材和喷雾器，输送带上安装温度检测和灭火联动设施。七是提高机械化程度。

洛陵煤矿安全培训中心设有救护中心，每天有10名自愿的矿工在值班，随时准备救援工作，矿工自愿参加并接受培训。这些自愿救护队员经过特殊的培训，身体健康，经验丰富，可以耐受高温环境下的救援工作。救护队每年组织5次演习，在培训中心内的一个模拟的事故救援演练室进行。模拟室内设有模拟巷道、通风口、风井、井下工作面等，演习时有水雾模拟烟气，各种井下情况比较真实，演习时环境温度在35摄氏度以上。在救援中心有200套防护器具。通过多年模拟演练，形成了一套健全有效的体系，在事故发生后10分钟就会有10名训练有素的救援人员立即赶赴现场，同时在1小时内还有10名救护人员赶赴现场。

（二）非煤矿山（露天采矿）安全管理

法国露天矿山开采点大约有3000处，从业人员15000人左右，另有3000名外来人员，目前法国采矿业每年的事故死亡人员为6人左右，可以看出在法国采矿业是一个高风险行业。非煤矿山安全管理均有一个行业机构PREVENCEM管理，是国家承认的一个协会性质的团体，属于行业内安全权威部门，成立于1976年。从1997年开始，法国要求所有的矿业，必须有一个经国家认可的安全监督部门。该机构每5年换届一次，对3000个矿井进行监察。该机构的费用来自3000家矿山企业交的管理费用，费用的多少取决于开采能力和职工人数。

PREVENCEM职能：一是帮助企业根据自己的实际情况，采取安全措施；二是技术上加以指导，增强安全性；三是从行政上监察，落实企业各项安全行政责任；四是对矿山从业人员进行安全培训。该机构成立25年来，对减少事故，帮助政府制定法规、法令发挥了重要作用。该机构通过对危险、危害因素辨识，对事故分析，对3000家矿山企业进行监察，并作出安全报告，交地区安全部门。地区政府管理部门，根据安全报告，对企业下达整改指令，如未在限定的时间内完成整改，严重的可临时关闭或永久关闭，并且可以追究责任人责任。

三、法国工伤事故及保险

法国是一个高福利国家，对从业人员有较完善的管理制度，在工伤事故的处理和保险方面更为完善。

首先，如果发生工伤事故，企业必须立即申报，并依据法律有关规定，界定是否是工伤事故。其次，企业不论规模大小在法律上对因工伤事故所承担的后果一视同仁，一旦发生事故，雇主报告事故后，由所在地16大区机构申报工伤事故。但作为职业病申报，程序比较复杂，由雇员提出。

申报工伤事故的时间为48小时，按照规定的工伤事故表格填写，内容包括：①受伤人员情况、职称等；②发生事故的地点、场所等；③工伤的详细情况，包括事故的详情，受伤的部位。一旦申报工伤开始，工作合同暂时放在一边，对于职业病的情况同样如此。工伤期间，公司没有任何理由解雇员工，一旦病假结束复工后和以前享受同样的待遇，并在上班前到医院进行体检。例如：因职业病的原因，停工两年，两年中企业如有升迁的机会均应享受，如果员工在原岗位被调换，应补偿12个月的工资。

法国2001年发生工伤事故总数为734435起，发生严重事故48096起，发生死亡事故730起，发生交通事故700起。随着经济发展，工伤事故数每年以2% ~3%比例增加，但死亡事故每年以2.5%下降。

四、几点体会与建议

在法国培训时间虽短，但全体学员克服困难，努力学习。通过学习与参观考察，大家一致认为：虽然采矿业在法国目前不是主导产业，我国的国情与之也存在较大的差异，但在安全监督管理方面特别是矿山的安全监督管理方面，仍有许多值得我们学习和借鉴之处。

（1）健全的法律体系。一是有及时修订的安全基本法律。法国的煤矿法制定于1810年，随着时代的变迁，适时进行了修订，即使到了近几年，虽然法国的矿业尤其是煤矿开采已接近尾声，但欧盟的相关指令也及时地加入其中；二是有较完善的标准体系，每一项法律条文都有相应的可操作的安全技术标准，具有较强的针对性和可操作性。三是标准规范的制修订多元化，各行业管理学会可以制定相应的本行业的技术规范和标准，一旦出台，能在本行业得到很好的执行。

新中国成立50多年来，特别是近10年来，安全生产法制建设取得了长足的进步，但也存在法律修订不及时、标准体系不健全和操作性不强等问题。如《矿山安全法》，出台已有近10年，但受机构调整、职能转换等影响，其适应性和可操作性较差，在有关的标准规范建设方面也存在同样的问题。提高法律法规和安全技术标准的可操作性，实际上是在维护法律的严肃性。建议及时修订有关法律，同时充分发挥行业协会的专业优势，及时组织制定相关的技术规定和标准，为安全监督管理提供法律和技术支持。

（2）自觉的法律意识。在法国，国民的法律意识很强，欧盟的交通法规规定，客车和货运司机第一天汽车熄火到第二天重新启动，必须间隔9个小时，每行车4个小时须停车休息40分钟或者行车2小时，休息20分钟。在我们的培训和参观考察期间，几乎每天都要乘车，但没有发现过一次违章行为。当我们问及有关法律和规定得不到执行时如何办时，被问者都会感到十分地不理解，既然法律已经这样规定了，为什么会得不到执行。当然，这不是说违反了法律规定，没有处罚规定，而是一种全民自觉守法的意识。这种意识的形成也不是一日之功可以实现的。需要广泛地宣传教育，严格的执法，同样也需要相应的技术保障。如前述司机行车的有关规定，除了法律意识外，每台车上都装有自动记录仪，每天记录着车辆的运行状况，执法者只要不定期检查其运行记录就可以了。

（3）健全的工伤保障体系。法国是一个高福利的国家，同样有着较完善的工伤保险系统。其特点：一是法律体系健全，职业安全与职业卫生为有机的一体，二是在政府职能部门（职业安全卫生监督设在劳工部）的统一领导下由工会（雇主工会和员工工会）承担，三是有健全的网络，在每一个区都有相应的经办机构，四是实行浮动的保险费率，费用由雇主承担，对作业人员和因公受伤者的照顾考虑比较周全。无论从事何种职业，员工必须不定期进行健康检查，伤者治愈后，原雇主有义务安排其再就业等。

我国虽然有关安全与卫生方面的法律都规定了要对从业人员实行社会工伤保险，但没有专门的法律或法规，现执行的仍然是1996年原劳动部的一个文件，又因为职业安全与职业卫生以及工伤保险机构分别属于不同的部门，所以实际上并没有真正开展起来。

（4）完善的矿山企业安全管理和救护系统。矿山是一个特殊的行业，矿山的安全管理和救护历来受到特别的重视，我们参观考察的HBL煤矿的安全管理和救护系统是十分完善的。一是有较完善的管理机构，该矿有一个直属于矿生产经营负责人领导的安全预防科，与之平行的动力、运输、采矿、计划的部门均有一名安全预防人员，在安全科内部又设有培训、宣传教育、现场监督、电气安全监管等专职人员和针对该矿灾害特点的通风与地压专业预防人员。二是有一支高素质矿井救护队伍。救护队员从井下作业人员中选出，经专业培训合格后上岗，并选配了一批义务救护队员，他们同专业救护队员一样，需要接受系统的专业培训，熟悉井下生产系统，保证在井下发生灾害后，值班救护人员在10～15分钟内到达事故矿井的同时，义务救护队员能及时补充到位。三是有一套较好的矿井模拟系统。为了提高救护队员的实战能力，该矿在救护大楼内建有一套功能齐全的井下救援模拟系统。该矿的这套管理体系和模拟训练系统在其服务年限即将到期的时候仍然保持着完好的状态，这是十分难得的。

（5）特殊优惠政策支持矿业开采。他们认为，矿业对一个国家的经济发展是十分重要的，是工业的基础，而矿山开采，特别是井工开采，劳动条件相当艰苦，国家应该给予特殊的优惠政策予以支持。比如对矿工住房和取暖免费。

对于我国而言，虽然暂时还不存在矿山从业人员短缺，但随着社会进步，人民生活水平的不断提高，矿产资源需求绝对量的不断增加，对矿山开采这个行业，必将出现人员短缺的局面，实际上这种情况已经初步显现，高校已很少有采矿专业，不少国有大中型矿山企业已多年没有进大学生了，在井下作业的也很少有正式职工。这也许是我国近年来矿山事故多发的另一个原因。因此，国家制定相应的优惠政策，稳定和保证这个国民经济的重要基础行业的持续稳定发展是十分必要的。

团长：王立忠

团员：章立才　肖福全　郑功万　曾蕴昌　康广富　龚志凌　罗德龙　郭　臣　胡月亭　惠寅初　左柯庆　张　伟　张晓波　艾尚军　王如君　王惠霞　孙晓英

从美国煤矿安全管理看我国与先进国家的差距

一、培训团组成及活动情况

赴美国“煤矿安全法规与管理”培训团由邹小京等12人组成，于2003年1月5—25日在美国执行培训任务。培训团成员分别来自北京、河北、江苏、内蒙古4个省（市、自治区），5个部门。

2003年1月3—5日全团人员在北京接受了系统的出国前预培训，认真学习了国务院、国家外国专家局、国家安全生产监督管理局（国家煤矿安全监察局）关于领导干部出国培训考察的有关文件精神，通过预培训，对赴美培训的目的、意义、任务和要求都有了非常明确的认识，为圆满完成在美国的培训任务打下了良好的基础。

二、培训的主要内容及效果

（1）煤矿安全与环境保护。

（2）煤矿从业人员的安全与健康。

（3）煤矿矿井通风与瓦斯排放。

（4）露天开采的安全。

（5）煤矿开采中影响安全健康的物理因素的识别与控制。

（6）手工劳动及背部损伤专题讲座。

培训期间培训团成员提出许多问题，请授课教授解答，归纳起来主要涉及以下五个方面：

（1）煤矿安全监察的工作模式和执法手段。

（2）煤矿安全事故的抢救和调查处理。

（3）煤矿安全管理的先进技术。

（4）煤矿安全的法律法规和国家安全标准。

（5）美国对煤矿从业人员和矿山安全监察人员培训的管理。

美方对这次培训考察非常重视，主要表现在：

（1）讲课老师都是具有多年教学和实践经验的教授、专家，其中有加州地矿室主任、矿山安全与健康监察局西部监察处处长、犹他大学相关系的系主任。犹他大学副校长也参加了培训班结业典礼并讲话，亲自为全团学员颁发《培训结业证书》。

（2）组织严密、准备充分，培训前美方做了详细的教学安排，老师备课内容充实，而且准备了大量的参考书籍和资料，学员有求，老师尽最大努力满足。学习考察形式多样，老师讲课认真，学员听课注意力集中，课堂上下学术气氛浓厚，学员发言踊跃，老师答疑负责，教学效果良好。

（3）全团成员均取得了犹他大学矿业和地球物理系主任签发的《培训结业证书》，平均每人做了约 2 万字以上的学习笔记，每人带回约百万字的学习培训资料。

三、美国煤矿的基本情况及煤矿安全管理情况

美国共有 2400 个煤矿，其中井工矿 1100 个，露天矿 1300 个，2002 年生产商品煤 11 亿吨，我国煤矿总数为 25000 处，2002 年原煤产量 13. 26 亿吨，产量与我国相当，而矿井数量仅是我国的 1/10。美国煤矿从业人员 16 万，是我国煤矿从业人员的 1/30 ~ 1/40。2002 年美国矿山企业安全事故共死亡 67 人，其中煤

矿死亡人数为27人，约一半是发生在地面，主要是地面运输大型采煤机械和运输机械发生的事故。按照我国统计口径，美国2002年发生的煤矿安全事故死亡人数应不超过15人，而我国煤矿2002年安全事故死亡人数近6000人，是美国的400多倍。美国煤矿的万人死亡率不足1，与本国其他行业的指标相近。我国是10左右，大大高于其他行业；美国的百万吨死亡率为0.025，我国是4.64，是美国的170多倍。美国煤矿2002年人均生产商品煤6000吨，我国年人均产煤近300吨，人均效率不到美国的1/20。可以说美国煤矿的劳动生产效率高，事故死亡率低，两项指标均居国际先进水平。我们下井参观学习的犹他州西陵煤矿为斜井开拓的井工矿，有职工108人，2002年产煤220万吨，年人均产煤2万吨以上，西陵煤矿所在的犹他州的西部矿区共有7个煤矿，2002年产煤2500万吨，矿区煤矿从业人数为1200人，年人均产煤2万吨以上。该矿区2002年没有发生死亡事故，是美国最安全、效率最高的矿区之一。

美国煤矿的效率高、安全好，客观上是煤层赋存条件好，这是我国不可比的，但是我国与美国煤矿的开采条件相当的煤矿，在效率和安全上与美国仍有很大的差距，我们认为主要因素有以下几方面：

（1）对安全生产重视程度的差距。我国实行“安全第一，预防为主”的安全生产方针，但在贯彻落实上有许多不尽人意之处，煤矿的主要负责人特别是乡镇煤矿的投资人、决策人在安全与生产、安全与效益发生冲突时往往重效益、重生产、轻安全，表现在安全投入不足，安全培训教育不够，安全管理松懈，违反安全法律法规开采，违章作业。美国生产力水平高，国民生活质量高，“以人为本”的观念牢固，真正能够做到不具备安全生产条件不得开矿，不得施工，不得生产。

（2）技术装备水平的差距。美国煤矿的自动化程度高，采煤机械和运输设备均为远距离自动控制，设备能力大。如西陵煤矿使用的采煤机功力1100马力，输送机功力65马力，综采支架的支撑力813吨。采用综合机械化采煤，近3米煤层一次采全高，2002年工作面单产208万吨。全线采用胶带输送连续运煤，辅助运输为无轨道专用运输车辆运输（由地面到使用地点）。巷道采用锚网梁支护，特殊情况采用非可燃的轻型水泥支柱加强支护，井下用人少，该矿下井人数每班不超过30人，这样就大大减少了事故点。同时，单产高能够实现集中生产，该矿共有一个采煤工作面、三个掘进工作面，采煤工作面只有7名工人作业。此外，没有企业办社会现象，地面设施简单，只有几间办公室、澡堂和维修车间及地面运输装载系统，因为全部采用煤巷布置，也没有矸石山。远离井口几十公里的地方设储煤场，装火车外运，井口与储煤场之间采用自动装卸的汽车运输。井上井下生产系统高度简化，管理相当简单，安全隐患大大减少。

（3）安全法制建设的差距。美国安全生产法律法规健全，规定具体，操作性强，从勘探、设计、建设、生产到闭井有一套完整的法律规定，而且规定非常严格具体，安全标准法律化，规范了煤矿生产的各个生产领域、各个方面。政府安全部门高度重视安全条件审查和安全评价，每个矿每年进行一次包括安全、健康、环保、对周围社区影响等方面的全面评价，由大学、中介机构进行审查，政府部门按审查的情况进行监督。从业人员的安全法律意识、责任意识强，基本能做到依法办矿，按章指挥，按章作业。

（4）政府职能有所不同。在美国突出了企业的安全生产主体地位，政府和企业的职能划分非常明确，各级政府的职能部门只是依据有关法律法规进行监督，企业对生产经营活动包括生产安全全面负责。1969 年经国会批准成立了隶属联邦劳工部的矿山安全与健康监察局（MSHA），负责全国的矿山安全与健康的监察执法工作，在全国分区域设了 11 个监察处，每个处又分设若干个现场办事处，共有 2500 名职工。MSHA 负责制定有关煤矿安全的规范，颁布有关的条例，实施现场监察执法。MSHA 与煤矿企业签订安全合同书，煤矿企业按合同的规定组织生产，管理安全，双方自觉遵守。如果煤矿违反合同，MSHA 可向法院起诉，由法院判决。矿主对安全程度降低的情况必须向 MSHA 报告，MSHA 人员随时可进矿检查，井工矿每年检查不少于 4 次，露天矿不少于 2 次。每个煤矿要与 2 个以上的救护队签订救护协议，煤矿发生事故由矿主组织抢救，必要时也可以向当地警察求救。要按 MSHA 的规定救人，每进展一步都要汇报，直至恢复生产或确认遇难人员无生还希望。

事故调查多元化，MSHA 可组织调查组，矿主、受害方家属、保险公司及投资银行也可以，但调查报告的批复权在 MSHA。根据事故受害人在事故中承担的责任大小确定赔偿数额，如果受害人是事故的主要责任人，一般是由保险公司支付赔偿金，否则矿主还要赔付一部分。事故调查多元化和赔偿标准的区别，有利于各方相互监督制约，能够有效保证事故调查的客观公正性。事故责任追究一般不追究政府的责任，因为政府不负责管理企业，主要是追究矿主的责任。

（5）安全管理理念的差异。美国学者认为在安全管理上必须做到三个层次的控制，即装备、领导（管理）和个人防护。他们认为在这三个层次中，最重要的是安全生产环境，特别是对环境的整体控制，个人防护最不重要，个人防护用品及防护措施在保护健康和安全上的作用有很大的局限性，特别是在灾害发生时，更起不了多大作用。而我国的煤矿安全管理强调“装备、管理与培训并重”，而在实践中对安全管理强调更突出，力求用管理来弥补装备和培训的欠缺，往往是事倍功半，无力回天。在这种理念的支持下，事故分析过分强调生产过程中的管理责任，往往忽视了造成不安全的环境因素，而先天不足是事故的真正祸根。《安全生产法》中，对安全投入和安全标准做了比较全面的法律规定，是安全生产法制建设的一项大突破，也有助于促进全社会安全管理理念的更新，只要我们认真贯彻实施《安全生产法》，严格安全条件审查和安全程度评估，实行安全条件准入和安全淘汰制度，煤矿事故特别是重特大事故就会大大减少，煤矿安全状况才可能根本好转。

正如美国 MSHA 的管理人员所说的，2002 年煤矿死亡人数下降得益于三个方面：安全监察力度的加大，对职工安全培训的加强和最新科技成果的运用。我们认为这三点正是我国煤矿安全监管的努力方向。

四、几点体会

（1）美国安全健康法制健全，法律规定具体，可操作性强，执法者便于掌握，能有效避免执法偏差过大。国民的法制观念强，能够自觉地维护法律和社会秩序，这得益于执法严格，执法公正。

（2）劳动者的敬业精神值得我们学习。我们接触的大学教授、公司总裁、政府官员、警察、企业职员、社会服务人员等各个阶层的劳动者，他们工作都很认真，把劳动当成一种乐趣，而非负担。对从事的职业有优越感，洋溢着乐观的情绪。

（3）我国与美国煤矿安全有很大的差距。美国煤矿安全监管经验值得我们学习借鉴。要不断加强安全法制建设，增强煤矿从业人员的安全法律意识和责任意识，应突出企业的安全主体地位，落实安全生产责任，政府依法对企业实施监督。安全是全民的事情，政府与社会的力量应形成合力，各部门互相配合，从不同侧面对企业落实安全生产法律法规的情况实施有效监督。此外，安全管理理念必须转变，安全基础工作最重要的是从企业的诞生不能是“畸形儿”，不具备安全生产条件的企业死亡也是必然的。美国煤矿的先进性还体现在，其安全工作的重点已从事故防范进步到职业健康，煤矿的环保状况也作为煤矿能否生存的先决条件，这也是我国经济转型期应很好借鉴的。

（4）我国的煤矿布局不合理。东部开采条件非常困难的矿井苦苦支撑，西部条件优越的矿区开发不了。所以，可借西部大开发之机，调整产业政策，鼓励开发西部矿区，逐步淘汰开采技术条件差，安全管理困难以及亏损的煤矿。美国煤矿的单井生产能力是我国煤矿的 10 倍，煤矿生产规模大，要发展就必须改变我国矿井多、规模小的现状。没有规模就上不了档次，不上档次安全就没有保障。小煤矿生产力水平低下，装备水平落后、效率低，管理落后，隐患严重，矿点多、用人多，事故就多。所以应该鼓励开发大型矿井，逐步淘汰小煤矿，要求新建矿井必须达到一定的规模。

（5）坚持我国正确的能源政策。美国与中国的国情有较大的差异，美国人均占有资源是中国的许多倍，我们应坚持煤炭资源开发和消费的节约意识。美国政府对煤炭资源回收率一般没有规定，而我国不宜学习，我国可开发的资源短缺，动用能源储量必须充分开发出来，鼓励能源的充分利用，鼓励降低能源消耗。

团长：邹小京

团员：于燕滨　冯广存　张国安　于振旗　胡入太　石明刚　郭建祥　赵健康　韩家根　董喜明　侯福莉

美国交通安全管理浅析

2003 年 2 月 18 日至 3 月 4 日，国家安全生产监督管理局组织有关部门和单位对美国交通安全状况进行了考察。考察团主要访问了加利福尼亚州交通署、美国运输安全委员会、美国联邦社会安全局，参观了中远美洲公司，实地了解了道路交通情况和铁路道口情况。通过考察，我们对美国道路交通安全管理、交通运输事故调查有了进一步认识，从中得到一些启示。

一、美国道路交通安全管理

加利福尼亚州交通署是负责道路交通的政府部门，分设 4 个部门，即交通管理控制中心（下称控制中心）、设计部、施工部、养护部。控制中心是交通署实施系统管理的部门。它的任务主要是疏导交通、报告气象和地震信息、报告和处理路况信息、调查和处理交通事故，保证道路安全、畅通。

全美共有机动车 1.7 亿多辆，加州共有 3000 多万辆。全美道路交通事故的情况近年呈下降趋向，每年死亡人数 5.4 万人左右，百万公里死亡数为 1.3 ~ 1.4 人，加州的情况比全美的平均水平要好，而且近年来一直在下降。研究分析认为，70% 的事故与人有关，30% 与路况有关，即设计和施工问题，与车辆有关的事故很少。没有系安全带而导致死亡的事故占道路交通事故总数的 80% ~90% 。

在美国的交通管理措施中，并没有很多高技术的东西，比如，全美至今没有提倡在汽车上安装黑匣子，也没有进行这方面的科技和开发。他们认为，保证道路交通安全主要应该从管理角度出发，管理措施是历次事故经验的总结，针对性很强，每年都要根据事故特点而变化。比如，近几年根据司机和乘客不系安全带造成伤亡比例增加的情况，加强了路面检查，根据家庭车辆居多，学生驾驶员数量上升的情况，加强了对学生的交通安全教育，定期给家庭投递安全信息等措施。在货运车辆管理方面，充分发挥运输企业工会的监管作用。

美国城市间道路大部分是高速公路。控制中心只管高速公路，城市道路由市政部门管理。控制中心对高速公路上重点车辆运行情况、施工情况、事故处理进展情况等能够实施有效监控。控制中心得到消息的渠道很多，除可以直接得到、从司机和公众中得到，从有关部门能够及时沟通事故信息，互通情况得到外还可以从电视台得到。与控制中心显示屏一起，摆放了一台电视机，专门用于从新闻媒体中得到有关事故和道路的信息，电视机跟路面上监视器传回的信息一样，24小时有人监视。警察接到报警后，也会及时通知控制中心。警察局派员驻控制中心，协助中心处理有关事故。

如果事故原因与路况有关，交通部门要受到起诉。加州交通署每年因此付出的赔偿额高达6000万美元左右。因此，交通署对待路况引起的事故特别重视，他们收集了大量的事故案例，警察对每次事故的处理，也要备份送交通署。交通署一旦发现事故与设计、施工有关，立即要非常客观、实事求是地分析和反省自己工作中的问题，以切实修改标准，研究设计、施工缺陷，改进工作。在平时，他们也经常主动对以往发生的事故进行分析。对于出现3次事故以上的路段作为重点路段来对待，并及时采取措施。处理事故过程中如果发生任何争议，均通过法院裁决。对死亡的追赔也由法院来判，对警察执法不服也由法院来判，进入民事诉讼。但一般来说，大部分人为了方便起见，没有耐心等待法院的各种程序的时间，所以实际上进入交通案件诉讼的很少。在铁路道口发生的交通事故，法律规定铁路部门一般是不赔付的，除非因为道路实施缺陷铁路部门在诉讼中失败，铁路部门按照法院判决给予赔偿。美国对司机也采取计分制。司机3年12分，警察对司机罚款同时也要扣分。被扣分的司机在保险公司还要受到提高保险金的处罚，比如，扣5分，在保险公司要连续3年多交30%的保险费。当被扣到9分时，司机一般会自觉地去参加一周的学习，这样可以增加2~3分，否则被扣光12分，司机2年之内不允许开车。

道路的建设和养护均由政府出资。城市道路由市政府出资，城市间道路由州政府出资。在公路建设中涉及与铁路交叉形成道口的地方，公路（政府）部门出资，铁路部门出设计和施工图，按照铁路有关标准建设，有关铁路道口的问题，交通、铁路两家经常在一起研究交流。特别是对道口的信号，双方非常重视，要反复多次协调后作出最佳设计、施工方案。美国道路的总体状况比较好，比如，美国东西全长5000多公里，80号公路贯穿东西有4000多公里长。在80号公路上我们注意到，道路标志明显，车辆各行其道，道路状况良好，坏损路段极其少见。美国交通部门在道路建设和养护方面做出了很大努力。比如，今年纽约遭遇17年不遇的特大暴风雪，积雪厚达20英寸，雪灾造成美国几十人死伤，但是我们看到，纽约的道路积雪及时得到了清除，在几千公里的城市间公路及乡村间的公路上，积雪被清除的一干二净。清除的资金，属于城市道路的由市政府做出预算，州际公路由州政府做预算。对于纽约的积雪，每清除一英寸厚的积雪，花费近100万美元，今年纽约市政府做了1600万美元的预算，实际花费1659万美元。

从美国的交通安全管理体制看，分工明确、各负其责、协调配合得到了很好的体现。在美国，与道路交通有关的机构是警察局、交通局、车检所，他们都是独立的政府部门，车检所负责检验和驾驶员发证。美国也有驾校，但美国人学开车一般都不须进驾校培训，只需通过有关考试即可驾车。对车辆的管理，美国采取了有效的方法，其中很重要的一点是实行了汽车召回制度，方式有三：一是汽车制造厂发现问题后主动及时召回，二是消费者协会经常施加压力迫使召回制度落实，三是政府强制召回。各个部门配合得很好，给我们留下深刻印象。

二、美国交通运输事故调查

美国国家运输安全委员会（NTSB—National Transportation Safety Board）是1972年由国会成立的交通运输事故调查机构，不是政府的运输管理部门，其领导层由5位成员组成，其中主席1名，副主席1名，主席由总统直接任命，每4年一届。5位领导成员来自政府各部门有经验的官员，员工主要从各部门和企业中挑选。国家运输安全委员会拥有一支得力的事故调查队伍。该委员会每年预算7000万美元，由国会直接拨款，与政府部门没有资金上的任何关系。总部设在华盛顿，核心部门是事故调查办公室和事故善后办公室，分别负责航空、铁路、公路、水运、管道等运输行业的事故调查以及事故善后工作。

根据法律规定，发生事故以后，需要该委员会来调查的，在该委员会调查人员未达到事故现场之前，一般不允许移动现场物件，只有调查委员会人员有权决定对事故现场物件的处理。因此，该委员会有一个快速反应机制和调查队伍，在美国任何地方发生事故，调查人员能在2个小时内赶到事故现场，保证了对第一手资料的取得。

航空安全办公室负责航空事故调查。由于航空事故的国际性很强，所有航空调查是世界性的，与世界各国都有协议，飞行器事故以及美国公司生产的航空产品在任何地方发生问题，该办公室都参与调查或派观察员协助调查。

铁路、公路、管道和有害物质调查办公室，下设4个办公室，分布在美国有关地区。这个部门负责调查损失超过100万美元的事故，以及涉及多个部门或影响严重的事故。因为美国的铁路和公路运输中客运占很小比重（几乎没有），所以实际上以货运事故为主。

航海安全办公室负责12海里以内的航海事故的调查，必须调查的事故是与政府船只有关的或挂美国国旗的船发生的事故，非政府船只发生的事故有可能调查，对国外发生的美国船员操作的船或者美国制造的船也可能参与调查，具体调查范围包括：①6人及以上死亡的航海事故；②自重在100吨以上的船发生的事故；③50万美元以上损失的事故；④有害物质泄漏的事故。

调查的船只包括客船、渔船、海上钻井平台、小型运输船、集装箱船、油轮、气垫船等。美国的客轮主要是游轮和豪华游轮，由于90%以上的游轮不是挂美国国旗的，所以他们调查的航海事故大部分实际上是货运事故。上述调查范围是由美国海岸警卫队的有关法律中明确的。

从美国多年来调查的资料看，每年都有5000个商业船只发生事故，其中50个是属于上述范围规定的重大事故，但实际上他们每年只能调查10个事故，其余事故委托美国海岸警卫队调查。

该委员会与海岸警卫队有很好的合作关系：海岸警卫队要向该委员会报告航海事故，由该委员会决定是否调查或怎样组织调查。谁组织调查按谁的调查规则。海岸警卫队是海上执法机关，包括对犯罪的调查。调查委员会对涉及全美利益的事件或事故进行调查。海岸警卫队主要调查人员在事故中起的作用，特别是刑事方面的，调查过程中有律师参与，关心的是事故怎么发生的（过程）；而调查委员会只调查事故原因，调查时还邀请被调查单位参加，也邀请海岸警卫队参加，目的是为了搞清事实真相，关心的是事故为什么会发生（原因）。

由于很多大的事故都是调查委员会调查的，所有调查委员会的调查人员必须是技术上合格，有丰富的事故调查经验的专家，这些专家既可以调查事故，又可以组织事故调查。美国有关法律规定，对于运输方面的事故，最终作出事故结论的权威机构是该调查委员会。该调查委员会调查结束后要向运输部门提出有关措施的建议，建议分两部分，一是硬件系统的恢复和完善方面，二是管理方面。这种建议不是强制性的，但运输部门一般都会采纳，如果不予采纳，该调查委员会也无权要求必须执行，不过调查委员会有优越的条件和手段，遭到不被采纳的情况可以直接报告国会，由国会通知运输部门。政府运输部门一旦接到国会的通知，则要三思而行，向国会作出有关陈述是很麻烦的。实际上很少发生运输部门不采纳的情况，而且调查委员会的这些建议常常都变成了运输部门的标准。

运输事故受害者援助办公室是运输安全委员会于1998年成立的第一个事故善后部门。事故造成的伤亡补偿是由社会保障机构发放的。工伤保险的补贴金每月为750美元。任何一个美国公民，从出生开始，就有一个固定的社会保险号，一直到死亡。只要他们在工作期间按规定纳税，就能得到伤亡补偿。所以对于事故中伤亡的人员或其家庭来说，领取工伤保险或补偿是很容易办到的事情。受害者和家庭的麻烦在于对伤亡和事故本身执着的关心。在长期的事故调查中，美国认识到除伤亡人员的赔偿之外的善后工作更为艰难，为了妥善、平和地处理伤亡人员及其家属与雇用单位的矛盾，需要有个中间人来协调各项善后事宜。这个机构成立以来发挥了很大作用，并且还促成了世界保护消费者权益法则的建立。此外，这个部门也做了别人难以做到的事情，比如，召开新闻发布会，把技术语言变成通俗语言来跟家属和社会讲明有关事故的情况，有时还要制作和借助各种模型之类的形象的东西，介绍事故原因、经过等。运输安全委员会的所有语言和行为都是在事实的基础上，不做事实以外的任何猜测、假定、推理，赢得了家属和社会的信赖。受害者及其家属普遍感到只有运输安全委员会是最公正的、最没有利益关系的、最关心遇难者的。善后工作是一个相当长的时期，事故的现场调查结束后，运输安全委员会要在调查的各个阶段，把与事实有关的情况全部及时地通知家属，因为很多家属对自己的亲人是怎么死的比对领取多少赔偿金要重视得多。所有这些问题，运输安全委员会都要去解决，有的要与州政府和地方政府共同解决。

美国国家运输安全委员会设有多个研究室和实验室，这些研究室是1972年成立起来的，主要任务是为事故调查工作提供技术支持。实验室分三部分：残骸、录音设备、仿真和模拟。同时也提供信息管理和信息技术，对事故调查资料和文件进行保存和分析。实验室的资料很全，保存了全美所有的事故调查资料，仿真模拟技术也很高，在实际的事故调查工作中发挥了很好的作用。实验室共设有10个分部，分布在全美有关地区，分部还承担着并负责事故现场和总部的通信以及事故调查过程中的各种联络。

三、收获与启示

这次考察有很大收获，同时又是浅显的。为借鉴美国交通安全管理的经验，完善我国交通安全事故调查体制，真正从事故中吸取教训，预防和减少交通运输事故的发生，提出以下建议：

（1）加快健全法制，理顺道路交通安全管理体制。美国有关交通安全的法律比较健全，部门之间的职责交叉很少，同时执法手段比较强，一切工作按照法律来实施。比如，类似于司机开车禁止打手机、每驾驶2个小时必须休息等，美国各州都有明确的法律规定，如纽约州法律规定驾驶中不许打手机电话，大部分州司机驾驶2个小时应该休息。近年来我国公安、交通、铁路等部门作了一些要求，但有的还没有形成规定，强制性不够，由此造成的事故不在少数。此外，在道路管理上，涉及公安、交通、铁路等多个部门，长期存在的职能交叉、权责不一、合作不够、难以协调等问题没有切实改变。我们处在社会主义市场经济的体制改革过程中，新情况、新问题不断出现，但很多管理仍然通过行政手段来实施。必须通过健全立法来改变目前管理状况，使安全管理规范化、法制化，并建立起各部门良好的责任关系和合作关系，从法律角度理顺道路交通管理体制。

（2）加强机构建设，树立事故调查的科学性、公正性、权威性。美国运输安全委员会的机构设置、经费渠道、工作方式、法律地位等，充分保证了事故调查工作的科学、公正、权威。我局是新一届政府机构改革的重点部门之一，在考虑我局机构建设时，建议研究事故调查机构的设置问题。建议设立国务院的事故调查专门机构，实现事故调查工作政策统一、方式统一，切实从事故调查中吸取经验，提高事故预防水平。逐步完善事故报告制度、调查处理制度、事故调查听证会制度等一系列制度。

（3）加强与美国运输安全委员会交流。美国运输安全委员会是个很特殊的机构，深入了解其功能和运行情况并取其优点为我所用，很有必要。我们在该委员会考察访问期间，与其主席、副主席进行了会谈交流，他们也表示出与我局交流与合作的愿望。

团长：张宏波

团员：吴建中　刘庆生　张　威　赵　霜　张汉民　关更新　顾亮余

南非深竖井安全技术

应南非豪登省经济发展署邀请，以王启明为团长的矿山深竖井安全技术考察团12人，于2003年4月10—24日赴南非执行“深竖井安全技术考察”任务。其间，考察和参观了南非金田公司德利方丹矿的深部开采、通风、地压管理、尾矿库、职工培训中心、职工生活社区等，并就深部通风和地压管理等问题进行了深入探讨，完成了考察任务。现将有关情况报告如下：

一、南非共和国基本情况

南非共和国位于非洲大陆的最南端，东、南、西三面滨临大西洋和印度洋，北与纳米比亚、博茨瓦纳、津巴布韦、莫桑比克和斯威士兰接壤。面积122万平方公里。人口4360万人，主要由黑人、白人、亚洲人和其他有色人种组成。黑人占70%，主要包括祖鲁、科萨、斯威士等部族；白人以荷兰、英国人后裔为主；在99万亚洲人中，有华裔约1万人。南非的行政首都在比勒陀利亚，立法首都在开普敦，司法首都在布隆方丹。一国三都，是南非的一大特点。

南非被西方国家定义为“过度经济国家”。

南非面积占非洲的4%，人口占非洲的6%，国民生产总值占整个非洲大陆的34%左右，工业产品占非洲的40%，矿产品占非洲的50%，农产品占非洲的20%，发电量占非洲的50%，人均产值3200美元。

南非在20世纪初到60年代一个不长的时间内完成了从自给自足的农牧业经济社会，向以市场为主体的工业经济的大转变，建成了一个拥有世界一流基础设施的工业国，西方历史学家将南非与加拿大、澳大利亚、新西兰并列为世界第二次现代化浪潮中同类型的现代化国家，加、澳、新、南四个国家在现代化的初始阶段有两个共同特点。

其一，他们都是从矿业开始起飞，黄金和其他矿藏的开采，解决了现代化的资金问题。使南非完成了资本的原始积累，60—80年代正值黄金在国际货币体系中的地位扶摇直上，各国纷纷实行各种形式的金本位制，黄金成为全世界共同追逐的对象，成为南非的主要出口产品。

其二，大量的欧洲移民给南非带去了人才、观念、技术和资金，在南非的发展史中占有关键的地位。1795年，英国殖民军占领开普敦，1877年，英国兼并南非共和国，南非成为英联邦成员国。英国人进入南非，把英国的行政和司法制度引入南非，建立了英国式的两院议会制，至今，南非依然是这种政体。

南非在短时间内实现了经济起飞，将资源优势成功转化为产业优势，主要是下列因素合力作用的结果。

首先，境外资本的大量输入为打开南非地下宝藏提供了资金保证。19世纪末，南非是西方各国在非洲的最大的资本输入地。主要是来自英国、美国、荷兰、德国和法国。

其次，世界工业革命产生的现代工业技术和设备为南非矿业开采提供了技术保证。在追求高额利润的驱使下，欧洲的先进技术连同资本一起带入南非。先进的开采设备、动力设备、提升设备、通风设备、传输系统、深井爆破技术、氰化法选炼技术等涌入南非，使南非在工业化起步阶段便享受到欧洲工业革命的最新成果。

第三，是大量的白人技术工人和黑人廉价劳动力的人力资源的基础。

南非依靠这些有利条件，从20世纪下半叶开始，对南非丰富的矿产资源进行了大规模的开发，整整半个世纪是南非矿业迅速发展的时期，形成一场“矿业革命”。改变了南非的历史进程，使南非走上了现代化的道路。

南非抓住第二次现代化浪潮提供的机遇，挤上了世界现代化的班车。20世纪70年代，南非白人的人均收入已经进入世界前6位，受大学教育的比重仅次于美国。不但拥有交通、通信、金融服务等发达完善的基础设施，还拥有完整的工业体系和科教力量，采矿工程、钢铁工业、煤化工业、轻工业、军事工业、商品化农业都形成了规模。南非同时也是科技大国，每年用于科研的经费占国民生产总值的1%，全国性的科研机构有300多个，科研人员占总人口比例的0.075%。采矿技术、锻铸技术、煤变油技术、输变电技术、军事技术、农牧育种技术在世界跃居前列。

南非政府在20世纪20年代开始对国家经济政策从自由放任型过渡为政府干预型，强化政府在社会经济活动中的行政管理作用。有计划地利用国家资本，对那些关系到国计民生，投资大、周期长的基础工业项目和检测设施项目，采取由国家直接投资的方式，完善工业体系，推行国家资本主义，加强国家的综合力量。南非政府从1923年起，先后在电力、冶金、化工等关系到国计民生、投资多的部门组建国营大公司，也为其他部门私有企业的发展创造条件。1940年成立的南非工业发展有限公司，则是直接运用国家资本，有计划的扶植和保护制造业的发展，由政府掌控公司的全部股份。除电力外，南非政府还出资修建现代化的公路、铁路和港口等基础设施，它们不仅满足了本国工业发展的需要，也有利于吸引外资，后来还成为南部非洲其他国家的交通生命线。因为一些主要部门都有国家资本在运作，所以政府在国家经济生活中扮演着重要的角色。在南非固定资本中，国有经济控制了五分之三的资本，在每年新增加的资本中，国家资本约占25%。

二、南非矿业安全管理体系

为了避免矿业事故率的不断上升，南非里昂委员会耗资800万美元，经过对世界各国的安全机构的详细调查研究，向政府、矿主和矿业工会提出了措施方案：通过立法，建立起由政府部门（南非能源矿业部）、矿主、矿山雇员三方组成的“矿山健康和安全委员会”，它第一次把雇员代表包括进安全机构，这在世界矿业史上是一个创举。确保了南非《矿山安全和健康法》的执行，由于以法律的形式保证了各方面的参与，在保证采矿安全、降低死亡事故方面发挥了良好的作用。

南非矿山安全监察实行垂直管理、分工负责的体制。政府在能源矿业部设矿山安全监察局，由一名副总司长担任总监察长。监察局下设 4 个职能司，分别是矿山安全监察司、矿山设备安全监察司、矿山职业卫生监察司和综合司。在全国 9 个省设有矿山安全监察办事处，共有 257 名安全监察员，受总监察长的直接领导。安全监察员的职责，主要是监督监察矿山安全与职业健康的管理系统、控制系统、培训系统是否健全有效的运转，同时负责事故调查，提出处理意见。按照监察业务，安全监察员分为矿井监察员、设备监察员、医学监察员和职业卫生监察员四类。

矿山安全监察主要采取两种方式：一是不定期的抽查。安全监察员有权随时进入矿井任何地点检查，发现影响安全与职工健康的事故隐患，可以采取罚款、停产、关闭等各种手段，罚款直接上缴国家矿山安全监察局。二是矿山发生事故后，负责进行调查，现场取样，查明事故原因，提出事故处理意见等。为了保证安全监察员公正地行使权力，国家矿山安全监察局对安全监察员有专门的监督控制系统，同时发挥工会的监督作用。南非依靠较为完善的法律、法规和强有力的矿山安全监察机制，矿山安全生产状况一直比较稳定。

此外，全国还设有矿山安全与健康协会，总监察长担任协会主席。协会下设三个常设机构：一是安全立法委员会，主要向议会提交有关矿山安全与健康方面的法律、法规草案；二是专门负责矿山安全与健康方面的研究；三是专门负责职业卫生防治方面的研究。另外，还设有独立的采矿资格管理局，总监察长担任局长，主要负责制定矿山安全方面的技术标准，以及安全技术培训和资格认证。

南非矿山救护方面的经验很值得借鉴。全国设矿山救护中心，原是由矿业协会管理，现在是由几家矿业集团组成的一个私营的非营利性机构，主要业务是为矿山救护队员提供培训服务，并为矿山提供救护服务和咨询。

该中心在全国建有矿山救护网并进行管理，所有矿山企业都可以成为全国矿山救护网成员单位，目前正式会员有 92 家矿山企业。南非《矿山安全法》规定，有 100 名以上的井下矿工的矿要有一支矿山救护队，一般有 5 名救护队员，有 700 名以上矿工的矿山企业要设 2 支矿山救护队。2001 年全国各类矿山共有 129 支矿山救护队，救护队员 901 人。

全国矿山救护中心现有职工 35 人，设总经理 1 名，副总经理 2 名。中心也是全国矿山救护网的管理机构，设有理事会和管理委员会，理事会成员 12 名，由 11 家大企业的代表和矿山救护中心总经理共 12 人出任理事。管理委员会 8 人，管理委员会主席由矿山救护中心总经理担任。

救护中心负责救护队员的培训，培训课程包括初级救护队员培训，高级救护队员培训、复训、特种技能培训，救护队员耐热测试和工作负荷测试。中心拥有各种救护设备可为矿山救护提供技术支持。发生事故时，矿山救护中心奔赴现场参加救护工作，必要时从其他矿山企业调遣矿山救护队参加救援。

这支高素质的救护队伍，除了中心的少数管理人员和技术培训人员之外，所有救护队员都是从各个矿区中精选出来的兼职人员，他们是不领取工资的。“拯救生命、关爱工友”神圣的使命感和光荣感是矿山救护队员精神支柱。救护队是一支科学、精神和强悍体魄融合一体的队伍，在矿山的抢险救灾中建立了不朽的功勋。

三、南非的黄金工业

南非位于非洲大陆最早形成的陆地上，岩石构成复杂纷繁，有地球上形成于 38 亿年前的最古老岩石，也有形成较晚的火山岩和沉积岩，因此，南非地下矿藏异常丰富，蕴藏着 60 多种矿藏，黄金、钻石、铂族金属、锆族金属、铀、锰、钒、铜、煤等重要矿产的储量及产量在世界上都居于非常突出的地位，近 80% 的矿产品出口国际市场。已探明的黄金储备量 1. 8 万吨，占世界总储量的 39% ，在全人类所拥有的 14 万吨黄金中，大约有 40% 是从南非的地下开采出来的，目前黄金年产量在 600 吨上下，占世界总产量的 1/3 左右，位居世界第一。锰、铬、萤石、红柱石和铂族金属的储量都居世界第一位，金刚石储量居世界第二，煤炭储量居世界第六。钻石、石棉、铜、钒、锑、铀及煤、铁、钛、云母、铅等的蕴藏量也极为丰富，产量均居世界前列。南非是世界上三大合金钢生产国之一，除石油和天然气外，还是世界上 24 种重要矿产品的五大出口国之一，被称之为“矿产波斯湾”。

采矿业是南非经济的支柱产业，南非的采矿技术和设备都非常先进，尤其是深层采矿方面，其技术和设备居世界领先地位。尽管如此，南非的采矿业仍属于劳动密集型产业，是南非雇用劳动力最多的生产部门之一，其中黑人居绝大多数，而且还有不少是来自南部非洲邻国的临时性劳动力，在南非所有的矿工中，绝大多数为半熟练和非熟练工人。

黄金工业是南非的第一大工业产业，数以百万计的南非人的生活依赖于黄金工业。在 1980 年前后，其直接雇员曾达到 52 万之多，从业人员仅次于农业。黄金开采业给南非国民经济每年直接创造高达 17% 的国民生产总值。尽管由于金价等原因，南非黄金矿业发展受到了制约，它给国民生产总值的直接贡献仍然是4%，综合效益为10%左右。黄金是南非最主要的出口产品之一，在80年代，黄金出口所创造的外汇收入占国家全部外汇收入的50%，目前仍有20%的外汇收入来自黄金。

黄金工业给南非整个经济带来的社会效益也十分明显。比如，黄金工业每年要消耗南非15%的电力；许多学校、医院、道路、住房等公用设施都是由黄金公司和财团出资兴建的。全国至少有5个省，20%以上的经济总量来源于黄金工业。

1869年南非就发现了金矿，但很快就被“钻石热”盖过去了。32600多个小矿主占据了金佰利钻石矿脉，在激烈的竞争中脱颖而出了3位杰出者：犹太人巴纳托、德国人艾尔费雷德·拜特和英国人塞西尔·罗德斯。1888年，罗德斯兼并了犹太人的金伯利中央矿业公司，成立了戴比尔斯矿业公司，垄断了金伯利的钻石生产，成为世界上最早的垄断组织之一。他采取限额开采的措施，规定钻石市场出售的最低和最高价格，把金伯利钻石矿组织成当时资本主义现代化最高的工业体系。南非的这场钻石开采热发生在世界资本主义进入垄断时期，钻石开采的资金又主要来自欧美等资本主义国家，所以，南非矿业“自由竞争”阶段的时间异常短促，南非钻石业在不到15年的时间里，就完成了从个体、小公司竞争到大公司垄断的过程。因此，南非黄金业的垄断性很高，安格鲁、金田、哈默尼、德班深水平4家黄金公司的产量占全南非95%以上。

现代黄金开采始于19世纪中叶，以著名的威特沃特斯兰德矿区的发展为标志，南非的许多黄金公司，如南非金田公司、约翰内斯堡投资公司、通用矿业公司（现重组为金科公司）等都有百年以上的历史，其中南非金田公司成立于1887年，即威特沃特斯兰德矿区黄金资源被发现后的第二年。1898年南非取代美国成为世界第一产金大国，此后，南非一直保持着世界头号采金大国的地位。从1886年以后，威特沃特斯兰德盆地的金矿区域不断向外延伸，不断有重要的资源发现。20世纪30年代，南非金田公司在约翰内斯堡西面发现了“West Wits Line”矿区；1946年安格鲁美洲公司在自由省发现黄金；50年代末期，通用矿业联合公司开始在伊万德尔地区找到了黄金。从20世纪初开始南非的黄金产量一直保持较快的增长速度，特别是在1970年创下了1000吨的历史记录。

南非的黄金资源绝大多数集中在威特沃特斯兰德盆地。分布在该盆地内的金矿床，基本上位于约翰内斯堡东西两侧100公里以内、约翰内斯堡西南约300公里左右这样一个圆弧状的矿区带上。南非的金矿床属于世界上特有的一种类型，即含金砾岩型金矿床。这种金矿床有以下几个特点：

一是矿体规模较大、品位较高。在19世纪末20世纪初，南非金矿的平均品位为16～20克/吨；20世纪50年代，下降为7～8克/吨；目前的平均开采品位为5克多/吨。二是矿体较薄。威特沃特斯兰德金矿床的平均厚度只有30厘米左右。三是矿体的连续性好、延续范围比较大。目前的开采深度已经达到地下4000多米。四是矿体比较平稳。大多数矿体的倾角为20°～25°。

由于上述矿床的特点，使得南非的黄金开采也具有其鲜明的特点。首先，南非的黄金矿山为劳动密集型。按同样的生产规模计算，南非的金矿所雇用的矿工人数是美国、加拿大的两倍，仅付给工人的工资就占生产成本的一半。这主要是因为矿脉较薄，不适合机械化开采。

从开采技术角度上看，南非的金矿都属于易采易选型。规整的矿体、比较坚固的围岩本身不会给采矿工程师们带来多少难题。砾岩型金矿石的选矿也比较容易，它含泥量低，也不需要磨得很细。所采用的选矿方法基本上是普通的浮选和氰化碳浆或碳浸工艺。他们要解决的问题是在数千米深的地下开采时，地热和地压所带来的麻烦。在3000米的地下，岩石表面的温度高达近60摄氏度。

南非黄金工业的行业协会由南非矿业协会负责，南非矿业协会成立于1889年，该协会为自愿参加的民间组织，公司会员主要来自黄金、铂、钻石、煤炭、铁矿、铜、铅、锑等类矿山公司和矿业金融性公司的业主。

协会的主要职责是代表矿业公司的利益，宣传矿业主的观点，向南非各级政府和相应的决策机构游说，提出矿业政策建议等。协会还与许多工会组织合作，协调矿山的劳资纠纷等问题。协会要向会员提供战略支持和顾问咨询。在调查某项政策、争取取消某项规定或者其他共同关心的问题时，协会要促进矿业主们的协调行动。协会系统内的咨询与合作是建立在自愿的基础之上的，绝不干涉各矿山、公司的管理事务。

为了保证这种政策评估和顾问作用，协会保存有相当范围的专业资料。其中有健康与安全、教育与培训、通信、环境管理、经济学以及工业关系等方面的专家系统。

协会的主要决策机构是理事会、辅之以黄金委员会和煤矿委员会。协会的经费来源为会员所缴纳的会费。会费根据各会员的产值或利润缴纳，但在进行议案表决时会员的权力是平等的，即每个会员一票。

四、金田公司及其德里方登金矿

（1）金田公司。金田公司是南非仅次于安格鲁黄金公司的第二大黄金公司，总部设在约翰内斯堡。2001年该公司产黄金450万盎司（150吨）。

由于公司的生产都是在2000~3000米的地下进行，安全问题是金田公司面临的一大问题。公司一直致力于改善安全生产条件，降低各个矿的伤亡事故。2001年，全公司共发生与工作有关的事故37起，伤亡43人。每百万人工作小时的死亡事故率为0.31。每百万人工作小时的伤亡损失工作天数频率为19。在这些事故中，有24起（占65%）的起因与地震活动和其他的地面下陷有关。由于公司对防火工作非常重视并采取了一系列措施，所以在这些事故中没有一起是由于井下可燃气体引起的。

金田公司一直重视事故高发区的事故预防的技术培训和技术投资。同时，加强安全生产管理工作，重点是保证安全生产管理制度的建立和实施。

（2）德里方登金矿。金田公司的德里方登金矿位于约翰内斯堡西70公里处闻名世界的白水岭盆地，是南非目前最大的金矿。金矿有8条竖井和3座选矿厂，年处理矿石720万吨，雇员18400人。2001年生产黄金约42吨（135万盎司）。目前入选矿石品位平均为6.15克/吨。

（3）该金矿提出的管理方针是BEST。B指盈利；E指环境保护；S指安全生产；T指团队精神。由此可以看出，该矿对安全生产工作是十分重视的。矿里设有安全环保主管副总和安全环保管理部门，有专、兼职安全员100多人，每周三召开一次安全环保专题会议，在会上对矿工违章行为进行听证，经听证核实后才正式开单对矿工进行处罚，并列入矿工违章记录档案。通过努力，在过去的6年里曾经取得了4次“百万班时”无死亡的成绩。

采矿：矿区有三个矿体，属含金铄岩型矿床。具有矿体规模较大、矿体连续性好、延伸范围大、品位较高、矿体较薄以及矿体比较平缓等特点。三个矿体赋存状态不同，围岩结构也不同。根据矿体的不同特点，采取不同的采矿方法，浅部主要采用全面法采矿，深部主要采用房柱法采矿。

我们考察的是一个全面法采矿的采场。采场长度50米，上采高度为斜长50米左右。采用气腿式手提风动凿岩机凿岩，TNT炸药+导爆管+火雷管方式爆破。采幅控制在1.4米内，由技术员布置钻孔位置，钻孔深1.3米，爆破效率1米左右。配置40千瓦功率电耙出矿，采矿设有中门溜井和放矿漏斗。采区工作面无照明电源，全靠便携式充电矿灯提供照明，耙矿时爆堆监矿工与电耙操作工的联系，通过拉线式气喇叭进行（喇叭安装在电耙处）。

采区内采用木垛支护。木垛间隔1.5米，木垛由规格为1000毫米×100毫米×100毫米的方木垒成，之间设置一条彩带布袋，支护时带内冲入膨胀水泥，使木垛能充分接顶。木垛分割成的空间为电耙道和人员材料通道。掌子面支护则靠原木套铁筒式液压支架临时支护。

巷道支护：该矿非常注重顶板管理，除采区内木垛支护外，运输道均采用“锚杆 + 钢索 + 金属网”的方式进行喷锚支护。运输道内为防范巷道侧鼓或底鼓变形巷道两侧布置有圆弧钢支护。

通风：由于该矿的开采深度已达到 3800 米，并且大部分采矿作业都在 1000 米以下，井下温度高达 50 ~ 60 摄氏度，通风问题非常突出。该矿采用多级机站分区通风方式，分为十级通风，单机配置功率为 70 千瓦。主井进风，副井回风，形成通风系统，排出的污风温度是 32 ~ 35 摄氏度。采区内设有专用风机抽风，通风效果良好。在地面设有专门的水处理厂，把水经过两级制冷冷却到 4 摄氏度，然后送到井下，喷洒到工作面。

地压管理：该矿对深部开采地压活动的监测预报十分重视，成立了地震监测中心，并配备了地质工程师 4 人，每个矿井都安装了地震监测仪，总投资 100 多万兰特。全矿共设置了 50 个地震监测点，地震监测中心的计算机系统可以随时显示井下各个地区的地压情况，并将这些情况及时反馈给井下的工程师，以便采取相应的处置措施。

提升运输：该矿采用竖井开拓方式，通过多级竖井已开拓到 3420 米。明竖井多为楼式塔架配置落地式卷扬机，塔顶设有滑轨式起吊设备。主竖井旁设有铁塔架式竖井，作为管道、通风等专用措施井。该矿的中断运输主要是有轨机车牵引方式，其中人员材料运输以内燃机车牵引为主，矿岩运输一般采用电机车牵引。

采区内支护用水泥的运输方式：由电动小绞车通过钢丝绳运送，配置专用小滑轮和专用纤维包装袋，简单实用。

采区附近的运输道旁设有避难硐室：其空间形态与巷道形式相同，长大约 7 ~ 8 米，高 3 ~ 4 米，边壁和顶板均进行喷锚支护，硐室设有防火门及休息座椅，内通高压保安风，储有饮用水和食品。矿工一旦遇到危险，即可进入避难硐室，等待救援。

排水：该矿通过采取专项治理措施控制了水患。井下开采区、巷道内渗水较少，主要水源来自从地面送下来的降温冷却水，回收后直接用管道输送回地面水厂，通过净化后再冷却循环使用。

充填：矿山建有充填系统，以纯选矿尾砂充填为主、尾砂 + 水泥胶结充填为辅，坑内采空区充填率为 15% ，局部达到 30% 。

环保：该矿非常重视环保工作，已通过了 ISO 14001 认证，曾多次获得南非国家矿山环保大奖。有两个引人注目的成果，一是利用井下排出来的污风及冷却水的余热作为农作物温室大棚的热源。种植黄瓜西红柿等。2 号竖井坑口已有 4

个大棚投产，安排了12人就业。二是尾矿堆放场，每个场占地100公顷。可堆积110米高，场底、场边分别设有防渗、防垮设施，尾矿场严格处于监控和管理状态，边坡和场顶进行植草绿化保护。尾矿场设有沉淀回水系统，回水送选厂循环再用。

矿工培训：该矿有自己的培训中心，培训中心有两大职能。其一，对每名新工人进行培训。通过培训使他们掌握基本的安全知识和基本操作技能。其二，对工人进行文化基础知识的培训。在南非实行种族隔离期间，许多黑人没有上过学，没有文化。在政府的鼓励下，企业愿意对这些工人进行文化基础知识的培训，并把它作为提高企业管理水平的有效途径。该中心每年实行的全脱产、带薪的培训人数为140人（培训半年），这些工人经过培训后仍然回到原来的工作岗位继续工作；此外，每年还有1000人接受免费的利用业余时间培训。

矿工生活：该矿的所有工人都住在企业提供的宿舍里。为此，该矿周围建有4个宿舍区，每个宿舍区可容纳7000人。职工的住宿和一日三餐均实行免费。

五、体会和建议

（1）南非矿山安全监察实行垂直管理、分工负责的体制。政府在能源矿业部设矿山安全监察局，设有矿山安全监察司、矿山设备安全监察司、矿山职业卫生监察司和综合司。全国还设有矿山安全与健康协会，主要负责向议会提交有关矿山安全与健康方面的法律、法规草案，从事矿山安全与健康和职业卫生防治方面的研究。另外，还设有独立的采矿资格管理局，主要负责制定矿山安全方面的技术标准，以及安全技术培训和资格认证。从而形成了完整的矿山监管体制，依靠较完善的法律、法规和强有力的矿山安全监察机制，南非矿山安全生产状况一直比较稳定。

我国应认真研究适合国情的矿山安全监察机制，逐步完善法规体系，建立一支高素质的国家监察员队伍、充分发挥中介组织的作用、与工伤保险等制度很好结合，为经济发展提供保障。

（2）南非矿业集约化程度很高，是高投入高产出型。尽管南非金矿的矿工文化素质很低，有许多矿工来自莫桑比克、津巴布韦、纳米比亚等邻国的文盲，但是依靠先进的管理理念、可靠的工艺技术和设备为安全生产提供的坚实工作基础，近年来，南非矿山安全生产保持了良好的记录。

我国非煤矿山有13万处，其中大中型仅占1%，矿山企业生产经营的集约化程度很低。由于绝大部分小矿山尚处于努力获取最大利润的企业初始发展阶段，其管理水平和安全生产意识均较低、安全生产工作基础薄弱，作业环境等方面存在诸多隐患，往往造成伤亡事故多发。应积极引导非煤矿山向集约化方向发展，以提高企业自我管理能力和水平，实现企业安全生产的本质安全化。

（3）世界上开采深度在1000米以上的矿井只有80多个，而南非独有多个3000米以上的矿井，目前瓦尔瑞富矿的开采深度已达4800米，为世界最深矿井。同时南非金矿拥有多条1000米以上的深竖井，其中最深的井属于SOUTH DEEPGOOD MINE为2900多米。经过多年实践，南非采矿业在深部通风和地压管理等方面积累了大量的宝贵经验。

我国金属非金属矿山目前已有少数开采深度达到1000米左右，随着资源开发的不断进行，实施深部开采的矿山数量和开采深度将不断增加，因此，南非矿山的深部开采经验对我国的金属非金属矿山具有十分重要的意义。应加强与南非矿业界的交流，充分借鉴南非矿山的深部开采经验，使我国矿山的深部开采工作少走弯路。

团长：王啟明

团员：姜初炎　丁大鹏　王俊杰　马满富　杨振兴　邓金灿　宋大成　李枝叶　宋文珍　刘绍权　徐星宽

日本煤矿安全监察与管理

国家煤矿安全监察局选派吉林煤矿安监局董向阁等人于2003年10月12—26日对日本钏路煤矿进行技术考察。

一、安全基础设施完备，为安全生产提供了可靠基础保证

10月14日，我们深入钏路煤矿井下，对其生产及安全系统进行了全面细致地考察：

（1）矿井各大系统完善、能力充足。该矿前身为太平洋煤矿，始建于1920年，1946年进入太平洋海底采煤，1978年达到历史最高产量，产精煤260.9万吨，2001年破产重组钏路煤矿前，煤炭产量一直保持在精煤200万吨以上。开采深度最深距海面近700米，维持巷道总长最长达170公里。该矿采、掘、机、运、通各大系统完善，能力充足。开拓系统为片盘斜井开拓，通风系统为中央对角式，三条排风井合计总排放量达1.9万立方米/分钟，其中采煤面供风1000立方米/分钟以上，掘进工作面末端风量也都在200立方米/分钟以上。该矿主要巷道断面达20平方米以上，支护强度大，巷道支护状态始终保持完好。井下消防管路通到所有采掘作业地点，并确保做到每隔100米有一个消防栓，每隔200米

有一套消防火水带。此外，矿井供电系统、瓦斯抽放系统、消防系统、避灾系统、集中监控系统、通风系统等矿井各大系统均完善可靠，能力充足，为安全生产提供了可靠保证。

（2）矿井各种装备质量精良，运行可靠。该矿井绞车、主要通风机、局部通风机、变电所等各种主要设备，由于设备质量好，几乎从不出现故障事故。据介绍，该矿井从未出现故障停电和局部通风机损坏情况，该矿井的益浦主要通风机已使用了40年，从未出现过故障，由于设备运转的可靠，该矿井的两个主要通风机经安全监督部门同意都没有安装备用通风机，只是各自设了一台备用电机，也从未用过。

在日常生产中建立了严格的设备检查、维修、维护保养制度，每台设备、每个工作地点和场所都有检查维护责任人，每台设备的安装使用时间、维修保养期限、负责人等都在该台设备的管理牌板上详细说明。在地面还设有整备工厂，负责维修井下采煤支架等各种采掘设备和井下各种机电设备，通过整备工厂维修过的设备，用我们的人眼一看和新设备几乎没有差别。高质量的设备，加上严格的检查、维护、保养，使设备几乎不出故障，因而为安全生产奠定了可靠的基础。

（3）国家多次出台有关扶持的产业政策，加大安全投入，使得煤矿的整体安全装备水平不断提高。二战后，日本为了促使煤炭工业健康顺利发展，先后9次出台煤炭产业政策，其内容除了对按政策应予关闭的煤矿由国家拿出一定的补助外，主要是对保留的煤矿加大国家安全投入和煤炭价格补贴。据介绍，太平洋煤矿时期，吨煤国家补贴达到1100日元，年国家补贴额达到20亿日元以上，吨煤补贴约占成本的10%，涉及安全技术装备费用国家补贴资金所占比例在50%左右。由于有国家补贴资金做强大的后盾，因此使得日本煤矿的整体安全装备不断改进，矿井安全基础设施和条件始终居于世界先进行列，确保了煤矿安全生产。

二、不断追求煤矿生产的高度机械化，实现劳动效率的最大化

（1）SD采煤工作面装备不断向大支撑力、高强度和大能力方向发展。该矿自20世纪60年代初，采煤工作面就实现了机械化采煤，当时的支架支撑力小，采煤机也为刨煤机，工作面长度和生产能力都很小。

但该矿与日本所有煤矿及其他行业一样，设备更新换代特别快，自1960年开始到1996年，SD采煤工作面先后7次实现工作面支架的更新换代，支架能力逐步向大能力、高强度和扩大工作空间方向发展。本来在20世纪90年代以前，日本的采掘机械在世界上一直处于领先地位，但由于煤矿数量的减少，煤矿机械厂家难以为继，开发能力降低，欧美国家逐步赶了上来，并开始领先。该矿现在使用的是德国产 TH－7 型综采掩式支架，支撑力为 738 吨，最大高度 3 米，一次采全高。

采煤机也经过多次更新换代，目前使用的是美国产 4LS－5 型滚筒采煤机，滚筒直径 1.725 米，牵引力 53.5 吨，最大切割高度 3.445 米，有效切割深度 0.9 米，输出功率 686 千瓦，电压 3000 伏。太平洋煤矿时期工作面长度为 250 米，并成功实现了最大弯曲半径 60 米的工作面拐弯技术，以及沿空留巷采煤巷道布置技术。目前由于在上边进行复采，工作面长度有所降低，但仍然达到 190 米，走向长 900 米。

（2）煤岩巷掘进全部采用综掘设备，并向快速掘进方向发展。该矿煤巷掘进自 1957 年开始就实现了机械化掘进方式，切割机重量逐渐增大，切割能力逐步提高并向高性能化迈进。目前该矿使用的主要有 10 CM 和 12 CM 两种型号的掘进机，工作面运输由梭车运至带式输送机，工作面所需材料由对拉绞车牵引旱船进行运输。岩巷掘进机械化连续切割相对煤巷掘进则较晚，1992 年前一直采用爆破方式掘进，凿岩机械自 1973 年开始，相继经历了单臂凿岩机、双臂凿岩机，装载机械则经历了摇臂铲车、气动侧卸式装载机和电动侧卸式装载机。1992 年后，该矿开始使用 R4 型岩石巷道掘进机，这种岩石掘进机的机长 17.2 米，机宽 4.68 米，高 2.58 米，质量为 80 吨，属于大型机种。工作面运输实现了可持续运输的皮带输送。

（3）千方百计提高劳动生产效率，不断追求劳动效率的最大化。现全矿仅有 436 名员工，2002 年原煤产量 130 万吨，洗精煤 73 万吨，劳动效率非常高。目前该矿一个 SD 采煤面全部人员只有 18 名工人，如一天满负荷生产，最高可产 12500 吨原煤。该矿正常一个 15 平方米以上的煤巷掘进工作面，每 0.5～0.8 米架一架工字钢支架，工作面只有 8～9 人，每天平均进尺 15 米以上。

该矿也同日本大多数企业一样，劳动力价值是相当高的，井下采掘工人年工资额在 700 万～750 万日元，地面工人年工资额约为 500 万日元。工资费占煤炭总成本的 50% 左右。因此，他们把追求生产效率作为降低成本的最大措施。比如，为了缩短工人入井时间，矿方不惜投入 20 亿日元巨资将原先的副井由两段提升改为一段提升，将井下运输大巷取直，这样工人从井上到达工作面的时间由原来的 60 分钟下降到了 40 分钟。工人在井下的行走速度也有相应的规定，每分钟不能少于 60 米。

三、全力提高监测监控手段

（1）安全监测的范围广、内容多、信息量大，为煤矿安全生产提供了有力保证。该矿自20世纪70年代以来开始实行监测监控技术，至1998年，多次更新监测系统，煤矿安全集中监控不断向纵深化、广域化和先进化方向发展。目前使用的集中监控系统是1998年投入的，该系统不但有高度的稳定性和传输信号的及时性，同时又具有综合管理的功能，便于操作和维护。所监视的内容既有井下各相应作业场所的瓦斯和一氧化碳浓度，又有带式输送机的跑偏和烟雾报警，同时还对水泵、绞车、变电所和井下出煤量等实行自动监控。地面集中控制室监视员根据井下传输过来的各种数据和显示屏的显示对井下相关地点进行适时有效监控。太平洋矿时期井下有各种传感器1200个，现在尽管缩小了规模，井下集中监视仍然达到500点，其中瓦斯传感器120个，集中监控80个，一氧化碳传感器90个，尤以监视皮带的跑偏和烟雾传感器最多，此外还对风速、气压和压差进行适时监测。信号传输全部通过光缆进行。为了保证传输的可靠性，光纤电缆实现了双重化，一条回路断线仍不影响信号的传输，同时该系统还配有紧急电源装置，确保系统运行安全可靠。

（2）井下灾害预防等均实现了自动化集中控制，各种灾害的防治技术和监测手段逐步达到了世界先进水平。井上、井下所有的主要动力设备都安装了保护装置，发生异常，自动断电、自动报警，各监测仪器和保护装置的监测数据及时传递到地面集中监控室，由微机将数据进行处理。钏路煤矿集中监控室有两位值班员，共有30多台电脑组成的监控系统对井下各环节进行监控，各种数据不断地反馈到集中监控室，同时各种指令又通过监控室不断地发往井下各作业场所。矿井的各项监测手段保险系数非常大，提高了矿井的防灾抗灾能力。

（3）监测监控有机结合，大量关键岗位实现了无人操作，提高了劳动生产率。该矿不少关键岗位都实现了远程监控和无人操作，而这种监控技术并不是设备购置时就带来的，绝大部分都是后改造的，虽然一次性投资较大，但从长远看，仍然有很大的经济性。他们把一些关键岗位实行远程监控和操作与矿井集中监视有机结合起来，在集中监视室可以通过微机显示屏看到这些关键岗位上的运行情况。该矿实行远程监控操作的主要实施有绞车、水泵、变电所、主要通风机、皮带巡视机器人等。

目前运行的绞车提升长度为3200米，绞车提升的所有控制均由随车把钩工一人操作，一次提升245人，速度很快，但我们乘坐时没有丝毫的不安全感，停车位置准确无误。据了解，该套自动控制系统已运行多年，从未出现差错。

井下排水按水位安设了感应装置，无人操作，只要达到一定水位，水泵自动开启，降到一定水位，水泵自动停止。井上、井下变电所、主扇房也均是无人化管理，“铁将军”把门。需要指出的是这些岗位虽然实现了自动控制，但相关管理人员每天都需要到这些地点例行检查。

四、通风、瓦斯管理技术取得了良好效果

（1）该矿为高瓦斯矿井，采掘工作面全部实现瓦斯预抽放，瓦斯管理取得了明显的效果。在日本，煤矿按瓦斯含量程度分为甲种煤矿和乙种煤矿，只要矿井排风井中瓦斯浓度达到0.25%以上、采掘作业场所瓦斯浓度在0.5%以上、采掘工作面通风设施停止1小时瓦斯浓度达到3.0%，这三种情况有其中一种，就属于甲种煤矿。乙种煤矿是除甲种煤矿之外的煤矿。日本90%以上的煤矿都属于甲种煤矿。只要是甲种煤矿，必须进行瓦斯抽放，否则不准生产。

该矿煤层透气性差，属于难抽放的矿井。在采用短孔、中孔、长孔相结合打钻抽放的基础上，又引进澳大利亚的定向钻孔技术，可以拐弯定向，该技术的关键环节是钻杆前端有带角度的钻头部分，水力驱动钻杆和监视指向的传感器。该矿目前的瓦斯抽放率为35%。定向打钻技术不但应用到了瓦斯抽放上，而且对探查井下煤层、探放水等方面都取得了很好的效果。近年，我国辽宁的铁法局和安徽的淮南局已引进了该项技术。

（2）变害为宝，瓦斯得到了充分有效利用。据了解，太平洋矿时期每年抽放瓦斯量约为1470立方米，瓦斯抽放利用率近90%，目前CH_4液化技术正在研究之中，预计不久将取得较好成果。

五、别具特点的安全技术培训和安全技术等级考试制度

日本煤矿的安全技术培训分为有资格者和指定劳动者。所谓指定劳动者，即一般的井下员工，由矿方组织培训，由安全监管部门负责出题，煤矿企业自主组织考试。有资格者均由安全监督部门负责组织考试，共有七个科目，分为矿山保安法规、井下保安、井上保安、机械保安、电气保安、矿害防止和防爆保安。一般有资格者在钏路保安监督署参加每年的定期考试，考自己所从事工作岗位的两个科目。煤矿保安监督员、技师长、矿长必须取得全部七个项目的资格，否则无资格担任。这七个项目最长可以在五年内取得，大多数中层干部都取得了这七项的资格。

六、独立的矿山安全监察体制、明确具体的矿务安全监督职能与程序化的矿山安全监察工作有机结合

（1）煤矿和其他矿山合一的安全监察体制。日本矿山最早的法律是1873年明治时代颁布的《日本坑法》，现行全国垂直矿山安全监察体制是1950年颁

布的《矿山安全法》所确立的。国家在经济产业省设核能安全院，核能安全院下设矿山保安课、煤矿保安课，在重点矿区设立矿山保安监督署，配备足够的矿山安全监督官，与我国现在的煤矿安全监察体制大致相同，只是煤矿与非煤矿山都由矿山安全监察机构统一监察，在内部设立各个职能科室进行具体监察分工。由于大多数煤矿矿山的关闭，四个保安监督署现在只保留了钏路矿山保安监督署，常驻矿务监督官五人。

（2）矿务监督机构及矿务监督官工作的绝对独立性，无部门职能交叉现象。日本的矿山安全监督机构具有绝对的独立性，地方政府和其他部门没有安全监督的职能和权力。安全生产的责任主体是煤矿企业，最终责任者是矿山企业所有权者，矿务监督官只对监察的过程负责，无须承担其他任何责任，无后顾之忧。矿务监察官的权力概括起来主要有行政许可权、行政命令权、行政检查权、违法行为查处权和行政司法权。所谓行政许可权就是审查矿山企业上报国家的年度安全计划，需要政府对矿山企业安全投入补贴的项目调查，煤矿企业重大安全技术项目的落成使用许可等。行政司法权是在矿山企业发生重大事故后，鉴于矿山企业的特殊性所赋予矿务监察官的一项特殊权力，代行司法警察的职责。调查结束后，如果矿务监督机构认为需要追究煤矿企业相应人员的司法责任，则向检察署递交报告和相应文件，由检察署进行进一步调查，走严格的司法程序。由于矿务监督机构履行职责的独立性，矿务监督官在煤矿企业具有很高的威严。

（3）矿务监督机构和矿务监督官的工作程序化和制度化。矿务监督机构根据煤矿的规模和矿井瓦斯、运输、灾害条件等将煤矿划分为一到四类，类似于我们的安全评估分类。一类煤矿属重点监察对象，二、三、四类矿山的监察频率则依次递减。钏路煤矿属一类煤矿，矿务监督机构必须每月进行一次监察。监督检查则分为一般检查、综合检查和特殊检查。一般检查就是正常的例行检查。综合检查一般每年进行一次，参加人数多、检查项目全面。特别检查是指在矿山企业发生事故时所进行的检查。日本煤矿事故类别共分四类：非伤亡事故、死亡 1 人及以上的事故、停业 4 周以上和 3 人以上负伤的事故、3 人死亡或 5 人以上轻重伤者的事故。煤矿企业只要是发生了休工达到 3 天的事故就必须上报给矿务安全监督机构。安全监督检查实现了程序化和制度化，安全监督检查的具体内容、要点、方法及安全监督官从监督机构出发前，到监督检查结束，都有明确具体的规定，检查结束发现问题要向企业下达改善计划书，根据问题性质进行跟踪监察。每次检查结束后，矿务监督官要向监察署长、部长报告监督检查的有关情况，写出检查报告，履行报告和备案制度。

七、考察期间的几点体会

（1）日本煤矿特别注重环境保护。钏路煤矿为了减小主要通风机的噪声，投资5000万日元上了主要通风机消音器，效果特别好，噪声达到50分贝以下，行人即使在主要通风机附近，也几乎听不到噪声。为了不破坏生态平衡，保护排矸场旁边的一条小河，不惜花巨资打了一条600米长的隧道，将小河改道。

（2）日本非常重视实用技术的开发和使用。该矿围岩属松软围岩，支护难度大，为此他们采取了多重支护方式：锚杆、钢丝绳锚索、喷射混凝土、架设双层U型钢支架联合支护的方式，同时对围岩的位移进行连续观测，尽管一次性投入高，但却保证了巷道的断面，避免了顶板事故。我们感到这种支护方式非常值得辽源矿务局金宝屯矿借鉴。

（3）由于安全生产基础牢靠，煤矿安全生产管理已步入正常化轨道。在我国强调的是各级领导死看死守，每天实行严格的领导带班值班制度，但在日本，矿长、总工程师、部长、科长下班了就可以正常回家，井下夜间生产只是由一个相当于我国段队长的干部负责，在地面则有一名监视室监视员（相当于调度员）正常上班即可，煤矿安全生产管理已经步入正常化轨道。

综上所述，我们认为尽管日本绝大多数煤矿已经关闭，但他们多年来在煤矿装备、安全技术以及管理方面的一些理念和做法确实值得学习和借鉴，其精良的装备水平、科学的管理办法、严格的培训制度，是煤矿生产安全实现零事故的根本保证。

团长：董向阁

团员：孟繁里　白世臣　杨树亭

德国重大事故监控与紧急救援预案

2003年11月15日至12月4日，国家安全生产监督管理局选派安全科学技术研究中心、北京玻璃集团公司、国土资源部中国地质调查局、江苏省苏记投资咨询有限公司、江苏省常州市安全监管局、铁道科学研究院环控劳卫所、青岛中天石油安全环保有限公司安全环保所等组成的培训考察团赴德国进行重大事故监控与紧急救援预案培训。

一、主要培训考察活动

（1）德国法兰克福机场应急系统。法兰克福机场是德国最重要的国际机场之一，其货运量在欧洲仅次于英国伦敦，每天起降飞机达1300架次。机场的安全管理和救援工作占有十分重要的位置，在73000名员工中从事安全和救援工作的人员达6500多人。培训团参观了机场消防站、起降跑道体系、货运中心和2号机厅安全检查系统，并对机场消防站的设备与任务以及机场事故应急救援工作做了系统的了解。

（2）火灾事故、灾难保护救援服务中心。该中心相当于法兰克福消防总队所在地，拥有800多名消防人员，20多名工程师和建筑专业人员，下设6个消防站，除普通消防设施外，还配备有防化、地铁救护车、水上救生船、救助直升机、远距离测温、摩托车等专业化救援设施。该中心负责人介绍了中心的基本情况和任务，消防装备情况，法兰克福消防布置，重大灾难事故的救援以及正在进行的科研项目情况，并就油罐火灾、隧道救援、水上救援和救援演习做了深入的讲解。

（3）路德维西工伤事故医院。该医院是德国的7个主要工伤事故医院之一，拥有从业医师100多名，护理人员800多人，年接待约14000名工伤患者，配备有包括直升机在内的各类先进紧急救援设备。该院院长和治疗部主任介绍了医院的基本情况、工伤的急救和治疗、工伤患者康复以及重大事故的紧急医疗计划，并陪同考察参观了事故抢救急诊部、烧伤和射线伤治疗部、先进的GPS手术中心以及门类齐全的康复训练设施。

（4）化学工业行业总会。化学工业行业总会是德国35个工商业同业公会中的一个，它既是化学工业的行业协会，拥有13000个会员，涉及100万从业人员，又是该行业的工伤保险机构。该总会负责人介绍了行业总会的任务、生产安全的有关规定、事故中化学有毒成分的鉴定、企业生产安全的控制以及在重大化学事故救援和调查中行业的职责等。

（5）紧急事故的项目管理培训。Hartmut Bfessel Consulting 机构针对紧急事故的项目管理为培训团举办了专项培训，主要培训内容有：案例介绍；风险管理及预防事故的规定；德国处理事故的方法、政策，以及与欧盟其他国家的合作；企业事故风险控制（辨识—评估—控制措施—事故报警）；重大事故信息网；联邦报警系统；公众信息中心；海外救灾协调机构；警报中心。

（6）黑森州内务部灾难救助管理局。黑森州下设三大区，26个城市约600万人。内务部灾难救助管理局是州灾难应急救助部门的政府主管机构。全州设有26个中心调控站、220个救助观察中心。可能的灾害因素主要有：核电厂、莱茵河水灾、化工厂事故、机场和空难、交通运输（有毒物品泄漏、莱茵河水上运输、铁路运输、隧道）以及战争与恐怖事件。该局负责人介绍了重大事故的处理，国家级有关政策，重大事故或灾难的有关法律与规定，重大事故国家机关的参与以及场内外应急预案的要求。

（7）国家预防和保护中心（CNPP）。该中心是工业安全领域的专业机构，也是保险公司认可的专业机构，成立于1956年，为非营利性公共事业单位，其董事会成员由主要保险行业组织机构，联合会、专业机构和安全协会，企业协会以及主管当局（如防御和国民安全指导委员会）等部门构成。该中心在风险管理公共安全、火灾与消防、环境和技术风险、工业安全与健康等领域具有雄厚的实力和优势，拥有物理、化学、机械、电子、分析、审核、管理、组织建筑等领域220个专职专家和200个外聘兼职专家，并设有7个地方办事处，负责为企业和地方当局提供职业培训、审核、咨询、信息和设备等其他专业及配套服务，在海外为圭亚那、法属波利尼西亚、葡萄牙、瑞士、摩洛哥、突尼斯等地提供产品和服务。所开展的工作主要包括以下几方面内容：

研究与调查：标准化，研究，实验。

认证：NF产品认证，A2P产品认证，APSAD服务认证，EEA员工认证。

技术评估：产品测试，分析与评估，企业审核，员工评估。

培训：初级培训，职业培训——管理、技术、干预。

审核和咨询：风险分析和处理、管理体系、项目管理辅导、安全系统审核。

信息：商业出版社、出版物、资料服务、研讨会、CNPP俱乐部。

该中心拥有物理、化学和热分析、环境测试、电磁的相容性测试、光学测量、振动测量和声学测量、机械测试等一系列完善的测试仪器和手段，建有一系列专业实验室：消防与环境实验室、灭火器和自动灭火系统测试实验室、安全活动系统测试实验室、防盗保护测试实验室、消防检查测试实验室、电磁容量测试实验室、入侵监测测试实验室。并由国家鉴定委员会COFRAC授权负责对移动灭火器、自动灭火系统、火灾探测器、破坏探测器等进行产品鉴定测试。此外，一旦发生火灾、失盗或抢劫等事故，该中心可通过其实验室进行评估和分析，从而确认火灾原因；确定进入事故现场的方式方法；分析当前安全设备中的故障。

该中心另一个特色就是提供培训服务。培训是该中心的主要任务之一，培训教师不仅具有丰富的实践经验，而且具有相当的教学技能。培训活动强调的是实践，把企业现场参观、案例分析以及该领域的应用练习和理念教学紧密结合，可谓是真正的实用教学。该中心有20个培训教室，一个能容纳190人的礼堂，一个能容纳150人的帐篷设施，并且还有22000平方米的训练基地。培训设施和专用设备有：

10个训练大楼：医务中心，企业资源规划大厦，工业大夏，塔和安全储水池，深沟渠，迷宫，发烟室等。

6 个专业室：静态水和气体驱散系统专业室，探测室，远程监控室，使用人工智能和信息技术而进行的干预室。

10 个外部设施：气体消防，服务站，爆炸测定、气体监控，消防车，消防梯，紧急疏散设施等。

该中心的职业培训活动累计每年超过 30000 个培训工作日。从操作员到安全工程师和风险管理员，该中心都可以提供相应的培训课程。培训项目可分为 6 项：风险管理、公共安全、消防、环境和技术风险、破坏预防和职业健康与安全。对于每个项目有 3 种类型的培训课程：安全管理，安全技术，干预与监督。该中心能够提供大约 150 种不同的课程，也可以根据企业的策略、目标、文化以及特殊要求等为企业专门设计培训内容、计划和日程，并保障对该企业培训的连续性。

二、主要成果与收获

（一）危险设施的确定

根据欧盟塞维索指令（Seveso Directive）的条款，联邦德国确定了一系列的设施和物质清单，规定了《重大工业事故条例》的实际范围。仅包含在设施清单中的设施，而且设施中含有物质清单中的物质或在发生事故时会产生物质清单中的物质，才被认为是危险设施。当前已列出 17 类设施，物质清单包括 142 种物质和由 150 种单一物质所组成的 3 组物质。《重大工业事故条例》只适用于物质量超过临界量的设施。在化工行业，已登记在案（除爆炸性物质外）的最常见的物质是氯、硫化氢、溴、氰化物。化工行业中的设备集中于北莱茵西发里亚、黑森、莱茵法耳次地区和巴伐利亚等老工业区。该地区经常有数个设施组合成更大的设施。大型易燃液体储存工厂基本都是这种情况，且不直接由炼油厂管理，这些工厂大多是位于北部。工业中心外围的许多单个设备是液化石油气站。

（二）危险设施的安全措施要求

在德国有关化学品方面的联邦法规中首先强调要考虑的是用无害的或者至少危害较小的物质来代替危险物质。在《重大工业事故条例》对危险设施的安全保障作了更进一步的规定，可以归纳为三个阶段的安全保障：第一阶段，在设施中必须采取各种措施来保障危险物质的安全，防止异常情况发生；第二阶段，必须有各种组合措施，来控制可能发生的化学品火灾、爆炸或泄漏的后果，以防止导致重大的工业事故；第三阶段，在场外采取措施保护事故周围的环境。具体的安全措施要针对工厂及其地理位置的特殊要求而定，《重大工业事故条例》规定，每一危险设施都要求进行安全分析，对设施安全的所有相关因素进行分析，并证明其达到了各项安全规定。第一、第二阶段的现场安全预防措施是为了防止重大工业事故的发生；或者一旦发生事故，把事故产生影响降到最低。预防措施可以是技术方面的也可以是组织方面的。这些措施以各有关条例中的“技术要求”为依据，在规划、建造和工厂运转时都要充分考虑的。

条例包括：国家法规，如商业活动法案及其配套法规、联邦排放控制法案及其法规、化学品法案、化学品设备法案等；由企业的责任保险机构所制定的条例（事故预防条例）；由 DIN、VDT、VDI、VDE 等协会所制定的条例；内部条例。

一旦第一、二阶段的预防措施未能奏效，则第三阶段的预防措施也可降低事故对人和环境造成的危害。从工业区的选址开始就应该采取预防措施，即工业区和居民区分离。《联邦德国城镇规划法》中明确规定，生产危险产品的工厂只有当与居民区保持一定的距离时才能颁发经营许可证。

对重大事故，若场内应急预案已不能够控制住事故而影响到厂外，则必须启动场外应急预案以采取进一步的措施。厂外应急的职责由负责该工厂周围地区的当局承担。现场应急预案与场外应急预案必须相互协调。所有应急预案必须考虑危险的类型，如火灾、爆炸、有毒物质泄漏等，更重要的是必须准备相应的灭火材料、检测设备、急救物资等。预案编制时，可引用《重点工业事故条例》中所要求的安全分析资料以及事故发生时的可能危险区域。为保证场外应急预案的切实有效，强调让厂区附近且可能受到厂区事故影响的居民参与应急预案制定的有关过程，并保证当地居民提前做好准备工作，以便一旦发生事故时知道如何采取适当的行动。

（三）应急预案的编制

以相关法律为依据，黑森州的消防、援助和民防等部门联合制定了应急预案的样本，被地方当局采用，作为编制应急预案的指南。

1. 场外应急预案

场外应急预案由地方当局负责制定并定期更新，该应急预案由五部分组成：①对象的描述；②报告和发出报警的途径；③紧急情况应立即采取的行动；④后续行动；⑤附录。

在第三部分“紧急情况下应立即采取的行动”中应描述以下内容：①确定危险的类型；②确定危险区域；③测量空气中气体的浓度；④警报和通知公众。

场外应急预案要求以检查表的形式举行汇编。对所需的细节在应急预案的附件中进行详细描述。检查表为救援指挥者提供了一个简明的管理手段，便于向各救援小组成员分配任务，而具体措施可使用附录来描述。

2. 场内应急预案

场内应急预案是由工厂负责制定并更新，由七个部分组成。

（1）报警：从最初报警讯号至有关机构的逐级报警程序；有关电话号码和地址（可作为附件）。

（2）地理位置：工厂位置平面图和重大危险周围环境，标出进入和救援路线；救援工作区域总图；气象数据，如现场的风向。

（3）风险：对于每一个单元、区域或车间，应特别需要明确指出。进入事故现场的可能路径；紧急事故中需要保护的区域；可能遭受毒气云或者爆炸冲击波影响的地区。

（4）干预措施：消防器材目录；个体防护器材目录，从何处获取及所需时间；民用和公共供水设施；有关的物质材料或产品目录，从何处获取及所需时间。

（5）救援服务的组织：指定救援服务组织的负责人及成员，并确保完成下列五项任务。操作：关闭单元并保证其安全；处理事故。通信：确保通信畅通。后勤保障：供应材料、燃料、援助人员等。外部联系：政府、公共机构、媒体、专业部门等。观察记录：准备工作日志，档案等。

（6）行动：对于每一个单元、区域或者车间，应根据潜在的危险等级来确定相应对策。每一个干预应包括以下要素：风险情况；火灾/爆炸；有害气体或液体的泄漏；易燃气体或液体泄漏；事故的开展目标；PC 的位置和救援的组织；人员疏散和清点；所需人员及职责；所需的措施及如何获得；有关政府、媒体和公众的信息；应完成的操作。

（7）附录：危险产品及储量清单；设施平面图。

（四）计算机技术在应急救援中的应用——SMART 系统

当发生有毒物质泄漏事故时必须对有毒气体含量和扩散做出快速和准确的估计，从而决定有关保护措施，而这种决定都是由首先到达现场的消防队来做出。使用一般的方法或预先准备好的模型进行预测往往可能导致对真实情况的判断失误。为此，德国研究和技术部组织开发了基于检测的有毒物质泄漏评估系统（SMART）供消防队现场使用。该系统包括指挥车辆、个人计算机、相关软件、输入和输出设备、气象天线和带有吸收管的三个使用非常简单的测量设备。该系统的主要功能有：泄漏物质的确定；用工厂具体数据来估计释放量；记录和处理气象数据；处理空气浓度数据；估计资源参数；根据空气浓度数据进行扩散计算；输出预算和建议。

实践表明在发生有毒气体泄漏事故后，SMART 系统为扩散提高了真实而准确的信息，为现场采取必要的保护措施做出快速的决策，在应急救援中起到重要的作用。

三、培训考察后的思考和建议

（一）应急救援工作应贯彻属地化为主的原则

地方和企业应急力量是开展事故应急救援工作的主力军，地方政府应充分利用地方的应急资源和力量开展应急救援工作。遵循应急救援属地化原则既是救援工作时效性的要求，也是有效控制事故势态的前提。从黑森州至法兰克福机场的救援工作也体现了这一原则。法兰克福机场不仅拥有自己的消防队伍、先进的消防车辆，而且有自己的警察队伍、救助和医疗队伍、救援指挥中心，并与外部救援力量保持密彻的联系，必要可请外部增援，由机场救援指挥中心统一指挥和调度。

（二）建立应急救援的统一指挥和协调机制

德国是联邦制国家，政府的行政管理权限和职能主要设在州政府。德国目前在国家级还没有针对各种灾害应急救援的统一指挥和协调机构，其应急救援的协调主要依靠各州和中心城市的政府部门并得益于法律的完善、消防和救助报警的统一与联动、领导和服务的高效，以及快速决策能力、人员的快速调配、技术设备和援助的可获取性、社会的综合素质和社会力量的动员等。在培训考察过程中，培训考察团就该问题多次与对方进行探讨，在德国，临时组成的应急各方在应急救援中也存在协调配合及响应速度等类似问题，尤其是在美国“9·11”事件后，普遍认为，德国同样应当建立起统一的灾害应急体系，以有利应对突发的重大事件或灾难。

我国生产安全应急救援力量分散于多个部门，而且相对独立，如矿山应急救援、化学品应急抢救、中毒事故医疗抢救、海上搜救与打捞、森林消防、航空搜救等，以及为旅游、人身意外伤害等事故提供有偿应急救援服务的保险机构和社会应急救援机构。这些应急救援力量的指挥和协调基本上局限于各自领域，还缺乏有效整合和统一协调机制。由于应急力量的分散，当发生重特大生产安全事故，尤其是发生涉及多种灾害或跨地区、跨行业的重特大事故时，仅仅依靠某一部门的应急力量和资源往往十分有限；而临时组织应急救援力量，则往往存在职责不明、机制不顺、针对性不强等问题，难以协同作战、发挥整体救援能力。

（三）应尽快建立和完善有关生产安全应急救援法规

与德国相比，我国有关生产安全应急救援的法律条文和规定要薄弱得多，尽管在《安全生产法》中明确规定县级以上地方各级人民政府应当建立起安全生产应急救援体系，但我国至今还没有一部由国务院专门颁布的高层次法规来明确各个部门在安全生产应急救援中的具体职责，来规范和指导我国安全生产应急救援体系的建设，这已成为我国安全生产应急救援体系建设滞后的重要原因之一。

（四）我国生产安全事故应急预案编制水平亟待提高

随着我国有关制定生产安全事故应急预案要求的法律法规的相继出台，地方政府正着手应急预案的编制工作，有的已经制定并颁布了相应的地方政府重大事故应急预案，一些企业根据国家和地方政府的有关规定也开始了本企业的事故应急预案编制工作。然而，从目前情况来看，普遍存在对应急预案及其编制技术的模糊认识，所编制的应急预案与指导应急救援工作存在较大的差距，很多地方政府所制定的应急预案均为单一的框架式文件，既没有考虑预案的层次，也没有对应急救援工作中所涉及的各项任务进行系统和周密的考虑，内容粗略，可操作性差，也不能反映出本地区可能存在的重大危险的客观实际。有的即使制定了应急预案，也未进行有效贯彻，应急准备工作并未落到实处，如预案中涉及的机构、人员及各种资源、预案培训、演习，公众教育等的落实，使应急预案成为一纸空文。

（五）加强对重大危险源与重大事故隐患监控管理

自 1982 年欧共体颁布《工业活动中重大事故危险法令》（ECCDirective 82/501，即《塞维索法令》）以来，德国为实施《塞维索指令》制定了有关重大危险设施控制规程，要求对工厂的重大危险设施进行辨识、评价，并提出相应的事故预案和应急计划措施，以及向主管当局提交详细描述重大危险设施状况的安全报告。这一规程的实施，对重大危险设施的安全监控管理发挥了重要作用。我国对重大危险源与重大事故隐患的监控管理尽管在有关法规条例中有所规定，但实施程度和执行力度还远远不够，在申报、登记、预案制定、安全报告等各方面均存在很大差距，非常有必要加强对重大危险源与重大事故隐患监控管理工作，并制定相应的实施细则。

团长：刘铁民

团员：刘功智　耿　凤　吴俊清　黄建平　李士庆　徐本钊　李　岩　颜　军　朱元洪　覃家海

波兰矿山救护体系建设

由国家外国专家局、国家安全生产监督管理局（国家煤矿安全监察局）选派，以国家局矿山救援指挥中心总工程师孟斌成为团长的国家矿山救护培训团于

2003年10月12日赴波兰进行为期21天的培训。在波兰期间，培训团受到了波兰救护同行和参观考察单位的欢迎，多层次地与波兰矿山救护系统进行了相互了解，交流探讨，收到很好的效果。

一、波兰矿山救护基本情况

波兰具有悠久的采矿历史，其矿山救护组织也是最早建立的，贝托姆救护分站成立于1906年，再过三年就已建站100周年。长期以来，波兰对采矿安全和矿山救护工作极为重视，在《地质矿山法》(1994年制定，2001年修改）里，对矿山救护工作做了明确的规定。波兰经济法根据《地质矿山法》的规定于2002年6月颁布了《矿山救护规程》，该规程是波兰矿山救护工作的具体法规，详细规定了矿山救护组织的性质、职责、管理、技术装备及救护行动的程序和安全保障等。

（一）波兰矿山救护组织

波兰现有煤矿42处，年产商品煤1亿吨左右。有救护队员7000人。有4个矿山救护中心站，分别是：

矿山救护总站，服务于整个采矿业（包括煤矿、非煤矿山）。

克拉科夫救护站，服务于石油、天然气等行业。

卢石矿冶救护站，服务于铜矿股份公司。

汤布诺热克救护分站，服务于硫矿。

矿山救护总站是四个救护中心站中最重要，也是最大的，归国家最高矿山局领导，属于国有企业公司性质，实行站长负责制。

总站下设5个救护分站，分别是贝托姆救护分站、未吉索瓦救护分站、诺布诺救护分站、乌沃斯基瓦夫救护分站和牙沃日诺救护分站。全国有专职救护队员78人，救护分站只有专职的管理、工程技术、各专业救护队员和后勤人员十几人，队员值班由各矿救护站派辅助救护队员轮流担任。

每个矿井按规定都要设立救护站，救护队员（辅助）人数按井下人数确定，低于500人的，不少于15人救护队员；501~2000人，不少于50人；2000人以上的，在80人以上。辅助救护队员都要按规定在救护分站接受正规培训。

（二）职责范围

波兰矿山救护工作的职责范围在“法规”里做了明确规定。

1. 矿山救护总站

（1）负责全国煤矿救护法律、法规的建立与修改；制定《矿山救护规程》实施细则和有关标准。

（2）指挥抢险救灾工作。

（3）批准矿山开采方案。

（4）对安全、救护设备做出评价。

（5）开展科学研究工作，主要是救护装备和技术。

（6）开展矿山救护国际交流与合作。

（7）负责全国各分站的业务指导、培训、人员选拔等。

（8）对矿井事故进行分析和鉴定。

2. 地区救护分站

（1）抢险救灾。

（2）领导和监督矿井救护站工作。

（3）对专职和兼职救护队员进行培训、训练、考核并做出评价。

（4）培训矿井安全管理和职业技术人员。

（5）开展安全技术服务和咨询工作。

地区救护分站实行 24 小时值班制度，每天两班，交接班时间为 6 时和 18 时，接到事故报警后首班在 1 分钟内出动至少 13 人，并有随队医生和管理、技术人员，救护车上装有处理各种灾害事故的装备、工具，出动的人员可在路上做好各种准备。

3. 矿井救护站

（1）管理矿井事故抢险指挥办公室（每个矿井都有专门办公室），保证完整的通信系统。

（2）负责整理、更换矿图，技术资料。

（3）向指挥部推荐抢险救灾各方面的技术专家。

（4）负责抢险期间上井、下井和救出人数统计，记录。

（5）在平时工作中辅助救护队员随身携带救护仪器，以便发生事故时及时投入工作。

（6）负责事故区和事故影响区人员的撤退，清点人数，并立即向调度室汇报事故情况。

（7）通知其他地区或辅助救护队员，到达指定地点，迅速投入抢险工作，排除险情。

（8）阻止不知情人员进入危险区。

（9）选定相对安全地点作为抢险基地（一般要提供两个）。

辅助救护队员是自愿的。要求年龄在 20 岁以上，井下工龄至少 1 年，身体健康，自愿报名，基层推荐，矿长批准后参加培训，考核合格后即成为救护人员，年龄没有上限要求，但45岁以上每半年全面体检一次（45岁以下每年体检一次），不适应救护工作随时退出，对屡犯错误的分站矿井救护站人员予以解聘。辅助救护队员每月有工资10%的补贴助，事故处理时，每小时给予5美元以上的事故处理费。专职救护队员在辅助救护队员中选拔考核录取。

4. 培训、训练工作

培训和训练主要由救护分站负责。救护队员每年要进行6次培训和演习练习，3次在分站举行，另外3次在矿井救护站进行，每次一周时间，都有专门的课题。

演习练习的程序和要求：

（1）首先进行常规体检，然后进行体能测试，再进行忍受高温、高湿环境耐力试验，温度为45摄氏度，湿度为100%，静坐（卧）1.5小时，只有体能测试过关才能参加演习训练。

（2）对理论、规程、相关知识进行学习并考核。

（3）演习训练分别设置不同事故和环境条件进行，如火灾、爆炸、冲击地压、突出等。

演习巷道设在室内，有观察窗，能释放烟雾（无刺激），温度、湿度可调。检查人员可通过观察窗对演习进行指挥。

（4）通过演习训练和装备仪器性能检测，分站对矿井救护站作出综合评价。

5. 技术装备

1）个人防护

波兰救护队员现在主要使用BG－4型（德国）正压呼吸器和W－70型（仿德BG－174型）负压呼吸器，W－70型负压呼吸器结构合理，阻力小，外壳坚固，但清净罐是一次性的。自救器主要配备压缩氧化和化学氧两种，在国内都有配备。

2）交通运输

波兰的专用救护车辆有三种：①队员乘坐并装个人装备、小队装备和特殊救护装备；②潜水和高空作业队员装备车；③多种气体分析、通信车。这些车辆都是专门为救护队设计的，合理、科学地设计每个空间，放置装备的箱壳都能拉进拉出，上下方便，不容易损坏部件，小队和个人装备布置合理，固定牢固，即使长途抢险火或者道路不平，设备不会松动、掉落、损坏。几种装备车具有实用、舒适、专业性强的特点。

3）气体检测

波兰各矿对井下各种气体都有完整的检测系统，特别是他们的便携式多种气体测定仪器，既有国产的又有当今世界上最先进的，如日本产的GC－8型，它能在15分钟内检查分析出9种气体；美国产的HP－200型，重10千克能在5分钟内测出9种气体，浓度误差不超过0.002%，吸气泵有效长度2000米，它们不但能固定在化验室进行常规化验分析，而且当事故发生时，还能及时运到井下基地进行现场的多种气体分析，吸气管头可以随侦查小队置入灾区任何地点，随时抽取气样进行化验分析，能通过线路及时将分析结果传输到地面指挥部，供指挥部分析参考，做出决策。这对于抢险救灾是非常便利实用的。

4）救护医疗

在贝托姆救护总站设有救护医疗站，站内设有专供救护队员体检和体能测试、高温忍耐力测试等设备，站内配备有专职医生，各分站救护队员定期分批地进行身体检查，高温耐受力、激烈运动体能检查，既科学又方便实用。

救护分站设有专职医生，医生能够配用氧气呼吸器，随救护队深入到灾区对遇险人员进行抢救，又能对救护队员在抢险救灾中发生的意外情况进行及时处理。

波兰矿山救护技术装备系统性、专业性较强，各救护分站还有重点专业，拓宽了服务领域，和国内相比较有特色的是：①呼吸器检测试验装置，能模拟人在各种劳动强度下进行呼吸、运动，对呼吸器性能作出科学评价；②NEMA综合设备和人体监测系统，能设置各种气候条件，救护队员佩戴呼吸器进行不同强度的运动，检测人的体能和仪器的适应性，并能对受检人员脉搏、血压、血氧含量进行检测；摄像枪可通过钻孔将摄像头送入垮冒区或其他灾区，可观察灾区情况，最长可达150米；③HB－2000型气体分析仪，用吸气泵送气，计算机分析，5分钟出结果，并可连续观测；④救灾通信系统（SLAK），三条通道分别连接电话、摄像机、气体分析仪，可将灾区综合情况及时直观地传送指挥部；⑤救护值班装备车，设计合理，方便各种装备、工具拿放，另外，还有测量车，能装备1个小队的仪器和全套测量仪器，并有备用电源；⑥寻人仪，信号发射装置在矿灯上，能准确判断15米位置；潜水作业用压缩空气呼吸器及解压舱；⑦高压水炮：扑灭明火效果好；⑧高空救险设备。

6. 救护经费来源

波兰矿山救护经费主要来源于矿山企业，国家财政给予适当补贴。《地质矿山法》明确规定，矿山企业根据职工人数缴纳安全救护基金，由矿山救护总站统一分配使用，另外，进行抢险救灾、技术服务及咨询和安全培训等也按规定收费，救护经费比较充足。

二、抢险救灾

我们认真听取了波兰救护专家对几起矿山事故抢救案例的分析，并进行了交流讨论。目前，波兰对事故的处理手段及措施与我国基本雷同，但其指挥系统相对较为完善。他们的指挥模式是，事故发生后，救护总站领导会同煤矿领导、技术专家组成地面指挥部，指挥部设立专门的救灾办公室，办公室内安装有与井下地面各系统相连接的电话、电脑系统，能快速接收井下的气体化验数据、侦查图像以及救护队侦查、处理事故的情况等信息。根据救护队提供的矿井灾变情况提出或修改事故处理方案，由救护队负责人下达救护队行动命令；救护分站领导在井下基地直接指挥救护工作，并将井下的化验数据、侦查图像、灾变情况通过电脑传送到地面指挥部；掌握矿山救护站和分站救护队员进行事故处理的情况，并逐级上报。

三、国际矿山救护比武比赛

国际间的矿山救护比武比赛，越来越受到各产煤国的重视。参加国际间的救护比武比赛增加了相互之间的交流，并向外展示了本国的救灾技术和能力，能较好地了解国际矿山救护的发展趋势，促进救灾技术的全面发展。国际矿山救护组织邀请中国的煤矿、非煤矿山救护队参加国际救护比武比赛活动。

波兰救护队每年进行救护比武竞赛，并参加了全部国家救护比武竞赛活动，他们还经常组织和参加国际救护比武邀请赛，都取得了很好的成绩，提高了矿山救护队在国际上的影响力。

四、考察培训的启发和建议

通过这次考察培训，使我们了解到了波兰矿山救护的方方面面，虽然我们在矿山救护的创新与发展方面与他们有很多相同之处，但波兰同行认真细致的工作作风，精益求精的敬业精神，合理健全的训练设施，大胆熟练实战演习，都给我们留下了深刻的印象。

（1）矿山救护车辆。波兰矿山救护车设计合理，乘坐舒服。队长、副队长、医生、队员按顺序依次入座，座位边有专门挂放呼吸器的架子，分别存放仪器、工具、工作服包，座位下面有放置工具的箱子，车厢下有存放大型设备的推拉箱，工具取、放方便；装备车为密封式的，可左、右、后开门，各种工具、仪器、装备（主要仪器、装备有照明、通信、气体化验、高空抢险、潜水等）分别存放在带推拉的架子上或箱子中。目前我国救护车辆还不能满足需要，建议根据我国各种地域情况研制适合自己具体情况的矿山救护车及装备车。

（2）灾区侦察、救灾通信和指挥系统。波兰目前在进行灾区侦察时，救护队员可携带井下基地摄像机的摄像探头和气体化验设备的气体化验管进入灾区，在救护队员无法进入的场所，可用专用连杆送入灾区进行灾区观察和抽气化验，也可通过钻孔送入需要观察和需要气体化验的地点，最大送入距离150米，井下基地设有通往地面指挥部的通信线路，将灾区侦察和气体化验情况，通过井下基地计算机及时送达地面指挥基地计算机系统，地面指挥部根据侦察情况，快速制定或修改救灾方案，下达救护工作的命令，通过井下基地及时传达给灾区工作小队，提高救灾能力。建议引进或研制该系统。

（3）救护队员的选拔、培训与训练。波兰救护队员是经过自愿报名，单位推荐，救护分站培训合格，才能成为辅助救护队员，新队员必须20岁以上，有一年井下工龄的一线工人。救护队员年龄没有上限要求，但45岁以上队员每年体检两次（其他队员每年体检一次）。专职救护队员从辅助救护队员中选拔产生，须经严格培训合格才能成为专职救护队员。

救护队员身体要求严格，除正常的体检外，还要进行高温、高湿度情况下的血压、心率、血氧浓度等的测定，确保救护队员的身体条件。救护总站、分站都配备有相应的设备，并配备有医生，把好入队关和在职救护队员身体关。

波兰救护队员每年进行6次培训演习训练：3次在救护分站进行，每次一周，培训训练每周内容各有侧重，主要在分站的可控制温度、烟雾、湿度的模拟巷道中进行，以实战为主，比如，高温、火灾、水灾、冲击地压等；3次在矿上进行，其中2次在地面，1次在井下模拟救灾。各分站根据自己的条件和总站的安排进行高空抢险训练，或潜水救灾训练，增强救护队的救灾能力和救灾范围。

辅助救护队员随身携带救护仪器（或放在工作地点附近），一旦发生事故，能在最短的时间内到达事故地点，撤人、抢险。

救护指挥员来源于煤矿（或非煤矿山）的技术人员，有丰富的井下实践经验，经总站培训合格的人员担任，这样的指挥员能更好地指挥救护工作，减少乱指挥现象。

建议救护大队或独立中队的指挥员由矿山救援中心每2~3年培训一次；中队指挥员由各省区每两年培训一次；小队长由大队每年培训一次，救护队员每年不少于一个月的培训时间（可分次进行培训）；在救援中心和各区域救护大队建立救护医疗站，救援中心医疗站主要对各救护大队指挥员进行体检或测试，以保证救护指挥员的体能达到抢险救灾的需要，区域救护大队则主要对救护中队队长以下人员进行体检和体能测试，杜绝走后门现象，保证救护队具有较强的战斗力；建立具有中国特色的演习训练系统。

（4）建议矿井配备带有信号发射装置的矿灯，救护队配备寻人仪器，增强抢险救灾的实效。波兰矿工入井的矿灯都有信号发射装置，一旦发生冒顶事故或其他事故发生埋人情况，救护队员在 15 米的范围内，就能判断遇险、遇难人员位置，减少抢险救灾的盲目性。

（5）扩大救护队对社会服务的范围。根据区域条件，增强装备，拓宽训练科目（如高空救援、水下搜救、化工泄漏检测等），充分发挥救护队人力、装备的优势。

（6）加强国际合作和技术交流。波兰的救护技术从整体上来说，与我们相比，各有千秋。但他们通过参加各种各样的救护交流、救护比武，提高了知名度。美国矿井发生火灾，曾邀请波兰救护队参加灭火。我们也需要多参加国际救护比武和竞赛活动。

（7）建议从法律、法规层面上保证救护经费来源，确保救护装备更新，救护队伍的稳定、发展。波兰从法律、法规上明确规定了煤矿企业必须与救护队签订救护合同，按时缴纳救护费，发生事故后，缴纳事故处理费用。这样在经费保障的情况下，救护工作运转良好。

（8）建议矿山与救护有关的工作机构与救护队合并，避免重复建设，浪费资金。比如，通风实验室进行的气体化验、瓦斯鉴定仪的维修鉴定、风表的维修鉴定、各种探头的校正等工作，都可以由救护队承担。这样，拓宽了救护队的业务范围，提高了救护队员的利用率，避免了重复投资，提高了企业效益，增加了救护队资金来源。救护队承担了以上工作后，能更好地为矿山抢险救灾服务。波兰救护队不仅承担了通风实验室的任务，而且还承担矿山机电设备防爆的鉴定认证等工作。

（9）合理分布救护队。波兰救护队总站根据矿井的分布、灾害的大小，合理地进行各分站的布局，合理的划分资金，确保救护工作的健康发展。目前我国很多地方乱建救护队，自己收费，建立的救护队没有实战能力，浪费资金，有能力的救护队反而得不到有效的支持，不能更好地提高救护救援能力。

团长：孟斌成

团员：王守龙　耿　宪　张福成　刘道君　杨启亮　张东馗　乔凤龙　杨洪元　成喜顺　张树城　田大龙　李建森　李刚业　杨　从　陈德禄　杨生贵　谢四明　丁勇建　王连兴

澳大利亚职业安全健康管理体系认证的做法和经验

经国家安全生产监督管理局批准，科技规划司组织中国劳动科学技术学会专家于 2003 年 10 月对澳大利亚职业安全健康管理体系认证进行考察调研。

一、澳大利亚职业安全健康管理体系认证

澳大利亚属于英联邦国家，职业安全健康有关的管理体系建立的比较早，目前已形成了包括“职业安全健康五星管理体系”和职业安全健康管理体系等在内的比较完整的安全健康管理体系，并且在实践中不断完善发展，为澳大利亚政府安全健康监管部门和企业提供了充分地安全技术保障支持，发挥了不可替代的作用，得到了社会和企业的肯定。澳大利亚在职业安全健康管理体系方面做了大量工作，参考国际劳工组织《职业安全健康管理体系导则》制定了澳大利亚职业安全健康管理体系规范 AS/NZS4801 和职业安全健康管理体系实施指南 AS/NZS4804 两个国家标准，同时在很多生产经营企业开展了职业安全健康管理体系的建立和认证工作，职业安全健康管理逐渐成为用人单位全面管理体系中的一个重要组成部分。

澳大利亚对职业安全健康管理体系认证是由 JAS—ANZ 认可组织（澳大利亚和新西兰根据双方的协议组织的一个管理机构）来统一管理的，主要对认证机构和审核员的资格认可单位进行认可和审核，认证机构依据标准对用人单位进行审核并颁发认证证书，审核员的资格认可单位对审核员进行培训并依据标准对审核员的资格进行认证。

（一）澳大利亚质量协会（QSA）

澳大利亚质量协会成立于 1990 年 8 月，是一家经澳大利亚政府批准，通过 JAS—ANZ 认可组织认可的机构，主要从事培训机构和审核员资格的认可和注册。目前该机构认可的培训机构有 10 家，OHS 审核员 650 人。该机构是 IATCA（国际培训机构认可及审核注册协会）成员，而且是 IATCA 的创立者之一。

（1）该协会的主要服务业务：管理体系审核员注册、提供审核员培训机构认可、垃圾及废弃物品处置人员培训及认可、老年人护理人员培训及认可等。

（2）2003 年管理目标：在亚太发展新市场、与工矿企业合作、与 IATCA 的联系、持续运行和发展业务。

（3）基本经验及做法：

第一，业务范围随着经济和社会的发展不断扩大。除管理体系审核员注册管

理和相关的业务外，还有关于老年人护理人员注册管理，以及垃圾、废弃物品处置人员注册管理等。这些方面我国目前基本尚未开展。

第二，咨询顾问是重点。咨询在前，认证在后，咨询是基础。机构的能力首先是表现在咨询业务方面，没有完善、科学、合理的咨询方案，认证就缺乏可靠的基础。因此，最能体现能力、效益的是在咨询方面。澳大利亚负责职业安全健康管理的部门没有规定将咨询认证从机构上分开，只强调行为的分开。

第三，重视全员形象策划与宣传。每年都要举行国际性的大型展览活动和国际论坛，通过宣传，扩大影响。

（二）澳大利亚标准协会（SA）

澳大利亚标准协会始建于1922年，名为“澳大利亚联邦工程标准协会”，1929年变更为“澳大利亚标准协会”。为满足其日益拓展的认证业务需要，20世纪90年代成立并注册了全资子公司——SAI，1999年SAI完全脱离澳大利亚标准协会，成立了澳大利亚国际标准公司。

澳大利亚标准协会主要业务：技术与商业标准发展研究，起草和出版标准，教育培训，顾问与管理注册，信息、版权服务，产品与体系认证等。

关于风险管理的有关情况：《风险管理》OB－007是由澳大利亚、新西兰联合制定的，于1999年4月2日经澳大利亚标准委员会批准，1999年3月22日经新西兰标准委员会批准，并于1999年4月12日颁布。这项标准制定的目的是为建立对风险的环境、鉴定、分析、评价、处理、监控和信息交流等提供通用的架构，与其他适用或相关的标准相互参考、配合使用。该标准规定了风险管理过程的各个要求，是通用的，并不从属于一个特定的行业，也不是要强制执行统一的风险管理体系。风险管理是由多个定义明确的步骤所组成的一个反复过程。这些步骤可以较深入地洞察风险及其影响，为更好地决策提供支持。任何可能会出现不希望有的或意想不到重大后果的场所或风险已被识别的场所均可应用风险管理程序。该标准是由范围应用和定义、风险管理要求、风险管理概况、风险管理过程等内容构成。它是OHS的一个支持标准，可以同OHS即AS4801一起使用。我国在这方面除了OHS审核规范之外，还没有其他相关标准，可以借鉴并制定相关OHS的技术支持标准。

（三）澳大利亚国家安全理事会（NSCA）

澳大利亚国家安全理事会于1927年创建于墨尔本，主要负责道路交通安全和涉及水/船舶/家庭/生产安全。近年来主要从事职业安全健康相关认证认可工作。澳大利亚国家安全理事会是全国性组织，由各州类似组织整合而成，主要提供职业安全健康管理体系审核员培训、职业安全健康管理体系认证、企业安全文化、安全健康咨询服务。咨询服务涉及煤矿、电力、航空、建筑、交通运输、农业、金属冶炼、金属开采、机械制造业、木材加工、医药、食品加工、卫生保健、塑料、印刷、海运、仓储、垃圾处理等各个领域。

（四）五星安全健康管理体系

在澳大利亚、新加坡等国家实施五星安全健康管理体系不仅是安全健康主管部门或安全技术单位审查用标准，也是企业安全生产自我评估用的标准。五星安全健康管理体系在澳大利亚已有20年的历史，被安全保障局所倡导和推荐，在维多利亚州普遍应用，约有300多家企业使用该体系，并有51家大型企业达到五星标准。

二、几点收获和体会

（1）突出安全生产以人为本的理念，职业安全健康管理体系成为实现这一思想强有力的技术支持。职业安全健康管理体系作为实现“安全第一、预防为主”方针的重要保障措施，将随着经济的发展、社会的进步在安全生产工作中发挥越来越重要的作用，同时作为现代安全的管理思想也越来越为社会和广大企业所接受。

（2）职业安全健康管理体系工作离不开政府主管部门的支持和监督管理。澳大利亚政府对与职业安全健康有关法规制度和咨询、认证、认可、执照审批、处罚等各方面都实施了相应的监管，有力地支持和促进职业安全健康管理体系工作健康发展。维多利亚州安全保障局设有战略项目部专门从事职业安全健康方面的战略方针研究和战术计划，制定相关的法规、规范，并督促检查。凡在维多利亚州从事安全健康管理体系认证认可的组织，应取得相应的资质后方可开展认证认可工作，并按要求定期向政府主管部门报告。

（3）从国情出发，制定和完善职业安全健康相关法规和标准。澳大利亚颁布了职业安全健康管理体系规范和职业安全健康管理体系实施指南，同时为了对体系运行效果进行评估，还研究制定了《商业评定程序》。这些规定、标准和程序具有很强的实用性和可操作性。我国企业数量巨大，各行各业的环境、条件、设备状况、管理水平差别很大，我们须参照国际通行准则，结合国情和实际，加快制定一些法规、标准，切实降低作业风险，减少伤亡事故的发生，促进安全生产形势稳定好转，促进职业健康事业发展。

（4）进一步加强国际交流，不断提高我国职业安全健康管理体系认证认可工作水平。英美及澳大利亚国家职业安全健康工作做得早，形成了一系列的规定、标准和体系，积累了很多经验。通过国际交流，我们可以了解和借鉴国外职业安全健康管理体系认证认可方面的做法和经验，改进和完善我国职业安全健康管理体系认证工作。

团长：周北驹

团员：马洪发　冯志斌　顾智世　王其华　王永刚　郭立军　曲敬仪

附录四　国外安全生产和职业健康监管体制、法制和经验研究成果要目

国外安全生产与职业健康经验研究目录

国外安全生产与职业健康发展报告目录

2.2　通过法制建设推进依法治理
2.3　通过监管体制创新强化监督执法
2.4　通过行政许可提高安全准入门槛
2.5　通过技术装备创新提升安全保障能力
2.6　通过加强工伤保险实现安保互动
2.7　通过彻查事故原因深刻吸取事故教训
2.8　通过强化风险管理提升事故预防水平
2.9　通过建立应急救援体系有效降低事故损失
3　坚定信心，努力实现我国安全生产状况根本好转
3.1　部分国家作业场所十万从业人员死亡率统计
3.2　部分国家亿元 GDP 死亡率统计
3.3　部分国家万车死亡率统计
3.4　部分国家煤矿百万吨死亡率统计
3.5　安全与健康法律体系结构
3.6　安全与健康立法发展阶段
3.7　部分国家安全与健康监管体制模式
3.8　部分国家特定行业领域安全监管机构
3.9　部分国家安全与健康监管模式
3.10　部分国家行政许可分类
3.11　事故调查机构分类

国外职业安全与健康体制研究目录

1　国外安全生产监察体制综述
1.1　国外职业安全与健康相关概念
1.2　国外职业安全与健康监察体制发展概述
2　美国安全生产监察体制
2.1　美国安全生产监察体系
2.2　职业安全与健康监察体制
2.3　特定行业领域安全监察
2.4　政府支撑机构和社会中介组织
2.5　安全事故调查体制
2.6　美国安全与健康体制主要特点
3　英国安全生产监察体制

3.1　英国安全生产监察体系
3.2　职业安全与健康监察体制
3.3　特定行业领域安全监察
3.4　政府支撑机构和社会中介组织
3.5　安全事故调查体制
3.6　英国安全与健康监察的特点
4　澳大利亚安全生产监察体制
4.1　澳大利亚安全生产监察体系
4.2　职业安全与健康监察体制
4.3　特定行业领域安全监察
4.4　政府支撑机构和社会中介组织
4.5　安全事故调查体制
4.6　澳大利亚安全与健康监察体制特点
5　德国安全生产监察体制
5.1　德国安全生产监察体系
5.2　职业安全与健康监察体制
5.3　特定行业领域安全监察
5.4　政府支撑机构和社会中介组织
5.5　安全事故调查体制
5.6　德国安全与健康监察体制的特点
6　其他国家安全生产监察体制
6.1　芬兰安全生产监察体系
6.2　波兰安全生产监察体系
6.3　韩国安全生产监察体系
6.4　日本安全生产监察体系
7　国外安全与健康监察体制建设的基本经验
8　关于完善我国职业安全健康监管监察体制的建议

重点行业安全发展之路系列课题目录

1　化工安全发展之路
1.1　概述
1.1.1　研究目的和意义
1.1.2　世界化工行业发展情况

1.1.3　总体研究思路
1.1.4　研究成果总结及创新点
1.2　国外化工安全发展历程
1.2.1　英国化工安全发展历程分析
1.2.2　德国化工安全发展历程分析
1.2.3　美国化工安全发展历程分析
1.2.4　日本化工安全发展历程分析
1.3　国外化工安全发展突变阶段研究
1.3.1　英国化工安全发展突变阶段研究
1.3.2　德国化工安全发展突变阶段研究
1.3.3　美国化工安全发展突变阶段研究
1.3.4　日本化工安全发展突变阶段研究
1.4　国内化工安全发展
1.4.1　行业基本情况
1.4.2　安全发展总体情况
1.4.3　存在主要问题
1.5　对比分析
1.5.1　化工产量对比
1.5.2　安全生产特征规律及阶段对比
1.5.3　化学工业事故死亡率和死亡人数对比
1.5.4　事故控制指标体系
1.5.5　总结
1.6　政策措施建议（以下分行业阐述）
2　煤矿安全发展之路
2.1　国外煤矿安全发展历程
2.1.1　美国煤矿安全发展历程分析
2.1.2　英国煤矿安全发展历程分析
2.1.3　波兰煤矿安全发展历程分析
2.2　国外煤矿安全发展突变阶段研究
2.2.1　美国煤矿安全发展突变阶段研究
2.2.2　英国煤矿安全发展突变阶段研究
2.2.3　波兰煤矿安全发展突变阶段研究
2.2.4　国外煤矿安全发展经验总结

2.3　中国煤矿安全发展研究
2.3.1　中国煤矿安全发展总体情况
2.3.2　中国煤矿安全发展存在问题
2.4　中外煤矿安全对比分析研究
2.4.1　中外煤矿安全发展阶段性特征
2.4.2　中外煤矿安全发展阶段对比
2.4.3　煤矿安全发展阶段性指标对比
2.5　加快煤矿安全发展的建议
2.5.1　减少煤矿数量
2.5.2　加大采煤机械化率
2.5.3　增加露天矿比重
2.5.4　调整煤炭产业布局
3　金属非金属矿山安全发展之路
3.1　绪论
3.1.1　课题研究背景及意义
3.1.2　课题研究内容
3.2　美国金属非金属矿山安全发展历程
3.2.1　金属非金属矿山安全发展历程分析
3.2.2　安全发展突变阶段研究
3.3　南非金属非金属矿山安全发展历程
3.3.1　金属非金属矿山安全发展历程分析
3.3.2　安全发展突变阶段研究
3.4　澳大利亚金属非金属矿山安全发展历程
3.4.1　澳大利亚金属非金属矿山安全监管介绍
3.4.2　昆士兰州金属非金属矿山安全发展历程分析
3.4.3　安全发展突变阶段研究
3.5　欧盟金属非金属矿山安全发展历程
3.5.1　欧盟的金属非金属矿山安全发展历程
3.5.2　欧盟的矿山职业安全健康立法
3.5.3　预防是欧盟矿山职业安全健康的核心理念
3.5.4　欧盟的矿山安全文化
3.5.5　数据统计在欧盟矿山职业安全健康体系中的作用
3.5.6　德国矿山职业安全健康管理的经验

5.2.3　发达国家和地区建筑安全发展经验总结
5.3　我国建筑施工安全生产发展现状
5.3.1　建筑行业发展概况
5.3.2　建筑施工安全生产现状
5.3.3　建筑施工安全生产存在的主要问题
5.3.4　影响建筑施工安全的深层次原因分析
5.4　相同时期国内外建筑事故的比较
5.4.1　事故绝对指标对比
5.4.2　事故相对指标对比
5.4.3　跨越事故易发期事故指标对比
5.4.4　我国建筑安全未来发展目标
5.5　遏制我国建筑业事故多发的对策建议
5.5.1　强化建筑安全法制环境建设，提升依法治理能力
5.5.2　理顺政府和行业安全管理体制及执法体系，提升政府管理能力
5.5.3　强化建筑安全责任体系建设、生产力水平和工人素质建设，提升系统保障能力
6　农业安全发展之路
6.1　农业安全整体情况
6.1.1　农业定义
6.1.2　农业风险程度
6.1.3　农业风险因素分析
6.2　国外农业安全发展历程
6.2.1　美国
6.2.2　澳大利亚
6.2.3　国际劳工组织
6.2.4 其他国家
6.3　我国农业安全发展研究
6.3.1　农业发展历程
6.3.2　安全生产情况
6.3.3　农业安全管理
6.4　中外农业安全比较分析
6.4.1　国外情况总结
6.4.2　我国农业安全面临的主要问题

世界主要产煤国家煤矿安全状况及事故案例目录

中英职业安全健康监管法制与体制比较研究目录

2.1.1　发展历程
2.1.2　阶段特征
2.1.3　现状
2.2　中国职业安全健康监管法制发展历程及现状
2.2.1　发展历程
2.2.2　阶段特征
2.2.3　现状
2.2.4　安全生产与职业健康法律体系对比
2.3　中英职业安全健康监管法制比较分析
2.3.1　发展阶段
2.3.2　立法理念
2.3.3　法律体系
2.3.4　立法内容
3　中英职业安全健康监管机构比较
3.1　英国职业安全健康监管机构
3.1.1　英国职业安全健康监察体制
3.1.2　HSE 的职责与组织体系
3.1.3　HSE 与地方政府的职责划分
3.1.4　HSE 与其他职能部门的职责划分
3.1.5　监察员
3.1.6　主要特点
3.2　中国职业安全健康监管机构
3.2.1　安全生产监管机构及职能
3.2.2　职业健康监管机构及职能
3.2.3　与其他机构间关系
3.2.4　安全生产与职业健康监管机构对比
3.3　中英职业安全健康监管机构比较分析
3.3.1　体制的差异
3.3.2　机构的差异
3.3.3　职能的差异
4　中英职业安全健康监管方式比较
4.1　英国职业安全健康监管方式
4.1.1　许可证管理

4.1.2　风险干预措施
4.1.3　强制措施管理
4.1.4　分类分级监管
4.1.5　违法行为处罚
4.1.6　监察收费标准
4.1.7　最新监管改革
4.2　中国职业安全健康监管方式
4.2.1　许可证管理
4.2.2　违法行为处罚
4.2.3　计划执法
4.2.4　职业危害项目申报
4.2.5　安全生产和职业健康执法对比
4.3　中英职业安全健康监管方式比较分析
4.3.1　相同点
4.3.2　不同点
5　中英职业安全健康行政许可比较
5.1　英国职业安全健康许可
5.1.1　安全健康许可定义
5.1.2　许可设定理念
5.1.3　许可的基本原则
5.1.4　许可项目
5.1.5　企业主体责任
5.1.6　监管者的责任与权力
5.1.7　许可制度的开放性和包容性
5.1.8　许可的具体实施例一：化学品安全注册及授权
5.1.9　许可的具体实施例二：核设施许可
5.2　中国安全生产行政许可
5.2.1　背景、意义及成效
5.2.2　安全生产行政许可依据
5.2.3　安全生产行政许可项目
5.2.4　行政许可的实施
5.2.5　行政许可的法律责任
5.3　中英安全生产许可比较分析

5.3.1　相同点
5.3.2　不同点
6　中英职业安全健康监管制度比较
6.1　中介服务制度
6.1.1　英国民间组织与中介机构
6.1.2　中国民间组织与中介机构
6.1.3　比较研究
6.2　教育培训制度
6.2.1　英国职业安全健康教育培训制度
6.2.2　中国职业安全健康教育培训制度
6.2.3　比较研究
6.3　事故调查处理制度
6.3.1　英国事故调查与处理制度
6.3.2　中国职业安全健康事故调查处理制度
6.3.3　比较研究
6.4　保险制度
6.4.1　英国工伤保险制度
6.4.2　中国工伤保险制度
6.4.3　比较研究
7　完善职业安全健康监管法制与体制的建议
7.1　健全职业安全健康监管法制
7.1.1　更新立法理念
7.1.2　完善法律体系
7.1.3　加强监管执法
7.1.4　改革许可制度
7.2　理顺职业安全健康监管体制
7.2.1　加快监管机构建设
7.2.2　加强与相关机构的协调配合
7.2.3　整合安全健康研究机构
7.2.4　注重发挥行业协会的作用
7.3　建设方案与实施步骤
7.3.1　近期目标，遵从现有体制，做好立法执法衔接
7.3.2　长远目标，建立统一的职业安全健康监管法制体制

中外化学品安全法规标准对比研究报告目录

1　中国化学品安全管理
1.1　中国化学品安全法律法规、标准管理体制
1.2　中国化学品安全标准管理体制及体系
2　美国化学品安全管理
2.1　美国化学品安全管理体制
2.2　美国化学品安全法规体系
2.3　美国化学品安全标准体系
3　欧盟化学品安全管理
3.1　欧盟化学品安全管理体制
3.2　欧盟化学品安全法规体系
3.3　欧洲安全标准体制
4　相关国际组织化学品安全管理制度
4.1　化学品管理的战略规划
4.2　化学品综合性管理框架
5　化学品重大危险源管理对比研究
5.1　重大危险源的概念
5.2　美国重大危险源管理
5.3　欧盟重大危险源管理
5.4　我国重大危险源管理概况
5.5　我国与美国、欧盟在重大危险源管理方面的差异
5.6　启示与建议
6　实施《全球化学品统一分类和标签制度》(GHS) 对比研究
6.1　概况
6.2　美国 GHS 的实施
6.3　欧盟 GHS 的实施
6.4　我国 GHS 的实施
6.5　我国与欧美实施 GHS 的差异
6.6　启示与建议
7　化学品登记通报制度对比研究
7.1　美国化学品登记通报制度
7.2　欧盟化学品登记通报制度

我国与部分国家安全生产统计体系对比研究

2.1　国际劳工组织安全生产统计指标体系
2.1.1　安全生产统计国际标准
2.1.2　国外常用职业伤亡统计指标
2.1.3　国际火灾统计指标
2.2　美国安全生产统计指标体系
2.2.1　法规规定
2.2.2　统计机构
2.2.3　主要统计指标
2.2.4　统计数据来源和工作方式
2.2.5　美国安全生产数据发布
2.2.6　统计范围和方法
2.2.7　统计分类
2.2.8　美国企业的做法
2.3　英国安全生产统计指标体系
2.3.1　法规规定
2.3.2　统计机构
2.3.3　主要统计指标
2.3.4　统计数据来源和安全生产伤病统计范围
2.3.5　英国安全生产数据发布
2.3.6　统计分类
2.4　澳大利亚安全生产统计指标体系
2.4.1　澳大利亚统计相关法律法规
2.4.2　澳大利亚统计机构
2.4.3　澳大利亚统计主要指标
2.4.4　澳大利亚统计来源
2.4.5　统计数据的发布
2.5　韩国安全生产统计指标体系
2.5.1　韩国统计相关法律法规
2.5.2　韩国统计机构
2.5.3　韩国统计主要指标
2.5.4　韩国统计来源
2.5.5　统计数据的发布
2.6　日本安全生产统计指标体系

2.6.1　日本安全生产监管体制概况
2.6.2　主要统计指标
2.6.3　厚生劳动省信息统计司
2.6.4　主要统计调查活动
2.7　印度安全生产统计指标体系
2.7.1　印度统计相关法律法规
2.7.2　印度安全生产统计机构
2.7.3　印度安全生产主要统计指标
2.7.4　印度安全生产统计及发布
2.8　国外发达国家安全生产统计指标体系特点
2.8.1　统计体系有法可依
2.8.2　统计机构健全
2.8.3　统计覆盖行业广泛
2.8.4　统计涵盖伤病情况
2.8.5　统计指标界定明确
2.8.6　统计有完整编码体系
3　中外安全生产统计指标对比
3.1　我国安全生产统计指标建立完善历程
3.1.1　安全机构建立及发展
3.1.2　安全生产统计法规建立及发展
3.1.3　控制指标工作历史发展
3.1.4　安全生产统计现状
3.2　我国安全生产统计指标特点及与国外比较
3.2.1　我国安全生产统计指标的主要特点
3.2.2　行业统计范围的差异比较
3.2.3　事故原因分类的差异比较
3.2.4　工伤事故统计口径的比较
3.3　我国安全生产统计体系及方式与国外的比较
3.3.1　统计方法
3.3.2　统计指标
3.4　中美、中英、中澳部分统计数据对比分析
3.4.1　中美部分统计数据对比
3.4.2　中英部分统计数据对比

3.4.3　中澳部分统计数据对比
3.4.4　部分国家道路交通万车死亡率对比
4　创新我国安全生产统计指标体系建议
4.1　创新安全生产指标体系的基本原则
4.2　完善我国安全生产统计体系的建议
4.2.1　颁布安全统计条例，依法开展统计工作
4.2.2　加强统计机构建设，优化统计职能
4.2.3　重视统计调查工作，统计来源多元化
4.2.4　采用标准产业分类，加强行业数据统计
4.2.5　简化事故原因分类数量，完善事故原因分类标准
4.2.6　采用积极措施鼓励客观统计，增加统计指标的真实可靠性
4.3　“十二五”期间我国目前正在使用的指标体系
4.3.1　“十二五”期间我国使用的统计指标
4.3.2　“十二五”期间我国使用的控制指标
4.4　“十三五”期间我国安全生产指标的建议
4.4.1　绝对指标
4.4.2　相对指标
4.5　2020 年后我国安全生产指标的建议
4.5.1　绝对指标
4.5.2　相对指标
4.6　建议与国际进行对比时使用的指标
4.6.1　对比时应使用的绝对指标
4.6.2　对比时应使用的相对指标

附录五　国际劳工标准

国际劳工组织 1919—2018 年间通过的劳工标准清单

国际劳工大会届次（年）	（公约号）公约名称	（建议书号）建议书名称
第一届（1919）	（1）（工业）劳动时间公约	
	（2）失业公约	（1）失业建议书
		（2）互惠待遇建议书

（续）

国际劳工大会届次（年）	（公约号）公约名称	（建议书号）建议书名称
第一届（1919）	（3）生育保护公约	
	（4）（妇女）夜间工作公约	
		（3）炭疽杆菌防护建议书
		（4）（妇女和儿童）铅中毒建议书
		（5）（卫生服务）劳动监察建议书
	（5）（工业）最低年龄公约	
	（6）（工业）未成年人夜间工作公约	
		（6）白磷建议书
第二届（1920）		（7）（捕鱼业）工作时间建议书
		（8）（内陆航运）工作时间建议书
		（9）国家海员准则建议书
	（7）（海员）最低年龄公约	
		（10）（海员）失业保险建议书
	（8）海难导致失业赔偿公约	
	（9）海员安置公约	
第三届（1921）		（11）（农业）失业建议书
		（12）（农业）生育保护建议书
		（13）（农业）妇女夜间工作建议书
	（10）（农业）最低年龄公约	
		（14）（农业）儿童和未成年人夜间工作建议书
		（15）（农业）职业教育建议书
		（16）（农业）居住条件建议书
	（11）（农业）结社权利公约	
	（12）（农业）工人赔偿公约	
		（17）（农业）社会保险建议书
	（13）（油漆）白铅公约	
	（14）（工业）每周休息公约	
		（18）（商业）每周休息建议书

（续）

国际劳工大会届次（年）	（公约号）公约名称	（建议书号）建议书名称
第三届（1921）	（15）（司炉工）最低年龄公约	
	（16）（海员）未成年人体格检查公约	
第四届（1922）		（19）移民统计建议书
第五届（1923）		（20）劳动监察建议书
第六届（1924）		（21）消遣时间利用建议书
第七届（1925）	（17）（事故）工人赔偿公约	（22）（最低比例）工人赔偿建议书
		（23）（权限）工人赔偿建议书
	（18）（职业病）工人赔偿公约	（24）（职业病）工人赔偿建议书
	（19）（事故赔偿）同等待遇公约	（25）（事故赔偿）同等待遇建议书
	（20）（面包店）夜间工作公约	
第九届（海事）（1926）	（21）移民检查公约	
		（26）（海上妇女保护）移民建议书
	（22）海员协议条款公约	
	（23）海员遣派回国公约	
		（27）（船长和海员）遣派回国建议书
		（28）（海员）劳动监察建议书
第十届（1927）		（29）疾病保险建议书
	（24）（工业）疾病保险公约	
	（25）（农业）疾病保险公约	
第十一届（1928）	（26）修理机器的最低工资公约	
第十二届（1929）	（27）（航运包裹）标明重量公约	（31）预防工业事故建议书
		（32）动力机器建议书
	（28）（码头工人）事故预防公约	
		（33）（码头工人）防止事故互惠建议书
		（34）（码头工人）防止事故组织协商建议书
第十四届（1930）	（29）强迫劳动公约	
		（35）（非直接强迫）强迫劳动建议书

（续）

国际劳工大会届次（年）	（公约号）公约名称	（建议书号）建议书名称
第十四届（1930）		（36）（法规）强迫劳动建议书
	（30）（商业和办事处所）工作时间公约	
		（37）（饭店等）工作时间建议书
		（38）（剧院等）工作时间建议书
		（39）（医院等）工作时间建议书
第十五届（1931）	（31）（煤矿）工作时间公约	
第十六届（1932）	（32）（码头工人）防止事故公约（修订）	
		（40）（码头工人）防止事故互惠建议书
	（33）（非工业就业）最低年龄公约	（41）（非工业就业）最低年龄建议书
第十七届（1933）	（34）收费职业介绍所公约	
		（42）职业介绍所建议书
	（35）（工业等）养老保险公约	
	（36）（农业）养老保险公约	
	（37）（工业等）伤残保险公约	
	（38）（农业）伤残保险公约	
	（39）（工业等）遗属保险公约	
	（40）（农业）遗属保险公约	
		（43）伤残、养老和遗属保险建议书
第十八届（1934）	（41）（妇女）夜间工作公约（修订）	
	（42）（职业病）工人赔偿公约（修订）	
	（43）玻璃制品公约	
	（44）失业供给公约	（44）失业供给建议书
第十九届（1935）	（45）（妇女）井下工作公约	
	（46）（煤矿）工作时间公约	
	（47）40 小时工作日公约	
	（48）维护移民工养老金权利公约	
	（49）（玻璃制品业）缩减工作时间公约	
		（45）（未成年人）失业建议书

（续）

国际劳工大会届次（年）	（公约号）公约名称	（建议书号）建议书名称
第二十届（1936）	（50）招聘土著工人公约	
		（46）招聘消除建议书（已撤销）
	（51）（公共部门）缩短工时公约	
	（52）带薪休假公约	（47）带薪休假建议书
第二十一届（海事）（1936）		（48）海员在港口的福利
	（53）高级船员资格证书公约	
	（54）（海上）带薪休假公约	
	（55）（对病、伤海员）船主责任公约	
	（56）（海上）医疗保险公约	
	（57）（海上）工时和人员配置公约	（49）（海上）工时和人员配置建议书
第二十二届（海事）（1936）	（58）（海上）最低年龄公约（修订）	
第二十三届（1937）		（50）公共部门工作（国际合作）公约
		（51）公共部门工作（国内计划）公约
	（59）（工业）最低年龄公约（修订）	
	（60）（非工业就业）最低年龄公约（修订）	
		（52）（家庭企业）最低年龄建议书
	（61）（纺织）缩减工时公约	
	（62）（建筑）安全条款公约	（53）（建筑）安全条款建议书
		（54）（建筑）监察建议书
		（55）（建筑）在防止事故方面的合作建议书
		（56）（建筑）职业教育
第二十四届（1938）	（63）关于工资和工时的统计公约	
第二十五届（1939）		（57）职业培训建议书
	（64）（土著工人）就业合同公约	（58）（土著工人）就业合同建议书
	（65）（土著工人）惩罚制裁公约	
		（59）（土著工人）劳动监察员建议书

（续）

国际劳工大会届次（年）	（公约号）公约名称	（建议书号）建议书名称
第二十五届（1939）		（60）学徒制建议书
	（66）就业移民公约	（61）就业移民建议书
		（62）（国际间）就业移民建议书
	（67）（道路交通）工作时间和休息时间公约	
		（63）（道路交通）控制记录建议书
		（64）（道路交通）夜间工作建议书
		（65）（道路交通）时间的规范办法建议书
		（66）（私人司机）休息时间建议书
第二十六届（1944）		（67）收入保障建议书
		（68）（武装部队）社会保障建议书
		（69）医疗建议书
		（70）非独立领土的社会政策建议书
		（71）（战争向和平过渡）就业建议书
		（72）就业服务建议书
		（73）公共部门工作（国内计划）建议书
第二十七届（1945）		（74）非独立领土社会政策（补充条款）建议书
第二十八届（海事）（1946）	（68）（船员）膳食公约	
	（69）船上厨师证书公约	
	（70）（海员）社会保障公约	
		（75）海员社会保障（协议）建议书
		（76）海员赡养人员的医疗建议书
	（71）海员养老金公约	
	（72）（海员）带薪休假公约	
	（73）（海员）体检公约	
	（74）一级水手证书公约	

（续）

国际劳工大会届次（年）	（公约号）公约名称	（建议书号）建议书名称
第二十八届（海事）（1946）		（77）（水手）职业培训建议书
	（75）船员住宿公约	
		（78）（船员）卧具、餐具及其他用品建议书
	（76）（海上）工资、工时和人员配置公约	
第二十九届（1946）	（77）（工业）未成年人体检公约	
	（78）（非工业部门就业）未成年人体检公约	
		（79）未成年人体检建议书
	（79）（非工业部门就业）未成年人夜间工作公约	（80）（非工业部门就业）未成年人夜间工作建议书
	（80）最后条款修订公约	
第三十届（1947）	（81）劳动监察公约	（81）劳动监察建议书
		（82）（采矿和运输业）劳动监察建议书
	（82）（非本部领土）社会政策公约	
	（83）（非本部领土）劳动标准公约 注：1948 年（非本部领土）劳动标准公约文书修正，在 1948 年第三十一届国际劳工大会通过	
	（84）（非本部领土）结社自由公约	
	（85）（非本部领土）劳动监察员公约	
	（86）（土著工人）劳动合同公约	
第三十一届（1948）	（87）结社自由和保护组织权利公约	
	（88）就业服务公约	（83）就业服务建议书
	（89）（妇女）夜班工作公约（修订）	
	（90）（工业）未成年人夜间工作公约（修订）	

（续）

国际劳工大会届次（年）	（公约号）公约名称	（建议书号）建议书名称
第三十二届（1949）	（91）（海员）带薪休假公约（修订）	
	（92）海员住宿公约（修订）	
	（93）（海上）工资、工时和人员配置公约	
	（94）（公共合同）劳动条款公约	（84）（公共合同）劳动条款建议书
	（95）工资保护公约	（85）工资保护建议书
	（96）收费职业介绍所（修订）	
	（97）就业移民公约（修订）	（86）就业移民建议书（修订）
		（87）职业指导建议书
	（98）组织权利和集体谈判公约	
第三十三届（1950）		（88）（成年人）职业培训建议书
第三十四届（1951）	（99）（农业）最低工资制订机制公约	（89）（农业）最低工资制订机制建议书
	（100）同等报酬公约	（90）同等报酬建议书
		（91）集体协议建议书
		（92）自愿调解和仲裁建议书
第三十五届（1952）	（101）（农业）带薪假日公约	（93）（农业）带薪假日建议书
	（102）社会保障（最低标准）公约	
		（94）企业合作建议书
	（103）生育保护公约（修订）	
		（95）生育保护建议书
第三十六届（1953）		（96）（煤矿）最低年龄建议书
		（97）保护工人健康建议书
第三十七届（1954）		（98）带薪假日建议书
第三十八届（1955）	（104）（土著工人）废除惩罚制裁公约	
		（99）（残疾人）职业康复建议书
		（100）（不发达国家）保护移民工人建议书

（续）

国际劳工大会届次（年）	（公约号）公约名称	（建议书号）建议书名称
第三十九届（1956）		（101）（农业）职业培训建议书
		（102）福利设施建议书
第四十届（1957）	（105）废除强迫劳动公约	
	（106）（商业和办公室工作）每周休息公约	（103）（商业和办公室工作）每周休息建议书
	（107）土著和部落人口公约	（104）土著和部落人口建议书
第四十一届（海事）（1958）	（108）海员身份证件公约	
		（105）船上药品箱建议书
		（106）海上医疗咨询建议书
		（107）（外国船只）海员工作建议书
		（108）（海员）社会条件和安全建议书
	（109）（海上）工资、工时和人员配置公约（修订）	
		（109）（海上）工资、工时和人员配置建议书
第四十二届（1958）	（110）种植园公约〔及议定书，1982年第六十八届国际劳工大会〕	
		（110）种植园建议书
	（111）（就业和职业）歧视公约	（111）（就业和职业）歧视建议书
第四十三届（1959）	（112）（渔民）最低年龄公约	
	（113）（渔民）体检公约	
	（114）渔民协议条款公约	
		（112）职业卫生服务建议书
第四十四届（1960）		（113）（行业和国家级别）协商建议书
	（115）辐射防护公约	（114）辐射防护建议书
第四十五届（1961）	（116）最后条款公约（修订）	
		（115）工人住房建议书

（续）

国际劳工大会届次（年）	（公约号）公约名称	（建议书号）建议书名称
第四十六届（1962）	（117）社会政策公约（基本目标和标准）	
	（118）（社会保障）同等待遇公约	
		（116）缩减工时建议书
		（117）职业培训建议书
第四十七届（1963）	（119）机器防护公约	（118）机器防护建议书
		（119）终止就业建议书
第四十八届（1964）	（120）（商业与办事处所）卫生公约	（120）（商业与办事处所）卫生建议书
	（121）工伤待遇公约	（121）工伤待遇建议书
	（122）就业政策公约	（122）就业政策建议书
第四十九届（1965）		（123）（有家庭责任的妇女）就业建议书
	（123）（井下工作）最低年龄公约	（124）（井下工作）最低年龄建议书
	（124）（井下工作）未成年人体检公约	
		（125）（井下工作）未成年人就业条件建议书
第五十届（1966）	（125）渔民合格证书公约	
	（126）（渔民）船上渔民住宿公约	
		（126）（渔民）职业培训建议书
		（127）（发展中国家）合作社建议书
第五十一届（1967）	（127）最大负重公约	（128）最大负重建议书
		（129）企业内交流建议书
		（130）冤苦审查建议书
	（128）伤残、养老和遗属待遇公约	（131）伤残、养老和遗属待遇建议书
第五十二届（1968）		（132）佃户和合种者建议书
第五十三届（1969）	（129）（农业）劳动监察公约	（133）（农业）劳动监察建议书
	（130）医疗和疾病待遇公约	（134）医疗和疾病待遇建议书

（续）

国际劳工大会届次（年）	（公约号）公约名称	（建议书号）建议书名称
第五十四届（1970）	（131）最低工资公约	（135）最低工资建议书
	（132）带薪休假公约	
		（136）青年专门计划建议书
第五十五届（海事）（1970）		（137）（海员）职业培训建议书
		（138）海员福利建议书
		（139）海员就业（技术开发）建议书
	（133）船员住舱公约（补充规定）	
		（140）船员住舱建议书（空调）
		（141）船员住舱建议书（噪声控制）
	（134）（海员）防止事故公约	（142）（海员）防止事故建议书
第五十六届（1971）	（135）工人代表公约	（143）工人代表建议书
	（136）苯公约	（144）苯建议书
第五十八届（1973）	（137）码头工作公约	（145）码头工作建议书
	（138）最低年龄公约	（146）最低年龄建议书
第五十九届（1974）	（139）职业癌公约	（147）职业癌建议书
	（140）带薪脱产学习公约	（148）带薪脱产学习建议书
第六十届（1975）	（141）农业工人组织公约	（149）农业工人组织建议书
	（142）人力资源开发公约	（150）人力资源开发建议书
	（143）移民工人公约（补充条款）	
		（151）移民工人建议书
第六十一届（1976）	（144）（国际劳工标准）三方协商公约	
		（152）（国际劳工组织活动）三方协商建议书
第六十二届（海事）（1976）		（153）保护年青海员建议书
	（145）（海员）继续就业公约	（154）（海员）继续就业建议书
	（146）海员带薪休假公约	
	（147）商船（最低标准）公约〔及议定书，1996 年第八十四届国际劳工大会〕	
		（155）商船（提高标准）建议书

（续）

国际劳工大会届次（年）	（公约号）公约名称	（建议书号）建议书名称
第六十三届（1977）	（148）工作环境（空气污染、噪声和振动）公约	（156）工作环境（空气污染、噪声和振动）建议书
	（149）护理人员公约	（157）护理人员建议书
第六十四届（1978）	（150）劳动管理公约	（158）劳动管理建议书
	（151）（公共服务）劳动关系公约	（159）（公共服务）劳动关系建议书
第六十五届（1979）	（152）（码头作业）职业安全卫生公约	（160）（码头作业）职业安全卫生建议书
	（153）（道路运输）工作时间和休息时间公约	（161）（道路运输）工作时间和休息时间建议书
第六十六届（1980）		（162）老年工人建议书
第六十七届（1981）	（154）集体谈判公约	（163）集体谈判建议书
	（155）职业安全卫生公约	（164）职业安全卫生建议书
	（156）有家庭责任的工人公约	（165）有家庭责任的工人建议书
第六十八届（1982）	（157）维护社会保障权利公约	
	（158）终止就业公约	（166）终止就业建议书
	P110 种植园议定书	
第六十九届（1983）		（167）维护社会保障权利建议书
	（159）（残疾人）职业康复和就业公约	（168）（残疾人）职业康复和就业建议书
第七十届（1984）		（169）就业政策（补充条款）
第七十一届（1985）	（160）劳动统计公约	（170）劳动统计建议书
	（161）职业卫生服务公约	（171）职业卫生服务建议书
第七十二届（1986）	（162）石棉公约	（172）石棉建议书
第七十四届（海事）（1987）	（163）海员福利公约	（173）海员福利建议书
	（164）（海员）卫生保护和医疗公约	
	（165）（海员）社会保障公约（修订）	
	（166）海员遣返公约（修订）	
		（174）海员遣返建议书
第七十五届（1988）	（167）建筑安全与卫生公约	（175）建筑安全与卫生建议书
	（168）促进就业与防止失业公约	（176）促进就业与防止失业建议书

（续）

国际劳工大会届次（年）	（公约号）公约名称	（建议书号）建议书名称
第七十六届（1989）	（169）土著和部落人民公约	
第七十七届（1990）	（170）化学品公约	（177）化学品建议书
	（171）夜间工作公约	（178）夜间工作建议书
第七十八届（1991）	（172）（旅馆和餐馆）工作条件公约	（179）（旅馆和餐馆）工作条件建议书
第七十九届（1992）	（173）（雇主破产）保护工人债权公约	（180）（雇主破产）保护工人债权建议书
第八十届（1993）	（174）预防重大工业事故公约	（181）预防重大工业事故建议书
第八十一届（1994）	（175）非全日制工作公约	（182）非全日制工作建议书
第八十二届（1995）	（176）矿山安全卫生公约 P81 劳动监察公约议定书	（183）矿山安全卫生建议书
第八十三届（1996）	（177）家庭工作公约	（184）家庭工作建议书
第八十四届（海事）（1996）	（178）（海员）劳动监察公约	（185）（海员）劳动监察建议书
	（179）海员招聘与安置公约	（186）海员招聘与安置建议书
	（180）海员工时与船上人员配置公约	（187）海员工时与船上人员配置建议书
	P147 商船（最低标准）议定书	
第八十五届（1997）	（181）私营职业介绍所公约	（188）私营职业介绍所建议书
第八十六届（1998）		（189）中小企业刺激创造就业一般条件建议书
第八十七届（1999）	（182）禁止和消除最有害童工劳动公约	（190）禁止和消除最有害童工劳动建议书
第八十八届（2000）	（183）生育保护公约	（191）生育保护建议书
第八十九届（2001）	（184）农业安全卫生公约	（192）农业安全卫生建议书
第九十届（2002）	P155 职业安全卫生公约议定书	（193）促进合作社建议书
		（194）职业病名单建议书
第九十一届（2003）	（185）海员身份证件公约（修订）	
第九十二届（2004）		（195）人力资源开发职业建议书
第九十三届（2005）		

（续）

国际劳工大会届次（年）	（公约号）公约名称	（建议书号）建议书名称
第九十四届(2006)	(186)海事劳工公约	
第九十五届(2006)	(187)促进职业安全卫生框架公约	(197)促进职业安全卫生框架建议书 (198)雇佣关系建议书
第九十六届(2007)	(188)渔业工作公约	(199)渔业工作建议书
第九十七届(2008)		
第九十八届(2009)		
第九十九届(2010)		(200)艾滋病建议书
第一百届(2011)	(189)家庭工人公约	(201)家庭工人建议书
第一百零一届(2012)		(202)社会保护底线建议书
第一百零二届(2013)		
第一百零三届(2014)		(203)强迫劳动(补充措施)建议书
第一百零四届(2015)		(204)从非正规经济向正规经济转型建议书
第一百零五届(2016)		
第一百零六届(2017)		(205)面向和平与复原力的就业和体面劳动建议书
第一百零七届(2018)		

注:部分届次和所通过的建议书因不涉及劳工标准,故未收录此表中。

截至2018年底，中国已批准的26个国际劳工公约

序号	公约号	公 约 名 称	批 准 时 间
1	7	1920年《(海上) 最低年龄公约》	1936年12月2日
2	11	1921年《(农业) 结社权利公约》	1934年4月27日
3	14	1921年《(工业) 每周休息公约》	1934年5月17日
4	15	1921年《(扒炭工和司炉工) 最低年龄公约》	1936年12月2日
5	16	1921年《(海上) 未成年人体检公约》	1936年12月2日
6	19	1925年《(事故赔偿) 同等待遇公约》	1934年4月27日
7	22	1926年《海员协议条款公约》	1936年12月2日
8	23	1926年《海员遣返公约》	1936年12月2日

（续）

序号	公约号	公 约 名 称	批 准 时 间
9	26	1928 年《确定最低工资办法公约》	1930 年 5 月 5 日
10	27	1929 年《（船运货物）标明重量公约》	1931 年 6 月 24 日
11	32	1932 年《（码头工人）事故预防公约》（修订）	1935 年 11 月 30 日
12	45	1935 年《（妇女）井下作业公约》	1936 年 12 月 2 日
13	59	1937 年《（工业）最低年龄公约》（修订）	1940 年 2 月 21 日
14	80	1946 年《最后条款修正公约》	1947 年 8 月 4 日
15	100	1951 年《男女工同酬公约》	1990 年 11 月 2 日
16	111	1958 年《（就业与职业）歧视公约》	2006 年 1 月 12 日
17	122	1964 年《就业政策公约》	1997 年 12 月 17 日
18	138	1973 年《最低就业年龄公约》	1999 年 4 月 28 日
19	144	1976 年《三方协商促进国际劳工标准实施公约》	1990 年 11 月 2 日
20	150	1978 年《劳动行政管理公约》	2002 年 3 月 7 日
21	155	1981 年《职业安全和卫生及工作环境公约》	2006 年 10 月 31 日
22	159	1983 年《（残疾人）职业康复和就业公约》	1988 年 2 月 2 日
23	167	1988 年《建筑业安全和卫生公约》	2001 年 10 月 27 日
24	170	1990 年《工作场所安全使用化学品公约》	1995 年 1 月 11 日
25	182	1999 年《禁止童工劳动公约》	2002 年 8 月 8 日
26	MLC	2006 年《海事劳工公约》	2015 年 11 月 12 日

后　　记

经过努力，《中国安全生产国际交流合作志》的编纂任务已经完成，即将付梓。

2020 年 11 月 10 日，安全生产史志委员会、《中国安全生产志》编纂委员会在安信大厦会议室召开国际交流合作志的审稿会。与会人员一致认为：编纂《中国安全生产国际交流合作志》，全面完整、客观准确地记载新中国成立之后特别是2000 年国家安全生产监管体制改革以来，安全生产领域（包括劳动保护、职业安全健康）不断扩大对外开放、逐步加强与国际社会交流合作的历史过程，既有着毋庸置疑的史料价值和史学意义，也是亲身经历与见证了这一历史过程的老同志应当自觉承担的责任和使命。

规划中的《中国安全生产志》包括了多个分册（分志），国际交流合作志为其中之一。安全生产史志委员会当初对于安全生产志书编纂方法步骤的大致安排，是先急后缓，先中心内容后辅助性方面工作。按照已确定的思路和铺排，最先应该完成的除了《中国安全生产大事志》《中国安全生产志・事故志》之外，应该是安全生产体制机构志、煤矿安全监察志、非煤矿山安全监管志、危险化学品和烟花爆竹安全监管志、应急救援志等。《中国安全生产国际交流合作志》大约在 2023 年之后可以编撰成书，没想到其进度超过了规划中的其他各个分志，2020 年底之前就顺利完成编写任务并通过了安全生产史志委员会和《中国安全生产志》编纂委员会的集体审定，交付出版发行。

这本志书能够提前完成编纂任务，其主编柏然功莫大焉。柏然长期从事政府部门外事工作，先后担任煤炭工业部、国家煤炭工业局、国家煤矿安全监察局、国家安全生产监督管理局（总局）外事部门和相关单位的主要负责人，亲历和见证了安全生产领域改革开放和国际交流合作的全部过程。在应允、承接安全生产国际交流合作志编纂的工作后，柏然凭着强烈的责任心、事业心，不计条件，不讲报酬，满腔热情地投入资料收集整理和撰写之中。新冠肺炎疫情期间，他整天在家伏案劳作，一遍又一遍地翻查着退休之时悉心收藏的各种原始资料，反反复复地寻觅、对照和求证，一个字一个字地敲打输入，终于超计划进度、高质量地完成了初步编纂任务。

应急管理部办公厅、档案馆对本志书以及《中国安全生产志》的编纂工作给予了多方面的指导和支持。

中国安全生产协会会长赵铁锤对本志书的编纂多次过问并予以具体指导。

本志书第二至十章由柏然负责编写。朱义长负责统稿并编写第一章。国际劳工组织原北京局官员朱常有和应急管理部国际交流合作中心处长刘晓兵提供了部分资料并参与编纂工作。滕飞负责初期编审。

书稿完成后，原国家安全生产监督管理局（总局）以及办公室（厅）、国际交流合作中心（外事中心）等单位的老领导、老同志对书稿提出了很多意见和建议。在此一并表示感谢。

编　者

2020 年 11 月 18 日

ISBN 978-7-5020-8885-9